サステナビリティ辞典
Sustainability Dictionary
2007

# 発刊に寄せて

　地球温暖化に象徴される深刻な環境破壊、資源の枯渇化現象など有限な地球を酷使し続けた結果、現代を生きる私たちは地球の限界に遭遇した人類最初の世代となってしまいました。経済発展によって人類は過去に例がないような豊かな生活を手に入れましたが、失ったものも少なくありません。きれいな空気、水、土壌が汚染され、人々に安らぎを与えてくれる森が減少しています。豊かさの代償として、人類の生存条件そのものが脅かされるという皮肉な結果を招いてしまったわけです。

　私たちは、豊かな生活をもたらした過去の「成長神話」と決別し、自然と折り合える新しい社会、別の言い方をすれば、サステナビリティ社会の構築を目指さなければなりません。

　地球は一つの巨大なシステムです。大気、水、土壌などで構成される自然環境、そこで生活する様々な生命体はそれぞれ独立に存在しているわけではなく、相互に微妙な関係を維持しながら存在しています。きれいな自然環境を保つためには、生態系が大きな役割を果たしています。植物と動物の間も、複雑な共生、共存、対立関係で成り立っています。人間活動が原因となっている温暖化は、今や制御不能なほどの気候変動をひき起こし始めています。様々な因果関係で成り立っている地球環境が悪化してしまったのは、システムとして地球を捉える視点が大幅に欠落していたからです。

　本書は、最新の環境関連用語の他に、自然現象や生態系、地球の仕組みなどシステムとしての地球を理解するための基礎用語が満載されています。座右の書として、システムとしての地球を理解し、持続可能な社会づくりの手引き書に利用していただければ幸いです。

　　　　　　　　　監修者　三橋規宏

## サステナビリティ辞典編集委員

| | | | |
|---|---|---|---|
| 遠藤堅治 | 環境コミュニケーション・アナリスト　千葉商科大学客員教授 | 平原隆史 | 千葉商科大学政策情報学部准教授 |
| 五反田克也 | 千葉商科大学政策情報学部専任講師 | 松尾寿裕 | 株式会社ライトレール |
| 谷口正次 | 資源・環境ジャーナリスト　千葉商科大学客員教授 | 三橋規宏 | 千葉商科大学政策情報学部教授 |
| 丹羽宗弘 | 千葉商科大学政策情報学部教授 | | |

(五十音順)

# 凡　例

## ●編集方針

　地球のサステナビリティとは、健全な地球の営みを過去から現在、そして未来へ途絶えることなく引き継ぐことである。そのための条件として、少なくとも、地球有限性の認識、生態系の全体的保全、未来世代への利益配慮の３条件が必要だ。本書は文系、理系の垣根を取り除き、両者を統合しシステムとしての地球の「サステナビリティ」（持続可能性）を理解・維持するためのコンテンツ（用語）が多数収録されている。これらのコンテンツには、地球の、そして人類の未来を救う知恵が満載されている。一つの項目はそれぞれが独立した存在ではなく、複雑につながっている。それらを紡ぎ合わせることで、生きている地球の姿が見えてくる。本書には、そんな狙いが込められている。

## ●見出し語の配列

\*ひらがな、カタカナ、漢字は五十音順。英文はアルファベット順に配列した。

　例：アサザ基金→アジェンダ21→足尾鉱毒事件

\*長音（ー）は、直前の文字の母音を読み替えず、長音記号がないものとして配列した。

　例：アースデイ→アスデイ

\*英文の索引では、The（the）の定冠詞付きの単語は「T」の項目に配列した。

　例：The Club of Roma→The Day After Tomorrow

\*中黒（・）やハイフン（-）は、配列では無視した。

\*外来語中の数字の読みは、原則的に英語読みとしたが、慣用的に使われているものはそれにならった。

　例：3R→スリーアール
　　　ISO14001→アイ　エス　オーい

ちまんよんせんいち

## ●表記の基準

\*アルファベットの読みは、以下のとおりとした。

A（エー）B（ビー）C（シー）D（ディー）E（イー）F（エフ）G（ジー）H（エイチ）I（アイ）J（ジェー）K（ケー）L（エル）M（エム）N（エヌ）O（オー）P（ピー）Q（キュー）R（アール）S（エス）T（ティー）U（ユー）V（ブイ）W（ダブリュ）X（エックス）Y（ワイ）Z（ゼット）

\*国名は、アメリカ、イギリス、ドイツ、フランス、イタリアを、和名でそれぞれ米、英、独、仏、伊表記とした。

\*英語表記は、造語を含む固有名詞、略語（以上、頭文字を大文字表記）を除き、原則小文字表記とした。

\*外来語の中黒（・）は、「and」などの接続詞を含む言葉を除き、できるだけ取る方向で表記したが、読みにくい言葉、慣用的な言葉の場合はそれにならった。

　例：パークアンドライド→パーク・アンド・ライド

\*単位の表記は、それぞれの単位表記にしたがい、下記のとおりとした。

　長さ：$\mu$（ミクロン）、$\mu$m（マイクロメートル）、mm、cm、m、km
　面積：cm$^2$、m$^2$、km$^2$、ha
　体積：k$\ell$
　重さ：$\mu$g（マイクログラム）、g、
　　　　kg
　温度：℃
　百分比：％

\*関連語は、項目の説明文の末尾に→で示した。同義語、類義語は、項目と同列にゴシック体で示した。

　例：関連語／IPCC（説明文）。→温室効果ガス、海面上昇
　　　同義語・類義語／ICLEI→イクレイ

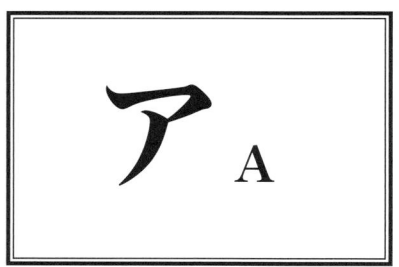

## アイ イー エイ【IEA】
(International Energy Agency)
国際エネルギー機関の略称。第一次石油危機後の1974年、キッシンジャー米国務長官（当時）の提唱を受けて、OECD（経済協力開発機構）の枠組内の機関として設立された。加盟国は日本を含む26カ国。加盟条件はOECD加盟国であると同時に、備蓄基準（前年の一日当たり石油純輸入量の90日分）を満たすこと。IEAの活動目的は、加盟国の石油を中心としたエネルギー安全保障を確立することにある。中長期的に安定した需給構造を確立することで、石油供給途絶など緊急時の対応策の整備や、石油市場情報の収集・分析、石油輸入依存低減のための省エネルギー、代替エネルギーの開発利用促進などに取り組んでいる。日本にとってもIEAは、石油供給途絶の際の備蓄取り崩しなど緊急時対応システムにより受益するところが大きく、エネルギー安全保障上、重要な機関である。→オイルショック、エネルギー安全保障、石油代替エネルギー、石油危機、資源危機、ピークオイル

## アイ エイ イー エイ【IAEA】
(International Atomic Energy Association)
国際原子力機関の略称。ウラン、プルトニウムといった核物質は、原子力発電などの平和利用にも、核兵器などの軍事利用にも使用され得る。このため原子力の平和利用でも、常に核兵器の拡散をいかに防止するかという問題を伴う。原子力の商業的利用が広まるとともに核兵器の拡散に対する懸念が強まり、原子力の国際的な管理を目的に1975年にIAEAが発足した。2006年9月現在、加盟国は141カ国である。IAEAの事業は、原子力の平和利用の分野と、平和利用から軍事利用への転用を防止するための保障措置の分野に大別される。IAEAの保障措置は、1970年3月に発効した核不拡散条約（NPT）によってさらに強化された。近年の核テロ対策に対する国際社会の関心の高まりを受け、2005年7月には、核セキュリティを強化するための条約改正がIAEAの場で採択されている。→核燃料 核燃料再処理、高レベル放射性廃棄物、プルサーマル

## アイ エス エル イー ネット【ISLEnet】→アイルネット(ISLEnet)

## アイ エス オーいちまんよんせんいち【ISO14001】

環境保全のための国際標準規格（IS：International Standard）。スイスのジュネーブに本部のあるISO（国際標準化機構）の場で制定された。環境ISOとも呼ばれる。ISO14000シリーズは、1992年のブラジル・リオデジャネイロで開催された「地球サミット」に触発され、1996年に制定された。ISO14000シリーズの中心は、ISO14001（環境マネジメントシステム、EMS：Environmental Management System)である。環境改善を進めるに当たって、まず目標を定め、それを達成するため、計画（Plan）を立て、実行（Do）し、計画と実行の乖離を点検（Check）し、見直し実行（Act）し、次の計画につなげる。というように、「PDCAサイクル」を繰り返すことにより、環境の継続的な改善を図るシステム。ISO14000シリーズには、環境ラベル（ISO14020-24）、環境パフォーマンス評価（ISO14030-31）、ライフサイクル分析（ISO14040-44）、環境適合設計（ISO14062）、環境コミュニケーション（ISO14063）など多岐にわたる内容が含まれている。→エコアクション21、エコラベリング、エコリーフ、環境適合設計、環境パフォーマンス評価、PDCAサイクル、LCA

## アイ エス オーいちまんよんせんいちとうごうにんしょう【ISO14001統合認証（single registration）】

企業グループの全ての事業所で一括してISO14001認証を取得すること。すでに事業所ごとに構築してきた環境マネジメントシステムを統合して、製品の開発から、製造・販売物流・サービスを含む、全ての事業活動に係わる部門・事業所を一元管理するシステムである。ねらいは、まず企業倫理の透明性の確保、次いで情報の一元管理（リスク管理）にある。サプライチェーン（原材料調達から一般ユーザーへ至るまでの供給連鎖）における環境リスク対応の強化、企業グループとしてのガバナンスの強化も図られる。近年、欧州をはじめ、世界各地で製品の環境規制が強化される傾向にあり、統合認証を海外の連結子会社にまで拡大、グローバル統合認証の取得を目指す企業が増えている。統合認証取得企業の草分けは、IBM。同社は1997年、全世界の事業部門全般における製造、製品設計、ハードウェア開発分野を網羅、一括して、世界初の「ISO14001統合認証」を取得した。世界中の環境責任者が集まった同社の会議で、最も大切にしていた社会的公約である「環境ポリシー」が、事業所ごとに何十、何百と出てくる矛盾に突き当たったことが認証取得のきっかけとな

った。→ISO14001、環境マネジメントシステム、環境リスク、コーポレートガバナンス、サプライチェーンマネジメント

## アイ エス オーいちまんよんせんシリーズ【ISO14000シリーズ】→ISO14001

## アイ エス オーにまんろくせん【ISO26000】

国際標準化機構（ISO）が進めている社会的責任（SR）の国際規格。「社会的責任」は、企業のみが担うものではないため「CSR」の「C」を取って「SR」と称することとした。2005年に、ISO26000の構成と概要を定めた「設計仕様書」が発表され、2009年春の国際規格発効を目指している。作成には、政府、産業界、労働界、消費者団体、NGO/NPO、専門家その他の六者が参加している。規格化の目的は、企業などの組織が、利害関係者との間に起こる社会的責任を果たすことに置かれる。コンプライアンス（法令遵守）、人権への配慮、知的財産権の管理、個人情報の保護、企業・組織内の不正防止に向けた内部統制、文化への配慮、不正防止に向けた組織の透明性の確保、などが含まれる見込み。第三者認証は不要、自主的に規格適合を宣言するかたちになると見られている。→グローバル・コンパクト、コンプライアンス、CSR

## アイ エフ エス ディー エム【IFSDM】

(Intergovernmental Forum on the Sustainable Development of Mining, Minerals and Metals)
鉱業・金属と持続可能な開発に関する政府間フォーラムの略称。

## アイ シー エム エム【ICMM】

(International Council on Mining & Metals)
国際金属・鉱業評議会の略称。鉱業・金属産業でのサステナビリティに向けた取り組みを主導する世界的な組織。メンバーは、大手鉱山会社15社と24カ国の鉱業協会から成る。2002年5月には、「トロント宣言」を採択。地域社会をはじめ、利害関係者との関係を重視、人権尊重、透明性重視といった認識に立ち、自主行動計画を示し、「ICMM原則」を打ち出した。現在の活動は、鉱業のサステナビリティのために環境的側面や社会的側面に関する地球規模の取り組みを推進。国連や国際組織との共同・連携を行っている。→持続可能な資源消費

## アイ シー エル イー アイ (ICLEI)→イクレイ（ICLEI）

## アイ ティーおせん【IT汚染】

IT産業が引き起こす健康被害、環境汚染のこと。パソコンや携帯電話、家電製品などのIT（情報技術）機器は、製造の過程で多数の化学物質が使われ、その中にはガリウム、砒素(ひそ)、トリクロロエチレン、テトラクロロエチレンなどきわめて毒性の高い物質が含まれている。それらの物質が自然界に排出されることで、引き起こされる健康被害、環境汚染。具体的には、工場従事者には生殖障害、流産、肝障害、ガンなど、東南アジアなどの工場周辺の住民には、咳、頭痛、動悸などを訴える実害が報告されている。→ウィー指令、エコリュックサック、希少資源、シリコンプロセス、都市鉱山、ローズ指令

**アイ ティー ティー エー【ITTA】**
→こくさいねったいもくざいきょうてい【国際熱帯木材協定】

**アイ ティー ティー オー【ITTO】**
→こくさいねったいもくざいきかん【国際熱帯木材機関】

**アイ ピー シー シー（IPCC）**
(Intergovernmental Panel on Climate Change)
気候変動に関する政府間パネル。世界気象機関（WMO）と国連環境計画（UNEP）が、気候変動と温暖化の関係を学問的に研究するために1988年に設置した組織。各国から2000名を超える科学の専門家が集まり地球温暖化の科学的な知見の評価、温暖化の環境的・社会経済的影響の評価、今後の対策のあり方について討論を行う。構成は、最高決議機関である総会の下に、科学的評価を担当する第一作業部会、影響・適応・脆弱性を担当する第二作業部会、緩和・横断的事項を担当する第三作業部会から成る。「気候変動枠組条約」（UNFCCC）の交渉を科学的に裏付ける組織として、大きな影響力を持ち、5〜6年ごとに、その時々の気候変動に関する科学的知見をとりまとめた「IPCC評価報告書」を発表している。これまで1990年、1995年、2001年に発表、2007年2月には「第4次評価報告書」が発表された。→IPCC第4次評価報告書、温室効果ガス、海面上昇、気候変動枠組条約（UNFCCC）、地球温暖化、地球温暖化係数

**アイ ピー シー シーだいよじひょうかほうこくしょ【IPCC第4次評価報告書】**
気候変動に関する科学的知見をとりまとめた最新の「IPCC評価報告書」。第一作業部会（自然科学的根拠）、第二作業部会（影響）、第三作業部会（緩和策）の三つの作業部会に分かれて検討され、2007年2月から5月にかけて「第4次評価報告書」が発表された。報告の最大の特徴は、温暖化

の原因が人為的行為の結果であるとほぼ断定したことである。主な点を列記すると、①地球温暖化は、最悪の場合、今世紀末には地球表面の温度が現在より2.4℃〜6.4℃、海面水位も26cm〜59cm上昇する。②その影響は、1〜2℃（1980〜1999年の平均気温を基準）の上昇でも、熱帯地域では農業生産性を低下させ、飢餓リスクを増加させる。2〜3℃を超えると、世界の沿岸湿地の30％が消失する。③緩和策としては、気温上昇を2℃程度（産業革命前と比べ）に安定化させる。そのために、遅くとも2020年までに世界全体の排出量を減少に向かわせ、2050年には2000年の排出量より半減させる。④その方法としては、温室効果ガスへの課税（環境税）や排出権取引などの政策を導入する等を具体的に数字を並べて提言している。IPCCは、設立（1988年）以来、政治的に中立を保ち、科学的客観性を重視している。→温室効果ガス、海面上昇、気候変動枠組条約（UNFCCC）、地球温暖化、地球温暖化係数

## アイ　ピー　ピー（IPP）
（Independent Power Producer）
独立発電事業者。発電を行う事業者で、発電設備のみ所有し、送電系統を所有しないので消費者への販売は行わず、電力会社への卸売りを専門に行う事業者のことである。1990年代に規制緩和の進展が世界的な流れとなった中で、日本の高コスト構造、内外価格差の是正が課題となり、競争原理を取り入れるため三度の「電気事業法改正」が行われた。一連の電力自由化の第一段として、1995年4月に31年ぶりに「電気事業法」が改正され、電力会社（一般電気事業者）に電力を供給する事業への参入が可能となった。それまで電気事業とは縁のなかった鉄鋼、石油化学等の工場が自家発電設備を有効活用する例や、地方自治体も風力発電等の新エネルギーを活用するため参入している。→アーヘンモデル、RPS法、系統連系、新エネルギー、市民風車、電力自由化

## アイ　ピー　ピー（IPP）→ほうかつてきせいひんせいさく【包括的製品政策】

## アイルネット【ISLEnet】(Islands Energy and Environment network)
欧州連合（EU）が推進する「100の地域を100％自給にする計画」の内、自然エネルギーによる自給を目指す島々のネットワークのこと。再生可能エネルギーを2010年までに倍増するとした欧州連合が、先導的キャンペーンとして「離陸のためのキャンペーン」（CTO:Campaign for Taking-Off）を立ち上げた。その一

つに「100の自然エネルギー100％コミュニティー」構想が掲げられた。アイルネットは、島嶼部に設置された地域エネルギー事務所のネットワークである。例えば、デンマークのサムソ島では、2007年までに、島内で必要なエネルギー全てを再生可能エネルギーでまかなう計画。すでに風力による電力供給は100％自給、熱供給（暖房等）でも、バイオマスや太陽光でほぼ100％カバーしていると言う。他に、スウェーデン・ゴットランド島、スペイン・カナリア諸島、英国・オークニー島、ギリシャ・クレタ島などでも取り組みがなされている。→再生可能エネルギー、アジェンダ21

## アオコ（blue-green algae）

湖沼などの水面に、微小な浮遊性藻類が高密度に発生し、粒子状の藻体が浮遊し、水面が緑色に変色する現象。近年では、藍藻類が主要な藻類の場合をアオコと呼ぶ。水面に青緑色の粉を撒いたように見えることから、アオコ（青粉）と呼ばれる。アオコの発生原因は、流域の環境変化による富栄養化であるが、湖沼の富栄養化によりアオコの原因となるプランクトンのみが増殖するメカニズムについて詳しくはわかっていない。アオコの発生時期は、晩夏から初秋で、蒸し暑い日に水温が15℃以上、風が弱く、水が弱アルカリ性で栄養素が豊富にある状態で発生しやすい。アオコを発生させる藍藻類には、カビ臭などを発生させるものや、毒素を発生させるものがあり、水辺環境を著しく悪化させる。藍藻類が発生させる毒素には神経毒と肝臓毒があり、アオコの発生した湖沼の水を飲んだ家畜が死亡した事例が海外で確認されている。→藍藻、富栄養化

## あおしお【青潮】（blue tide）

閉鎖性の内湾の底層に形成された貧酸素水塊が表層付近に湧昇し、水塊中の硫化物と表層水中の酸素が反応し乳青色を呈する現象。主に夏季に東京湾で発生し、三河湾では苦潮と呼ばれる。富栄養化の進行した内湾では、表層で活発に植物プランクトンの生産が行われ、死骸は底層へ沈殿し、バクテリアにより死骸の分解が行われ、酸素が欠乏する状態が発生する。閉鎖的な内湾では、夏季に水温躍層が形成されるため、水の垂直混合が妨げられるため底層に酸素が供給されず、溶存酸素が極端に欠乏した貧酸素水塊を形成する。この貧酸素水塊は、強風による湧昇現象の発生により表層付近に上昇する。貧酸素水塊は、生物の生存が不可能な程、溶存酸素が欠乏しているため、発生するとアサリなどの貝類や魚類の大量死を招く。また、青潮中の硫化物も、強い毒性により大量死の原因となる。原因となる植物プランク

トンの大量発生を防ぐため、富栄養化を防止する必要がある。また、水流の滞りやすい浚渫後の穴を埋めるなどの対策も有効である。→植物プランクトン、溶存酸素量、湖の水温成層、富栄養化

## あかしお【赤潮】(red tide)
水域において、植物プランクトンが大発生し水面が変色する現象。原因となる植物プランクトンには、渦鞭毛藻、珪藻、ラフィド藻および夜光虫がある。発生するプランクトンにより変色が異なり、赤褐色から茶褐色まで多様である。藍藻の増殖により緑色に変色するものは、青潮と呼ばれる。赤潮の発生については、古くから記録がある。赤潮の発生には、水中の栄養分、水温、日照時間が関係している。閉鎖性の強い水域では、流域からの生活排水などで富栄養化が進む。夏に水温が上昇し日照時間が増えると、植物プランクトンが活発に光合成を行い大増殖し、赤潮が発生する。海だけでなく、淡水の湖でも発生する。赤潮が発生すると水域の環境が激変し、養殖漁業に大きな被害を与える。赤潮を発生させる植物プランクトンには、毒素を発生させ直接的に魚介類や人体に被害を与える場合と、植物プランクトンの死骸が分解されることで水中の溶存酸素量が減少し、魚介類の生存を脅かす間接的な被害がある。→植物プランクトン、富栄養化、青潮、閉鎖性水域、干潟・湿原

## あくせいちゅうひしゅ【悪性中皮腫】
アスベストが原因で、肺を覆っている胸膜に発生する悪性の腫瘍のこと。アスベストは細い繊維質の天然の鉱物で、古くから工場の保温材、断熱材として、あるいは建材の補強材として多く使われてきた。かなり以前からアスベストの使用規制によってノン・アスベスト化が進められてきたが、数十年前に遡って、これらアスベストを使った工事、あるいは建材製造工場で直接仕事に携わった人たちや工場近隣に住んでいた人たちに、悪性胸膜中皮腫が発生していたことが近年になって判明した。中皮腫は、アスベストを吸ってから発病までに30年から40年もかかるため、その深刻な健康被害は最近になって顕在化したものである。その症状は、初期の無症状から進行すると呼吸困難、胸痛、胸水などを起こす。頻度が少ないため、治療法がまだ確立していない。中皮腫をめぐる損害賠償訴訟で、関西保温工業の責任を認める判決が確定。クボタがアスベストによる健康被害を認めた。→アスベスト

## アサザききん【アサザ基金】
茨城県・霞ヶ浦の自然再生に取り組むNPO法人。アサザは、霞ヶ浦に自

生する水草の名前。1995年頃から、霞ヶ浦の自然再生に当たって、アサザを湖に植え付け、葦原をはじめ多様な植生が息づく昔の水辺を湖の全域に再生していこうという市民運動（アサザプロジェクト）が始まったが、そのための中核になり、事業の企画、運営に当たっている組織。1999年設立。アサザ基金は、霞ヶ浦の全域を視野に入れた環境保全、自然再生活動で、流域の小・中学校、漁業協同組合、森林組合、企業、大学、研究所、行政、市民団体などが参加した広域のネットワークによって担われている。地域住民が相互に知恵を出し合い、自然再生事業を地域経済の活性化に結び付けている。従来の公共事業は、一つのプロジェクトが完成すれば、それで全て終わりという自己完結型である。それに対してアサザプロジェクトは、様々なプロジェクトを横につなげ、一つが完成すれば、それを土台に次のプロジェクトに発展させていくというかたちで、様々な再生事業がビジネスとして成り立ち、地元経済の発展に貢献するように工夫されている。市民型公共事業のモデルと言われている。→環境NPO、コミュニティービジネス、市民型公共事業、社会的企業

## アジェンダにじゅういち【アジェンダ21】(Agenda 21)

1992年にリオデジャネイロで開催された国連環境開発会議で採択された文書。リオ宣言の諸原則を実施するための行動計画として、21世紀に向けて持続可能な開発を実現するための具体的な行動計画である。第1部「社会的・経済的側面」、第2部「開発資源の保全と管理」、第3部「NGO、地方政府など主たるグループの役割の強化」、第4部「財源・技術などの実施手段」で構成される。4部構成、全40章から成り英文で500ページにも及ぶ。アジェンダ21の実施状況をレビュー、監視するために、国連に「持続可能な開発委員会（CSD）」が設置され、1997年の国連環境特別総会では、それまでのレビュー結果を総括して「アジェンダ21のさらなる実施のためのプログラム」が採択された。国や地方自治体の行動計画が「ローカルアジェンダ」として策定されており、策定済みの地方公共団体は、2003年3月1日の時点で47都道府県、12政令指定都市、318市区町村である。→イクレイ、環境自治体、環境自治体会議、国連環境開発会議、国連持続可能な開発委員会、地球サミット、リオ宣言

## あしおこうどくじけん【足尾鉱毒事件】

1880年代より開発された足尾銅鉱山・精錬所の操業によって渡良瀬川流域に砒素、鉛、カドミウムなど重金属による深刻な公害が発生した。

その被害は、栃木県と群馬県内の広域に拡大した。この事件は、1880年代から1970年代まで続いた、日本の公害問題の原点と言われる事件。鉱山、精錬所の排水による河川の汚染だけでなく、硫黄酸化物（SOx）等の煙害によっても周辺一帯の山林、植生にも被害を与えはげ山となった。1898年には大洪水が発生し、鉱毒被害はさらに拡大したため、治山・治水事業も行われた。栃木県佐野出身の衆議院議員田中正造は1891年以降、国会で度々鉱毒について質問を行い、全国に知れ渡った。また、被害地元民は再三再四、閉山を求めて陳情を行った。しかし当時、日清・日露戦争の最中であったため政府としては鉱山の操業を停止できず、反対運動を食い止めるため強硬派の廃村を決めて、強制移住までさせた。21世紀になった現在も、はげ山の復元のための植林活動、あるいは治山が続けられている。金属鉱山の開発・操業による環境破壊の凄まじさを示す事件である。このような問題は、発展途上国の鉱山開発に伴って今も世界各地で発生している。足尾鉱毒事件は決して過去のことではない。→硫黄酸化物、鉛汚染、重金属汚染、砒素中毒

## アシロマかいぎ【アシロマ会議】

1975年、米・カリフォルニア州のアシロマで、遺伝子組み替え実験の危険性の評価および危険防護について、世界初の、28カ国の専門家を集めた会議が開催された。これを機に、各国で遺伝子組み替え実験のためのガイドラインづくりが始まった。1953年に、ワトソンとクリックによってDNAの二重らせん構造が明らかにされ、以後、DNAにある遺伝情報の解読は進んだ。1970年代になると、組み替えDNAの断片を大腸菌に組み込んで増殖させる実験が盛んに行われるようになり、遺伝病の治療に対する期待が膨らんだ。と同時に、この研究が新たな病原微生物を生み出し、それらが細菌兵器の開発につながり、核兵器の開発と同じ道を歩むのではないかという懸念が科学者の間に広がり、この国際会議が開かれた。→遺伝子組み替え、遺伝子組み替え生物、遺伝情報、遺伝子治療

## アースウォッチ・ジャパン（Earthwatch Japan）

科学調査の現場にボランティアを派遣し、科学者の研究を支援するNGO「アースウォッチ」の日本支部。アースウォッチは、本部のあるボストンで1971年に設立され、欧州、アフリカ、オセアニア、日本へ広がった。分野は、野生生物の保全から文化遺産の保全まで幅広く、イルカやクジラ、象をはじめとして世界各地で100を超える生態系調査に野外調査ボランティアを派遣している。調査は大

自然の中で行われるため、派遣される市民にとって、貴重な環境教育の場となる。アースウォッチ・ジャパンが発足したのは、1993年。法人会員には、ホンダや三菱商事など費用の半額を会社が負担して社員をボランティアとして派遣している企業もある。英国に本拠を置く金融グループ、HSBCの日本法人はボランティア派遣者数が最も多く、グループ全体で5年間に2000人の社員を派遣する目標を掲げている。花王は、日本で最初に教員フェローシップを開始した企業。2004年から、アースウォッチ・ジャパンと協働で「花王・教員フェローシップ」を開始。小・中学校のボランティア教員数十人を毎年夏休み、海外野外調査に派遣してきた。日本郵船は、社員を海外プロジェクトに派遣する初めての企業となった。→オーデュポン協会、国際NGO、環境教育、グリーンピース、シエラ・クラブ、フィランソロピー、メセナ

## アースデイ（Earth Day）

1970年、米・ウィスコンシン州選出のゲイロード・ネルソン上院議員が4月22日を「アースデイ＝地球の日」と宣言し、世界中に呼びかけた地球環境保全運動。今では、民族、国籍、信条、政党、宗教、あらゆる立場の違いを超えて、地球環境を守ろうという地球市民なら、誰もが自由にその人の方法で地球環境を守る意思表示ができる環境行動の祭典となった。当時、全米学生自治会長をしていたスタンフォード大学のデニス・ヘイズが、その概念に共鳴、全米にアースデイの開催を呼びかけた。初回の「アースデイ」は、延べ2000万人以上の人々が様々なかたちで地球への関心を表現する米国史上最大のイベントとなった。ニューヨークでは、市長が五番街から全ての車を締め出し、三大テレビネットワークは、全米各地のイベントを実況中継。公式放送は、一日中アースデイの特別番組を組み、全国紙・地方紙も環境問題を特集した。その影響で、環境保護庁が設置され、「大気浄化法」や「水質浄化法」などの環境法が整備された。日本に「歩行者天国」ができたのも、アースデイのおかげである。→環境の日、100万人のキャンドルナイト

## アスベスト（asbestos）

天然に産する繊維状の鉱物で石綿（いしわた）とも呼ばれる。繊維一本の直径は0.01～0.03μm（マイクロメートル）（1μmは1mの100万分の1）で、髪の毛の太さのほぼ4000分の1。長さは数ミリから数センチ。特に耐熱性、電気絶縁性にすぐれていることから絶縁材や耐熱材として多用されてきた。電気製品、建築材料などに加工する際や建築物を解体する過程で繊維が

飛散し、作業従事者がこれを吸い込んで健康被害が発生する可能性は、1970年代に米国ですでに指摘されていた。日本では、高度成長期に使われたアスベストによると思われる中皮腫や肺ガンが、30年〜40年の潜伏期間を経て、今世紀初頭から増加しつつある。このため、「石綿による健康被害の救済に関する法律」が2006年3月から施行された。→悪性中皮腫、汚染物質、中皮腫

## アスワンハイダム（Aswan High Dam）

ナイル川上流のエジプト、アスワン地区に建設されたダム。高さ111m、全長3600mのロックフィルダム（石塊ダム）である。エジプトのナセル大統領により建設が開始され、旧ソ連の技術援助を受けて1970年に完成した。建設に当たっては、水没する地域に分布するアブ・シンベル神殿などの遺跡の移築がユネスコ主導で行われ、世界遺産創設の契機となった。ダムの完成により、ナイル川流域で毎年発生していた洪水を防止することに成功し、農業用水の安定供給を可能にし、ダムの水を利用した水力発電により200万kWの電力が供給されエジプト経済の発展に寄与した。建設後、時間の経過によりダム下流域において環境の変化による影響が出ている。ナイル川が氾濫しなくなったことにより、土壌中の地下水が地表付近に上昇し塩害が発生し、上流からの肥沃な土壌の供給が止まったため土壌が劣化し、農業には化学肥料が必要となった。土砂供給量の減少により、河口部での海岸侵食が激しくなっている。このダムは、世銀の融資によって建設されたものであるが、環境変化による影響の大きさから史上最悪のプロジェクトであったという評価もある。→塩害、塩類集積、海岸侵食、化学肥料、灌漑農業、世界遺産

## アトピー（atopy）

環境に対して過敏に反応しやすい体質。外界から侵入した抗原に対して、免疫を獲得した個体は抗原を排除するために、それに特異的に結合する抗体である免疫グロブリンを産生する。生物学的活性が異なる5種の免疫グロブリンの内、IgE抗体は花粉やハウスダストなどの抗原と結合し、通常と異なり過敏な反応、すなわちアレルギー反応を引き起こす。アトピーとはIgE抗体を産生しやすい素質を指し、これが原因で起こる疾患にはぜんそくや皮膚炎、枯草熱、アレルギー性鼻炎などがある。アトピーは、遺伝的素質以外に自動車の排気ガス中に含まれる微粒子、最近では黄砂なども深く係わっていると言われる。→化学物質過敏症、花粉症、環境ホルモン、複合汚染

## アニミズム (animism)
精霊崇拝。自然現象だけでなく、自然界のあらゆるものは生命や霊魂を有するという考え方。信奉者は自然を敬い、山や木を崇拝し、自分よりも強い力を持つ動物などを恐れる。キリスト教など一神教とは相容れない多神教の世界であるため、西欧的合理主義からは軽蔑されることが多いが、自然環境に融和した生活は環境問題を解く鍵となる、という見方もある。→山川草木悉有佛性　山川草木悉皆成仏

## アネルギー (anergie)
無効エネルギー。エネルギーを他のかたちに変換し得る能力のことをエクセルギーと呼び、変換できない部分をアネルギー（無効エネルギー）と呼ぶ。一般的に電気エネルギーは、エクセルギーが大きく、電気エネルギーと運動エネルギーの間では効率が高いが、電気エネルギーと熱エネルギーの間では効率が低いとされている。電気エネルギーを電子機器や機械の動力に変換する際のアネルギーは、熱に変換する際のアネルギーに比べて小さいと言える。→エクセルギー

## アーヘンモデル (Aachen model)
独国・アーヘン市（Aachen）で、1995年から始められた風力・太陽光発電の普及政策。個人が設置する発電設備の費用を、一般市民全体のわずかな負担（電気料金の最大1％負担）により、普及するように買電条件を定めたもの。このアーヘンモデルの制度は独の40以上の自治体に広がり、それらを踏まえて「再生可能エネルギー法」が制定された。具体的には、太陽光発電の買電価格は通常の電気料金の約10倍、風力発電は約1.3倍等のコストに見合う価格で買い取り、太陽光発電の場合は20年、風力発電の場合は15年間の投資回収期間が保証される。→IPP、RPS法、系統連系、再生可能エネルギー、市民風車、電力自由化、余剰電力購入メニュー

## アメニティ (amenity)
心地よさ、快適さなど、質の高い生活をするために必要な条件が整い、整備されている状態のこと。その一般的な意味を拡張して、生活を便利で、楽しくするもの、生活に恩恵や特権を与えてくれるものや、そうした設備、快適性などを総称して呼ぶ場合もある。最近では、快適な自然環境を表す言葉としても使われる。また快適な自然環境を意味するアメニティは、生活の質（quality of life）の高さを経済的な満足だけではない、社会的・自然的な価値を含んだ持続可能な生活の満足度を示す用語として使われている。→エコシティ、産業公害、スローライフ、ライフスタ

イル、ロハス

## アメリカ・エビゆにゅうきんしじけん【アメリカ・エビ輸入禁止事件】

1996年、米国は「ガット」（GATT）20条の例外条項をもとに、外国からの海亀（タイマイ）を殺傷するような方法で捕獲したエビの輸入を禁止した。同時に国内の漁師にも、同様の方法で捕ったエビを販売することを禁止した。同20条の一般的例外条項では、自然保護に関しては国内生産同様、海外での活動も制約を課すことを可能にしている。しかし、輸出による損失を恐れたインドやパキスタンはWTO（世界貿易機関）へ提訴。その結果、同20条の「正当とは認められない差別待遇の行使」と「国際貿易の偽装された制限となるような方法」の二つの条項に反したということで、米国側は敗訴した。このように、環境保護と自由貿易の障壁というのは紙一重の関係にあり、純粋な環境目的での対策も非関税障壁の可能性に十分配慮しなければならない。→貿易の技術的障害に関する協定

## アラルかい【アラル海】

中央アジアのカザフスタンとウズベキスタンにまたがる塩湖。1960年代までは、面積が世界4位の湖だった。だがその後、旧ソ連が綿花を中心とする灌漑農業を大規模に進めたため、アラル海に流れ込むアムダリア川とシルダリア川の流水量が激減した。その結果、1960年当時と比べ、同湖の水位は15m近く低下し、面積は半減し、水量も約8割減となり、塩分濃度は6倍以上になった。その影響で、アラル海の魚などの動物の大半が死滅、漁業も壊滅的な打撃を受けた。環境悪化により、感染症の多発など周辺住民の健康被害も引き起こしている。→塩湖、灌漑農業

## アール アイ ティー イー（RITE）→ちきゅうかんきょうさんぎょうぎじゅつけんきゅうかいはつ【地球環境産業技術研究開発】

## アール イー エー シー エイチきせい【REACH規制】→リーチきせい【リーチ規制】

## アール エス ピー オー【RSPO】

(Roundtable on Sustainable Palm Oil)
熱帯雨林を保全しつつパーム油を生産し活用する道を探る「持続可能なパーム油のための円卓会議」の略。WWF（世界自然保護基金）の音頭で、パーム油の供給関係者と利害関係者がテーブルにつき、2004年8月に創設された。現地の農園関係者や搾油事業者のほか、ユニリーバやボディショップ、ライオンといったパーム油利用企業も加わった。2005年には、持続可能なパーム油を生産するため

の8原則39基準を採択。パーム農園を認定する第三者認証制度の導入も検討されている。パーム油の世界生産量は、年間約3300万トン、大豆油と並び、天然植物油として最大規模の供給量を有している。パーム油の世界的な需要が増す中で、環境面では農園開発による熱帯雨林の伐採や野生動物種と個体数の減少、そしてパーム油生産工程での大量のメタンガスの発生、社会面ではきびしい労働条件などの問題も顕在化してきた。→グローバル・コンパクト、持続可能な資源消費、生活破壊、フェアトレード

## アール オー エイチ エスしれい【RoHS指令】→ローズしれい【ローズ指令】

## アール ディー エフ【RDF】
(Refuse-Derived Fuel)
ごみ固形燃料。廃棄物の中から紙、プラスチック、生ごみなどの可燃物を取り出し粉砕・圧縮し乾燥させた円筒形の固形燃料。石炭並みの発熱量が得られ、ごみ発電の原料に使われる。長期貯蔵の場合、水分を含んだRDFが発酵・発熱し、爆発事故を起こすケースも報告されている。→ごみ発電

## アール ピー エスほう（RPS法）
(Renewables Portfolio Standard Law)
正式名称は、「電気事業者による新エネルギー等の利用に関する特別措置法」（新エネ利用特措法）。電気事業者に対して、一定量以上の新エネルギー電気の利用を義務付け、新エネルギーの利用を推進する制度。新エネルギーの対象は風力、太陽光、地熱、中小規模水力、バイオマス発電、ごみ発電の6種類で、2014年までに160億kWh/年（全販売電力の1.6％）を導入目標としている。導入目標枠がヨーロッパ各国と比べると非常に低いため、「特別"措置"法ではなく、特別"阻止"法である」と批判する声もある。新エネルギーによる発電は、電気的価値と環境価値（RPS価値）に分けて取り引きすることができる。環境価値の取り引きとして、RPS価値以外にもグリーン電力証書の取り引きが行われている。→アーヘンモデル、アイ ピー ピー(IPP)、グリーン電力 グリーン電力証書、系統連系、ごみ発電、市民風車、新エネルギー、電力自由化

## アレルギーはんのう【アレルギー反応】
生体にとって無害な物質に対する異常な免疫応答を言う。過敏な（人の）免疫システムが、一般に無害と思われる抗原（アレルゲン）に対して過剰に反応すること。→アトピー、アレルゲン、抗原、免疫系

## アレルゲン（allergen）
アレルギー反応を引き起こす物質を指し、免疫反応における抗原のこと。花粉やハウスダスト、食品、薬剤など多くがアレルゲンとなりうる。→アレルギー反応、抗原

## あんていがたしょぶんじょう【安定型処分場】→はいきぶつしょぶんじょうスリータイプ【廃棄物処分場3タイプ】

## イー　イー　アール（EER）
(Energy Efficiency Ratio)
エネルギー消費効率。製品区分ごとに定めた測定方法で得られる数値で、年間消費電力量など、その製品がどのくらいのエネルギーを使うかを表す。「省エネ法」では、小売店等の店頭で省エネ基準達成率とエネルギー消費効率の表示を求める「省エネラベリング制度」が2000年からスタート。エネルギー消費効率の測定方法や判断基準は、機器ごとに経済産業省の総合資源エネルギー調査会省エネルギー基準部会各判断基準小委員会により取りまとめられている。→省エネラベリング制度、省エネ基準達成率、COP

## いいぶん【言い分】
ある特定の環境問題において、問題に関与する複数の主体が、対立を含む多様な意見や価値観を有する場合、それらの異なる立場の様々な意見の一つ一つを言い分と呼ぶ。とりわけ合意形成過程の理解を深めるために、価値観の異なる言い分を記述し、それらを分析することによって合意形成の問題点を指摘し、合意を探るための手法として用いられる。→公共圏、公論形成の場

## イー　エスさいぼう【ES細胞】
一個の細胞である受精卵は、分裂を始めて約4、5日目には胚盤胞と呼ばれる、一層の細胞壁にくるまれた細胞の塊になり、時間の経過に伴って組織、器官へと分化し、成体となっていく。胚盤胞の細胞の塊は形態的、機能的特徴を持たず、未分化の状態であり、これを取り出して培養したのがES細胞、または胚性幹細胞と呼ばれる、あらゆる組織になり得る多分化能を持った細胞である。自己複製、増殖能があるため、これを用いて組織や臓器をつくる再生医療への期待が高まっている。→再生医療

## イー　エス　シー　オー【ESCO】
→エスコ

## イー　エム　エー　エス【EMAS】→イマス

## イー　エム　エス【EMS】→かんきょうマネジメントシステム【環境マネジメントシステム】

## イエローケーキ（yellow cake）
ウラン鉱石を採掘・精製して粉末状にしたウラン精鉱を言う。鉱石を細かく粉砕して硫酸でウランを溶かし出して濃縮し、さらに化学処理をして不純物を除去した後に乾燥したものが、黄色いケーキ状をしていることから、この呼び名になった。ウラン（U3O8）が99％含まれる。採掘されるウラン鉱石の品位は、高い方でU3O8の含有量が0.15〜0.8％程度である。イエローケーキの放射線レベルは、運搬用ドラム缶から1mのところで計測して、ジェット旅客機が宇宙から受ける放射線の約2分の1で問題ない。

## イー　オー　アール【EOR】→せきゆぞうしんかいしゅうほう【石油増進回収法】

## いおうさんかぶつ【硫黄酸化物】
（SOx）（Sulfur Oxide）
硫黄酸化物の総称。通称ソックス。一酸化硫黄、三酸化二硫黄、二酸化硫黄、三酸化硫黄、七酸化二硫黄、四酸化硫黄などがある。石油や石炭などの化石燃料を燃焼する時、あるいは黄鉄鉱や黄銅鉱のような硫化物鉱物を培焼する時に排出される。大気汚染物質としての硫黄酸化物は、二酸化硫黄、三酸化硫黄、および三酸化硫黄が大気中の水分と結合して生じる硫酸ミストが主となる。発電所などから、硫黄酸化物が大気中に煙とともに排出されると大気が汚染され、酸性雨の原因となる。日本では、「大気汚染防止法」によるきびしい規制によって、発電所などでは高性能の排煙脱硫装置が設置されているため、硫黄酸化物の排出はきわめて少ない。脱硫の結果、石膏（硫酸カルシウム）が回収され、セメント、建材などに利用されている。中国など発展途上国では、未だ排煙脱硫装置が設置されているケースが少ないため、酸性雨による日本などへの広域汚染が問題となっている。日本の排煙脱硫技術の積極的な移転が望まれる。→窒素酸化物

## いくせいりん【育成林】
更新方法が、天然更新か人工更新かを問わず、目的達成のために人為的に保育などの管理を行う森林。一定区画の森林をいっせいに伐採し、植栽などで更新が行われる育成単層林、材木を部分的に伐採し複数階層の樹木を育てる育成複層に分けられる。自然の力によって発芽し成長した天然性林に、間伐などの管理・保全を

行う場合も育成林に含まれる。京都議定書における日本の育成林による炭素の吸収・固定量は2050万トンCと見積もられているが、適切に間伐などの管理を行った場合に、この効果は得られる。→長伐期施業、森林による二酸化炭素の貯蔵・吸収

## イクレイ（ICLEI）
(International Council for Local Environmental Initiatives)
国際環境自治体協議会（持続可能性を目指す自治体協議会）。持続可能な開発を公約した自治体および自治体協会で構成された国際的な連合組織。1990年に、43カ国200以上の地方自治体が集まり、ニューヨークの国連で行われた「持続可能な未来のための自治体世界会議」で誕生した。460以上の自治体および自治体連合組織を会員に持ち、その他数百の自治体が国際キャンペーンやプログラムに参加している。地域レベルでの持続可能な開発を推進するにあたり、人材を養成し、知識を共有し、自治体を支援するために技術コンサルタント、トレーニング、情報サービスを提供している。このような事業が、世界全体の持続可能性を実現するための効果的で費用効率の高い方法であるというのが、イクレイの基本的な考え方である。→アジェンダ21、環境自治体　環境自治体会議、クリチバ市

## いさはやわんかんたくじぎょう【諫早湾干拓事業】
有明海に面した諫早湾を堤防により仕切り、陸側の干潟を干拓し、農地および調整池とする事業。1989年より工事が行われ、1997年に潮受堤防が閉じられた。海水の流入がなくなり、堤防内は干上がりつつある。諫早湾は有明海とともに潮汐の変動が大きく、湾奥部には干潟が広がっている。当初は、農地の拡大および調整池の確保が目的であったが、後に防災目的も加えられた。実施当初の目的である農地の拡大が、全国的に進む減反政策と相反する状況になり、必要予算も2倍程に膨らむなど事業の問題性が問われている。環境面においても、日本の干潟の6%を占める諫早湾干潟の消滅による影響が懸念されている。事業の必要性に対する疑問と環境への懸念から、地元の自然保護団体等が反対運動を展開している。堤防閉め切り後、有明海のノリ養殖に影響が出たことから短期開門調査が行われたが、諫早湾の閉め切りと有明海の水質との関係は明らかにはならなかった。中・長期開門は、さらに環境に影響を与えると懸念されたことから、実施されないこととなった。→干潟・湿地、長良川河口堰

## いじょうきしょう【異常気象】
通常、経験しないような気象現象で、

社会的、経済的に大きな被害を与える大雨、強風、干ばつ、冷夏などがある。気象庁では、ある場所で30年に一回程度発生する現象とし、世界気象機関では、月平均気温や月平均降水量が過去30年以上の期間に観測されなかった程、偏った天候を異常気象としている。異常気象による大きな被害が出た例としては、1993年に日本で米の不作をもたらした冷夏や、2003年にパリで熱中症による死者を出した熱波がある。気象庁の調査では1998年以降、日本は異常高温が多発し熱中症患者の増加が確認されている。都市部における局地的な集中豪雨の増加も見られる。異常気象を発生させる原因は、地球温暖化やオゾンホールの拡大、エルニーニョ、エンソ（ENSO）、偏西風の蛇行などが考えられているが明らかではない。都市部における集中豪雨の増加や熱帯夜の増加はヒートアイランド現象に起因すると考えられている。→エルニーニョ、エンソ（ENSO）、オゾンホール、干ばつ、集中豪雨、熱帯夜、熱中症、ヒートアイランド現象、猛暑日

## イソいちまんよんせんいち【ISO14001】→アイ エス オーいちまんよんせんいち【ISO14001】

## イソにまんろくせん【ISO26000】→アイ エス オーにまんろくせん【ISO26000】

## いそやけ【磯焼け】
(coralline flat)
浅海域において昆布やワカメなどの大型海藻類が減少し、構造階級の下層に生息していた石灰藻類によって海底が覆いつくされる現象。海底を覆う石灰藻は、無節サンゴ藻と呼ばれる細胞壁に石灰を沈着させる海藻。無節サンゴ藻は、表面から他の海藻が付着することを防御する物質を分泌し、さらに表層細胞を剥離し、自らの表面上に他の海藻が育つことを阻害する。磯焼けの原因は、海流の変化、ウニなどの藻食動物による食害、河川からの水の大量流入、海岸の環境汚染等による海水の濁りがもたらす海藻の光合成作用障害、護岸工事などによる土砂の流入などがあげられている。磯焼けにより海底から藻場が消失することで、海洋の生態系を大きく変化させ、漁業に大きな影響を及ぼす。しかし、磯焼けの原因である無節サンゴ藻は、多量にしかも広範囲に分布するため、炭酸カルシウムからなる無節サンゴ藻を含む石灰藻は、炭素を固定する生物として注目されている。→魚付き保安林

## イタイイタイびょう【イタイイタイ病】
富山県の神通川流域の住民に多発し

た公害病。四肢などの骨がもろくなって、たやすく骨折するようになり、寝たきりの状態となる。痛みの激しさから、イタイイタイ病と名付けられた。大正末期から、風土病としてその存在は知られていたと言われる。1960年代に、この原因は神通川上流にある三井金属鉱業・神岡鉱業所の亜鉛製錬の廃水に含まれるカドミウムが、食物連鎖により腎臓に蓄積され、腎尿細管障害が発端で起こる病気であるとされ、1968年に厚生省は公害病と認定した。四大公害病の一つ。→四大公害訴訟、食物連鎖

### いちじエネルギー【一次エネルギー】

自然界に存在するエネルギー源で、石油、石炭、天然ガス等の化石燃料、原子力の燃料であるウラン、および水力、太陽、地熱等の自然エネルギー等自然から直接得られるエネルギーのこと。これに対し、二次エネルギー源は一次エネルギー源を何らかのかたちで変換したものを指し、電気、ガソリン、都市ガス、水素燃料等のことを言う。また、一次エネルギーに占める石油のシェアは、これまでの石油代替政策により50%以下まで低減し、発電電力量に占める石油のシェアについては11%にまで低減している。しかし、石油に石炭、天然ガスを合わせると、一次エネルギー供給の8割以上を占め、その9割以上を海外からの化石燃料に依存している。→化石燃料

### いちじおせんぶっしつ【一次汚染物質】

工場や自動車など排出源から直接大気中に排出され汚染する物質。排出された時点で有害となる物質である。一次汚染物質としては一酸化炭素、窒素酸化物、硫黄酸化物、浮遊粒子状物質、重金属類がある。一次汚染物質は排出源から大気中に拡散し、直接、健康被害等を生じさせる。物質が排出源から大気中へ放出された後、化学反応により生じる汚染物質を二次汚染物質と言い、揮発性有機化合物や窒素酸化物から光化学反応により生成される光化学オキシダントがあげられる。→一酸化炭素、一酸化窒素、汚染物質、二酸化窒素、二酸化硫黄、浮遊粒子状物質、光化学オキシダント

### いちにちせっしゅきょようりょう【一日摂取許容量】→エー　ディーアイ【ADI】

### いっさんかたんそ【一酸化炭素】

(CO) (Carbon Monoxide)
炭素を含む物質が、酸素が不十分な環境下で燃焼することで発生する炭素原子1個と酸素原子1個が結合してできる気体（CO）。高温で強い還元作用を示すため、金属精錬に利用される。石油などの炭素を含む燃料の

燃焼時に、酸素の供給が十分であると二酸化炭素が生じるが、酸素の供給が不十分であると不完全燃焼により一酸化炭素が生じる。一酸化炭素は呼吸によって人体に入り込むと、血液中のヘモグロビンと強く結合し一酸化炭素ヘモグロビンを形成し、ヘモグロビンの酸素との結合を阻害する。このため酸欠状態に陥り、一酸化炭素中毒を発症する。代表的な大気汚染物質であり、環境基準が設定され、監視、規制の対象となっている。環境基準は、大気中の濃度については8時間平均値で20ppm以下、一日平均値で10ppm以下に設定されている。現在では、大気中の一酸化炭素濃度は、自動車排出ガス規制の効果により全測定局で基準を達成している。→二酸化炭素、一般環境大気測定局

### いっさんかちっそ【一酸化窒素】
(NO)(Nitric Oxide)
窒素酸化物の一種で、窒素原子1個と酸素原子1個が結合した気体(NO)。空気中の酸素と結合し、二酸化窒素になる。高温な環境下で窒素を燃焼することで酸素と反応し、一酸化窒素が生成する。石油や石炭中には微量ながら窒素が含まれており、これらの燃料をボイラーや自動車エンジンで燃焼させることで窒素酸化物が生成されるが、高温で燃焼を行うと発生量が増加する。工場や自動車などから排出された窒素酸化物は主に一酸化窒素であるが、大気中で酸素と反応し二酸化窒素になる。二酸化窒素は、光化学オキシダントの主要な原因物質であり、酸性雨の原因物質でもある。一酸化窒素は、「大気汚染防止法」により排出規制がとられているが、環境基準は設定されていない。→二酸化窒素、一次汚染物質、光化学スモッグ、酸性雨、大気汚染防止法

### イッタ【IITA】→こくさいねったいもくざいきょうてい【国際熱帯木材協定】

### イット【ITTO】→こくさいねったいもくざいきかん【国際熱帯木材機関】

### いっぱんかんきょうたいきそくていきょく【一般環境大気測定局】
「大気汚染防止法」に基づき設置される大気汚染の状況を常時監視する測定局の内、自動車排出ガス測定局以外のもの。住宅地等の自動車や工場の排出ガスの影響を受けない、一般的な生活空間の大気汚染状況の把握を目的としている。環境基準が設定されている二酸化窒素など大気汚染物質の測定を行い、データは環境省より公表されている。現在は、全国に1639カ所設置されている。→自動車排出ガス測定局、大気汚染防止法

### いっぱんはいきぶつ【一般廃棄物】
(Non-Industrial Waste)
「廃棄物処理法」(1970年)の対象となる廃棄物の内、産業廃棄物以外のもの。一般家庭から排出される、いわゆる家庭ごみ（生活系廃棄物）のほか、商店、オフィス、レストランなどの事業所などから排出されるオフィスごみ（事業系廃棄物）なども含まれる。また、し尿や家庭雑排水などの液状廃棄物も含まれる。現行の廃棄物処理法の下では、市町村などの地方自治体が収集・処理・処分の責任を負う。→産業廃棄物、廃棄物処理法

### いでんしくみかえ【遺伝子組み替え】
自然に存在する生きた細胞内において複製が可能なDNAと、他のDNA断片または合成DNAを試験管内で結合させること。これによって組み替えDNAができる。多くの動植物では、有性生殖を通じてDNAの組み換えが行われている。試験管内で組み換えDNAを作成し、再び細胞に移す技術を遺伝子組み換え技術と言い、遺伝子治療に応用されている。→アシロマ会議、DNA、遺伝子治療

### いでんしくみかえせいぶつ【遺伝子組み替え生物】
生物の遺伝子を操作し、人間にとって有益な特性を獲得した生物種。遺伝子組み替え技術を使用することで、従来の品種交配と異なり種の壁を超えた新しい生物種をつくり出す。農作業に有効な除草剤に耐性を持つ作物や、害虫に対して毒性を有するたんぱく質を産出し、害虫の増加を抑制する作物が開発されている。最初に市場に登場した遺伝子組み替え作物は日持ち性が向上したトマトである。遺伝子組み替えによる作物は、花粉を飛ばして周辺地域に栽培される従来種と交配し新種が起こるため、作物の分布が人間のコントロールを超えて拡散することが懸念されている。除草剤耐性を持つ作物については、耕地に生育する雑草にも耐性が現われることで、さらに除草剤が散布されるという悪循環を招く可能性が高いなど問題点がある。遺伝子の組み替えなどにより生産された生物の使用は、2004年に施行された「遺伝子組み替え生物等の使用等の規制による生物の多様性の確保に関する法律」によって規制されている。これは2000年1月のコロンビアにおける「生物の多様性に関する条約のバイオセーフティに関するカルタヘナ議定書」をわが国も2003年に締結したことによる。→アシロマ会議、遺伝子資源、カルタヘナ議定書、薬剤耐性、生物多様性条約

### いでんししげん【遺伝子資源】
生物種が持つ遺伝子情報。生物は全て遺伝子を持っているが、潜在的に

人類に有用となる情報を含んでいる場合もあることから、資源として認識されるようになった。遺伝子は、それを持つ生物が絶滅すると二度と復元することが不可能なため保護が重要である。野生生物だけではなく、人類が品種改良などによりつくり出した農作物や家畜類も保護対象となる。「生物多様性条約」では、遺伝的多様性の保全が重要であると指摘しており、さらに遺伝子資源へのアクセスと利益配分について規定している。人為的に遺伝子情報を保管するジーンバンク等の機関よる保護が行われている。→カルタヘナ議定書、生物多様性条約

### いでんしちりょう【遺伝子治療】

疾病の治療を目的として、遺伝子組み替え技術により新たな性質が与えられた組み替えDNA、または組み替えDNAを導入した細胞を患者の体内に移すこと。患者のリンパ球を体外に取り出して組み替えDNAを導入後、体内に戻すなどの間接的な方法と、患者の病変組織へ組み替えDNAを導入する直接的な方法とがある。世界各国で、遺伝性疾患や悪性腫瘍に対する遺伝子治療が試みられている。→遺伝子組み替え、DNA

### いでんじょうほう【遺伝情報】

生物が、自己と同じ個体を複製するために親から子へ、さらに細胞分裂においては細胞から細胞へと伝えられる情報。大腸菌に感染するウイルスのDNAに係わる実験から、DNAが遺伝情報の担い手であることが明らかになった。遺伝情報は、両親から一セットずつ受け継いだ染色体のゲノムDNAの4種の塩基配列に保存され、伝えられる。遺伝情報には、生涯の過程における形態や機能などに関する全ての情報が含まれている。遺伝情報の解読は、病気の診断や治療などに寄与する反面、組み換えDNA実験による遺伝子操作を加速し、生態系に大きな影響を及ぼすことが懸念されている。→アシロマ会議、遺伝子組み替え、DNA

### いでんてきたようせい【遺伝的多様性】

生物多様性を保つ要素の一つで、同一生物種内における個体群の遺伝子が変化に富むことを指す。他の要素として、種の多様性と生態的多様性をあげることができる。三十数億年の生命の歴史を顧みるまでもなく、生物多様性の維持は、将来における生物の生存と発展のための重要な条件と言える。→遺伝子資源、種、生物多様性

### いどうはっせいげん【移動発生源】

大気汚染の発生源で、自動車など移動する発生源。自動車、船舶、航空機、鉄道など化石燃料を燃焼し動力

を得るもの。移動しながら大気汚染物質である窒素酸化物、硫黄酸化物、粒子状物質などを広域に排出する。移動発生源の内では、自動車が大半を占める。自動車の排出ガス対策としては、自動車単体に対して排出ガスの削減を求める方法と、排出ガスを低減する燃料対策がとられている。特に大気汚染の激しい大都市では、よりきびしい排出ガス規制が設定されている。排出源の規制とともに、渋滞緩和、モーダルシフト、パーク・アンド・ライドなどにより、排出量そのものを減少させることも必要である。→自動車排出ガス測定局、モーダルシフト、パーク・アンド・ライド、固定発生源

## イー　ピー　アール【EPR】→かくだいせいさんしゃせきにん【拡大生産者責任】

## イー　ピー　ティー【EPT】
(Energy Payback Time)
エネルギー・ペイバック・タイム、EPBTとも記す。新たなエネルギー生産設備をつくり、稼働させ、廃棄に至るまでに投入したエネルギーの総量を、その設備が稼働することによって、どのくらいの時間で取り戻すことができるかを表す指標。例えば、ソーラーパネルを設置して電気エネルギーを得る場合のEPTは、次のように求められる。ソーラーパネルとコントロールシステム一式を、原材料を用いて製品に仕上げるために必要としたエネルギー、輸送のためのエネルギーおよび設置のためのエネルギー、廃棄のためのエネルギーなど投入したエネルギーの合計を$E_I$とし、ソーラー発電によって一年間に得られるエネルギーを$E_O$とすると、$E_I$を$E_O$で割った値（$E_i/E_o$）がEPTとなる。ソーラーパネルの耐用年数がこの値以下で、投入したエネルギーが化石燃料によるものだとすると、ソーラーパネル設置は環境負荷の軽減には結びつかない。→ライフサイクル費用

## イー　ピー　ビー　ティー【EPBT】→イー　ピー　ティー【EPT】

## イマス【EMAS】
(The Eco-Management and Audit Scheme)
EU（欧州連合）の環境管理・監査制度。1995年4月から実施。参加は任意で強制力がない。環境マネジメントシステムの構築、内部環境監査の実施、環境成果の公表などが定められている。ISO14001のEU版。→ISO14001

## イー　ユー　ピーしれい【EuP指令】
(Directive on Eco-Design of Energy-using Products)
エネルギー使用製品(Eup)の環境配慮

設計に関する欧州連合（EU）の指令。「エコプロダクツ」の要件を定義するもので2005年8月に発効した。製品の環境負荷の80％以上は構想・設計次第で決まるので、製品開発の初期段階で環境要素を組み入れることが省エネの決め手となる。そこで、電気、石油、ガスなどを使った耐久消費財に対し、製品カテゴリーごとにエネルギー消費、リサイクル可能性などの面からエコデザインの定義を定め、ライフサイクル全体を通じた環境負荷の低減を図ることにした。製品ラベルや省エネ利用を呼びかける消費者向けの情報提供なども組み込まれる。輸送機器を除くエネルギー使用機器が対象。年間販売台数がEU域内で約20万台以上であること、環境に影響があること、大きなコスト負担をかけることなく環境に対する影響を改善できること、の三点が対象要件とされている。→ウィー指令、エコデザイン、環境適合設計、グリーン調達、包括的製品政策

## イー　ユー　フラワー【EUフラワー】
→イー　ユー　フラワーおうしゅうれんごう【EUフラワー欧州連合】

## イー　ユー　フラワーおうしゅうれんごう【EUフラワー欧州連合】
欧州連合（EU：European Union）の第三者認証型の環境ラベルであるEUエコラベルのこと。花のかたちをしているので、一般に「EUフラワー」と呼ばれることが多い。1993年に制定され、2000年に現在のかたちに改められた。欧州委員会（European Commission）とEU環境ラベル委員会が共同で運営している。特徴は、製品原材料の採取から廃棄に至るまでのライフサイクル分析（LCA）を取り込んだレベル基準にある。現在では、食品、飲料、薬品を除く全ての日用品に基準が開発されつつある。現在、ラベルを利用している国は、EU15カ国と欧州環境機構（EEA：European Environment Agency）合意署名国のノルウェー、リヒテンシュタイン、アイスランドが使用している。しかしEU加盟国の多くは、独国のブルー・エンジェルをはじめ自国独自の環境ラベルを有しており、これらラベルとの競合問題がある。→エコラベリング

## いりあいけん【入会権】
村落共同体等の集団が一定の、主として山林原野において、伐木、採草、キノコ狩りなどの共同利用を相互に行うことができる慣習的な物権（用益物権）。また、入会権が設定された土地のことを入会地と言う。また漁場に関する漁業権、入漁権、入浜権、水源・水路に関する水利権、泉源・引湯路に関する温泉権や、新しくはマンション管理における共益設備など、現在に至るまで共同利用を相互

に行うことができる慣習的な物権の構造は随所に見られる。だが、伝統的な遺構というものではない。また、近年、共有財（コモンズ）の共有管理への関心から、入会権のあり方に関心が集まっている。→共同占有、水利権、生活環境主義

## インパクトひょうか【インパクト評価】

製品のライフサイクル分析の評価手法の一つ。様々な環境負荷、例えば二酸化炭素などの温室効果ガス、窒素酸化物などの大気汚染物質、油などの水質汚濁物質、有害重金属などの土壌汚染物質を環境への影響量に換算して、その負荷を評価する手法。また、環境影響量に換算して分析することは特性化という。設定された目的と評価範囲の投入排出項目を比較して、環境影響カテゴリーを選択することが必要である。定量化された複数の環境影響に重み付けを行った上で足し合わせ、総合評価することもある。→インベントリー分析、エコリーフ、LCA、環境適合設計

## インバース・マニュファクチャリング（inverse manufacturing）

逆工場のこと。廃棄された製品を解体・分解し、そこに使われている部品や素材を再利用、再生利用するための工場。通常の工場は、自然界から原材料を調達し、それを加工して様々な製品をつくっている。製品をつくるまでの工場を正工場と呼ぶこともある。製品をライフサイクルで見ると、廃棄物になった後の処理も大切である。その部分がこれまで未成熟であったため、廃棄物処理場不足を招き、資源の有効活用もおろそかにされてきた。逆工場は静脈産業を支える上で、重要な役割が期待されている。インバース・マニュファクチャリングの例として富士フィルムの「写ルンです」がある。→シルバーショック、静脈産業、動脈産業

## インベントリーぶんせき【インベントリー分析】

ライフサイクル分析の評価手法の一つ。製品の一生においてエネルギーや材料などがどれだけ投入され、また排気ガスや廃棄物がどれだけ放出されたかを分析する手法である。経済学でも用いられる投入産出分析の対象が、廃棄物量や排ガス量に変わっただけで、分析のやり方は、いわゆる産業連関分析と同様である。また経済学同様、レオンチェフの方程式や行列などを用いて、製品のライフサイクルの各段階での未知の排出量も推定でき、分析手法としてすぐれている。→インパクト評価、エコリーフ、LCA、環境適合設計

## ウイーク・サステナビリティ
(weak sustainability)

地球環境の持続可能性に関する考え方の一つ。地球環境問題の背景の一つには、人口増加に伴う大規模な自然破壊という問題があり、残された自然環境の保全をどう取り扱うかということは、地球環境の持続性に係わる最大の問題の一つである。サステナビリティを具体化する方策において、ウイーク・サステナビリティは自然資本（natural capital）と人工資本（man made capital）の両者の合計が減少しなければ環境の保全が全うされていると考える。ウイーク・サステナビリティは実現可能なアイデアではあるが、本質的な解決にはやはりある一定の自然資源の保全は必要である。そこで短・中期的には実現可能なウイーク・サステナビリティの立場からスタートし、徐々に長期的展望に基づいて、本質的対策の立場にスタンスを移していくのが、持続可能性を実現できる道筋と考える。→ストロング・サステナビリティ

## ウィーしれい【WEEE指令】
(Waste Electrical and Electronic Equipment)

EU（欧州連合）が2003年2月に公布した電気電子機器の廃棄物回収についての指令。日本の「家電リサイクル法」に相当する。自治体のごみ処理負担や埋め立てによる土壌汚染の低下を図ったもので、メーカーや輸入業者に使用済み電気電子機器の回収・リサイクルを義務付けた。最終消費者からの廃品を地域で無料回収する仕組みを各国が整備し、廃棄物の収集、処理、再生、廃棄のコストは、メーカーに責任を持たせる。メーカーは、自社製品を適切に処理し、費用を負担するだけでなく、新製品では、設計・製造を含め廃棄に配慮することが求められることとなった。指令は、廃電気・電子機器の発生の予防、廃棄物の処分量を減らすため当該廃棄物の再使用、リサイクルおよび他の方法による再生を目的としている。欧州の先陣を切って、06年3月、全ての使用済み電気電子製品を無料で回収するという独国の家電リサイクルがスタート。社会全体を巻き込んだ挑戦が始まった。→IT汚染、再生原料、土壌汚染

## ウイルス（virus）

大きさは約10～400μm（マイクロメートル）（1μmは1mの100万分の1）。細菌に感染するものをバクテリ

オファージ、動植物に感染するものをウイルスと呼ぶ。ウイルスは生物と異なり細胞で構成されていないため、自身で自己複製することはできず、宿主である細胞内に進入し、細胞のエネルギー代謝機能を利用して自己複製する。そのため細胞は破壊され、生体は深刻な影響を被る。ウイルスの起源は、生物のそれと同じくらい古いと考えられ、その進化の過程では、生物とは共生関係にあったと見られている。→エイズ

## ウィンドファーム（wind farm）
風力発電が多数集まっている風車群のこと。多数の風力発電を同じ場所に集中するメリットは、周辺インフラ整備と同時施工による建設コストダウンはもちろん、ムラのある風を点で受け止めるより面で受けて、発電総量を平均化し、安定的な発電量を確保できることである。大型風車の設置には、風況のよい場所であること、住宅から離れていること、風車設置工事に困難さを伴わないこと、鳥類などの飛行経路にないことなど制限があることから、特定地域に集中設置することが有効である。米国カリフォルニア州のパームスプリングスのウィンドファームには、約1万5000基、設備容量約160万kWの風車が林立している。1999年以降、日本でもウィンドファームが数多く運営されるようになったが、障害物の多い陸地ではなく、海上に風力発電機を建設する「洋上ウィンドファーム」構想に期待が集まっている。→再生可能エネルギー、市民風車

## ウエットけいバイオマス【ウエット系バイオマス】
畜糞、食品残渣、野菜屑、食品廃棄物、有機汚泥、その他、生物廃棄物のこと。水分が多いことからウエット系バイオマスと呼ばれる。メタン発酵やアルコール発酵させてエネルギー源として、あるいは堆肥として利用される。ウエット系に対して、間伐材や林地残材などの木質系がある。

## うおつきほあんりん【魚付き保安林】
魚介類の生育を促進し、漁場の環境を保護する森林。「森林法」により魚付き保安林として5万3000haが指定されている（2004年度）。従来は、海岸付近の森林のみを指したが、近年では、生態系としての海と森林との関係に着目して河川上流部の森林も魚付き林と呼ばれる。魚付き保安林には、①降雨時、雨水の流れを調節し水質・水温の急激な変化を防ぐ、②沿岸にせり出した林冠部が水面に投ずる暗影が薄暗い場所を好む魚類を集める、③河川からの無機栄養分が供給され、魚類の繁殖成長を促進し、水産物の品質を向上させる、などの効果がある。魚付き林は、海洋-

陸上生態系間の物質循環の一部をなしている。古来より漁業地域では、沿岸の森林が魚を寄せるという伝承があり、こうした森林が守られてきた。近年では磯焼けなどの現象が、上流部における乱伐など森林の荒廃に伴う河川からの流入成分が変化したことが要因と考えられるようになり、漁業組合などで森林を守る動きも出ている。宮城県では、漁業関係者をはじめとして人々が「牡蠣(かき)の森を慕う会」をつくり、河川上流域に植林をする活動を展開している。→磯焼け、植物プランクトン、プランクトン、保護林・保安林、森は海の恋人

**ウォームビズ→クールビズ**

### うすいりよう【雨水利用】
降雨による水を一時的に貯留し、雑用水として利用すること。雨水の量は気象条件によって左右されるため利用が難しいが、水不足が深刻化する都市の水源として再評価されている。雨水の利用に必要な設備は沈砂、ろ過、滅菌等の機能を持った小規模なものであり、下水処理場のような大規模な設備を必要としないため、維持管理が容易である。日本における雨水利用は、東京都の両国国技館の屋根を利用して集水、貯水し、トイレなどの雑用水として利用したのが始まりである。近年は、道路や緑地に降った雨を集水し、地下空間につくられた貯水槽に導き、雑用水として利用する事業が行われている。東京都では環状7号線の地下に神田川、目黒川、石神井川、白子川から洪水で溢れた水を貯留し、東京湾へ放流する貯留管が建設されている。雨水は、衛生面の問題から基本的に雑排水として利用され、飲用されることは少ない。アフリカなどの乾燥地帯の開発途上国では、雨水を飲料水として利用することが期待され、2003年の「世界水フォーラム」でペットボトルを利用し、太陽光による雨水の加熱殺菌する方法が提案された。→中水、下水処理水、世界水フォーラム

### うちみず【打ち水】
気温の上昇を抑える目的で水をまくこと。夏期、炎天下の舗装道路などが熱せられて熱源となり、熱を再放射するため、その周囲の人たちはひときわ暑さを感じる。このような時水をまくと、道路などからの熱の放射を減少させ、気温の上昇を抑えることができ、一時的に暑さが和らぐように感じられる。水温25℃の水5ℓを熱せられた道路にまいた時、計算上では、水の蒸発熱として2900Kcal(エネルギー換算値1万2000KJ〔キロジュール〕)余りの熱を道路から奪うことになる。周囲の条件によって、実際はこれより低い

値になる。→雨水利用、中水、ヒートアイランド現象、猛暑日

## うばわれしみらい【奪われし未来】
(Our Stolen Future)
外因性内分泌攪乱化学物質（環境ホルモン）の脅威を描いた書籍のタイトル。1996年に出版された書籍。著者は、世界自然保護基金（WWF）アメリカの科学顧問であるシーア・コルボーン（Theo Colborn）、ジャーナリストのダイアン・ダマノスキ（Dianne Dumanoski）、動物学者でオルトン・ジョーンズ財団の代表を務めるジョン・ピーターソン・マイヤーズ（John Peterson Myers）。野生生物の減少をもたらした最大の原因として環境ホルモンが生殖機能障害をもたらすことを指摘し、野生生物のみならず、人間の男子の精子数の減少など生殖機能障害を引き起こしている可能性について言及した。本書で指摘されたいくつかの化学物質について、内分泌攪乱機能を有する、いわゆる環境ホルモン物質であることは証明されている。だが、全ての物質について確認されたわけではなく、現在も科学的な論争が行われている。当時の米国副大統領アル・ゴアが序文を寄せたことで話題を呼び、2006年9月現在、14カ国語に翻訳されている→環境ホルモン、WWF

## うらやすじけん【浦安事件】
公害紛争事件。本州製紙（現・日本製紙）の江戸川工場から放出されたパルプ廃液が下流の漁場を汚染し、それに抗議する浦安漁民が1958年6月10日に本州製紙江戸川工場に突入し、待機していた警官隊と衝突した事件。この事件を契機として、同年に「水質保全法」（公共用水域の水質の保全に関する法律）と「工場排水規制法」（工場排水等の規制に関する法律）という旧「水質二法」が成立した。この旧水質二法は、この後1970年に「水質汚濁防止法」へと発展解消したが、日本初の全国レベルでの環境規制が行われた法令であり、この後の公害対策や環境対策に係わる法令の先駆けとなった。→産業公害

## ウランのうしゅく【ウラン濃縮】
天然のウランを核分裂が起きやすいようにウラン23の含有量を人工的に濃縮したもの。ウラン鉱山で採掘・精製されたイエローケーキと呼ばれるウラン精鉱は、発電所で燃料として使われる前に、まずウラン化合物の六フッ化ウランに転換する。このままでは、中性子を衝突させて核分裂を起こして膨大なエネルギーを放出するウラン235の含有量がたった0.7%でしかなく、発電には不十分なため3〜5%程度まで濃縮する。この工程をウラン濃縮と言う。→イエローケーキ、核燃料　核燃料再処理、

燃料棒

### うりぬしせきにん【売主責任】

「民法」に従えば、売買契約をする際に売主は、以下の条件がある時に担保を負う責任があり、一般にはこれを売主責任と言う。目的物が他人の所有物である場合（民法560条、561条、562条、563条）、他人の権利により制限を受けている場合（同566条、567条）、数量が不足の場合（同565条）は、瑕疵(かし)担保責任（同570条）がある。しかし環境問題においては、製造主や売主の製造・流通・廃棄に伴う、排出物や廃棄物、環境汚染などの責任の因果関係の証明が困難な外部不経済（企業が社会に与える直接・間接的損害）が存在する。これを消費者だけでなく、生産者や売主にも責任分担させたり、汚染発生原因者にのみ責任を負わせたりする場合がある。このような本来の売主責任に加えて、環境汚染に係わる原状回復への責任という意味での売主責任が存在するという考えである。この考えから、「汚染者負担の原則」や「拡大生産者責任」などの概念が誕生した。→汚染者負担の原則、外部不経済、拡大生産者責任、排出権取引

### エー アイ エム モデル【AIMモデル】

国立環境研究所が開発した、温室効果ガスが気候に与える影響をシミュレーションできるコンピュータモデル。アジア・太平洋統合モデル (Asian Pacific Integrated Model)。エイムモデルとも呼ぶ。対象地域は日本、中国、韓国を含む東南アジア・太平洋地域で、温室効果ガス排出の将来推計、排出削減効果分析、気候に与える温暖化影響評価などを総合的に分析することを目的としている。産業革命以降の気温上昇を2℃以下に抑えるためには、$CO_2$の排出量を1990年比で2020年に10％減、2050年に50％減、2100年に75％減にしなければならない、という試算を発表した。→IPCC、温室効果ガス、COP3（コップスリー）

### えいきゅうとうど【永久凍土】

(permafrost)
年間を通して、気温が0℃以下で凍結したままの土壌。シベリア、アラスカ、カナダ北部に分布する。凍土の

中には、有機物起源のメタンガスが閉じ込められている。森林伐採などによって温度が上昇して、永久凍土の南限が次第に北に移動しつつある。それに伴って、融解した永久凍土から温室効果ガスであるメタンが大気中に放出されている。メタンガスは炭酸ガスに比べて温暖化効果が21倍と言われ、永久凍土地帯の森林の違法伐採や森林火災によるメタンガスの放出は、地球温暖化に対する影響が大きい。→温室効果ガス、地球温暖化係数、メタン

### エイズ（AIDS）
(Acquired Immune Deficiency Syndrome)
後天性免疫不全症候群の略。HIV（ヒト免疫不全ウイルス：Human Immunodeficiency Virus）が人の免疫細胞に感染し、これを破壊して免疫能力を失わせる、いわゆるHIV感染症の末期状態を指す。免疫不全になるため、通常ではかからないカリニ肺炎、真菌症、カポジ肉腫などの感染症や悪性腫瘍が生じてくる。HIV感染後に出現する症状は、ウイルス感染症状が短期間続く第1期から、数年から十数年経過して特定の感染症が表れる第4期までの4段階に分けられ、第4期を以てAIDS発症と判断される。UNAIDS（国連合同エイズ計画）によれば、世界の2006年末の時点におけるHIV感染者は3950万人で、2006年一年間だけで新たにHIVに感染した人は430万人、AIDSにより死亡した人は290万人に上る。→ウイルス、自然免疫、免疫系

### えいぞくちたい【永続地帯】
エネルギーや食糧を自給自足できる可能性を表す指標。環境の地域的豊かさを測るために行い、そこで得られる自然エネルギーと食糧生産でエネルギーと食糧の需要がまかなえる地域を示す。永続地帯は人口の少ない自治体あるいは発展途上国とされている諸国に、これまでとは異なる発展ルートを指し示す指標として、現在、具体的な試算が進められている。→エネルギー自給率、持続可能性指標、食糧自給率

### エイチ アイ ブイ（HIV）→エイズ（AIDS）

### エイチ イー ピー（HEP）
(Habitat Evaluation Procedure)
米国で開発された生態系評価システムの一つで、生息場評価手法の略。野生生物の生息地（ハビタット）の定量的評価を用いた合意形成手続きの手法。生態系を客観的に評価するため、対象となる野生生物の生息地として空間を捉え、生息環境を支配する因子を抽出して数値化し、定性的、定量的に評価する。現況での評価によって、その生息地の将来を推

定し、事業の影響を評価する。開発により影響をこうむる可能性のある地域において、環境保全措置を行う場合に悪影響をこうむる生態系と、保全措置によって保全される生態系の比較評価を客観的なデータとして提供ができる。ミティゲーション（環境緩和）を行う場合に有効な方法である。→巨大（地域）開発、生息場適合度指数、ハビタット、ミティゲーション

## エイチ　シー　エフ　シー（HCFC）
(Hydro Chloro Fluoro Carbons)
フロンの一種で、炭化水素の水素の一部が、塩素およびフッ素に置き換わった気体の総称。オゾン層破壊の原因とされたフロンの代替物質。代替フロンとも呼ばれる。冷媒として使われるHCFC-22、HCFC-123と、発泡剤等として利用されるHCFC-141b、HCFC-142bがある。だが、オゾン層破壊物質であることが判明し、二酸化炭素よりも強い温室効果ガスであることから、1997年の「京都議定書」により排出抑制対象ガスとなった。「モントリオール議定書」では、2020年までの全廃を目指しており、日本では2004年より生産削減が開始された。→フロンガス、代替フロン、オゾンホール、温室効果ガス、モントリオール議定書

## エイムモデル→エー　アイ　エムモデル【AIMモデル】

## えいようしっちょう【栄養失調】
一般的に、カロリーの不足またはタンパク質、脂肪、ビタミンなどの必須栄養素が不足した状態を指す。アジアにおいては人口の15％、サハラ砂漠以南を指すサブサハラ・アフリカでは約33％が、深刻な栄養失調の状態にあると言われる。特にサブサハラは、慢性的な食糧危機の上に、しばしば大規模な干ばつに見舞われ、それによって栄養失調となる5歳未満の子どもは、150万人とも200万人とも言われている。→飢餓、国連食糧農業機関、食糧安全保障、食糧危機、ナチュラル・ステップ

## エー　エーせんシリーズ【AA1000シリーズ】
(Account Ability 1000)
英国の専門機関・アカウンタビリティ社が開発した、説明責任(アカウンタビリティ)を果たすための原則、基準、指針。主に、ステークホルダー（利害関係者）のニーズに対して説明責任を果たしているか、ステークホルダーの期待に応えているかを検証し、評価する時に役立つ。シリーズの基本原則は、「重要性」「完全性」「対応性」の三つ。重要性は、「ステークホルダーが必要とする重要な情報が記載されているか」、完全性は、「記載すべき重要事項を決定するため

の情報を完全に把握しているか」、対応性は、「ステークホルダーの関心や懸念に的確に対応し開示しているか」というもの。日本では、東芝、東京電力、富士フイルムなどが利用している。→SA8000、サステナビリティ、ステークホルダー、ステークホルダー・エンゲージメント

**えきかてんねんガス【液化天然ガス】** (LNG) (Liquified Natural Gas)
天然ガスをマイナス162℃という超低温で冷却して、液体にしたもの。液化は産出国で行われる。液化すると体積が600分の1になるのでLNGタンカーで輸送され、消費国で気体に戻される。体積が小さくなるので大量輸送、備蓄がしやすい。LNGは、石油に比べて$CO_2$の発生量が少なく、しかもガスに戻す過程で硫黄分など不純物を除去するため、クリーンなエネルギーとなる。また、マイナス162℃という超低温のため、それ自体を「冷熱」と呼ばれるエネルギーとして利用できる利点がある。→液化石油ガス (LPG)、天然ガス、都市ガス

**エクエーターげんそく【エクエーター原則】** (Equator Principles)
民間金融機関のための環境・社会影響ガイドライン。「赤道原則」とも言う。民間金融機関が、総費用1000万USドル以上のプロジェクト・ファイナンスを行うに当たって、そのプロジェクトが地域社会や自然環境に与える影響を確認することを共通の原則とするガイドライン。「赤道」を意味する「エクエーター」は、環境NGOの意見を取り入れ、南北にバランスの取れた開発のための世界標準を目指す、という意味を込めて用いられている。企業の社会的責任(CSR)に対する要求が高まる中、民間金融機関にも独自の環境リスクの評価が求められるようになり、欧米の銀行を中心に作成が進められた。2003年6月に、欧米金融機関が採択。邦銀では、三菱東京UFJ銀行、三井住友銀行、みずほコーポレート銀行が採択している。→エコファンド、SRI、国際金融公社、責任投資原則

**エクセルギー** (exergy)
エネルギーの内、仕事に転換できるエネルギーのこと。電気、熱、運動量などのエネルギーの有効利用を考える際の尺度になる。例えば、お湯を沸かす場合に、薪、ガス、電気を使って熱を起こす場合のエネルギー変換を比較すると、エネルギーが姿を変えていく際にどれ程の仕事を行ったかというエネルギーの質（有効エネルギー）が分かる。電気は100%仕事に転換できるが、熱エネルギーは一部が廃熱として捨てられるので、エクセルギーの質は低い。→アネルギー

## エクソン・バルディーズごうじけん【エクソン・バルディーズ号事件】
(Exxon-Valdes Accident)
1989年、エクソン・バルディーズ号が起こした大規模タンカー原油流出事故。積荷の原油約4万2000kℓが海上に流出。流出油はプリンス・ウィリアム湾一帯からアラスカ湾へと広がり、少なくとも350マイル以上の海岸を汚染し、ニシンや鮭等、大量の魚と、39万羽の海鳥、5500頭のラッコ、200頭のアザラシが死亡したと見られる。この事故を契機に、1990年2月の第16回国際海事機関(IMO)総会で、大規模油流出事故に対応するための国際協力体制の確立等を目的とする「油による汚染に係わる準備、対応及び協力に関する国際条約」(PPRC条約)が採択された。また、米国のNGO「環境に責任を持つ経済のための連合」(CERES: Coalition for Environmentally Responsible Economies)は、環境問題に対応するために企業が守るべき10項目を「バルディーズ原則」(現在は「セリーズ原則」)として発表した。→環境リスク、GRI

## エコアクションにじゅういち【エコアクション21】
ISO14001(環境マネジメントシステム)の簡略版。環境省が策定し推奨している認証・登録制度。ISO14001の認証取得のためにはかなりの経費がかかる上、書類の作成も煩雑で、中小企業などには取り組みにくい。このため、中小企業や学校、公共機関などが、容易に環境配慮の取り組みができるように工夫された手法。具体的には、環境への取り組みを効果的・効率的に行う管理システムを構築するため、環境への取り組みに関する目的・目標を定め、計画を立て、行動し、結果をまとめ、評価し、報告するためのガイドラインを定めている。認証取得の経費もISO14001より安い。→ISO14001

## エコクッキング (Eco Cooking)
食べ物やエネルギーを大切にし、水を汚さず、ごみを減らしながら、おいしい料理をつくること。旬のものを食べたり、きちんと計画して食品を購入することは、エネルギーの無駄を防ぐだけでなく、倹約にもつながる。例えば、①必要な量だけを買う、②包装を断り、ごみは買わない、③栽培される際のエネルギー消費量が少ないものを買う、④皮や葉、残り物なども活用、⑤米のとぎ汁は植木の肥料にする、⑥コンロの火加減を調整しガス使用量を抑制する、⑦冷蔵庫を開ける時間を短くする、などが必要である。→グリーンコンシューマー、$CO_2$家計簿 環境家計簿、食糧自給率

## エコこうりつ【エコ効率】

(eco efficiency)
経済と環境を配慮したモノづくりのための指標。製品の経済的側面と環境的側面を同時に分析することによって、企業が経済性にすぐれ環境負荷も少ない性能を持つ製品を開発するためのツールになる。例えば、研究段階にある製品について、他社の競合品あるいは代替品と比較する場合、エコ効率を分析することによって自社製品の経済・環境両面の位置付けが明確になり、設計の最適化ができる。エコ効率分析手法の一例としては、エネルギー・原材料消費量、大気・水質・土壌への汚染物質の排出、使用された物質の毒性の可能性、誤使用のリスクと被害の可能性という五つの要素を考えて、それぞれ25％、25％、20％、20％、10％というウエイト付けをして評価する方法も使われている。→エコプロダクツ、LCA、トップランナー方式

### エコシステム（ecosystem）
生物と環境を一まとまりの体系としてとらえたもの。生態系のこと。人間が営む生活環境との対比で自然環境を生態系と呼ぶ場合もある。生態系は様々な生命体の相互依存関係で成り立っており、環境の変化に大きな影響を受ける。特に地球温暖化のような急激な温度上昇には、自ら移動できない植物の場合、適応できずに死滅するケースが多い。またカナダ北部やアラスカでは、温暖化による害虫の北進で、針葉樹の赤枯れ死が目立っている。さらに海洋生態系を支えるサンゴ礁は温度が1℃上昇しただけで、死につながる白化現象が起こると言われる。生態系の保全のためにも温暖化対策の必要性が指摘されている。一方、生態系を構成する生物は、食物連鎖の一環として位置付けられており、生産者としての植物、消費者としての動物、解体・分解者としての微生物がそれぞれの機能を果たすことで、廃棄物ゼロ（ゼロエミッション）の持続可能な世界が維持されている。→生態系、自然環境主義

### エコシステムマネージメント→せいたいけいかんり【生態系管理】

### エコシティ（Eco City）
環境負荷の低減、自然との共生およびアメニティ（快適性）の創設を図った環境共生都市のこと。建設省（現・国土交通省）のプロジェクトで、20都市をモデル都市に指定した。「エコシティ事業」の類型としては、省エネ・リサイクル都市、水循環都市、都市気候緩和・自然共生型都市の3類型が示された。具体的には、未利用エネルギー活用型の地域冷暖房施設の整備、公開空地の緑化・透水性舗装、下水処理水循環利用等の施設整備が補助金の対象になった。→

エコタウン事業、環境自治体、環境自治体会議、循環型社会、スローシティ、再生可能エネルギー

## エコスクールにんしょうせいど【エコスクール認証制度】

学校現場における環境教育運動を推奨し、顕彰する国際的な認証制度。具体的には、水、エネルギー、リサイクルなどをテーマに選んで授業を行い、目標値を掲げて実際の活動に取り組んだ後、一定の基準に達したことが認められると「グリーンフラッグ」が与えられ、エコスクールとして認定される。緑色の旗が贈られるので「緑の旗運動」とも呼ばれる。世界41カ国に加盟団体のある「環境教育財団」(FEE：Foundation for Environmental Education)が運営。1994年にデンマークでスタートし、その後、ヨーロッパを中心にアフリカや南米へも普及。2007年現在、世界37カ国、約1万4000校が参加しており、すでに約4000の学校がエコスクールとして認定されている。デンマークでは、全学校の約10％に当たる210校がエコスクール活動に参加、内60校がグリーンフラッグを取得している。スウェーデンでも1996年にエコスクール認証制度が導入され、環境にやさしい幼稚園や小・中・高等学校に対してグリーンフラッグが授与されている。→学校版ISO、環境教育

## エコスペース（Eco-Space, Environmental Space）

天然資源や環境を利用できる一人当たりの許容限度のこと。1992年の地球サミットに合わせて、オランダのNGO「地球の友オランダ」(Friends of The Earth)が、"持続可能なオランダ、アクション・プラン"として発表し提唱された概念が、発展したもの。このアクション・プランによると、オランダ人一人当たりの温室効果ガス排出は85％の削減が必要と試算した。→エコロジカル・フットプリント、環境容量

## エコセメント（Ecocement）

エコロジーとセメントを合わせた造語で、都市ごみ焼却灰を50％以上使用したセメントのこと。セメントの主成分である石灰石に含まれる粘土やケイ石を、下水汚泥や都市ゴミ焼却灰などを主原料とする焼却灰で代替させたもの。焼却灰には、ダイオキシンなど有害な化学物質が含まれることが多い。だが、エコセメントは1450℃以上の高温で焼成されるため、ダイオキシン類などの有機化合物は、水、炭酸ガス、塩素ガスなどに分解され無害化される。鉛やクロムなどの有害金属も塩化物として回収されるので、環境汚染は引き起こさないとされている。このため、逼迫する最終処分場の延命につながる処理方法として自治体の関心も高い。

普通のセメントと同等以上のエコセメントを生産できるまでになっており、財団法人日本環境協会によりエコマーク商品に認定されている。千葉県市原市と東京都三多摩地区で都市ゴミ焼却灰を主原料としたエコセメントが、太平洋セメント社によってつくられている。→ガス化溶融炉、エコタウン事業、最終処分場、ゼロエミッション

## エコタウンじぎょう【エコタウン事業】

通産省（現・経済産業省）が中心となり、1997年に創設されたまちづくり事業。廃棄物の資源化を目指すゼロエミッション構想を軸に、環境調和型のまちづくりを支援する制度。具体的には、それぞれの地域の特性に応じて、都道府県、政令指定都市が推進計画（エコタウンプラン）を作成し、経産省、環境省の共同承認を受けると、一定のソフト事業やリサイクル関連施設の整備に補助金が与えられる制度。現在までに、全国21地域のリサイクル関連の45施設に支援が実施された。ただ一部のごみ焼却施設の中には、過大な施設をつくったため、ごみ不足で稼働率が大幅に低下し、赤字になっているところもある。→エコシティ、ゼロエミッション、ガス化溶融炉、カルンボー工業団地

## エコツーリズム（Eco-Tourism）

自然環境や文化などに負担をかけずに旅行をすること。地域固有の歴史や文化を保持しながら、地域振興にも貢献するエコツーリズムの考え方は、1980年代に国連環境計画（UNEP）、国際自然保護連合（IUCN）、世界自然保護基金（WWF）が、「世界環境戦略」の中で「持続可能な開発」を提唱したことに端を発する。先進国の「マスツーリズム」が、発展途上国の自然環境などに負荷を与えていることが指摘され、それに対峙する概念として「エコツーリズム」が生まれた。自然志向の強まる旅行者のニーズを満たしながら、環境と経済を両立させる持続可能な観光の領域の一つとして、広く先進国でも展開されている。日本でも2003年11月、「エコツーリズム推進会議」が新設され、知床、白神、富士山、南紀・熊野、屋久島など13カ所のエコツーリズム推進モデル地区が選定されるなど、エコツーリズムの普及と定着が図られている。身近な小川の生態、郷土の歴史、文化、伝統などを地元のガイドとともに学びながら旅する、新しい旅のかたちも生まれている。→グリーンキー、グリーンツーリズム、世界遺産

## エコデザイン（Eco-Design）

製品の開発・設計の段階から使用後の処理の段階まで環境負荷の低減を

目指すシステムのこと。オランダの公的機関と国連環境計画（UNEP）は、①新しい製品概念の開発、②環境負荷の少ない材料の選定、③材料使用量の削減、④最適生産技術の適用、⑤流通の効率化、⑥使用時の環境影響の低減、⑦寿命の延長、⑧使用後の最適処理のシステム化など八つの方法を提案している。1998年に日本工業規格（JIS）にも盛り込まれた。同義の言葉に、ライフサイクルデザインがある。→Eup指令、環境適合設計、LCA

## エコドライブ（environment friendly driving）

省エネルギーと大気汚染物質の排出削減を心がけた自動車運転のこと。関係するさまざまな機関が、経済速度の遵守などをドライバーに呼びかけている。JAF（Japan Automobile Federation）は、次の「エコテン10ドライブ」を奨励している。①アイドリングストップの励行、②タイヤの空気圧チェック、③不要な荷物を降ろす、④適切な暖機運転、⑤急発進・急加速をやめる、⑥車間距離をキープ、⑦エンジンブレーキ使用、⑧駐車場所の厳選、⑨夏のカーエアコンは高めに、⑩計画的ドライブ。→カーシェアリング、パーク・アンド・ライド、モーダルシフト

## エコビジネス（Eco-Business）

環境問題の解決に役立つと同時に、顧客がその価値を認めて対価を支払ってくれる環境関連事業のこと。1994年の『環境白書』に初登場した言葉。当時、環境庁（現・環境省）は、①環境負荷を低減させる装置（公害防止装置、省エネ装置など）、②環境への負荷の少ない製品（低公害車、廃棄物リサイクル、家庭用省エネ機器など）、③環境保全に資するサービスの提供（環境アセスメント、廃棄物処理など）、④社会基盤の整備（省エネ・省資源型システム、緑化・植林など）をあげている。従来からの、環境保全に役立つ商品やサービスの提供、公害防止装置開発、低公害車、エコロジーグッズなどの環境負荷の少ない製品を製造販売するビジネス、廃棄物処理業や下水道整備などの社会基盤を整備するビジネスに加えて、砂漠緑化や都市緑化、自然エネルギー、環境調査・コンサルティング、エコロジーグッズ専門小売店、エコ住宅、エコツアー、環境教育、環境監査、エコファンド（SRIファンド）など、新しいビジネスも生まれている。消費者や顧客もエコビジネスを積極的に支持する傾向があり、今後いっそう成長が見込まれる分野である。→エコツーリズム、エコファンド、エスコ、グリーンキー、グリーンサービサイジング

## エコファーマー（Eco-Farmer）

環境に配慮した農業従事者のこと。持続性の高い農業生産方式に一体となって取り組む計画を立て、県知事に申請し認定されると得られる資格。1999年に「持続性の高い農業生産方式の導入の促進に関する法律（持続農業法）」によってエコファーマー認定制度が制定され、有資格者には農業改良資金や課税特例等の支援措置が行われる。農林水産省により、エコファーマーは持続可能な農業を目指し、堆肥等による土づくり技術、有機質肥料の使用による化学肥料低減技術、機械除草や生物農薬などの使用による化学農薬低減技術に取り組むと示されている。2006年3月時点で、約10万件が認定されている。認定された農業者は、届け出によりエコファーマーマークの使用が可能となる。→持続可能な農業、生物農薬、地産地消、ロハス、有機農業

## エコファンド（Eco-Fund）

環境に配慮した企業の株式だけを組み入れてつくった一種の投資信託。環境に配慮した企業に投資したいという、グリーンインベスター（環境意識の高い投資家）のニーズに対応した金融商品。投資家は一定の投資収益を期待するが、同時に自分の資金が環境配慮企業を支援するために使われることに喜びを感ずることができる。欧米では歴史が古いが、日本では1999年に数種類のエコファンドが売り出され、現在20近くまで増えている。エコファンドに組み入れられた企業の株式は環境に力を入れている企業として評価され、市場価値が高まることが期待されている。SRI（社会的責任投資）の一つである。→SRI、グリーンインベスター、CSR、責任投資原則

## エコフェミニズム（eco-feminism）

エコロジカルフェミニズム。男性による自然支配と女性支配を同根と定め、自然保護の立場から戦争、女性への暴力、女性支配、先住民への差別、環境破壊に反対する考え方。環境問題を解決することは、家父長的で、ヒエラルキー（階級支配制度）的で、自然からの収奪を行う男性優位の社会の構造を変えることになると考える。この考え方は、マルクス主義の生産様式論を基にしたマルクス主義フェミニズムと家父長制を批判するラディカルフェミニズムを原点とし、一部分は人間中心に環境を考えないディープエコロジーなどの思想に影響を受けている。→ディープエコロジー、ポリティカルエコロジー、緑の党

## エコプロセッシング（eco processing）

製品の製造・加工過程段階で環境負荷を低減すること。エコフレンドリー・プロセッシングとも言う。日本

においては、特に繊維業界で繊維加工の環境負荷低減への取り組みに関して、この言葉が使われている。→環境適合設計、LCA

## エコプロダクツ（Eco Products）
環境配慮型商品。環境に対する負荷を減らすように配慮して設計された商品。素材や設計、生産、使用後の廃棄など、各過程での環境負荷を少なくした商品。文房具、食品などの生活必需品から、自動車や家庭用分散型電源まで、きわめて幅広い範囲の概念である。自動車で言えば、エネルギー消費量だけでなく、資源採取から廃棄・リサイクルまで、製品のあらゆる段階での環境負荷の検討が必要だ。これを評価するためISO14001シリーズのライフサイクルアセスメント（LCA）の手法や環境ラベルなどが注目され、適用され始めている。近年、エコプロダクツだけを集めた展示会、「エコプロダクツ展」も盛況を博している。アジアや途上国でも、商品のエコプロダクツ化は緊急の課題である。→ISO14001、エコラベリング、LCA、クリーナープロダクション

## エコマーク（Eco-Mark）
商品の製造、使用、廃棄等による環境負荷が他の商品と比較して相対的に少なく、環境保全に役立つ商品に付けられるマーク。申請に基づいて基準を満たした商品に対して、財団法人日本環境協会が認定している。国際標準化機構（ISO）の規格（ISO14024）に則った日本で唯一の環境ラベルで、1990年2月に導入された。シンボルマークは、アルファベットのe（ecology,earthの頭文字）を図案化したもの。再生紙や、特定フロンガスを使用しないスプレーなど、資源の再生利用や環境保全に配慮した商品に表示される。同様の制度は、独のブルーエンジェル、カナダの環境チョイスプログラム、北欧のノルディック・スワンなどが有名。他にもEU、オーストラリア、ニュージーランド、韓国、インド、タイなどでも導入されている。→EUフラワー欧州連合、エコラベリング、ブルー・エンジェル、ノルディック・スワン

エコマーク

## エコマテリアル（eco-material）
環境負荷を低減した原材料のこと。プラスチックや合成樹脂など、旧来型の商品素材は廃棄する際に土壌の中で分解できないものや、焼却すると有害ガスが発生するなど焼却処分ができないものもある。しかし、自然成分を材料とすることで、土壌中

で微生物により水と二酸化炭素に分解され、環境に蓄積しない特色を持つ生分解性プラスチックと呼ばれる材料も存在する。このように環境負荷の高い旧来の原材料に代えて、環境負荷を低くしてつくった原材料をエコマテリアル、もしくは環境調和型材料と呼ぶ。→LCA、環境適合設計、生分解性プラスチック

### エコマネー→ちいきつうか【地域通貨】

### エコミュージアム（Eco-Museum）
ある地域を丸ごと「博物館」と見立て、学習しながら交流を深める活動および施設を指す。自然、農場、山林、漁場、集落、遺跡、著名人の生家などを展示物とみなすため、そこに住む人々の参画をももたらすことになる。語源は、仏語「エコミュゼ」を英訳したもので、エコロジーとミュージアムの合成語である。日本では「生活・環境博物館」や「地域まるごと博物館」と訳されている。1960年代後半、「家の博物館」の概念を樹立し、エコミュージアム創設者となった仏の博物学者アンリ・リヴィエールは、「地域社会の人々の生活と、そこの自然環境、社会環境の発展過程を史的に探求し、自然遺産および文化遺産を現地において保存し、育成し、展示することを通して、当該地域の発展に寄与することを目的とする博物館である」と定義している。→エコビジネス、グリーンツーリズム、グリーンキー、コミュニティービジネス、地元学、町おこし

### エコラベリング（Eco-Labeling）
環境保全に役立つ商品にマークを付けて国民に推奨する制度と、そのラベルが付いた商品のこと。同義語としては環境ラベリング、環境ラベル制度、環境ラベル、エコラベルがある。ISO14000シリーズには非関税障壁となることを避けるため、エコラベリングに関する規格ISO14020番台があり、その性格によって三つに分類される。①独のブルー・エンジェルや日本のエコマークのように、第三者による基準制定とその基準による商品認証が行われる第三者認証を特徴とするタイプⅠ環境ラベル、②省エネラベリング制度など、特定目的の環境負荷軽減を製造業者が数量的検証を満たすことにより、自分で自由に宣言できる自己宣言を特徴としたタイプⅡ環境ラベル、③エコリーフのように、ライフサイクル的な環境負荷軽減と数量的評価の双方を満たさなくてはならないタイプⅢ環境ラベル。国際的にはタイプⅠラベルが最も普及しているが、タイプⅢ型のようにライフサイクルでの環境負荷を考えるラベルの普及も今後期待される。→ISO14001、EUフラワー欧州連合、エコリーフ、LCA、

省エネラベリング制度、ノルディック・スワン、ブルー・エンジェル

## エコリテラシー
### (ecological literacy)
地球環境を配慮して生活する能力。"リテラシー"は読み書き能力を示し、"エコ（エコロジー）"は、自然または地球環境という意味である。物理学者フリッチョフ・カプラは、「資源生態学の法則を理解し、人間社会における日常生活の中で具体的な行動に移すことのできる能力」と定義した。エコリテラシーとは、「ありとあらゆる学問分野を関連付け、各々の知識を統合して全体像を見る能力」ということができる。→環境教育、レイチェル・カーソン、サステナビリティ

## エコリーフかんきょうラベル【エコリーフ環境ラベル】
タイプⅢ環境ラベル。2002年に、世界で初めて日本で導入された。タイプⅢ型の環境ラベルは、生産から廃棄に至るライフサイクルでの環境負荷について定量的な評価を必要とする。そのため商品だけでなく、製品の生産過程も認証を受ける必要がある。この厳密な認証メカニズムにより、環境の全体的な負荷軽減に関して最も信頼の置ける環境ラベルと言える。しかし、認証条件が厳密なため、2006年8月末段階で生産のシステムの認証を受けた工場は28件、商品は368件にとどまっている。日本以外でタイプⅢ型環境ラベルを導入している国は、韓国、カナダ、スウェーデンの3カ国だけである。→ISO14001、エコラベリング、LCA

## エコリュックサック
### (Eco Rucksack)
製品が背後に持つ環境負荷の大きさを測る指標。モノづくりにおいて使用される原材料資源、すなわち地下資源の採掘・採取の工程においては、表土や岩盤を掘削して移動させ、破砕、粉砕、選別、製錬して金属など有用物質を取り出し、残ったものは周辺部に移動させ、堆積処理しなければならない。このように、モノづくりの川上において掘削・移動、廃棄しなければならない土砂、岩石類の量は、想像以上に膨大なものである。各素材によって掘削・移動・廃棄される物質の量は異なる。これら、各素材の物質処理量が多い程、環境負荷が大きいので、その大きさを数値に表したものをエコリュックサックと言う。例えば、金と白金は35万、銅は420、鉄は14、石炭は6、石油は0.1となっている。数値が大きい程、地殻の中に存在する量が少なく、採取に当たっては環境負荷も大きいことになる。乗用車一台には排気ガス処理装置に白金が3g使われているので、3gに35万を掛けると1050kgと

なり、乗用車はエコリュックサックとして1050kgという大きな環境負荷（リュックサック）を背負っているという考え方。環境NPO「ファクター10クラブ」会長のシュミット・ブレークの提唱による環境負荷尺度。→環境負債、希少資源、債務環境スワップ、シュミット・ブレーク、シリコンプロセス、テーリング

## エコロジー（ecology）

生態学のこと。生物とその周囲の生物的・非生物的環境との関係や、構造、機能的側面について研究する学問分野。また、日本語での「自然」とほぼ同義に使うこともある。環境社会学では、人間が生活行動を行う生活環境の対になる概念としてこの言葉を捉えている。→エコロジスト、自然環境主義、生活環境主義

## エコロジカルデザイン（Ecological Design）

環境に配慮したデザインのこと。完成した製品や建築物の外観・機能面の配慮だけでなく、製造段階で使用するエネルギーや、廃棄物の最小化、使用後にリサイクルしやすいこと、最終的な廃棄物の削減などが考慮される。環境調和型の設計・生産。企画・開発の段階から、資源の調達、製造過程、消費、廃棄に至るまでの製品のライフサイクル全般にわたって、環境効率の大幅な向上が最優先される。具体的には、長寿命、リユースを前提に、省資源・省エネルギーの徹底、エコマテリアルの採用、小型化・軽量化などで環境負荷の低減が図られる。エコロジカルデザインの提唱者のシム・ヴァンダーリンは、自然の仕組みに沿ったデザインと位置付け、その実践には、①場所に深く適合したデザイン、②エコ収支によるデザイン決定、③自然の仕組みに沿ったデザイン、④誰もがデザイナーたり得る、⑤自然の仕組みをわかりやすく視覚化する、の五原則を不可欠なものとしている。→エコプロダクツ、LCA、環境適合設計、クリーナープロダクション

## エコロジカルネットワーク（ecological network）

分散して存在している生物種の生息、生育空間を連結することで、生態系の回復と生物多様性の保護を目指す構想および行動。都市圏などで分散して存在している緑地や湿地などの自然は、野生生物の貴重な生息場であるが、生物の移動、交流が困難であるため、環境変化に対して脆弱である。分散した緑地などを街路樹による緑道や、自然に近い河川などにより結びネットワーク化することで、生態系はより豊かになると考えられ、各地で計画が進められている。ヨーロッパでは、オランダが国土生態系ネットワーク構想を計画し、国土全

体をネットワーク化することを目指している。米国では、ボストンで高架高速道路跡地の緑道化する計画がある（セントラル・アーテリー・コリドー）。日本では、林野庁が行う山岳地帯向けの緑の回廊構想や、国土交通省による都市部の緑の回廊構想で、公共事業対象地域ごとの連携が行われている。現在、環境省は国土交通省、農林水産省と連携し、総合的なエコロジカルネットワークの形成手法について検討・調査を開始している。→緑の回廊、多自然型川づくり、生物多様性、生息地のアイランド化、人工林の壁、リフュージア

## エコロジカル・フットプリント (Ecological Footprint)

カナダのブリテッシュコロンビア大学のマティース・ワケナゲルらが提唱した、地球の持続可能性を測るための指標。人間は様々な資源を自然の土地から調達、消費している。一方で、人間が排出する廃棄物はやはり自然が吸収し、気候を安定させ、生命を維持するサービスを提供してくれる。このように、人間が生きてゆくためには様々な自然資源が必要であるが、その自然資源量を土地面積に換算して表したものをエコロジカル・フットプリントと言う。1975年までは、その面積は地球一個で何とか間に合ったが、2000年には地球の許容量を20％オーバーした。このことは、地球の環境容量を上回って自然を酷使していることを意味する。もし世界中の人たちが米国人並みの生活を求めると、地球はあと4個必要という計算になる。このエコロジカル・フットプリントは、いわば人間が経済活動をするために生態系を踏みつけている面積を表すが、人類の過剰な消費ですでに地球の環境許容限度を超えていることに警告を発しているわけである。→エコスペース、カウボーイエコノミー、環境容量、持続可能な資源消費、生態系サービス

## エコロジスト (ecologist)

生態学者や、生態系の保護を行う人のこと。また価値観として、他の価値観より生態系を優先する立場の人のことを言う。環境問題への対応としては、人間が生活活動を行う領域である生活環境および生態系（自然環境）と比較してどちらを優先するか、もしくはどちらを中心に二つの領域を統合したり調整したりするかを考えた時に、生態系の論理を優先する人のことをエコロジストと言う。その逆に生活環境に基盤を置く人のことは、生活環境主義者と言う。→エコロジー、自然環境主義、生活環境主義

## エシカル・コンシューマー (ethical consumer)

環境や動物に配慮し、正義や公正の観念を重んじる倫理を身に付けた消費者。ものを買う時、製品や企業を多角的に検討・評価して決断を下そうとする人々を指す。英国では、「倫理的消費者主義」（ethical consumerism）と呼ばれ、産業界も注目している。高品質の無農薬、自由貿易による製品なら、多少高くても買う用意がある消費者たち。その判断基準は、普遍的人権や環境持続性、社会正義や道義的責任にも置かれる。持続可能性や社会的公正、および全ての生き物を含めた存在の豊かさを実現できるか、という基準も重視される。英国エシカル・コンシューマー協会が提唱する「買うことは、投票することと同じである」という考え方も共感者を増やしている。→グリーン・コンシューマー、フェアトレード、ライフスタイル、ロハス

## エス　アール　アイ【SRI】→しゃかいてきせきにんとうし【社会的責任投資】

## エス　エーはっせん【SA8000】
(Social Accountability)
「ソーシャル・アカウンタビリティ（社会説明責任）」の略で、基本的な労働者の人権の保護に関する規範を定めた規格。1997年、米国のNPO、CEP（1969年設立）から独立したCEPAA（Council Economic Priorities Accreditation Agency）によって、国連労働条約や国際労働機関（ILO）の条約のほか、世界人権宣言や子どもの権利条約を基礎として策定された。基本的な労働者の人権の保護に関する規範を定めた規格で、CEPAAの後身、CSR評価機関であるSAI（Social Accountability International：本部ニューヨーク）が運営している。具体的には、児童労働の撤廃、強制労働の撤廃、労働者の健康と安全、結社の自由と団体交渉の権利、差別の撤廃、肉体的な懲罰等の撤廃、労働時間の管理、基本的な生活を満たす報酬、マネジメントシステムの九分野について、企業が第三者機関の認証を受ける。認証を受けた企業は、労働問題に真剣に取り組んでいる証しとなり、国際的な評価を得ることになる。労働環境が国際化され、国際的な労働規格が必要になったことから、企業における社会的責任、特に人権配慮の視点に立って開発された制度である。→CSR、グローバル・コンパクト、スウェットショップ

## エスコ（ESCO）
(Energy Service Company)
エネルギーサービス会社のこと。工場やオフィスビル、庁舎、ホテル、病院など既存の人工物の省エネルギーを達成するための包括的なサービスを提供する事業。事業所全体の省

エネ対策計画を立て、具体的に達成できる省エネルギー量を顧客に示し、保証する。エスコの報酬は、顧客に保証した省エネルギー効果（節約分）の一部から受け取ることが大きな特徴である。なお、省エネルギー対策を行うために必要な設備投資（原材料費、設備改善費など）は、エスコが自ら行う場合と顧客が行う場合の二通りある。→エコビネス、グリーンサービサイジング

## エス　ティー　ディー【STD】

（Submarine Tailings Disposal）
鉱石選鉱後の廃棄物処理法の一つ。非鉄金属鉱山で鉱石の品位を上げる選鉱工程で、品位の高い部分を選別してとった後に、微細な砂状の廃棄物テーリング（尾鉱）が大量に発生する。これをパイプラインで海底まで運んで海中投棄する方法をSTDと言う。テーリング尾鉱をパイプの排出口から放出する深さは、100m前後の変温層と呼ばれる海水温度が変わる場所以深でなくてはならない。変温層以深なら、尾鉱は浮き上がってくることなく数千メートルの深海底まで流れ下る。テーリングを、陸上に堆積したり河川に投棄するのに比べ、環境負荷が少ないと言われている。→エコリュックサック、選鉱、テーリング

## エス　ピー　エム（SPM）→ふゆうりゅうしじょうぶっしつ【浮遊粒子状物質】

## エタノールしゃ【エタノール車】

バイオエタノールを燃料とする自動車のこと。木質バイオマスや、農作物のサトウキビ、トウモロコシなど植物を原料としてつくられたエタノールを特にバイオエタノールと呼び、これを燃料とする自動車をエタノール車と言う。バイオエタノール100％、またはバイオエタノール混合ガソリンによって走行する。エタノールを燃やした場合に大気中に排出される二酸化炭素は、植物が生育する過程で大気中から取り込んだものであるから、大気中の二酸化炭素濃度には影響を与えないため、温暖化対策に有効であるとされる。また、バイオエタノールは、化石燃料に替わる燃料として注目を集めている。→エタノール車、バイオエタノール、バイオマス由来燃料、木質バイオマス

## えっきょうおせん【越境汚染】

国境を越えて環境汚染が広がること。例えば、中国の排煙脱硫装置が付いていない石炭火力発電所から大気中へ排出される硫黄酸化物（SOx）は、国境を越えて日本列島の上空に達し酸性雨となる。また、1986年4月の旧ソ連（現・ウクライナ共和国）のチェルノブイリ原発事故では、周辺諸国に放射能が飛散した。このよう

に、環境汚染は経済規模の拡大を背景に、汚染地域が一国にとどまらず、国境を越えて広域的に拡散する傾向が強まっている。→環境汚染、酸性雨

## エー ディー アイ【ADI】
(Acceptable Daily Intake)
一日摂取許容量。化学物質の毒性試験の際に示される数値で、人が毎日摂取しても、生涯にわたって何ら健康に影響を及ぼすことがないと考えられる量のこと。一般に、一日に体重1kg当たり摂取する量で表され、単位はmg/kg/日を用いる。普通、マウスやラットを用いた動物実験の結果に基づいて算出される。耐容一日摂取量（TDI：Tolerable Daily Intake）も、同じ意味を表す。→ダイオキシン類対策特別措置法、耐容一日摂取量

## エヌ イー ディー オー（NEDO)
→しんエネルギー・さんぎょうぎじゅつそうごうかいはつきこう【新エネルギー・産業技術総合開発機構】

## エヌ ジー オー【NGO】
(Non-Government Organization)
非政府組織。民間団体。元々国連で使われていた用語で、政府の代表ではない民間団体を意味している。政府間の協定によらない民間団体のことで、国連経済理事会との協議資格を認められた団体を指す。その活動は、主に政府主体の国際会議への参画や軍縮、人権、地球環境保全など、国境や国家の政策を超えたグローバルな問題における市民間の相互協力に重点を置いている。最近では、協議資格の有無に関係なく、非営利で非政府というNPO的な市民団体全般を指すこともある。日本では、単に国際的に活動する民間非営利組織をNGOと呼んでいる。→NPO、環境NPO、オーデュポン協会、オルタナティブ、環境保護団体、環境保全運動、コミュニティー・ビジネス、シエラ・クラブ、自然保護運動、消費者運動、ナショナルトラスト、日本NPOセンター、日本フォスタープラン協会

## エヌ ピー オー【NPO】
(Non-Profit Organization)
民間非営利団体。非営利（利潤追求・利益配分を行わない）であると同時に、非政府である（政府機関の一部ではない）こと、自主的、自発的に活動を行うことを特徴としている。狭義には、「特定非営利活動促進法」（1998年3月成立）により法人格を得た団体（特に、NPO法人と呼ぶ）を指す。具体的には、市民活動団体、ボランティア活動の推進団体、公益法人の一部などが該当する。一般的には、会費などによって資金を確保し、民間の立場で社会的に意義を持

つ分野（医療、福祉、環境、文化、教育、国際協力などの諸分野）で草の根的に行われる活動を言う。利益の配分を行わない組織・団体という意味では、社団法人や財団法人、医療法人、学校法人、宗教法人、生活協働組合、地域の自治会なども広義のNPOである。→アサザ基金、NGO、NPOバンク、環境NPO、市民風車、地域通貨、日本NPOセンター

## エヌ　ピー　オーバンク【NPOバンク】

低利融資を手がける非営利組織（NPO）の銀行。個人あるいは市民から資金を集め、福祉や環境などの地域活動の担い手に融資する銀行である。「マイクロクレジット（少額融資）」「草の根融資」とも言い、2006年には、農村の女性に無担保融資をして貧困撲滅を目指すバングラデシュの「グラミン銀行」（ムハマド・ユヌス総裁）がノーベル平和賞を受賞して脚光を浴びた。日本にも同じような趣旨のNPOバンクが、2006年10月現在、「未来バンク事業組合」「ap bank」など主要9団体があり、自己資本は少ないものの貸し倒れはほとんどないと言われている。→NPO、環境NPO、コミュニティービジネス、社会的企業

## エネルギーあんぜんほしょう【エネルギー安全保障】

エネルギー源が枯渇あるいは天災などで供給不能になっても、国民の生活や経済活動を守れる体制のこと。石油、石炭、天然ガスなどの有限な化石燃料への依存度を低減し、再生可能なエネルギーを開発するのは一国だけの問題にとどまらない。エネルギー安全保障は、今やこの星に住む全人類の問題でもある。→エネルギー自給率、再生可能エネルギー、持続可能な資源消費、石油代替エネルギー

## エネルギーさくもつ【エネルギー作物】（energy crops）

石油代替エネルギー用に栽培する作物のこと。トウモロコシ、大豆、砂糖きび、菜種など、元々食料や飼料として栽培されていた作物を、アルコールや燃料油として自動車などのエネルギーとして利用するために栽培する。近年、石油資源の枯渇懸念や価格高騰あるいは地球温暖化対策から、化石燃料の代替エネルギーとして脚光を浴びている。ブラジルは早くから砂糖きびからエタノールを生産し、米国はトウモロコシ、大豆を原料とするエタノールを生産、それぞれ自動車燃料として実用化している。独、オーストリアでは菜種を、仏、伊ではヒマワリを栽培してバイオディーゼル燃料として使用している。ブラジルはエタノールを燃料と

して輸出もしている。→エタノール、エタノール車、石油代替エネルギー、再生可能エネルギー、バイオディーゼル

## エネルギーじきゅうりつ【エネルギー自給率】

生活や経済活動に必要なエネルギーの内、国内で確保できる比率をエネルギー自給率と言う。1960年のエネルギー自給率は56％だったが、高度経済成長期にエネルギー消費量が増加、国産石炭が価格競争力を失うと、中東産油諸国で生産された石油が日本の高度経済成長期を支えた。第四次中東戦争を契機に、第一次石油ショック（1973年）、第二次石油ショック（1979年）を経験し、エネルギー供給を安定化させるため、石油代替エネルギーとして原子力や天然ガスの導入を促進、新エネルギーの開発を加速したが、2003年のエネルギー自給率はわずか4％程度である。→エネルギー安全保障、オイル・ショック、石油危機、石油代替エネルギー

## エネルギーしゅうやくど【エネルギー集約度】

単位活動量当たりのエネルギー量で生産性効率を示す指標。GDP（国内総生産）一単位を生産するために投入したエネルギーの量として表される。それゆえ、エネルギー集約度は低下する程、エネルギー効率が上昇（改善）したことになる。OECD（経済協力開発機構）諸国は、1973年から1996年の間に経済におけるエネルギー集約度を31％減少させており、日本では1973年から1986年の間に34.4％低下している。低下の要因は、高付加価値製品の生産や石油危機による省エネルギーへの努力と産業の転換などがある。エネルギー集約度を改善することで、エネルギー消費量の増加なしに経済成長を達成することが可能である。エネルギー集約度を低下させるためには、省エネルギー技術の開発と利用の促進、鉄道や船等のエネルギー集約度の低い輸送機関の利用、IT技術の利用などがある。→資源投入抑制、炭素集約度、モーダルシフト

## エネルギーしょうひこうりつ【エネルギー消費効率】→イー　イー　アール【EER】

## エネルギー・ペイバック・タイム→イー　ピー　ティー【EPT】

## エネルギーほぞんのほうそく【エネルギー保存の法則】

熱力学第一法則。ある閉じた系の中のエネルギーは、その形態にかかわらず、その総量は常に一定に保たれることを示した法則。例えば、ある高さに支えられた物体が自然落下す

る場合を考えてみる。物体は、支えられた高さに比例した重力による位置エネルギーを持っている。支えが外されて物体が落下し始めると、高さが減少した分、物体の速さは大きくなってゆく。この現象をエネルギーの観点から考察すると、位置エネルギーが減少した分は、物体の運動エネルギーと物体と空気の摩擦で熱となって失われるエネルギーに変換されている。つまり、この系においてエネルギーの総量は変わらない。しかし、総量は一定でも、全体のエントロピー（物質の状態量）は時間とともに増大するのが普通である。位置エネルギーの一部が、熱エネルギーとなって空気中に放散されれば、その熱エネルギーを再び使うことは不可能である。エントロピーの増大によって、エネルギーの取り出しやすさ、扱いやすさは低下して、最終的には最も利用効率の悪い熱エネルギーに変化するのである。エネルギーは保存されるといっても、真に利用できるエネルギーの量がいつも一定であることを保証するものではない。20世紀に入り、アインシュタインの相対性理論によって、質量はエネルギーと等価であることが明らかにされた。質量をエネルギーに換算したり、エネルギーを質量に換算できるのである。一般に、二つ以上の原子が結合すると、全体の質量は元の原子の質量の合計よりも軽くなる。この場合、質量の減少分は原子と原子を結びつける結合エネルギーに変わったと考えられる。→アネルギー、エクセルギー、エントロピー増大の法則、質量保存の法則

## エフ　エー　オー【FAO】→こくれんしょくりょうのうぎょうきかん【国連食糧農業機関】

## エフ　エス　シー（FSC）→しんりんにんしょうせいど【森林認証制度】

## エフ　ティー　エス　イー　フォーグッド（FTSE4Good）
（Financial Times Stock Exchange Four Good）
社会的責任投資の株価指数。英国の経済金融紙「フィナンシャル・タイムズ」とロンドン証券取引所の合弁会社であるFTSEインターナショナル（英国）によって、2001年7月に作成された。対象となる地域や母集団によって八つのシリーズがある。選定に当たっては、「タバコ、核兵器の主要な部品やサービスを提供する会社、武器製造会社、原発を所有・操業する企業、ウラニウムの採掘製造企業」が排除される。その上で、「環境的持続可能性」「社会問題とステークホルダー（利害関係者）の関係」「人権」について評価される。→エコファンド、SRI、責任投資原則、ダウ・ジョーンズ・サステナビリティ・インデ

ックス

## エム アイ ピー エス（MIPS）→ミップス（MIPS）

## エム アール エス エー（MRSA）
(Methicillin-Resistant Staphylococcus Aureus)
抗生物質のメチシリンに対して耐性を獲得した黄色ブドウ球菌のこと。黄色ブドウ球菌は、中耳炎、肺炎、腸炎などの感染を起こす菌で、ペニシリン、メチシリンなどの抗生物質が治療薬として用いられてきたが、これらに対して耐性を獲得したMRSAが出現したため、現在は、抗生物質のバンコマイシンが用いられている。しかし近年、バンコマイシンに対して耐性を持つ細菌の病院内感染が見られ、この細菌からバンコマイシン耐性遺伝子がMRSAに伝播されることが心配されている。MRSA出現の背景には、医療現場での抗生物質の乱用が指摘されている。→抗生物質、薬剤耐性

## エム エス シーにんしょう【MSC認証】
(Marine Stewardship Council)
漁業と水産物のエコラベル制度。海洋環境保全のために十分な配慮を行っている漁業者に対して認証を与え、漁獲物にラベルを付して販売させるシステムのこと。世界自然保護基金（WWF）などが1997年に設立した国際的なNPO法人海洋管理協議会（MSC：本部ロンドン）が推進主体。同年、科学者や漁業者、環境保護団体、水産加工・流通業界など多くの利害関係者との協議に基づき、「持続可能な業業のための原則と基準」を策定した。まず、MSCが世界各地で認証機関を認定。その認証機関が魚介種ごとに漁期や漁獲量、漁獲してもよいサイズや性別など特定の条件を満たした海産物を認定するほか、漁具の紛失や船からのオイル漏れを防ぐ工夫など、海洋環境に配慮した漁業を認定する仕組み。日本では、2006年4月に、東京・築地の中卸「亀和商店」が初めて認証を取得。ジャスコを運営するイオンは06年11月から、系列の660店でMSCラベルの魚介類を販売し始めた。→オリンピック方式、魚群探知機、譲渡可能個別割当方式、認証機関

## エル エヌ ジー（LNG）→えきかてんねんガス【液化天然ガス】

## エル オー エイチ エー エス【LOHAS】→ロハス

## エル シー アイ エイ【LCIA】
(Life Cycle Impact Assessment)
ライフサイクル影響評価。人間活動が環境にどの程度影響を与えているのかを評価する手法。製品のライフ

サイクルを通じた環境影響を評価するライフサイクルアセスメント(LCA：Life Cycle Assessment)の第一歩で、環境負荷の量と環境影響の量を定量的に行う。ある特定の環境負荷を削減することを目的とした製品やシステムは、別の環境問題に対してはかえって負荷が大きくなってしまうことがある。例えば、鉛フリーはんだは、鉛の有害性を未然に回避することができるという点ですぐれているが、銀、銅、亜鉛を新規に利用し、かつ錫の消費を増大させるため、原材料生産の際の環境負荷や資源枯渇への影響は増大するかもしれない。このように、環境負荷物質や環境影響の視点から自然科学的もしくは社会科学的に総合的に比較計量することができれば、意思決定の指針を得られる。→インベントリー分析、インパクト評価、エコリュックサック、LCA

## エル シー エー【LCA】

(Life Cycle Assessment)
日本語訳は、ライフサイクルアセスメント。製品の一生、つまり資源の採取から製造、流通、使用（消費）、廃棄に至る全ての段階で、その製品が及ぼす環境負荷を定量的に測定し、評価する手法。自動車を例にあげれば、自動車の$CO_2$排出量は、原材料の採取、製造段階よりも、使用段階での排出量が断然多い。したがって、自動車のライフサイクルで$CO_2$排出量を削減するためには、軽量化、燃費効率の向上など省エネタイプの車が求められる。ISO14040は、ライフサイクルアセスメントの規格を定めている。→ISO14001、エコ効率、エコプロセッシング

## エル ディー【LD】→ちしりょう【致死量】

## エルニーニョ（El Niño）

太平洋赤道域の中央部から、南米ペルー沿岸にかけての海域で、海面水温の上昇が一年程度続く現象。同海域の水温が低くなる現象をラニーニャと呼ぶ。通常、太平洋赤道域では東風である貿易風が吹いており、赤道上の暖かい海水を西へと運搬し、太平洋西部に集められる。表層の海水が西へ集められるために、東側の海域ではこれを補うように深層から冷たい海水が湧昇している。貿易風が弱くなり、西部から暖められた海水が太平洋中央部に進出すると、エルニーニョが発生する。エルニーニョが発生すると、日本では暖冬、長梅雨、冷夏が、インドモンスーン域では少雨、アラスカ・カナダでは暖冬といった影響が見られる。太平洋東部では、漁獲量の減少が見られる。エルニーニョは、上空の大気圧にも影響を与える。通常の太平洋西部で海水温が高い場合は、上空の気圧が

高く東部の気圧は低い。エルニーニョが発生すると西部の気圧は平年より低く、東部の気圧は平年より高い。この太平洋赤道域の大気圧の振動を南方振動と呼び、海洋と大気は相互に関係していることから、これらを併せてエンソ（ENSO）と呼ぶ。→エンソ（ENSO）、異常気象、地球シミュレータ

## エル ピー ガス えきかせきゆガス【LPガス 液化石油ガス】

(Liquefied Petroleum Gas) 英語の液化石油ガスの頭文字で、LPガス（液化石油ガス）とも言う。プロパンとブタンが主成分であり、燃料として火力発電所、自動車（LPG専用自動車）、家庭用調理器まで幅広く利用されている。常温常圧では気体だが、圧力を加え冷却すると体積が約250分の1の液体になり、効率的に運搬できる。発電や自動車の燃料として、排ガス中の有害物質や$CO_2$量が石油や石炭に比べて非常に少ないため、クリーンエネルギーとも呼ばれる。輸入LPガス（約4分の3）と国産LPガス（約4分の1）から成り、サウジアラビアをはじめとした中東地域やその他の地域で、原油や天然ガスに随伴して生産されている。国産LPガスは、国内で原油から石油を精製する際に製品化され、新潟県、千葉県、北海道および秋田県などで産出されている国産天然ガスは、総生産量の3.5％（2003年度）を占めるにすぎない。→液化天然ガス（LPG）、LPG自動車、都市ガス

## エル ピー ジー【LPG】→エルピー ガス えきかせきゆガス【LPガス 液化石油ガス】

## エル ピー ジーじどうしや【LPG自動車】

LPガスを燃料とする自動車。排ガス中の有害物質や$CO_2$量が、石油や石炭に比べて非常に少ないことや、ガソリン価格の高騰により経済性も魅力となり普及した。自動車検査登録協力会によれば、日本国内のLPG自動車保有台数は、2006年9月現在、29万4657台で、その9割をタクシーが占めている。全国に、約1800カ所のLPガススタンドが設置されている。EU圏では、オランダ、仏を筆頭にガソリンとの併用が可能なバイフューエル（Bi-Fuel）車が普及している。→石油、LPガス、液化天然ガス、天然ガス、クリーンエネルギー

## えんがい【塩害】

塩分により農作物や構造物に被害が出ること。土壌中に塩類が集積することで、植物の生育が阻害される。土壌に塩類が集積する原因は、乾燥地における不適切な灌漑、連作による水分の過剰供給、河口付近における海水の遡上、強風による波しぶき

によるものなどがあげられる。岐阜県の長良川河口堰では、河口からの海水の遡上を防ぐために防潮提を設置している。海岸付近では、潮風により塩分が構造物に付着し腐食させ、電線や鉄筋コンクリートの建造物を劣化させている。鉄筋コンクリート建造物では、塩分中の塩化物イオンが鉄筋を腐食膨張させるため、コンクリートにひび割れを生じさせる。塩分に強いコンクリートとして、シラスを使ったコンクリートが研究されている。→塩類集積、灌漑農業、長良川河口堰

### えんがんぎょぎょう【沿岸漁業】
陸から比較的近い沿岸部で行われる漁業活動。家族操業が主体であり、小型の船舶による日帰りで操業する場合が多い。沿岸部は、水深が浅く陸上からの栄養塩類が供給されるため光合成が活発な地域であり、魚介類の餌となる植物プランクトンの生育が盛んである。多くの魚介類が、豊富な植物プランクトンを求めて沿岸域に集まり、よい漁場を形成している。漁業別漁獲量では、沿岸漁業は全体の4分の1を占め、沿岸で行われる養殖漁業を合わせると全体の半分を占める。一方、沿岸漁業の行われる沿岸域は、陸上からの汚染物質の流入によって汚染されやすい環境にある。近年、富栄養化による赤潮の発生や、魚の生活場である干潟や藻場の消失など、沿岸漁業の環境は悪化している。→赤潮、植物プランクトン、大陸棚、富栄養化

### えんこ【塩湖】
水の蒸発量が、流入や降雨によって供給される量よりも多いために、海水以外に由来する塩分の濃度が高くなった湖。乾燥地帯に多い。世界中に塩湖が存在するが、塩湖の水は淡水湖の水とほぼ同量が存在する。気候の乾燥化や地質・地形的な変化が湖の集水域を変化させると、湖に流出する河川が存在しなくなり末端湖となる。淡水には微量ながら塩分が含まれており、流出する河川を持たない湖では蒸発により塩分の濃縮が起こり、最終的には完全に干上がり、岩塩が残される。塩湖のイオン組成は海洋とは大きく異なり、海水では塩化ナトリウムが優占するが、塩湖ではカルシウム、マグネシウム、硫酸塩、炭酸塩が優占する。塩湖の生態系は、きびしい環境ストレスにより単純である。塩分濃度の上昇により生物多様性が減少する。浸透圧のストレスにより魚は存在しない場合が多い。アラル海では水位の低下により塩分濃度の上昇が見られ、周辺生態系へ悪影響を与えている。→アラル海、干ばつ、生物多様性

### エンソ　エルニーニョなんぽうしんどう【エンソ（ENSO）エルニーニ

ョ南方振動】
太平洋赤道域において見られる海洋の現象であるエルニーニョと、大気の現象である南方振動が連動していることからつくられた複合語。El Niño, Southern Oscillationの頭文字ENSOを取ったもの。太平洋赤道域は大気が強く熱せられ、表層海水は暖かい。大気中には東風である貿易風が吹いており、表層海水は西へ移動させられ太平洋西部海域に暖かい海水が集まる。暖かい海洋の上空の大気は強く暖められ上昇気流が発生し、そこへ吹き込む東風である貿易風を強める働きをする。エルニーニョが発生すると、暖かい海水は東へと移動し、それに伴い上昇気流の発生域も東へ移動し、貿易風も弱まる。エンソの影響は大気の波動を通じて世界中に広まり、各地で様々な異常気象を発生させる要因となる。大規模なエンソは、おおよそ10年置きに出現している。→異常気象、エルニーニョ

## エンド・オブ・パイプ (end of pipe)

工場などの使用済み排水あるいは廃液が、河川や海などに排出されるパイプの排出口のこと。工場などにおいて、末端の廃棄物の処理をして有害廃棄物を工場の外に出さないための環境対策。「エンド・オブ・パイプの処理」という表現をする。だが、エンド・オブ・パイプ処理は公害対策のための対症療法である。原燃料資材の消費量の削減、使用済み資源の再利用、そしてリサイクルあるいは環境調和型の製品設計など、総合的な環境配慮のモノづくりの対極にある安易な対策と言える。→エコマテリアル、LCA、環境適合設計、クリーナープロダクション、スリーアール

## エントロピーぞうだいのほうそく 【エントロピー増大の法則】

熱力学の第二法則。エントロピーは物質の状態量を表す概念。閉ざされた系の中で、その系を特色付ける秩序は常に失われる方向でしか進行せず、元の秩序に戻ることがない（不可逆性）現象を言う。熱い紅茶カップに角砂糖を入れると、やがて砂糖は溶けるが、決して元の角砂糖には戻らない。角砂糖の状態が低エントロピー、解けてしまった状態が高エントロピーである。ガソリンという低エントロピーの資源を燃やすと、高エントロピーの廃棄物（$CO_2$、$NOx$など）に変わる。→エネルギー保存の法則

## エンパワーメント (empowerment)

個人や集団が自らの生活の自己制御感を獲得して力をつけ、組織的・社会的構造に影響を与えるようになること。パウロ・フレイレの提唱によ

り社会学的な意味で用いられるようになり、中南米を始めとした世界の先住民運動や、女性運動などの場面で用いられ実践されるようになった。また政策の観点から見ると、住民参加と合意形成という立場から使われることが多い。今日では、住民参加のあり方が問われる地方自治において、住民の地域に対する関心や主体的な係わりを構築していく上で重要視されている。環境問題の領域では、主に地域レベルの環境政策で用いられるが、政策の立案から執行・監視に至る各過程に住民が参加しながら、自ら政策の担い手として活動する時などに用いられる。→オルタナティブ、合意的手法、公衆参加、情報的手法、パブリックコメント

### えんるいしゅうせき【塩類集積】

灌漑水や地下水中に含まれる塩類が土壌中に集積し、農作物の生育に支障が出ること。砂漠化の一因でもある。古代メソポタミアでは、塩類集積による農地の劣化が王国の衰退の一因となった。海水以外の水にも少なからず塩分が含まれており、土壌中から水分が蒸発する時に塩分を土壌中に残留させる。深い土壌中に含まれる塩分が地下水に溶け込み、地下水が蒸発する時にも塩分は土壌中に残留する。乾燥地において長く灌漑農業を行うと、次第に土壌中に塩分が集積し、農作物の生育に支障が出る。過剰な灌漑水を供給すると、毛細管現象により地下水位が上昇し、地下水の蒸発により地表面付近にはさらに塩分が集積することになる。塩類集積を防ぐ方法は、適切な灌漑水のコントロールと排水設備による排水によって塩分を流すことである。しかし、塩類集積の進む乾燥地の多くは傾斜が緩く、自然排水が困難である場合が多い。現在、世界の灌漑農地の4分の1で、塩類集積により収量の低下が起こっていると報告されている。→アスワンハイダム、塩害、灌漑農業

# オ o

### オイルサンド（oil sand）

砂の中に瀝青（タール）が混ざり合って存在している石油資源の一つ。主要物質は、ビチューメンと呼ばれる重油。カナダ、特にアルバータ州のオイルサンドが有名で、資源埋蔵量はここだけでもサウジアラビアに匹敵し、3110億バーレルの重油が回収できるとされている。1996年から本格的開発が始まり、2010年までの投資総額は600億ドルになると発表されている。世界全体の埋蔵量は約2

兆バーレルと推定され、カナダに約45％、南米ベネゼエラに約50％が存在している。→ガワール油田、原油、枯渇性資源、ピークオイル

## オイルシェール（oil shale）

油母頁岩とも言われる。頁岩（shale）と呼ばれる堆積岩中に含まれている藻類などの有機物が、長年月の地質時代を経て石油になる前のケロジェンと呼ばれる物質になっているもの。したがって、岩石としての油母頁岩を採掘後、乾留しなければ石油にはならない。1バーレルの石油を生産するために、1〜2トンの油母頁岩が必要となる。世界全体の埋蔵量は3兆バーレルと言われている。米国、ブラジル、ロシア、オーストラリア、中国などに比較的大規模な鉱床がある。オーストラリアでは商業化しているところもある。オイルシェールからの石油抽出には、大規模な露天掘り採掘が必要であるとともに、オイルを抽出した後の廃棄物となる廃シェールが膨大な量になるため、環境負荷が大きい。→エコリュックサック、原油、露天採掘

## オイルショック（Oil Shock）

石油価格の大幅値上げによって引き起こされた世界的規模での経済的混乱のこと。第一次オイルショックは1973年、第四次中東戦争が勃発し、アラブ石油輸出機構（OAPEC・オアペック）が石油価格を大幅に引き上げた。第二次ショックは1978年10月、イランで起きた反政府デモがきっかけでイラン革命が勃発、翌1979年に石油輸出機構（OPEC・オペック）が大幅値上げを実施した。特に、全エネルギーの4分の3を輸入石油に依存してきた日本経済に大きな打撃を与えた。日本政府は第一次オイルショック時、冷房の設定温度を26℃に設定、第二次オイルショックでは28℃に設定した。オイルショックを契機に、日本では工業製品などの省エネ技術が急速に進んだ。→シルバーショック、石油危機

## おうみはちまん【近江八幡】

近江八幡は、滋賀県中部、琵琶湖東岸に位置する人口6万人の都市。2005年には、市内水郷地域160haが「景観法」に基づく同法適用第1号の「景観計画区域」に指定された。自然景観の保護としての水郷地域と、歴史景観保護としての重要伝統的建造物群保存地区と近江兄弟社の設立者ヴォーリズが建てた建築が、街づくりや町おこしへつながる日も近い。→景観（形成）、文化景観、町おこし、歴史的景観

## オガララたいすいそう【オガララ滞水層】（Ogallala aquifer）

米国カンザス州を中心として、南ダコタ州からテキサス州までの8州にま

たがる45万km²の世界最大の地下滞水層。石炭紀、白亜紀の地質時代の地層内に形成されてきた化石水。グレートプレーンズと呼ばれる穀倉地帯では、灌漑用水として膨大な量の化石水を汲み上げている。年々その水位が低下しており、将来の世界の食糧需給に影響を与えることが懸念されている。このような化石水と呼ばれる地下水は、あらたに補給されるのがきわめて遅いため、いずれ枯渇することになる。→過剰揚水、化石水、グレートプレーンズ、食糧危機、地下水涵養、バーチャル・ウォーター、水危機

## おくじょうりょくか【屋上緑化】

建築物等の屋上に人工的に地盤をつくり、樹木や草本などの植物を植えて緑化をすること。屋上庭園、屋上農園、緑化屋根などの形態がある。屋上緑化は都市部において不足する緑地を確保し、ヒートアイランド現象を解消する切り札として注目され、国や地方自治体で促進するための条例が設けられている。しかし、土壌の客土によって人工地盤を形成するため、屋根の荷重対策が重要であり、また植栽への給水灌漑、排水溝の設備、建物の防水設備が必要である等の技術的、費用的な課題が大きく、集合住宅への普及は進んでいない。屋上緑化による効果は、ヒートアイランド現象の緩和、大気汚染の軽減等の環境への効果とともに、建物の断熱性の向上による冷暖房費の低下などがある。環境省のモデル事業として、東京都港区などの7自治体は、地球温暖化とヒートアイランド対策として屋上を緑化する費用の一部を助成している。→雨水利用、地球温暖化、ヒートアイランド現象、熱環境緩和の能力

## おせんしゃふたんのげんそく【汚染者負担の原則】

(Polluter-Pays Principle)
汚染物質を出している事業者は、自ら費用を負担して必要な対策を講じるべきだとする考え方。PPP原則とも言う。経済協力開発機構（OECD）が行った二つの勧告、1972年の「環境政策の国際経済に関する指導原理」および1974年の「汚染者負担原則の実施に関する理事会勧告」に基づいている。勧告は、国際貿易上の不公正を是正し、公正な貿易を保証するために提唱されたもので、汚染予防にかかる費用は汚染者がまず第一次的に支払うべきだとした。企業活動に伴う環境汚染などの外部不経済（企業が社会に与える直接・間接的損害）を、経済システムに内部化することによって資源の適正配分を実現するための基本原則である。以後、この原則が世界各国において責任分担の考え方の基礎となった。わが国では、2000年に閣議決定した「環境

基本計画」に、環境政策の基本的考え方として、汚染者負担の原則、環境効率性、予防的な方策、環境リスクの四つをあげている。→売主責任、外部不経済、環境基本計画、環境効率、環境リスク、予防原則

## おせんどじょう【汚染土壌】
(contaminated soil)
汚染物質によって汚染された土地のこと。製造工場の操業に際して使用された有害物質（PCBや揮発性炭化水素など有害化学物質や、メッキ液などに含まれる重金属類など）によって、その土地や廃棄物埋立地が汚染された土壌。高度経済成長期に工業用地として利用された多くの土地が汚染されていることが判明、こういった土地の再開発に当たって汚染土壌の浄化事業が盛んになってきている。→汚染物質、土壌汚染、バイオレメディエーション、ブラウンフィールド

## おせんぶっしつ【汚染物質】
大気・水質・土壌を汚染し地球環境に負荷を与え、人間に健康被害をもたらしたり、生物を死滅させたりする有害物質のこと。汚染物質には、大きく分けて重金属、有機塩素化合物、揮発性有機化合物、無機化学物質などがある。有害な重金属としては六価クロム、鉛、カドミウム、水銀、砒素などがあり、土壌、水質を汚染する。有害な有機塩素化合物には、残留性の汚染物質と言われるPCB、ダイオキシン、DDTなどがある。揮発性の有機化合（VOC）としては塗料などの溶剤、無機化学物質には大気汚染物質で酸性雨のもとになる硫黄酸化物や、発がん性、呼吸器疾患などを起こす窒素酸化物、浮遊粒子状物質などがある。そのほかアスベストのように天然の鉱物で、ごく細い繊維状をしており、大気中に飛散した繊維が肺に入って、その物理的な特性で人の健康被害をもたらす汚染物質もある。→アスベスト、揮発性有機化合物、窒素酸化物、重金属汚染、ダイオキシン、窒素酸化物

## オゾンそうほごほう【オゾン層保護法】(Protection Law of Ozone Layer)
特定物質の規制によるオゾン層の保護に関する法律の略称。1988年制定。日本は、同年にオゾン層の保護のための「ウィーン条約」（通称、「オゾン層保護条約」）および「モントリオール議定書」を締結した。これらの国際法に対応した国内法。特定フロン、ハロンなどのオゾン層破壊物質の製造、消費、排出の規制を定めている。1995年までに、特定フロンなどの主要物質の生産が廃止された。→CFC、オゾンホール、フロンガス、代替フロン、モントリオール議定書

## オゾンホール（ozone hole）

南、北両極上空の成層圏に発生する密度の低いオゾン層のことを指し、あたかも穴が空いたように見えることから、このように呼ばれる。上空、約10km～50kmの成層圏には、オゾン層が形成されている。高度30kmより上空では、太陽の強い紫外線（UV-C）を吸収して酸素分子$O_2$からオゾン$O_3$が生成される一方で、オゾンは波長が比較的長い紫外線（UV-B）によって分解され、酸素分子が生成される。このようにオゾン層は、オゾンの生成、消滅のバランスが成り立って存在している。ここに、対流圏から難分解性気体であるフロンやハロンが拡散してくると、紫外線によってこれらの気体から塩素原子や臭素原子が解離し、オゾンを破壊する。この作用は、南極や北極上空の極成層圏雲と呼ばれる氷の雲によって促進されるため、両極にオゾンホールが発生しやすい。オゾンの濃度が低下すると、紫外線（UV-B）はオゾン層を透過して地表に届くようになり、生物に様々な影響を及ぼすことになる。1987年に、「オゾン層を破壊する物質に関するモントリオール議定書」が採択され、フロンやハロンなどのオゾン層破壊物質の規制が始まった。→オゾン層保護法、HCFC、CFC、紫外線、日焼け

## おたるうんが【小樽運河】

1923年に完成した埋め立て式運河。戦後、1965年代に運河埋め立てによる道路計画が持ち上がり、住民が歴史景観保護を楯に小樽運河の保存を訴え、全国規模の保存運動に展開した。1983年、穏健的保護派と市による「運河半分埋め立て」の妥協案が通ったが、現在、小樽の観光は埋め立てた側に人気がある。→景観（形成）、文化景観、歴史的景観

## オー ディー エー【ODA】

(Official Development Assistance) 政府開発援助。先進国の政府機関または国際機関が、発展途上国に対して行う技術援助や資金協力のこと。資金協力は、返済の義務のある有償協力と義務のない無償協力に分かれる。国際的には、第2次世界大戦後の戦災復興や、南北問題と呼ばれる先進国と途上国間の格差の問題を解消するために行われてきた。日本では1954年から戦時賠償のかたちで始まり、1960年代以降、他の先進国と同様のかたちに援助の仕組みが整えられていった。1980年代後半から先進諸国間での援助疲れ現象やトリックル・ダウンと呼ばれる経済インフラ再建優先の援助への批判、さらに地球的環境問題の台頭などにより、インフラ整備などの経済支援から環境、医療、教育などの技術支援や資金協力へと支援の形態が変化していった。日本の環境協力は、1989年に仏国で

開催された「アルシュ・サミット」以降行われ、「環境と開発の両立」を援助実施原則の第一番目に位置付けている。→オルタナティブ、グローバル・コンパクト、社会林業、生活破壊、内発的発展論

## オーデュポンきょうかい【オーデュポン協会】

1886年に、野鳥保護を目的としてニューヨークで設立された環境NPO。この運動は、まず米国東部に広まり、各州の上部組織として1905年に全米オーデュポン協会が結成された。結成の目的は、服や帽子の装飾用に鳥が乱獲されることに対する抗議にあった。そのため、これら商品のボイコット運動を展開、鳥の保護に成功した。その後、渡り鳥の保護のために湿地を買い取り、今では80以上の協会所有の野生生物保護区を持っている。50万人以上の会員を擁し、政治的にも大きな力を有し、野生動物の保護区設定のロビー運動(陳情活動)などで実績を持つ。現在では、当初のイメージを払拭して、生物の多様性や絶滅危惧種の保護などに運動のウエイトを移している。→アースウォッチ、NGO、環境NPO、シエラ・クラブ、自然保護運動、ナショナルトラスト

## オフィスちょうないかい【オフィス町内会】

オフィスから出る「オフィス古紙」の共同分別回収に取り組む環境NGO。1991年8月に、東京電力の社員が中心になって設立され、当初は35社でスタートした。東京を中心に、オフィスから発生する紙ゴミの減量・再資源化を目指してボランタリー活動を継続。今では、千数百事業所が結集している。白色度70%の再生紙使用の呼びかけも、全国的に広まった。東京電力は、リーディング・カンパニーとして、その後も継続して運営を支援、オフィス町内会は1994年、リサイクル功労者として内閣総理大臣賞を受賞した。今日、この方式は、全国各地で主体的に取り組まれている。→環境NGO、環境コミュニケーション、フィランソロピー

## オーフスじょうやく【オーフス条約】

「リオ宣言」第10原則の「市民参加」条項を受けて、国連欧州経済委員会(UNECE)で作成された環境条約。正式名称は「環境に関する、情報へのアクセス、意思決定における市民参加、司法へのアクセスに関する条約」。1998年6月に、デンマークのオーフス市で開催されたUNECE「第4回環境閣僚会議」で採択されたため、「オーフス条約」と呼ばれている。情報へのアクセス、政策決定過程への参加、司法へのアクセスを三つの柱とし、それらを各国内で制度化し、

保障することで、環境分野における市民参加の促進を促すことを目的とした条約。2001年10月に発効。2004年現在、締約国はUNECE加盟国を中心に30カ国。2003年5月には同条約第5条9項に従い、「PRTR議定書」が採択されている。日本は未締結である。→地球サミット、リオ宣言、エンパワーメント、合意的手法、情報的手法

### オリマルジョン（orimulsion）

粘性の高い重質油。南米、ベネズエラのオリノコ川流域には、サウジアラビアの石油を上回る膨大な埋蔵量のオリマルジョンがある。粘性が高いと、そのままでは石油タンカーで運べないので、水と界面活性剤を加えて流動性をよくした上でタンカーに積む。このオリマルジョンは、主にヨーロッパなどの発電所で使用されている。日本では二カ所の発電所で使用されている。$CO_2$排出量が、石炭火力発電に比べ約16％少ない。ただし、燃やした後に残る灰の中にニッケルとバナジウムが含まれているので、廃棄物にして埋め立てると重金属汚染が発生するが、現在は金属を回収する技術が確立しているので貴重な希少金属（レアメタル）資源として利用することが考えられている。また、金属回収後に残る灰はセメント原料として使用可能になる。硫黄分が高いので、排煙脱硫が必要だが、脱硫してできる石膏は建材の原料になる。地球温暖化対策とレアメタル資源確保の一石二鳥の発電用燃料と言える。→エコセメント、希少金属、重金属汚染、排煙脱硫石膏

### オリンピックほうしき【オリンピック方式】

漁獲可能量を設定し、その枠内で漁業者が自由競争によって漁獲を行う方式。漁業を持続的に行うためには、年間の漁獲量を適正に管理し、漁業資源を減少させないことが必要である。漁業資源管理方式の内、オリンピック方式は、年間の漁獲可能量を魚種ごとに設定し、自由競争により漁業を行わせ漁獲可能量に達した時点で対象魚種の漁業活動を停止する方法であり、日本はこの方式を採用している。仕組みが単純であり、管理コストが安い。この方式では、漁業者が先を競って漁獲を行うため過当競争を誘発しやすく、過剰な設備投資や漁獲が一時期に集中することによる魚価の低下、操業期間の短縮化などにより漁業者の負担が増えるなどの問題がある。この反省から、漁獲可能量を漁業主体ごとに割り当てる個別割当方式や、さらにこれを譲渡可能とした譲渡可能個別割当方式を導入する国が増えつつある。→MSC認証、魚群探知機、持続可能な資源消費、譲渡可能個別割当方式

## オルタナティブ (alternative)

「代わりのもの」や「代替案」を指す。特に開発論で使われる。いわゆる「経済発展型の開発」ではない「もう一つの開発」を言う。経済発展型の開発とは、国民総生産指標の増大、急速な経済成長、産業の工業化中心、都市偏重の開発を指し、「オルタナティブ」な開発とは、衣食住という基本的な人間のニーズを充足できるように開発を進めることである。このオルタナティブな開発は、もう一方で個人の自立的な社会参加や「いのちと暮らし」の重視を説く。こうした開発を行う社会を、オルタナティブな社会と呼ぶ。このオルタナティブな開発や社会は、地球の環境容量を強く意識している点で、持続可能な開発や持続可能な社会の議論と相通じるものがある。→NGO、ODA、環境NPO、環境容量、サステナビリティ、持続可能な社会、内発的発展論、パラダイム、ライフスタイル

## おんしつこうかガス【温室効果ガス】
(GHG)(Green House Gas)

温室効果をもたらすガスのこと。大気中の二酸化炭素やメタンなどのガスは太陽からの熱を地球に封じ込め、地表を暖める働きがあり、気温がビニールハウスの内部のように上昇するため、グリーンハウスガスとも呼ばれる。温室効果ガスにより地球の平均気温は約15℃に保たれているが、仮にこのガスがないとマイナス18℃になってしまう。1997年の気候変動枠組条約第3回締約国会議(COP3)京都会議で採択された「京都議定書」では、地球温暖化防止のため二酸化炭素($CO_2$)、メタン($CH_4$)、一酸化二窒素($N_2O$)のほか、ハイドロフルオロカーボン(HFC)類、パーフルオロカーボン(PFC)類、六フッ化硫黄($SF_6$)が削減対象の温室効果ガスと定められた。また、いったん大気中に放出された二酸化炭素は、50年から200年は大気の中に存在し続ける、と考えられている。「第4次評価報告書」によれば、近年の温暖化は90％以上の確率で人為的行為によるものであると断定。最悪の場合、今世紀末には地球表面の温度が現在より6.4℃上昇するという衝撃的な予測を出した。地球の温暖化は二酸化炭素など温室効果ガスの増加に伴い、様々な変化を環境に生じさせることになる。→IPCC、IPCC第4次評価報告書、COP3(コップスリー)、地球温暖化係数

## おんだんか【温暖化】→ちきゅうおんだんか【地球温暖化】

## オンデマンドせいさん【オンデマンド生産】

注文生産のこと。オンデマンド(on demand)は、求めに直ちに対応するという意味。大量生産は、この程

# カ Ka

度なら売れるだろうという見込みで大量に生産するシステム。ベルトコンベア方式による分業生産に支えられている。だが大量に生産された製品が売れなければ大量の製品在庫となり、やがて廃棄物として処理されてしまい、資源を大量にムダにしてしまう。オンデマンド生産は注文に応じて生産するため、製品在庫は発生せず、資源節約型の生産システムである。セル生産方式は、代表的な注文生産を支える生産システムと言える。→セル生産方式、コンベヤー方式、循環型社会

## ガイアかせつ【ガイア仮説】
(Gaia Hypothesis)

地球全体が一つの大きな生命体として機能し、進化してきたという仮説。ガイアは「ギリシャ神話」に出てくる大地の女神の名前。英国の気象科学者、ジェームズ・ラブロック（James Lovelock）は1979年に『地球生命圏』（邦訳、工作舎84年）を出版。その中で、バクテリアから人間に至る全生物とそれを取り巻く大気や海流、大地などの環境が有機的に結び付き、相互に影響を与えることで今日の地球が存在していると説く。ラブロックは、環境が一方的に生物に影響を与えるだけではなく、生物も自分が生きていくために環境に働きかけ、きれいな水や空気、適正な温度をつくり出しており、地球全体が一つの生命体として機能していると主張している。→サステナビリティ、生物圏、生物多様性

## かいがんしんしょく【海岸侵食】
(beach erosion)

砂浜海岸において、砂浜を形成する

土砂の供給量が流出する量を下回り、土砂が海岸から徐々に流出し、汀線が後退する現象。主な原因は、陸上からの土砂供給量の減少と海域の変化による侵食量の増加に分けられる。土砂供給量の減少の原因は、河川上流部におけるダムの建設による土砂のせき止めや海食崖の護岸による土砂供給の減少がある。海域の変化としては、温暖化に伴う海水面の上昇による侵食力の強化などがある。日本では、全国的に海岸侵食の被害が発生しており、中部山岳地帯に水源を持つ河川によって形成される海岸を持つ富山県、静岡県で被害が大きい。海岸侵食による国土の喪失は、年平均160haであり、様々な防止策が講じられている。主な防止策としては、突堤やヘッドランドの建設による砂の堆積促進や人工的に砂を供給する養浜がある。→シシュマレフ島、地球温暖化、ツバル、離岸堤

### かいすいたんすいか【海水淡水化】
海水を淡水化し、様々な用途に使用できるよう処理する技術。汽水（海水と淡水が混じり合った水）を処理する場合も、同様の技術が用いられる。海の近くで河川や湖沼などが周辺になく、降水が乏しく飲料水等に用いる淡水の確保が困難な場合に、海水を脱塩し淡水化することで淡水を確保し、利用する。海水淡水化の基本的な処理は脱塩である。主な方法としては、海水を蒸留する多段フラッシュ法と逆浸透膜を利用する方法がある。近年は経済性、実用性にすぐれている逆浸透膜を使った大型の施設が、多く建設されている。海水淡水化は、中東諸国など乾燥地帯や河川のほとんどない島嶼で利用されてきた。日本では、沖縄県北谷町に1997年に建設され、周辺市町村へ供給している。効果は絶大で、31年間で14回にわたり計1130日の給水制限があったものが、建設後は給水制限がなくなった。海水淡水化は淡水をつくり出すと同時に、高塩分の濃縮海水を廃棄物として生み出す。沖縄県では製塩会社を設立し、濃縮海水から自然海塩の製造販売を行う計画を進行中である。→水危機、メンブレン

### がいちゅうくじょ【害虫駆除】
人間や人間の生活に直接、あるいは間接に害を及ぼす昆虫をはじめとする虫を、薬剤や天敵を利用して駆除すること。薬剤による環境汚染は生態系に深刻な影響を与えるため、農業においてはできるだけ農薬を使わない方法も試みられている。→生物農薬、生物的防除、総合的病害虫管理、農薬

### かいばつ【皆伐】
樹木を伐採する際、対象となる区画一帯の樹木全てを伐採する方法。樹

種、樹木を選択することなく伐採するため、伐採にかかる労働などのコストが低く、森林経営を行うために有効な方法である。皆伐後に植栽により人工更新を行うことで、均質な樹木から構成される人工林を造成でき、作業効率を高めることが可能。しかし、伐採跡地が一時的に裸地状態となるため、土壌浸食に対して脆弱になり土砂災害の危険性が増し、さらに森林に住む動物への影響も大きいなど環境への負荷が高い。近年は、環境への影響を軽減するため、伐採区画を小面積にする群状皆伐や帯状に伐採区画を設定する帯状皆伐が中心である。→長伐期施業、人工林の壁、土壌劣化

### がいぶふけいざい【外部不経済】
(external diseconomy)
企業がその活動によって第三者あるいは一般市民に与える直接・間接的な損害のこと。市場経済の下では、市場が各種財貨・サービスの効率的な配分をしてくれる。しかし、ある種の財貨・サービスについては、それに関連した便益や費用を市場の中に取り込むことができず、結果として第三者の私的財貨やサービスの産出効果に悪影響を与えるケースが生じる。これを外部不経済と呼ぶ。例えば、ある企業が排出する大気汚染、騒音、ごみなどの公害が第三者に損失を与える場合が、その代表例である。外部不経済が生じる場合は、そうした行為に課税するなどによって、そのコストを市場内部に取り組むことが考えられる。外部不経済は、市場機構の内在的な欠陥から生じるため、「市場の失敗」と言われる現象である。逆に、ある行為が第三者に便益を与えるケースもある。この場合、外部経済が働いていると言う。経済学用語であるが、環境問題ではよく使われる。→環境負債、コースの定理、生態系サービス

### かいめんじょうしょう【海面上昇】
(sea level rise)
地球温暖化により、海面水位が上昇する現象。その理由として、気温上昇による海水の膨張、北極や南極の氷床や世界各地の氷河の融解によって海水体積の増加などがあげられる。IPCC（気候変動に関する政府間パネル）が2007年2月に発表した「第4次評価報告書」によると、現状で推移した場合、100年後の2100年には、現在より海面水位が18cmから59cm上昇すると推定している。海面水位の上昇によって、①南洋のサンゴ礁でできた島嶼国の水没、②沿岸低地の水没、③地下水の塩水化、高潮や洪水の被害拡大——などが懸念されている。→IPCC第4次評価報告書、シシュマレフ島、地球温暖化、ツバル

### かいようおせんぼうしほう【海洋汚

染防止法】
正式名称、「海洋汚染及び海上災害の防止に関する法律」。船舶、海洋施設および航空機から海洋に油、有害液体物質、廃棄物を排出すること、ならびに船舶および海洋施設において油、有害液体物質、廃棄物を焼却することを規制する法律。1970年施行。廃油を適切に処理し、排出された有害液体物質や廃棄物を防除し、海上火災の発生と拡大の防止を目的としている。国土交通省所管。→最終処分場

### かいようじゅんかん【海洋循環】
(oceanic circulation)
海洋の循環運動のこと。海洋は水平的・垂直的に循環し、熱エネルギーを運搬し地球の熱エネルギーの不均衡を補正している。水平的な循環は海面付近を吹く風によって駆動され、海面表層数百メートルまでが影響を受け風成循環と呼ばれる。地球規模で見ると、南極大陸の周囲に東向きの南極循環、インド洋、大西洋、太平洋には亜熱帯循環が存在し、北半球では時計回り、南半球では反時計回りに循環している。各循環では、各大洋の西側で強い流れが生じる。北太平洋では、熱帯付近に反時計回りに熱帯循環、亜熱帯域に時計回りの亜熱帯循環、亜寒帯域に反時計回りに亜寒帯循環が存在する。日本付近を流れる黒潮は亜熱帯循環、親潮は亜寒帯循環に属する海流である。垂直的な海洋循環は、海水の熱と塩分濃度により駆動されるため熱塩循環と呼ばれ、北大西洋北部で生成された冷たく重い海水が深層へ沈降し、各大洋を回り北太平洋で上昇し表層を流れ深層水循環とも呼ばれる。→深層水循環、大気−海洋結合大循環モデル

### かいようせいたいけい【海洋生態系】
(oceanic ecosystem)
海洋における生態系。海洋では水深や陸からの距離などによって、異なる生態系が発達している。海洋へは、陸上から無機栄養塩類が河川や風によって供給されており、海洋表層では大気からの二酸化炭素の取り込みが行われている。これらを利用し海洋の表層では、植物プランクトンが一次生産者として光合成により有機物と酸素を生成する。有機物は、従属栄養生物である動物プランクトン、小魚に捕食され、大型の魚類や海生哺乳類などに捕食される食物連鎖を構成する。沿岸部や浅瀬などでは、一次生産者として海藻類などが大きい割合を占める場合もある。生物が死ぬと、有機物は細菌など微生物により分解され無機物となる。魚や微生物の呼吸活動で二酸化炭素が放出される。人間活動により排出される様々な汚染物質は、海洋生態系に大きな影響を及ぼす。特に生産力の高

い沿岸域が、排水などにより汚染されると漁業に大きな被害が出る。人間による乱獲も海洋生態系のバランスを崩し、漁獲量を減少させている原因である。自国外の船舶が持ち込むバラスト水（船の安定をよくするため、船底に積む水）は、外来種を持ち込み従来の生態系を破壊している。→沿岸漁業、外来生物、植物プランクトン、水界における炭素循環

## がいらいせいぶつ【外来生物】

本来の自生地から人為的に他の地域に持ち込まれた生物のこと。特定の生物種を指す場合は、外来種と言う。昭和初期に移入されたアメリカザリガニや江戸時代にヨーロッパから持ち込まれたクローバー（シロツメクサ）などは外来生物としてよく知られている。外来生物の中でも、生物多様性を脅かし、生態系に影響を与える、例えばハブ対策として奄美大島に持ち込まれたマングースのようなものを侵略的外来生物と言う。北米から移入されたブラックバスの仲間は、植物連鎖の上位に位置しているため、日本在来の淡水魚の魚種や魚数が大幅に減少し、各地で問題となっている。これら生物から在来生物を守るために、2004年に「特定外来生物による生態系等に係る被害の防止に関する法律」が公布された。しかし、外国からペットとして、あるいはコンテナに付着したり、船舶の航行を安定にするバラスト水の排出によって国内に持ち込まれる外来種が後を絶たない。→在来種、海洋生態系、カエル・ツボカビ症、帰化動物、食物連鎖、バラスト水

## カウボーイエコノミー (Cowboy Economy)

「行け行けどんどん型」の経済成長を形容した表現。対語は、「スペースシップエコノミー（宇宙船経済）」(Space Ship Economy)。米国開拓時代、無限の大平原を舞台に、カウボーイは、自然界から必要な物質を必要なだけ手に入れ、使い終わった廃棄物を自然界に排出する完全な一方通行型の物質フローの下で暮らし、モノをリサイクルする必要はなかった。一方、小型の宇宙カプセルの中にいる宇宙飛行士は、限られた物質循環の下で暮らし、あらゆるものが全体的に管理され、モノは循環させなければならない。カウボーイにとって活動する世界は無限に広がっているが、宇宙飛行士にとって行動できる世界は狭く限界がある。資源と地球環境に限界が見えてきた現在、無限の世界を前提にしたカウボーイエコノミーは、もはや成り立たない。宇宙飛行士が乗った宇宙船経済への転換が求められている。（リチャード・B・ノーガードによる）→エコロジカル・フットプリント、サステナビリティ、スモール・イズ・ビュー

ティフル、ピークオイル

## カエル・ツボカビしょう【カエル・ツボカビ症】

世界中で両性類に大打撃を与えているツボカビによる病気。人間には感染しないが、主にカエルに発症することからこの名前がある。1990年代にオーストラリアでカエルの激減を招き、その後米国、中南米、アフリカ、欧州で流行した。外国から輸入されたペット用のカエルに、日本でも最近、発症が確認された。ツボカビは感染力が強く、カエルが入っていた飼育器の水などからも感染する。野生のカエルに感染すれば、絶滅の危機さえあると言われる。→外来生物、生物多様性、食物連鎖

## かがいしゃ－ひがいしゃずしき【加害者－被害者図式】

公害の被害者救済のために用いられる考え方の一つ。例えば公害などの被害では、身体の被害、それによる所得の低下と治療費の増大による経済的被害、さらに被害者に対する無知や誤解からくる社会的な被害というように、多種多様な被害がある。それを解決するためには、ただ個人の身体と経済的状況を救済するだけでなく、そこにある社会的な差別、偏見なども解決しなくてはならない。公害による被害は因果関係が決定するまでに時間がかかることが多く、加害構造論だけ論じていると、被害者は救済されることなく取り残される。そのため、加害者－被害者の社会関係を同時に論じることで、互いの欠けている部分を補い、併せて被害者救済のための解決策を考えるために用いられる。→言い分

## かがくこうじょうおせんじこ【化学工場汚染事故】

化学工場による汚染事故。近年起きた大きな事故例としては、2005年11月、中国・吉林省で起きた石油化学工場の爆発による黒竜江・松花江ベンゼン類汚染事故がある。化学工場から溢れ出た有害物質は、黒竜江・松花江を汚染した。事故を引き起こした吉林石化公司は、ベンゼン誘導体であるアニリンの中国最大の製造者である。この事故以降、中国当局は、「企業による河川汚染事故多発時代に突入した」と指摘している。事実、カドミウム汚染事故、硝酸汚染事故、ディーゼル油汚染事故などが相次いでいる。化学工場による汚染事故の先例には、1976年の伊・セベソ事故や1984年のインド・ボパール事故があげられる。→PRTR制度、ボパール事件、リーチ（REACH）規制

## かがくごうせいさいきん【化学合成細菌】

無機物の化学エネルギーを用いて生

きる細菌類。地熱活動が活発な海域の太陽光が届かない深海底には、熱水噴出口が多数存在する。噴出口周辺の海水は、高温の岩石と反応して硫化水素などの化合物を生成する。この化合物は、海水中の酸素との反応によってエネルギーを生み出すが、近年、このエネルギーを利用して有機化合物をつくり出すイオウ細菌、硝化細菌、鉄細菌などの化学合成細菌の存在が明らかになった。この有機化合物に頼って多数の貝類、エビやカニ類などの生きものが深海底に生息しているが、この生態系は地球のエネルギーに依存した生態系と言うことができる。→細菌

### かがくてきさんそようきゅうりょう【化学的酸素要求量】（ＣＯＤ）(Chemical Oxygen Demand)

水中の有機物を酸化するのに必要な酸素の量で示した水質指標。単位は、ppmもしくはmg/ℓで表示される。化学的酸素要求量が高い値を示すと有機物が多く、汚染が強いことを示すが、還元性の無機物によっても化学的酸素要求量は高い値を示すため、注意が必要である。日本では、化学的酸素要求量の測定は日本工業規格に準拠して、過マンガン酸カリウムを使用した方法が用いられる。しかし、世界的にはより酸化力の強い重クロム酸ナトリウムで酸化する方法が一般的であり、国際間の比較に問題が生じることがある。化学的酸素要求量は、河川での環境基準値がなく、湖沼や海洋に設定されている。これは、湖沼や海洋では有機物の滞留時間が長く、植物プランクトンや動物プランクトンの呼吸による酸素消費量が大きいため生物化学的酸素要求量の値が不明瞭になるためである。また、化学的酸素要求量は工場排水の指標としても用いられる。→生物化学的酸素要求量、閉鎖性水域、有機汚濁、溶存酸素量

### かがくひりょう【化学肥料】

化学的に合成もしくは天然の原料を加工してつくり出した無機肥料。植物の生育には多くの栄養素が必要であるが、その中でもリン、窒素、カリウムは三大栄養素と呼ばれ、特に重要とされる。化学肥料は三要素の内、一つから成るものを単肥、二つ以上から成るものを複合肥料と呼ぶ。複合肥料の内、化学的操作により二つ以上の要素を含有させたものを化成肥料と呼ぶ。単肥は副成分が多く有効成分が低いのに対して、化成肥料では有効成分が多いため、少ない施肥用量で同等の効果を得ることが可能となる。化学肥料は、適切な施肥用量を上回る多投が行われる場合があり、周辺環境を悪化させる要因となる。多投が行われると土壌の養分バランスを崩し、作物の生育に影響が出るとともに、余剰な養分は地

下水に溶け地下水を汚染する。地下水から流出した栄養分が、湖沼や海洋に濃縮し、富栄養化の原因となる。→生物農薬、地下水汚染、富栄養化

### かがくぶっしつかびんしょう【化学物質過敏症】（CS）（Chemical Sensitivity）

様々な種類の微量化学物質に反応して苦しむ、きわめて深刻な"環境病"。重症になると、仕事や家事ができない、学校へ行けない……等、通常の生活さえ営めなくなる。日常生活の中で、特定の化学物質に長時間接触し続けることにより、体内の耐性の限界を越えてしまい、発症する。建材等に含まれる揮発性有機化学物質などによる室内空気汚染や、大気汚染、食品中の残留農薬など、多くの原因物質があると考えられる。症状としては、自律神経失調症のほか、不眠、うつ病、皮膚炎、ぜんそくなど多岐にわたる。ただし、発症のメカニズムは不明な点が多く、治療方法も確立していない。環境省は分析手法の開発などに取り組んでいるものの、同様の症状を持つ人々やそれを支援するNGO/NPOからは、化学物質過敏症へいっそう強い取り組みを求める声が上がっている。→シックハウス症候群、農薬、PRTR制度、有毒物質排出目録

### かくだいせいさんしゃせきにん【拡大生産者責任】（EPR）（Extended Producer Responsibility）

自ら生産する製品等について、生産者が生産・使用段階だけでなく、それが使用され、廃棄となった後まで一定の責任を負うべきだという考え方。具体的には、生産者が使用済み製品を回収し、リサイクルまたは廃棄し、その費用も負担すること。1990年代初頭、OECD（経済協力開発機構）が提唱、加盟国で次々と法制化された考え方。「循環型社会形成推進基本法」にも、この考え方が取り入れられ、同法では、事業者の責務として、廃棄物の減量化、適正処理に加えて、製品や容器がリサイクル利用されやすいように、リサイクルの仕組みが整備されれば製品や容器を引き取り、リサイクルすることを規定している。企業には、リスク回避の考え方から自主的にEPRを果たそうとする動きも定着し始めた。→売主責任、エコプロダクツ、環境適合設計、経団連環境自主行動計画、循環型社会形成推進基本法

### かくとくめんえき【獲得免疫】

適応免疫または後天性免疫とも言う。自然免疫の効果を増強したり、再度、同じ病原体が侵入した時、前回の感染を記憶していて強力に対応する。具体的には、細菌、ウイルスなどの感染で誘導され、その病原体を識別する抗体を産生して特異的に反応す

る免疫系細胞のリンパ球や食細胞などによって担われている。予防接種は、獲得免疫を人為的に導くことで、同じ病原体の再侵入を排除する目的で行われる。獲得免疫は人などの高等動物に特有のシステムであり、自然免疫システムを基礎として進化したものとみられている。→自然免疫、ワクチン

### かくねんりょう　かくねんりょうさいしょり【核燃料　核燃料再処理】
(nuclear fuel, nuclear fuel reprocessing)

原子炉の燃料。原子核の核分裂によって多くのエネルギーを出す物質。「原子力基本法」では、核燃料物質はウラン、プルトニウム、トリウムの混合割合などを詳細に指定している。使用済み燃料から劣化ウランや新たに生成したプルトニウムなどを分離して取り出すことを核燃料再処理と言う。再処理された劣化ウランとプルトニウムの混合酸化物をさらに燃料成型加工（MOX燃料）して循環利用することをプルサーマルと呼び、ウラン鉱石の枯渇に備え循環活用を図っている。核燃料再処理は核燃料サイクルの要であるが、これまで国内でプルサーマルが行われなかったことなどから、使用済みの核燃料を英、仏などの再処理工場へ送り、MOX燃料となったものを逆輸入していた。MOX燃料の循環利用は、元々高速増殖炉において利用されるはずだったが、わが国初の高速増殖炉原型炉「もんじゅ」は、1995年12月にナトリウム漏れ事故を起こし、現在も運転再開のめどは立っていない。そのため、軽水炉型への利用（プルサーマル）が計画された。しかし、2007年3月に日本全国の12電力会社で相次ぐ原子力発電所の制御棒脱落事故やデータ隠蔽事件から、原発が立地する自治体などからプルサーマル計画見直しの声があがり始めている。一方で、国内初の再処理工場となる青森県六ヶ所村では、2007年の本格稼働に向けて試験が続けられている。→燃料棒、核分裂エネルギー発電、軽水炉型原発、高速増殖炉、高レベル放射性廃棄物、プルサーマル、プルトニウム

### かくねんりょうサイクル【核燃料サイクル】

原子力発電所で使い終わった燃料は、ウランやプルトニウムを分離・回収して再処理を行うと繰り返し使える。この一連の流れを核燃料サイクルと言う。→核燃料再処理

### かくねんりょうはいきぶつ【核燃料廃棄物】(nuclear fuels waste)

ウラン鉱石やイエロー・ケーキ（ウラン精鉱）など、核原料物質または濃縮ウランなどの核燃料物質によって放射能汚染された廃棄物。→イエ

ロー・ケーキ、低レベル放射性廃棄物、高レベル放射性廃棄物

## かくぶんれつエネルギーはつでん【核分裂エネルギー発電】(fission energy power generation)

原子核の核分裂による熱エネルギーを利用した原子力発電。原子核は核分裂をする時に、大きなエネルギーを発生する。陽子と中性子から成る原子核に、中性子を外から衝突させると原子核は二つ以上の違った原子核に分裂する。その時に発生する大量の熱エネルギーを利用して発電する方法。このエネルギーを炉内でコントロールする重要機器が制御棒である。核分裂を起こす物質としてはウラン、プルトニウムが知られている。→核融合エネルギー発電、核燃料、濃縮ウラン、燃料棒

## かくゆうごうエネルギーはつでん【核融合エネルギー発電】(fusion energy power generation)

軽い原子核同士が衝突して、一つの重い原子核に融合する時に生ずる熱エネルギーを利用した原子力発電。重い原子核を軽い原子核に分裂する時に発生するエネルギーを利用する核分裂エネルギー発電とは、逆の反応を利用する方法。燃料は核分裂がウラン、プルトニウムに対し、核融合は水素である。この核融合エネルギー発電は、技術的にきわめて難しい問題が多く、実現不可能あるいは技術が確立しても、あと50年はかかるという科学者の意見もある。しかし、現在の核分裂による原子力発電のように高レベルの放射性廃棄物を発生せず、使用済み核燃料や核拡散の問題もなくなるため、人類究極のエネルギー源と言える。技術的なハードルが高い上に研究開発費用が膨大なため、研究開発の是非をめぐって賛否両論がある。→核分裂エネルギー発電

## かくれたフロー【隠れたフロー】→ティー　エム　アール【TMR】

## カーシェアリング (car sharing)

一台の自動車を多数の人が共同で保有し、利用すること。個人が所有するマイカーに対して、自動車の新しい使用形態を提唱、適正な自動車利用を促進し、公共交通などの移動手段の利用を促すとされる。自動車の環境負荷を減少させ、交通渋滞の緩和、駐車場問題の解決、公共交通の活性化などが期待される。カーシェアリングは、1948年にスイスのチューリッヒで世界で初めて実施された。本格的になったのは1977年で、チューリッヒおよびスタンスで相次いでカーシェアリング会社が設立された。その後、カーシェアリングは世界各地に広まり、500を超える都市で実施され、日本でも横浜市や福岡市な

## かじょうえいよう【過剰栄養】
生物は正常な発育や発達、代謝を営むために食物を摂取するが、食物を必要な量以上に摂取し、利用することを言う。世界は低栄養と過剰栄養の二極化が進み、食糧や栄養素の確保、感染症対策などに取り組んでいる国がある一方で、過剰栄養による肥満や生活習慣病対策に頭を痛めている国が存在する。→食事療法、生活習慣病、代謝

## かじょうさいしゅ【過剰採取】
生態系が回復不可能なまでに、環境から資源を採取すること。例として、地下水や薪炭材の過剰採取は砂漠化を加速し、生態系を破壊する要因となる。また過剰採取の結果、絶滅危惧種となった植物も少なくない。→コモンズの悲劇、森林生態系、地下水涵養、水の再生利用、絶滅危惧種

## かじょうようすい【過剰揚水】
地下水を電動ポンプなどにより過剰に汲み上げること。降水による供給量を上回る消費を続けることで、地下水は枯渇する。地下水は水質がよく水温が安定しており、上水道のような大規模な設備を必要としないため、古来より生活用水などとして利用されてきた。都市圏では、安価な地下水を工業用水や生活用水として大量に利用したため、地下水位の低下が起こり、地盤沈下が発生した。東京では、下町地域が地盤沈下により海抜以下の標高となったために問題となり、揚水規制が実施された結果、地盤沈下の沈静化が見られ、地下水も回復している。米国のグレートプレーンズや中国内陸部では、化石帯水層（化石水）と呼ばれる古い時代に形成された地下水を利用して灌漑農業が行われている。しかし化石帯水層は補充が非常に遅いため、過剰揚水による地下水の枯渇が問題となっている。これらの地域は乾燥地帯であり、地下水の枯渇は農業の破綻を意味し、世界の食糧不足を招く危険がある。→オガララ帯水層、化石水、グレートプレーンズ、深層地下水、地下水涵養、地盤沈下

## ガスエンジンヒートポンプ→ジーエイチ ピー【GHP】

## ガスかようゆうろ【ガス化溶融炉】
(waste gasification and melting system)
ごみ処理施設にある廃棄物をガス化する装置のこと。廃棄物をガス化し、そのガスを燃料にして、高温で焼却し、灰分を溶融・固化する。猛毒のダイオキシンの排出量を抑え、最終処分場の埋め立て量を大幅に減らす

ことが期待できる。ゴミを焼却するのではなく、まず一定温度で加熱し、無酸素状態で蒸し焼きにし、熱分解ガスと残滓（ざんさい）に分解。熱分解ガスと残滓は、溶鉱炉の中で1300℃以上もの高温を発し、ガスは無害化され、残滓は溶融される。ゴミをまずガスとして回収し、同時に溶融したガラス、陶器類、金属類も回収して、それぞれ再利用する。廃棄物を焼却する場合は、850℃から1000℃の温度だが、ガス化溶融炉の場合は、1300℃以上の超高温で処理されるので、ダイオキシン類の発生が大幅に低下できる。ダイオキシン対策のため、ガス化溶融炉を採用する自治体も多い。発生したガスや廃熱は、高効率発電などに利用することが可能。減量化・無害化された溶融スラグ（鉱滓）は、路盤材（道路の地盤の下に敷くもの）やコンクリート原料として利用できる。→エコセメント、エコタウン事業、最終処分場、ゼロエミッション、ダイオキシン、ダイオキシン類対策特別措置法

## ガスハイドレート（gas hydrates）

水分子の構造の中に、メタンや二酸化炭素などの分子を取り込む性質があり、メタン（$CH_4$）を中心にして周囲を水分子が囲んだ包摂水和物。見た目は氷に似ているが、火をつけると燃えるために「燃える氷」とも言われる。地上の永久凍土などで発見される場合もあるが、ほとんどが海底に個体で存在するため、石油と比べ採掘にコストがかかる。現段階では、研究用以外の目的では採掘されていない。日本周辺にも、近海には世界最大級のメタンハイドレート埋蔵量があると言われ、エネルギー問題を解決する物質として期待されている。石油や石炭に比べ、燃焼時の二酸化炭素排出量がおよそ半分であるため、温暖化対策としても有効な次世代エネルギーである。だが、メタンは$CO_2$の20倍の温室効果ガスであり、事故などで大量に気化させてしまった場合、地球温暖化に拍車をかける恐れもある。→永久凍土、炭素集約度、地球温暖化係数、メタン

## かせきすい【化石水】
(fossil water)

古い地質時代から長年月かけて取り込まれ、保存されてきた水のこと。化石帯水層とも呼ばれる。世界各地では、化石水を地下から汲み上げて大規模な灌漑農業が行われている。しかし、一部地域では水位が低下して枯渇が懸念されている。化石水は、一度枯渇してしまうと長い年月をかけないと補給されないので、世界の食糧供給の制約になる。持続可能な消費のための水資源管理が重要である。食糧自給率がカロリー・ベースで40％と低い日本にとって、食糧輸入先国の化石水枯渇は、食糧安全保

障の視点からも不安材料である。→オガララ帯水層、過剰揚水、グレートプレーンズ、水危機、食糧危機、食糧自給率

## かせきねんりょう【化石燃料】
(fossil fuel)
石油、天然ガス、石炭など地中に埋蔵されている燃料資源の総称。石油・天然ガスは、地質時代の中生代白亜紀（1億3500万年〜6500万年前）あるいは中生代ジュラ紀（2億5000万年〜1億3500万年前）に動植物が地圧・地熱などによって変化してできたものとされている。石炭は、地質時代の新生代第三紀（約6500万年〜165万年前）と古生代石炭紀（約3億6000万年〜2億9600万年前）に繁茂したシダ類などの植物の大森林が地中に埋没して石炭化したもので、生成の時代が二種類ある。このような成因から化石燃料と呼ばれる。化石燃料は、輸送や貯蔵が容易であることや大量のエネルギーが取り出せることなどから使用量が急増した。化石燃料は燃焼すると二酸化炭素（$CO_2$）、窒素酸化物（$NO$、$NO_2$、$N_2O_4$）などを発生し、地球温暖化、公害などの原因になる。化石燃料の起源は、一般的には上記の化石燃料説に立脚しているが、近年、石油が堆積岩以外からも発見され、石油の一部はマントル内のガスが沁み出したものであり化石燃料ではないという無機起源説が話題になっている。→1次エネルギー、二酸化炭素、炭素集約度、窒素酸化物、天然ガス、ピークオイル

## かせきねんりょうゼロせんげんとし【化石燃料ゼロ宣言都市】
1996年11月に、「化石燃料ゼロ宣言」を行ったスウェーデンのベクショー市のこと。首都ストックホルムから450km程南西にあるベクショー市は人口約7万5000人、森に囲まれた内陸部の静かな田舎町である。石油から木質バイオマスへの転換を積極的に促進させるため、政府は選別課税を実施した。例えば、石油を使えばエネルギー税、$CO_2$税、硫黄税などが大幅に加算されるが、木質バイオマスには一切課税しない。この結果、エネルギー価格はバイオマスの場合、石油の3分の1、LPガスの4分の1程度で済むため、バイオマス利用に弾みがつき、熱供給部門の脱化石燃料化はほぼ達成された。95年には、バイオマス約80％、石油20％まで転換が進んだため、96年の宣言となった。現在、バイオマスが95％を占め、石油依存は5％以下に縮小している。→バイオマス由来燃料、ベクショー市、木質バイオマス、モーダルシフト

## かぜのがっこう【風のがっこう　風の学校】
平仮名表記の「風のがっこう」は、

デンマークの西北部・ビリビアにあるケンジ・ステファン・スズキ（S.R.Aデンマーク社）が主催するデンマークの環境政策や実践を勉強する日本人のための研修所。1997年の開校以来、ここを訪れた研修生は800人を越える。日本版として、京都府弥栄町のスイス村体験交流宿泊施設が、「風のがっこう京都」を実施している。漢字表記の「風の学校」は、1967年に茨城県の内原町で農学者、中田正一を中心に発足し、当初は「国際協力会」と呼んだが、1984年「風の学校」に改名。金や物資ではなく、農業や畜産を育成する技術を開発途上国の人々に伝えることを目的としている。→グリーンマップ、田んぼの学校、ネイチャーダイアリー、森のムッレ教室

## かそうすい【仮想水】→バーチャル・ウォーター

## がっこうばんかんきょうアイ　エス　オー【学校版環境ISO】

ISO14001（環境マネジメントシステム）を簡略化して、小・中学校で簡単に実践できるようにした規格。児童・生徒が自分自身の生活環境を保全するために、工夫をこらし主体的に計画し、実行する。プロセスを通じて、自ら気づき、学び、行動につなげていく。2000年、国際標準化機構（ISO）の環境管理に関する国際規格をいち早く取得した水俣市が、この手法を生かした学校版環境ISO制度をつくり、市内の全小・中学校に導入した。環境に関する取り組みを自ら宣言し、記録し、定期的に見直して、新たな次行動につなげていくといった手順を踏む。例えば、「歯みがきの水を節約する」「こまめにスイッチを切る」など、目標を立てる。またゴミ出しの時は、保健室の前で計量し、月ごとに記録し、増減の原因を分析する。こうした学校版環境ISO制度はその後、全国各地に広がり、神奈川県平塚市、愛知県小牧市、石川県、栃木県宇都宮市などでも実施されている。→ISO14001、環境マネジメントシステム、家庭版環境ISO認定制度

## かていばんかんきょうアイ　エス　オーにんていせいど【家庭版環境ISO認定制度】

「環境に配慮した生活」を、計画（Plan）し、実行（Do）し、点検（Check）し、見直し（Action）しながら、各家庭で継続的に取り組みを改善していく手法。環境に配慮した事業活動の国際規格である「ISO14001」の「PDCAサイクル」の考え方を取り入れたシステムである。多くの環境先進自治体で推進されており、中には、独自の家庭版環境ISO認定制度を導入している自治体もある。草分けは、1999年に

ISO14001の認証を取得した熊本県水俣市。その後、各自治体が続いた。草津市も2001年からスタート。宣言、行動記録、確認・審査、認定のステップで、3年間、"環境家族"の実績を積むと"環境家族アドバイザー"になれる。→ISO14001、学校版環境ISO、PDCAサイクル

## かでんリサイクルほう【家電リサイクル法】
(Law for Recycling of Specified Kinds of Home Appliances/Home Appliance Recycling Law)
正式名称は、「特定家庭用機器再商品化法」。家電メーカーには回収とリサイクルを、消費者にはその費用負担を義務付けた法律。対象品目は、家庭で不要になったブラウン管テレビ、エアコン、電気冷蔵庫、電気洗濯機の家電4品目。1998年5月に制定され、2001年4月より本格施行された。廃棄する時のリサイクル料金は消費者が負担、家電販売店は収集してメーカーに引き渡す。メーカーは解体して鉄や銅、アルミニウムなどの金属、ガラス、プラスチックなどを取り出し、再利用・再資源化する。製造業者は、引きとった廃家電を定められた率以上にリサイクル（原料としての利用または熱回収）しなければならない。リサイクル率は重量比でテレビ55％以上、エアコン60％以上、冷蔵庫と洗濯機は50％以上とされた。2004年4月からは、電気冷凍庫が対象品目に追加された。制度施行と同時に、不法投棄問題が持ち上がり、現行の「後払い方式」から「前払い方式」に切り替えることが検討されている。→再商品化、再生原料、CFC、静脈産業、マテリアルリサイクル

## カトリーナ（Katrina）
2005年8月末に米国南東部を襲ったハリケーン。最低気圧は902ヘクトパスカル（hPa）、最大風速は78m/s（秒）。上陸時の強さでは、米国史上3番目。米連邦緊急事態管理庁などによると、ルイジアナ、ミシシッピ両州を中心に死者1800人以上、被災者150万人以上、避難者80万人以上が出た。ニューオーリンズ市の被害が最も大きく、高潮が堤防を破壊したため市の8割が冠水した。8月28日に、大統領はルイジアナ州に非常事態宣言を発令、ニューオリンズ市は市民に避難命令を発令したが、移動手段を持たない低所得者層が取り残され、被害が拡大した。カトリーナが襲ったメキシコ湾沿岸は、米国でも有数の油田地帯であったため原油生産に影響が出て、国際的な原油価格の高騰を招き、その影響もあり、米国の航空会社、デルタ航空とノースウエスト航空が経営破綻した。→熱帯低気圧、台風、高潮

## カヌールせいめい【カヌール声明】

1997年に、「ファクター10クラブ」が出したサステナビリティのための声明。「一世代の内に各国家は、使用するエネルギー、資源やその他の材料の効率を10倍に増加させることができる」の一文から始まり、各界のリーダーに持続可能な発展のために何をすべきかを訴えている。→ファクター・テン・クラブ、サステナビリティ、持続可能な社会

## かび【カビ（黴）】

微生物のコロニー（集落）が物質の表面に生えた状態、または菌類の菌糸が入り組んだものを指す。人間はこれらの小さな生命体と共生し、その恩恵を受けている。例えば、カビの持つ酵素を利用して食品を加工したり、カビの分泌物を抽出して抗生物質を得ている。→菌類、抗生物質

## かふんかんそくシステム【花粉観測システム】

山間部や住宅地に花粉自動計測器を設置し、花粉の飛散状況をリアルタイムで観測し状況を提供するシステム。現在、環境省により、関東、中部、関西、中国、四国の75地点に花粉自動計測器が設置されている。愛称は「はなこさん」。花粉の発生源である山間部などから、花粉症患者の多い都市部への花粉の飛散状況をリアルタイムに把握することで、花粉症患者が花粉の暴露からの避難行動や予防策を取るための基礎情報を提供し、花粉症の症状の緩和に貢献する。花粉観測システムによる花粉の飛散状況は、http://kafun.taiki.go.jp にて閲覧が可能。→花粉症

## かふんしょう【花粉症】

花粉が原因で起こるアレルギーによる疾患。ブタクサや杉の花粉の飛散時期に症状が出始め、その時期が過ぎると症状が消失する。特に杉、檜の人工林が花をつける樹齢となり、花粉の飛散量がピークに達したことが原因とみられる。アレルギー性鼻炎とアレルギー性結膜炎が代表的な疾患。→花粉観測システム、抗原

## カーボンオフセット (Carbon Offset)

日常生活による二酸化炭素の排出を相殺するため植林や風力発電などにお金を出して埋め合わせ、排出分をゼロにするという考え方。費用は、植林か自然エネルギーかなど相殺する手段によって異なる。2005年7月、英国のモーレイ大臣が飛行機旅行におけるカーボンオフセットを提唱、同年9月に同国のブリティッシュ・エアウェイズ社が実施したのが始まり。日本でも、JTB関東（さいたま市）が2007年4月に新商品「$CO_2$ゼロ旅行」を発売した。岐阜県は同年5月から、自治体としては全国で初めて

「カーボンオフセット県民運動」を始めた。旅行や地域イベントなどで排出したCO₂に応じて、一口500円の寄付金を募集。そのお金でアカマツやケヤキなど大気浄化能力にすぐれた樹木を買って植林する。→カーボンニュートラル

## カーボンディスクロージャー・プロジェクト
(Carbon Disclosure Project)

世界の機関投資家（運用資産約2300兆円）155社が、世界の株式時価総額トップ500社に対して、温暖化対策に関する情報開示を迫るプロジェクト。2002年5月、英国でスタートした。質問項目は、「温室効果ガス」から「サプライチェーンの動向把握」まで多岐にわたる。多くの環境NGOがプロジェクトを後押しするとともに、地球温暖化対策に係わる企業との連携プロジェクトに取り組んでいる。→エコファンド、SRI、持続可能性報告書、責任投資原則

## カーボンニュートラル
(carbon neutral)

自然の状態では、炭素（$CO_2$）が増えも減りもせず炭素収支がほぼ平衡なことを言う。バイオマスに含まれる炭素分は、植物の成長過程において大気中の二酸化炭素（$CO_2$）を吸収し固定したものなので、バイオマスを再生産する限り、バイオマスを燃焼しても大気中の$CO_2$は増加しない。一方、事業活動などで生じる二酸化炭素の排出量を、植林や自然エネルギーの導入によって実質的に相殺してしまう取り組みも、カーボンニュートラルと呼び、世界の企業や金融機関などによって導入されている。史上初の「$CO_2$フリー五輪」と讃えられた冬期オリンピックトリノ（伊）大会（2006年2月）に続いて、2006年ワールドカップ独大会もW杯史上初の「二酸化炭素の排出ゼロ」のカーボンニュートラルを実現した。→生分解性プラスチック、生態系の炭素循環、バイオマス、バイオマス由来燃料、バイオマス発電

## カルタヘナぎていしょ【カルタヘナ議定書】
(Cartagena Purotocol Biosafety)

遺伝子組み換え生物の国境を越える移動について一定の規制を定めた条約。「生物多様性条約」19条3項は、バイオテクノロジーにより改変された生物の内、生物の多様性の保全、および持続可能な利用に悪影響を及ぼす可能性のあるものについて、その安全な移送、取り扱い、利用について一定の規定を定める議定書の策定を求めている。95年に開かれた「生物多様性条約第2回締約国会議」で議定書の策定が合意され、99年コロンビアのカルタヘナで開催された特別締約国会議で議定書の内容が話

し合われ、翌2000年の会議で採択された。正式名称は、「バイオセイフティに関するカルタヘナ議定書」。日本は、03年11月に締結、04年2月に発効。06年2月現在、132カ国、地域が批准している。→遺伝子組み換え、遺伝子組み換え生物、生物多様性、生物多様性条約

## カール・ヘンリック・ロベール（Karl Henrik Robert）

1947年生まれ。スウェーデンの環境教育家、啓蒙家。小児がん専門医。環境NGO、ナチュラル・ステップの創設者。「システム4条件」と「バックキャスティング」による持続可能な社会の提唱者。→ナチュラル・ステップ、バックキャスティング

## カルンボーこうぎょうだんち【カルンボー工業団地】

1961年に設立された、デンマークのカルンボー市にあるゼロエミッション型工業団地。業種の異なる企業が、互いの廃棄物（熱、温水、ゴミなど）や副産物を活用し合い、全体として廃棄物を最小限にとどめる産業共生（インダストリアル・シンビオシス）モデルを構築。北九州エコタウン、米・チャタヌガ市のスマート・パーク構想など、世界中のエコタウンの模範となっている。カルンボー工業団地では、アスネス火力発電所を中心として、スタットオイル製油所、ギブロック社（石膏ボード）、ノボノルディスク社（製薬）、レブロン社（環境浄化）、フライアッシュ社（セメント）などが一カ所にまとまり、資源循環型の工業団地を形成している。→産業生態系、ゼロエミッション、エコタウン事業

## かれはざい【枯葉剤】

軍事目的で使われた植物の葉を枯らす薬剤。ベトナム戦争中の1961年から1971年の間に、米軍は北ベトナム兵が潜む各地のジャングルに空中から薬剤を大量に散布して、木々を枯らす作戦を行った。この枯葉剤の中には猛毒であるダイオキシンが含まれ、長期にわたる生態系への深刻な影響を及ぼし、ベトナム人のみならず米兵にも健康被害をもたらした。特に、母体へのダイオキシンの蓄積による流産、死産、奇形児出産が多発した。→催奇形性、ダイオキシン、バイオサイド、ボパール事件、化学工場汚染事故、PRTR制度

## ガワールゆでん【ガワール油田】

サウジアラビアにある世界最大の油田名。ペルシャ湾のバーレーンあるいはカタールの対岸近くに位置する。この油田の生産量は、すでにピークを過ぎたと言われ、埋蔵量の半分が発掘されてしまったと考えられている。同油田の生産量は、世界の石油の需給関係に大きな影響を与えてき

ただけに、今後の生産動向に関心が寄せられている。→一次エネルギー、化石燃料、資源枯渇、ピークオイル、エコロジカル・フットプリント、埋蔵量

## がん【ガン（癌）】

一般には悪性腫瘍のことを指す。生物は、内外の様々な環境変化にもかかわらず、形態的、生理的状態を一定に保ち、個体として生存を維持する性質、すなわち恒常性を有する。正常な細胞は、このような恒常性の支配下にあって、生体がその機能を十分に発揮できるように増殖する。一方、がん細胞は恒常性に支配されず、宿主から酸素、栄養などの供給を受けながら自律性を獲得し、増殖し続ける。その結果、組織は破壊され、宿主を死に至らしめる。がんの形成は、突然変異などで細胞の遺伝子に異常が生じたことが原因と考えられる。→ウイルス、過剰栄養、抗ウイルス薬、生活習慣病、発ガン性物質

## かんがいのうぎょう【灌漑農業】

外部から人工的に水を供給することで成り立つ農業。灌漑により農地の生産性は向上し、余剰農産物が蓄えられ、直接に農業に従事しない都市人口を養うことが可能になった。例えば、古代メソポタミヤ文明は、大規模灌漑農業に支えられて繁栄した。半面、大規模な灌漑農業は、地下水を枯渇させたり、土壌の塩類集積の原因となり農地の劣化をもたらした。メソポタミヤ文明の衰退は、灌漑農業の失敗に一つの原因があると言われる。アスワンハイダムの建設による大規模灌漑農業により、エジプト・ナイル川下流の穀倉地帯が塩害で農業生産性が著しく低下したケースや、旧ソ連が実施した大規模灌漑農業で、アラル海を縮小させ、周辺地域を耕作不能な荒地にしてしまうなどの弊害を招いた。→アスワンハイダム、アラル海、塩類集積、点滴灌漑

## かんきょうアセスメント【環境アセスメント】(environmental impact assessment)

「環境影響評価」とも言う。空港や道路、ダム事業、大規模宅地開発など環境に著しい影響を及ぼす恐れのある事業を実施する場合、事前に事業者が自ら周辺の環境の状況を調査し、予測、評価して、その結果を住民に公表し意見を聞き、より適正な環境への配慮を確保するための手続き（制度）のこと。1969年に、米国で法制化された「国家環境政策法」(NEPA) に環境アセスメントが求められ、環境配慮のための民主的意思決定、科学的判断形成の方法が導入された。米国においては、複数の代替案が示され、最適案を選定する手

続きが大きな特徴になっている。日本では、1997年に「環境アセスメント法」が制定されたが、代替案の比較検討を必須要件とせず、環境保全目標をクリアしているか、環境影響を低減させるための最大の努力を図ったか、などで評価している。→エコビジネス、感度分析、環境リスク、巨大（地域）開発、情報的手法、生活環境影響調査

## かんきょうえいきょうひょうか【環境影響評価】→かんきょうアセスメント【環境アセスメント】

## かんきょうエヌ　ピー　オー【環境NPO】

環境保全に取り組んでいる非政府組織。国連の定義では、国際的活動を行い国際機関の認める非政府組織のこと。日本では、特定非営利法人資格を持ち、環境保全や環境保護活動を行う組織を環境NPOと言うこともあるが、もっと広げて環境保全に取り組む様々な非政府組織の総称として使われている。環境NGOのことを環境NPO（非営利組織）と呼ぶ場合もある。→NGO、NPO、オーデュポン協会、オルタナティブ、環境保護団体、環境保全運動、グラウンドワーク、グリーンジム、コミュニティービジネス、シエラ・クラブ、自然保護運動、ナショナルトラスト

## かんきょうおせん【環境汚染】

環境が人為的な要因で汚染されること。特別な化学物質や廃棄物が、大気や水、土壌などの自然界に通常以上に存在し、それらが実際にあるいは潜在的に人の健康に悪影響を及ぼしたり、環境へ影響を与える場合を指す。自動車や工場の排気ガス中の硫黄酸化物や窒素酸化物が、大気中で反応して生じる酸性雨は、ヨーロッパでは森林の衰退の原因となっている。また、工場排水による水質汚濁は、日本で多くの公害病患者を生んだ。農薬による土壌汚染は、米国の生物学者、レイチェル・カーソンの『沈黙の春』の中で指摘されているように、生態系に深刻な影響を及ぼす。→越境汚染、大気汚染、酸性雨、沈黙の春、土壌汚染、有毒物質排出目録、PRTR制度、レイチェル・カーソン

## かんきょうおせんぶっしつはいしゅつ・いどうとうろく【環境汚染物質排出・移動登録】（PRTR）

「化学物質排出移動量届出制度」とも言う。日本では、1999年「特定化学物質の環境への排出量の把握等及び管理の改善の促進に関する法律（PRTR法）」により制度化され、2001年4月から実施されている。→PRTR制度、情報的手法、有毒物質排出目録

## かんきょうかいけい【環境会計】
(environmental accounting)

企業が環境対策にどのくらい費用をかけ、その効果はどのくらい上がったか、費用対効果を数値で示す会計システムのこと。企業が実行した環境に対する取り組みを「環境保全のためのコスト」と「環境保全活動の効果」に分けて定量的に測定し、開示する。通常、環境報告書に記載され、社会一般に広く公表される。企業の社会的責任として、環境会計に取り組む企業が増えている。企業は環境経営に本格的に取り組んでいることを様々なステークホルダー（利害関係者）に対して示し、説明責任を果たすことができる。さらに環境コストを経営の中に取り込むこと、環境と経営のバランスの企業戦略も推進できる。そのための指針として、環境省は、2000年以来、『環境会計ガイドライン』(Environmental Accounting Guideline)を公開し、多くの企業に環境会計の作成を呼びかけている。→環境経営、環境コミュニケーション、環境パフォーマンス評価、環境報告書

## かんきょうかくづけ　かんきょうかくづけきかん【環境格付け　環境格付け機関】

企業の環境経営への取り組みや製品のを環境負荷への影響などを総合的に評価し、企業を環境面から順位付けをすることを言う。その格付け調査を実施する組織が環境格付け機関である。環境格付けは、欧米の社会的責任（CSR）の議論の一評価項目として始まったものである。例えば、米国では早くから社会的責任投資（SRI）の議論があり、1971年には社会的責任投資の金融機関が登場した。また1989年には、経済優先度評議会が出した「よりよい世界のための買い物」では、七つの投資評価項目の中の一つに、企業の環境対策が含まれている。この格付けの完成により、エコファンド（環境ファンド）が運用されるようになった。→SRI、エコファンド、グローバル・コンパクト、CSR、責任投資原則、ダウ・ジョーンズ・サステナビリティ・インデックス、認証機関

## かんきょうかけいぼ【環境家計簿】
→シー　オー　ツーかけいぼ　かんきょうかけいぼ【$CO_2$家計簿　環境家計簿】

## かんきょうかんさ【環境監査】
(environmental auditing standards)

環境管理の取り組み状況について、客観的な立場からチェックすること。環境配慮型製品の開発促進を始め、環境負荷低減、遵法、リスク対策の実施状況などが監査される。国際商業会議所（ICC）によると、「環境に

関する経営管理上のコントロールを促進し、会社が定めた環境に関する方針（法律で定められた基準を守ることを含む）の遵守状況を評価することにより、環境保護に資する目的の組織・管理・整備がいかによく機能しているかを組織的・実証的・定期的・客観的に評価するもの」としている。国際標準化機構（ISO）は、1994年に、ISO14010シリーズで環境監査の規格を定めた。この中で環境監査とは、「監査基準を満たしているかどうかを客観的証拠によって評価する体系的なプロセスである」としている。→ISO14001、エコプロダクツ、エコビジネス、環境経営

### かんきょうきほんけいかく【環境基本計画】（Environmental Basic Plan）

「環境基本法」（第15条）に基づき、政府の環境保全に関する総合的かつ長期的な施策の大綱を定めたもの。1994年に、最初の「環境基本計画」が策定された。その後、ほぼ5年ごとに改定、策定され、2000年に第二次基本計画、2006年4月に第三次基本計画が策定された。いずれも、「循環」「共生」「参加」「国際的取り組み」の四つを長期目標に掲げている。第三次基本計画では、持続可能な社会実現のため、環境的側面、経済的側面、社会的側面を全体としてとらえる総合的アプローチの重要性を強調している。また、「経済が活性化することによって環境もよくなる」として、環境と経済の好循環を実現させることが望ましいと指摘している。→環境基本法、持続可能な社会

### かんきょうきほんほう【環境基本法】（Environmental Basic Law）

わが国の環境政策の基本となる法律。「公害対策基本法」に代わる法律として1993年に制定され、同年11月に公布・施行された。1967年に制定された公害対策基本法は、主として産業公害を対象にしたものだったが、90年代に入った頃から地球温暖化やオゾン層の破壊、野生生物の種の減少など、地球規模で対応しなくてはならない問題が多発するようになった。1992年には、ブラジルのリオで「地球サミット」が開かれ、このような時代の変化に対応するため、環境保全の基本的理念とそれに基づく基本的施策の総合的な枠組みが必要になり、「環境基本法」が制定された。環境基本法には、三つの理念が盛り込まれた。第一が環境の恵沢の享受と継承、第二が環境への負荷が少ない持続的発展が可能な社会の構築、第三が国際的協調による地球環境保全の積極的推進である。同法は環境保全に関する諸施策を総合的に実施するため、「環境基本計画」の作成を定めている。→環境基本計画、環境権、地球サミット

## かんきょうきょういく【環境教育】
(environmental education/environmental learning)

人類が、子々孫々まで生存し続けることができるようにするための教育。環境や自然についての知識を学ぶだけでなく、自然体験や環境保全活動に参加することによって、持続可能なライフスタイルを目指す人材を育てること。「環境教育」という用語は、1948年の国際自然保護連合（IUCN）の設立総会から用いられるようになった。環境教育の重要性は、1972年「ストックホルム国連人間環境会議」、1992年「リオ・サミット（地球サミット）」、2002年「ヨハネスブルク・サミット」でも確認されてきた。日本における環境教育は、1960年代以降の自然保護教育や公害教育から始まった。近年、環境教育は、学校教育では総合的な学習の時間を中心に盛んになり、企業においても従業員を対象とした導入が進んでいる。2003年7月、「環境の保全のための意欲の増進及び環境教育の推進に関する法律」（「環境保全活動・環境教育推進法」）が制定され、市民、企業、自治体、NPOなど様々な分野で自発的な活動が促進されることになった。→風のがっこう、グリーンマップ、ストックホルム国連人間環境会議、田んぼの学校、日本環境教育フォーラム、ネイチャーダイアリー、森のムッレ教室

## かんきょうきょようげんど【環境許容限度】

環境が受け入れることができる汚染物質量や自然の浄化能力の許容限度のこと。さらに、自然が有する再生可能速度を含める場合もある。例えば、①地球温暖化との関係で言えば、大気中の$CO_2$濃度が一定の水準を超えると温暖化が急速に進む、②有害物質を過剰に排出し続けると、自然の浄化能力を超え、大気、水、土壌が汚染される、③森林や地下水などの再生可能な資源を、自然の再生速度を超えて過剰に採取すると枯渇してしまう、などが指摘できる。エコロジカル・フットプリントは、地球の環境許容限度を地球の面積で数値指標化する試みと言える。→エコロジカル・フットプリント、環境容量、持続可能な資源消費、生態系サービス

## かんきょうけいえい【環境経営】
(sustainable management)

企業活動のあらゆる領域で環境対応を最優先させた企業経営。地球環境負荷を最小化する持続的な企業経営を行うための方法論。そのベースには、「企業活動に使用する地球資源は、全て"地球からの借り物"であり、元に復元すべきものである」との認識がある。とはいえ、企業活動にとって、現実的には、環境対応（投資）と収益確保の両立を目指す"経済と

環境の両立"が主眼となる。実務的には、「環境経営」とは、環境関連活動費として計上した会計情報を環境コストとして把握し、広く一般に公表していく活動となる。環境コストには、マイナス面のコスト（環境汚染を引き起こし、その対応に費やした費用）、維持コスト（マネジメントシステムの運営など、組織の環境関連活動を維持する目的のコスト）、プラス面のコスト（環境保護に対して積極的に貢献するために支出する経費）に分類される。→外部不経済、環境会計、環境コミュニケーション、環境報告書、エコラベリング

## かんきょうけん【環境権】

人は、誰もが良好な環境において、自由かつ平等で過不足のない生活を享受する権利を有していることを言う。1972年に、スウェーデンのストックホルムで開催された「国連人間環境会議」で採択された宣言に盛り込まれている。国際的な環境宣言としては、史上初めてのものであり、国連人権宣言と並んで価値のある宣言と評価する人は多い。スウェーデンには不文律の自然享受権があるが、日本でも近年、憲法改正論議で環境権が議論され始めている。→環境基本法、自然享受権、ストックホルム国連人間環境会議

## かんきょうこうこがく【環境考古学】

(environmental archaeology)
人間がどのように自然環境を利用して、文明・社会を築いてきたのかといったことを研究する学問。人類史を自然環境の変化という切り口から研究する、新しい学問と言える。例えば、これまで世界各地の文明は、気候の変動あるいは地球環境変化の影響を受けてきた。その実態を科学的に解明する新しい手法として注目されているのが、花粉分析である。気候変動によって植生が変わることに着目し、植物の花粉を調べることによって当時の自然環境を復元する研究で、世界各地で行われ成果を上げている。その結果、環境考古学は文明史を環境変化の面から解明するにとどまらず、地球温暖化、気候変動に伴う人類の未来についての研究にとっても重要な学問分野になりつつある。→ギルガメッシュ叙事詩、地球温暖化、レバノン杉

## かんきょうこうこく【環境広告】

(environmental advertising)
企業や商品の環境性能を訴える広告。商品広告、企業広告を問わず、環境マーケティングの一環として行われる。ISO（国際標準化機構）は、環境コミュニケーションのグローバルスタンダードとも言える環境ラベル規格を発効させた。これまで、情報を共有し、社会と対話する画期的な環境広告が世に出ている。「脱公害の

風」が吹いた1970年には、「モーレツからビューティフルへ」（富士ゼロックス）のメッセージが人々の心をとらえ、「省エネ・省資源の風」が吹くと、「愛鳥キャンペーン」（サントリー）や「カムバック・サーモン・キャンペーン」（宝酒造）が人々を明るくした。1990年には、「私たちの製品は、公害と、騒音と、廃棄物を生みだしています。」（ボルボ）と自己告発するネガティブアプローチの広告が出て、世に「環境対話の風」を吹き込んだ。温暖化防止京都会議が開催された1997年には、環境CM「EGOからECOへ」（トヨタ）が登場、「環境ソリューション時代」が到来した。以後、低公害車、液晶テレビ、ノンフロン冷蔵庫など、具体的な商品で訥々と訴求する時代となった。→エコラベリング、環境コミュニケーション、環境ソリューション広告

## かんきょうこうりつ【環境効率】

環境影響を最小化しつつ付加価値を最大化させるための概念。一定の資源の投入に対して最大の利潤を上げようという生産効率に対して、最小の資源投入に対して最大のサービス（生産）を上げようというのが環境効率である。独のブッパタール研究所などを中心に、最小の資源投入によって最大のサービスを得るための新しい指標として、資源生産性の概念が登場した。一単位の資源投入によって、サービスがこれまでの4倍になれば「ファクター4」、さらに10倍になれば「ファクター10」という新しい指標が提唱された。このように「ファクターX」は、環境効率の概念を指標化して実現しようとする試みである。→資源効率性、資源生産性、ファクターX、ブッパタール研究所

## かんきょうコミュニケーション【環境コミュニケーション】

様々なステークホルダー（利害関係者）と、「価値観」や「共感」を交信させながら環境経営を実現していく手段。2001年版の『環境白書』では、これを「持続可能な社会の構築に向けて、個人、行政、企業、民間非営利団体といった各主体間のパートナーシップを確立するために、環境負荷や環境保全活動等に関する情報を一方的に提供するだけでなく、利害関係者の意見を聞き、討議することにより、お互いの理解と納得を深めていくこと」と定義している。環境コミュニケーションの手法としては環境報告書、環境会計、環境ラベルなどがあるが、この他に環境広報、環境広告、Web、社会貢献活動、フォーラム＆イベント、環境NGOの支援、環境事業への協賛などがある。→エコラベリング、環境経営、環境報告書、環境会計、環境広告、フィランソロピー、メセナ

## かんきょうさべつ【環境差別】

環境問題の被害が、経済的弱者や社会的弱者に集中してしまう現象。米国では、廃棄物処分場や核廃棄物処分場などの、いわゆるニンビー（NIMBY：公共としては必要な施設であると認めていても、自分の近隣地域にだけは存在して欲しくない）施設は、経済的貧困層や少数民族が住む地域に存在していることが多い。先進国から途上国への公害移転の議論も環境差別と考えられる。→環境的公正、環境レイシズム、社会的ジレンマ、ニンビー（NIMBY）

## かんきょうじちたい　かんきょうじちたいかいぎ【環境自治体　環境自治体会議】

自治体行政のあらゆる分野を「環境」という視点で見直し、改革に取り組む自治体。1992年から、毎年5月に「環境自治体会議全国大会」が開催され、2006年7月現在、日本全国60の会員自治体が参加。地球環境問題を解決するためには、その基礎となる自治体が重要な役割を担うという自覚に基づき、全国の自治体に向けて環境政策へのイニシアティブの発揮を呼びかけている。また、会員自治体の環境政策をサポートするシンクタンク、環境自治体会議環境政策研究所がある。→アジェンダ21、イクレイ、シンクグローバリー、アクトローカリー、地域政策

## かんきょうしひょう【環境指標】

環境の状態を定量化した指標。一例として、OECD（経済協力開発機構）が指標化を目指している対象は、汚染物の濃度、公害などの危険にさらされる人数、野生生物および天然資源の現状、人間の活動によって発生する環境への負荷、環境への支出、環境税および補助金、価格および物価体系、公害緩和度、廃棄物リサイクル率などであり、これらを表す様々な測定値、統計データが指標となる。→持続可能性指標、GPI、指標生物

## かんきょうしゅと　かんきょうしゅとコンテスト【環境首都　環境首都コンテスト】

国内の自治体の中で、最もよく自然と環境の保護につとめた都市（環境首都）を選んで表彰するイベント（環境首都コンテスト）のこと。環境首都コンテストは、元々は独国内で1989年から1998年まで行われた。日本版は2001年度から始まり、「持続可能な地域社会をつくる日本の環境首都コンテスト」で選ばれる。全国11のNGOから成るネットワークが、全国自治体の環境施策の調査を毎年実施して選び、表彰する。参加自治体は75自治体で、第2回をピークに減少傾向にあるが、市町村合併による自然減の割には自治体総数に占める参加の割合は増加している。

→シンクグローバリー、アクトローカリー、環境自治体　環境自治体会議、地域政策、フライブルク市

## かんきょうぜい【環境税】

環境に負荷を与える行為を抑制するための課税のこと。規制的手法ではなく、経済的手法でエネルギー構造や産業構造を転換させるための有力な手段と考えられている。環境税の中で特に注目されているのが、温暖化防止を目的とした炭素税である。ガソリンなどの化石燃料の消費に伴って発生する$CO_2$を炭素換算し、炭素1トン当たり何円といったかたちで課税する方法である。スウェーデン、フィンランドなどの北欧諸国では、90年代初めから炭素税の実施に踏み切っており、現在、独、英、仏などEU加盟国の多くが化石燃料抑制のための環境税を実施している。日本でも環境省が炭素税の導入を提案しているが、経済産業省や日本経団連の反対で、実現に至っていない。地球温暖化を防止する有力な手法として知られている。→合意的手法、環境指標、サステナビリティ革命

## かんきょうせいぎ【環境正義】

人種や階層を超え、全ての人が平等に良好な環境を享受する権利を有するとする思想。1980年代の米国では、産業活動に伴う廃棄物の埋め立て地や処分場、有害廃棄物排出地域が弱者、特にアフリカ系黒人やヒスパニック（中南米諸国系）の居住地域に集中し、多くの人々がそれによって健康を害した。1991年に、「第1回全米有色人種環境リーダーシップサミット」（First National People of Color Environmental Leadership Summit）が開催され、17項目の環境正義の原則が採択された。→環境差別、環境的公正、環境レイシズム、ニンビー（NIMBY）

## かんきょうせいひんせんげん【環境製品宣言】（EPD）（Environmental Product Declarations）

スウェーデン環境管理評議会（SWEDAC）が開発したタイプⅢエコラベルの認証プログラム。1998年以来、電気・電子機器、化学、食品、建材など、幅広い産業で第三者認証機関による審査登録がなされている。グリーン購入を促進する手法として開発された。企業側のメリットとしては、社会的信頼性の確保、サプライヤー管理とリスクヘッジ、EU（欧州連合）指令への適合性証明、金融機関からの低利融資、シリーズ製品一括認証などが考えられる。認証を取得するためには、製品やサービスの環境LCA（ライフサイクルアセスメント）を行い、定量的データを整えなければならない。日本では、日本ガス機器検査協会が、EPDの認証機関として認定されている。→エコ

ラベリング、グリーン購入、LCA

## かんきょうソリューションこうこく【環境ソリューション広告】

環境負荷の少ない商品の開発、あるいは温室効果ガス削減などの企業努力の成果などを利害関係者に伝える広告。商品や企業の環境性能を訴える「社会との対話」は、時代とともに変わる。1990年代に入ると、地球規模の環境問題が人々の心をとらえ始め、1997年の温暖化防止京都会議の頃には、「環境対話の時代」から具体的な商品やサービスで答えを示す「環境ソリューション」時代がやってきた。トヨタ自動車が、低公害車「プリウス」を世に出し「EGOからECOへ」と謳い、アサヒビールが「ゴミゼロ工場」CMを放映した。その後も、液晶テレビ、詰め替え容器、ノンフロン冷蔵庫など、具体的な商品に語らせる「環境ソリューション広告」が主流となった。広告は「イメージ型・理念型」から、「事実報告型・問題解決型」へと転換していく。→環境経営、環境広告、環境コミュニケーション

## かんきょうていこう【環境抵抗】

生物が生殖によって数を増やしてゆく時、その速さを抑制する生物的環境因子と非生物的環境因子の総和のこと。増加の速さは、生息環境に存在する環境資源と均衡を保つように一定となる。理想的条件下での繁殖能力と、実際の繁殖能力の差とも考えることができる。→環境容量

## かんきょうてきこうせい【環境的公正】

通例、環境正義と言われる。環境差別を社会的、経済的、時には生態学的観点から解消すること。1990年代に米国で盛んになる。裕福な生活を送る人たちは、質のよい環境の中で生活することができるが、マイノリティー（少数民族）や貧困層など社会的弱者は、環境破壊の被害者となりやすい。さらにプランテーション労働者の農薬被害、途上国における貧困と環境破壊の悪循環などは環境差別の一例であり、こうした差別を解消することを環境的公正と言う。→アメニティー、環境差別、環境正義、ニンビー（NIMBY）

## かんきょうてきごうせっけい【環境適合設計】（DfE）（Design for Environment）

環境配慮型設計とも言う。すでにある製品の環境負荷情報を生かし、製造初期の段階から環境負荷の低減や環境保全を目的とする設計のこと。同義語としては、エコデザイン、ライフサイクルデザインがある。環境ISOにも規定があり、ISO14062がその規格となっている。国連環境計画（UNEP）でプログラムをつくっ

ているエコデザインは、環境適合設計を簡便なかたちで表わしたもの。→ISO14001、エコデザイン、エコプロセッシング、エコロジカルデザイン、LCA

**かんきょうとかいはつにかんするせかいいいんかい【環境と開発に関する世界委員会】**→ブルントラントいいんかい【ブルントラント委員会】

**かんきょうどくせい【環境毒性】**
生態系において、化学物質が生物にもたらす有害な影響のことを言う。化学物質は人類の発展に大きく貢献してきた反面、その用法と用量を誤ると多くの場合毒性を持つようになり、生物を深刻な状況に陥れる。CAS(Chemical Abstracts Service)は、化学物質に関する世界で最も大規模なデータベースだが、それによると2006年末での登録化学物質は3000万件に上る。これらの把握された物質に対し、廃棄物集積や焼却、処理などの過程で日常的に生成されると思われる物質については、その量や毒性など全く不明である。→奪われし未来、沈黙の春、複合汚染、PRTR制度、有毒物質排出目録

**かんきょうなんみん【環境難民】**
(environmental refugees)
地球温暖化、砂漠化、水不足、水没、極度の環境汚染などによって居住が不可能になった地域あるいは国から、他国や他地域への移住を迫られる人たちのこと。地球温暖化による海面上昇のため水没の危機に直面している南太平洋の島嶼国では、海抜ゼロメートルに近い地域に住む一部の人たちは、すでにニュージーランドやオーストラリアなどへの移住を始めている。→シシュマレフ島、地球温暖化、ツバル

**かんきょうにかんするボランタリープラン【環境に関するボランタリープラン】**(voluntary plan)
通産省（現・経済産業省）が、産業界の約400社に対して要請した環境行動計画のこと。1992年10月、翌年3月までに自主的に「環境に関するボランタリープラン」を策定するよう要請。環境に対する負荷を軽減し、地球環境を保全するために企業等の自主的な取り組みを網羅したガイドラインを公表した。基本方針、社内体制の整備、事業活動の各段階における環境配慮、広報・啓蒙・社会活動、海外における事業活動などが含まれている。→CSR、ボランティア支援制度、地球環境憲章

**かんきょうのひ【環境の日】**
(World Environment Day)
毎年、6月5日を「環境の日」と呼んでいる。国連はこの日を「世界環境デー」と呼び、国際的な記念行事を

実施している。1972年6月5日からスウェーデンのストックホルムで開催された「国連人間環境会議」を記念している。同年12月15日に、日本とセネガルの共同提案により国連総会で世界環境デーとして制定された。日本では、1993年の「環境基本法」の制定時に、「環境の日」として設けられた。6月の一カ月は環境月間とされ、毎年、各地で環境省や地方自治体、企業などによって環境セミナーや展示会イベントなどが開かれている。→アースデイ、環境基本法、ストックホルム国連人間環境会議

### かんきょうはいりょがたしょうひん【環境配慮型商品】→エコプロダクツ

### かんきょうはいりょがたせっけい【環境配慮型設計】→かんきょうてきごうせっけい【環境適合設計】

### かんきょうはいりょそくしんほう【環境配慮促進法】

正式名称は、「環境情報の提供の促進等による特定事業者の環境に配慮した事業活動の促進に関する法律」。2004年5月、成立。翌2005年4月、施行。特定事業者とは、特別の法律によって設立された公的法人で、具体的には独立行政法人(23機関)、国立大学法人(59校)、その他(5機関)が対象。対象機関は、2006年秋までに2005年度の環境報告書の作成と公表を義務付けられ、以後、毎年義務付けられる。同法は、民間の事業者には適用されない。→環境報告書

### かんきょうはくしょ【環境白書】
(Quality of Environment in Japan /Environmental White Paper)
環境省が、その年度の環境保全施策および翌年度に実施予定の環境保全施策をまとめた報告書。1992年に制定された「環境基本法」の第12条の規定に基づき、政府が国会に提出する。2001年からは、『循環型社会白書』も作成している。日本初の『公害白書』は、「公害対策基本法」(1967年)に基づき、1969年6月に公表された。その後、1972年5月発行の昭和47年版より、『環境白書』と名称を改めた。環境省のホームページ上で過去の白書の全文が公開され、全文検索システムによって任意のキーワードによる検索ができる。関連書籍『図で見る環境白書』『こども版環境白書』『マンガで見る環境白書』『環境白書CD-ROM版』とともに、書籍として市販されている。→環境基本法

### かんきょうパフォーマンスひょうか【環境パフォーマンス評価】
企業や組織が実施した環境活動の実施状況を、所期の目的の達成度から定量的もしくは定性的に評価すること。環境達成度評価とも言う。環境ISOでは、ISO14031とTR14032が

環境パフォーマンス評価に関して規定している。さらに2006年現在、環境ISOに係わる五つの分科委員会の内一つが環境パフォーマンス評価の委員会である。環境パフォーマンス評価は、環境マネジメントシステムがきちんと機能しているか検査を行うための重要な手続きである。環境パフォーマンス評価は、PDCAサイクルの評価機能を有しているだけではなく、そこから派生する環境会計や環境報告書などでも利用される。→ISO14001、環境会計、環境報告書、PDCAサイクル

### かんきょうふか【環境負荷】
(environment load)
人が環境に与える負担のこと。単独では環境への悪影響を及ぼさないが、集積することで悪影響を及ぼすものも含む。「環境基本法」では、環境への負荷を「人の活動により、環境に加えられる影響であって、環境の保全上の支障の原因となる恐れのあるものを言う」としている。人的に発生するものには、廃棄物、公害、土壌汚染、焼畑、干拓、戦争、人口増加なども考えておかねばならない。自然的に発生するものにも、気象、地震、火山噴火などが考えられる。→生態系サービス、持続可能な社会、循環型社会

### かんきょうふくげん【環境復元】
(reclamation)
一度破壊された環境を可能な限り元の状態に復旧すること。環境復元には、重金属や有害化学物質で汚染された土壌を浄化して安全に使用可能にすること、鉱物資源を採掘した跡地を埋め戻して植林し、池をつくるなどして可能な限り自然の状態に戻して生態系を再生すること。例えば護岸のためにコンクリートで固められた河川、湖沼などで、過剰なコンクリートを撤去、改修して水辺の生きものが戻ってくるように元の豊かな自然を復元するといった事業も含まれる。→エコロジカルネットワーク、三面コンクリート、生態系復元(運動)、多自然型川づくり、バイオレメディエーション

### かんきょうふさい【環境負債】
(environmental dept)
資源輸入国が輸出国に対して負う自然破壊の対価のこと。天然資源の取り引き価格には、通常、資源採取・採掘に伴う生態系、生物多様性、固有種、森林の炭酸ガス吸収源など自然環境の破壊に対する対価は含まれないため、資源輸入国は輸出国に対して環境負債を負っているという考え方。→エコリュックサック、外部不経済、債務環境スワップ

### かんきょうぶんか【環境文化】
環境問題を文化の問題としてとらえ

認識したもの。例えば、汚染物質の末端処理に関しては、排出規制や課徴金を課すなどの方法で対応できるが、地球温暖化やオゾン層対策などの広範な環境問題では、広く多くの人々が問題解決に尽力することがなければ問題は解決しない。その際、人々の日常生活や社会生活が生み出す環境への意識や規範など、広くその社会が持つ文化との係わりを調べた上で対策を進めると、問題解決のための支援も協力も得られやすくなる。→スローライフ、スローフード、足るを知る、ライフスタイル、ロハス

## かんきょうほうこくしょ【環境報告書】(environment report)

企業などの事業主体が環境に配慮した活動内容をまとめた報告書。環境に配慮して行った活動内容を環境業績としてまとめ、広く利害関係者に公表する報告書。自主的な取り組みに客観性を持たせるために、公表前に監査法人や第三者にチェックを受ける企業が多い。内容としては、企業等の最高責任者の緒言、環境保全に対する方針・目標・行動計画、環境マネジメントに関する状況（環境マネジメントシステム、環境会計、法規制遵守、環境適合設計その他）および環境負荷の低減に向けた取り組み等についてとりまとめ、一般に公表する。現在では、パンフレット形式で配布すると同時にWebサイトで公開し、ダウンロードも可能なケースもある。従来の『環境報告書』から『社会・環境報告書』へと変化を遂げており、環境以外にも社会への貢献、地域住民との交流など、企業の社会的責任について言及する報告書も目立ってきた。呼び名も「サステナビリティ報告書」「社会的責任報告書」「CSRレポート」などと広がりを見せている。作成に当たっては、GRIガイドラインや環境省の環境報告書ガイドラインがある。→環境マネジメントシステム、環境会計、環境適合設計

## かんきょうほごだんたい【環境保護団体】

生態系や環境を保護することを目的として設立された団体。環境NPOの一つの分野。多くの場合、地域の特殊な自然環境や生態系を保護することを理由に設立されたものである。例えば、米国最古の環境保護団体であるシエラ・クラブは、シエラ・ネバダ山脈の自然保護や生態系保護を目的としてスタートしたが、後に全米的な組織へと展開した。一方、日本では真の意味での自然環境保護運動は少ない。その理由として、日本では原生林が少なく、人間の手の入った山林がほとんどであることなどが指摘できる。日本の場合、世界自然遺産に登録された屋久島や白神山

地、宮崎県綾町の照葉樹林帯などには人跡未踏の自然が残っており、地域住民を中心に環境保護の活動が展開されている。→NGO、環境NPO、環境保全運動、シエラ・クラブ、自然保護運動

## かんきょうほぜんうんどう【環境保全運動】
社会運動として環境保全を行うものを全て環境保全運動と言う。つまり社会問題としての環境問題を解決し、新たな社会を築こうとする運動を指す。環境保護だけではなく、歴史的な環境の復元、破壊された生態系の復元なども含まれている。運動体も環境NPOや環境NGOだけでなく、地域自治会や住民組織など様々な形の組織や団体が参加している。→NGO、環境NPO、環境保護団体、グリーンジム、シエラ・クラブ、自然保護運動

## かんきょうホルモン【環境ホルモン】
(endocrine disruptor)
ホルモンの働きを阻害し、体内の情報伝達を攪乱させる化学物質。動物にホルモン同様の作用をすることから、こう呼ばれる。正式には、「内分泌攪乱化学物質」または、「外因性内分泌攪乱化学物質」と言う。シーア・コルボーン他著『奪われし未来』やデボラ・キャリバリー著『メス化する自然』が世に出て、世界的な関心を集めた。特に性ホルモンを攪乱させ、生殖異常を起こすことが問題視されている。『環境ホルモン戦略計画SPEED'98』（2000年11月改訂）では、「動物の生体内に取り込まれた場合に、本来、その生態内で営まれている正常ホルモンの作用に影響を与える外因性の化学物質」として疑われる化学物質に65化学物質をあげている。→奪われし未来、内分泌攪乱物質、PRTR制度、有毒物質排出目録

## かんきょうマイスターせいど【環境マイスター制度】
水俣市が、環境モデル都市づくりの一環として、環境や健康にこだわったモノづくりをしている職人をマイスターとして認定した制度。第一回目に当たる1998年度は、天然繊維和紙や有機無農薬栽培によってお茶や野菜、米などをつくっている9名のマイスターが認定された。その後、多くの都市で同じ名前の制度が設けられているが、その目的は、地域社会において住民が環境やエネルギー問題などを学習、実践する際、予め登録されたマイスターの派遣を通じてそれらの活動を支援する、というもので、水俣市の生産者責任を積極的にアピールするための制度とは異なる。→水俣病、地元学、環境自治体環境自治体会議、町おこし

## かんきょうマネジメントシステム【環境マネジメントシステム】
(EMS) (Environmental Management Systems)
ISO14001の正式名。環境管理システム。工場など事業所内の環境改善を継続的に推進していくための手法。事業所トップによる環境方針の決定、環境改善のための計画（Plan）の作成と実行（Do）、さらにシステムが有効に機能しているかをチェック（Check）し、問題解決のための見直し措置（Act）をして、あらためて次の目標計画に戻るという「PDCAサイクル」の構築が求められる。全ての取り組み状況と結果の公表が求められる。PDCAサイクルを継続的に繰り返しながら、環境改善に取り組む点に特徴がある。→ISO14001、環境パフォーマンス評価、PDCAサイクル

## かんきょうみんしゅしゅぎかせつ【環境民主主義仮説】
環境問題は地域主権的なデモクラシーによって解決するという一つの考え方。多様な利害関係者の民意が反映できる民主的意思決定システムが、迂遠なようにみえるが環境問題の解決に効果があるとする考え方である。だが、米国の生物学者ガレット・ハーディンの「救命ボートの倫理」のように、環境問題では古くから中央や強大な権力によって強制的に解決する方法を、緊急避難先として正当化する考え方もある。→環境的公正、コモンズの悲劇、市民風車

## かんきょうようりょう【環境容量】
(Carrying Capacity eco-space)
自然界が持っている環境汚染物質の収容能力のこと。環境がそれ自体を損なうことなく受け入れることのできる人間活動や汚染物質の量を表す。同義語として、環境収容能力、環境収容力がある。容量の算出には、環境基準などを設定した上で許容排出総量を与えるものと、自然の浄化能力の限界量から考えるものがある。環境容量の定量化は実際には困難であるが、環境行政では総量規制の一つの理論的背景となった。近頃ではエコツーリズムに関連して、自然公園などへの最大受け入れ可能人数などの議論でよく使われる。生態学では、環境が養うことができる環境資源（森林、水、魚など）の最大値を意味し、環境容量に達した資源は増えも減りもしない定常状態となる。→エコスペース、エコツーリズム、エコロジカル・フットプリント、環境許容限度、環境抵抗、生態系サービス

## かんきょうリスク【環境リスク】
(environmental risk)
人為活動によって生じた環境負荷が、環境の経路を通じて、ある条件のも

とで人の健康や生態系に影響を及ぼす可能性のこと。ただし、可能性の確率計算が不能な不確実性のある環境への危険も環境リスクと言われることも多い。また人的環境汚染による被害補償の可能性もリスクとして捉える観点もある。要因として、化学物質、温室効果ガスの大気中濃度の増大、フロンによるオゾン層の破壊など、環境保全の障害となる可能性がある全要因が対象となる。環境リスクを回避するために、化学産業での自主的環境管理システムであるレスポンシブルケアや、企業融資の際に環境保全を義務化する「バルディーズ原則」(現在は「セリーズ原則」)などがある。→エクソン・バルディーズ号事件、環境アセスメント（環境影響評価)、GRI、感度分析、プロポジション65、レスポンシブルケア

## かんきょうラベル【環境ラベル】→エコラベリング

## かんきょうりんりがく【環境倫理学】
(environmental ethics)
環境破壊や資源の枯渇化現象が顕在化し、地球の限界があらわになった今日、人間と自然環境を両立させるための物の見方や考え方、行動規範、原理など持続可能な社会を支えるための新しい哲学。具体的には、有限な地球の認識、生態系の全面的な保全、将来世代の利益配慮を実現するための生き方を学ぶ学問。→エコロジカル・フットプリント、環境容量、持続可能な資源消費、生態系サービス、足るを知る

## かんきょうレイシズム【環境レイシズム】
人種の違いや少数民族であることを理由に、それらの人々が環境汚染や環境破壊などの劣悪な環境に置かれること。同義の言葉に環境差別がある。1980年代の米国において、環境上の不平等に対する抗議運動がきっかけとなって、この言葉が生まれたとされる。社会の弱者として位置付けると、日本における水俣病など公害病の患者も同じ立場に立たされてきたと言える。→環境差別、環境正義、環境的公正

## かんきょうをかんがえるけいざいじんのかいにじゅういち【環境を考える経済人の会21】→ビー　ライフにじゅういち（B-LIFE21）

## かんせんしょう【感染症】
ウイルス、細菌、真菌や寄生虫などの病原体が生体内に侵入して、細胞や組織の中で増殖し、その結果引き起こされる疾病の総称。インフルエンザ、はしかなどのウイルス感染症、黄色ブドウ球菌、病原性大腸菌などによる細菌感染症、白癬菌などによる真菌感染症、フィラリアや日本住

血虫などによる寄生虫感染症といったように、疾病の原因を明らかにした言い方もある。地球規模の気候変動によって、マラリアなどの感染地域が拡大したり、環境破壊によって新たな病原微生物の出現も懸念される。→地球温暖化

## かんせんせいはいきぶつ【感染性廃棄物】

「廃棄物の処理及び清掃に関する法律」により特別管理廃棄物に指定された廃棄物のこと。具体的には、感染性病原体が含まれたり、付着している廃棄物、およびこれらの恐れのある廃棄物のこと。病院、衛生検査所、病原体を扱う研究施設などで使われた血液が付着したメス、注射針、病原微生物で汚染された器具類などである。これらの廃棄物を処分する場合は、「廃棄物処理法」に基づく感染性廃棄物処理マニュアルにしたがった処理が求められる。→廃棄物処理法

## かんせんせいびせいぶつ【感染性微生物】

生物の体内に侵入し、増殖を行う微生物のこと。微生物には、真正細菌などの原核生物、原生生物や菌類などの真核生物、ウイルスなどが含まれる。感染症はこれらが増殖することによって引き起こされるが、その際、破傷風菌のように毒素をつくるものや、黄色ブドウ球菌のように酵素によって生存環境を確保するものなど、増殖のための機構は変化に富んでいる。→ウイルス、バイオセーフティー・レベル、微生物

## かんどぶんせき【感度分析】

アンテナやフィルムの感度などのように、機器あるいは物質などが外部から受ける信号、あるいは刺激に感ずる度合を感度と言う。また、環境条件の変化に対して、最適状態がどのように変化するかを調べる必要が起こることがある。この手順を、一般に感度分析(sensitivity analysis)と言う。この感度分析は、どれだけ多くの変数を用意しても最適な環境状態が計算できない時に、感度のようにある環境への刺激で、どれだけ現状が変化するかを分析する。この手法は、多く環境アセスメント（環境影響評価）で用いられている。→環境アセスメント（環境影響評価）、環境リスク

## かんばつ【干ばつ】(drought)

降水が減少し、長期間にわたって水不足が発生する状況。干ばつが発生すると、農作物の生産量が減少し、都市部などでは水不足に陥る。乾燥地帯では、大規模な干ばつにより難民や戦争が発生する場合がある。古代より干ばつによる農作物の収穫量の減少は、人間社会に大きな影響を

及ぼしてきた。近年はアフリカ、中国、オーストラリア、米国などで大規模な干ばつが発生している。東アフリカでは、2003年より干ばつが続いており食糧難となっている。世界の干ばつ面積は1970年から2002年にかけて2倍に達したとする研究もあり、干ばつ面積の急速な増加は地球温暖化に原因があると考えられている。→塩湖、地球温暖化、異常気象、食糧危機、水危機

## かんばつざい【間伐材】

間伐により発生した木材。人工林では、成長過程で過密になった森林を間引き伐採をすることを間伐と言う。一部の樹木を伐採することで、水土保全機能を維持し優勢木の生育を促す効果がある。森林経営においては、主木材の伐採によって収入を得るまでに長期間を要するため、間伐材の利用促進は重要な副収入源をもたらす。近年、木材価格の下落と間伐作業コストの上昇により採算性が悪くなり、間伐材の多くは林内に放棄されたり、間伐作業そのものが行われない森林も多くなり問題となっている。森林を良好な状態で保持し、持続的な経営を行うためには、間伐材の利用を促進し間伐を適正に行う必要がある。これまで、間伐材は主として建築現場での木枠や杭、小型の支柱などに利用されてきた。近年は家具や床材などのほか、木材チップにして木質バイオマス燃料としても利用される。→ペレットストーブ、長伐期施業、木質バイオマス、割り箸

## がんばらないせんげんいわて【がんばらない宣言いわて】

岩手県が全国紙でアピールした新聞広告のキャッチ・コピー。旧態依然とした成長至上主義に対抗するカウンターカルチャー（対抗文化）として、県内外に「スローライフ」の価値観を訴えたもの。岩手県は、2000年11月、「環境都市創造いわて県民宣言」を採択した。その姿勢を示す「がんばらない宣言いわて」キャンペーンは、2001年1月から4年間続けられた。新聞広告は、国際的にも大きな喝采を博し、「第12回環境広告コンクール」（日本経済新聞社主催）新聞部門で奨励賞に輝いた。→スローシティ、スローライフ、環境広告、ライフスタイル

## かんりがたしょぶんじょう【管理型処分場】→はいきぶつしょぶんじょうスリータイプ【廃棄物処分場3タイプ】

## かんれいか【寒冷化】

気候が変動して気温が下がり、寒さ、冷たさがきびしくなること。地球の気候は、様々な要因により変動してきたことが地質学的・古生物学的な

# キ Ki

証拠から明らかにされている。それまで安定していた気温が、急速に下がり寒冷な期間がしばらく継続すると、農業など人類の生活に大きな影響を及ぼす。現在から最も近い寒冷化は、14世紀から19世紀かけてのヨーロッパの小氷期である。現在は地球温暖化が進み気温が上昇しているが、気温の上昇がグリーンランドの氷床の融解を誘発し深層水循環を弱め、気候が寒冷化にシフトするとの研究が出ている。グリーンランド沖合では、メキシコ湾流により運ばれてきた暖かい海水が冷やされ深層へ沈降しており、これにより深層水循環が維持されている。しかし、氷床が融解することによって海水よりも軽い淡水が大量に流れ込むと、海水の深層への沈降が弱くなり深層水循環が弱化する結果、メキシコ湾流による暖かい海水の輸送が弱まることで寒冷化が起こるとされている。この説は、映画『The Day After Tomorrow』で取り上げられ話題となった。同じメカニズムによる寒冷化が、最終氷期から現在の間氷期への温暖化の過程で発生したと考えられており、「ヤンガードライアスイベント」と呼ばれている。→深層水循環、氷期・間氷期、氷河・氷床、地球温暖化、熱塩循環、ペンタゴン・レポート

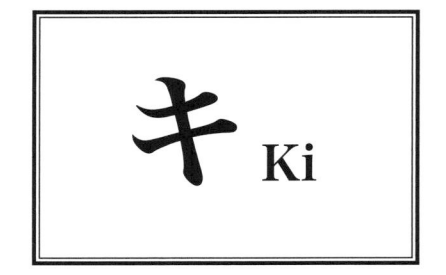

**きが【飢餓】**
飢えること。生物学的には、生体に必要な栄養分や水分が欠乏した状態のことを言うが、一般には食物も水もない状態が続き、極度の栄養不足になることを指す場合もある。地球上では、8.5億人にも上る人たちが飢餓状態にあると言われている。特に、サハラ砂漠以南のアフリカ諸国や、西アジアおよび東南アジアの一部の国では、慢性的な食糧不足状態が続いている。このため、国民の平均寿命は先進国と比べ極端に低い。→国連食糧農業機関、食糧安全保障、食糧危機、食糧自給率、ナチュラル・ステップ

**きかどうぶつ【帰化動物】**
人間によって本来の生息地から他の地域に移動させられ、その地に定着している動物のこと。環境の分野でよく使われる外来種という語は、帰化動物あるいは帰化植物とほぼ同じ意味で用いられている。近年、在来種に影響を及ぼし、生態系を乱すことが問題視されている。→外来生物、

在来種、食物連鎖

## きぎょうかんきょうほごしゅぎ【企業環境保護主義】

(Corporate Environmentalism)
1989年、米企業デュポンのエドガー・S・ウーラード会長（当時）が唱えた環境経営思想。氏はCEO就任直後、「メーカー各社の色とりどりの意見をゆくゆくは一色にまとめるなら、私はそれを緑色にしたいのです」と語り、「緑色」の未来を実現する方法として「企業環境保護主義」を唱えた。同年5月には、「1990年までに有害廃棄物を35％、2000年までに70％以上削減する。合成樹脂の製造で、重金属系顔料の使用を中止する。ポリエステルのリサイクル事業を推進する。公共衛生あるいは環境に関連する全ての主要なサイトの設計活動には、地域の代表に参加してもらう。環境に関する業績を重役の給与決定に含める」と宣言した。さらに、世界各地の社有地を自然保護区にすることも約束。自らを、環境保護主義の最高責任者（CEO：Chief Environmental Officer）と呼んだ。その後、同社は毎年、米環境保護庁（EPA）に廃棄物・排出物に関する報告書を提出し続けている。→環境経営、環境コミュニケーション、ゴール・イズ・ゼロ、CSR

## きぎょうしみん【企業市民】

(Corporate Citizen)
企業も地球社会の一員として、環境問題や文化・教育問題などに積極的に取り組むべきだ、という考え方。社会を構成する一市民として企業を位置付け、擬人化した表現。雇用や製品・サービスの提供のみならず、社会を構成するさまざまな主体とバランスよく連携を図りながら、環境、教育、文化など多方面にわたり、社会の一員として社会に役立つ活動を行う姿勢を指す。世界経済人会議は、2001年1月、地球企業市民（Global Corporate Citizen）に関する共同声明を発表、「経営トップが率先して取り組むべき課題」として、①本業の中で企業市民としての役割を果たすこと、②企業の内外のステークホルダー（利害関係者）との関係を大切にすること、③企業市民の取り組みに経営トップ自らリーダーシップを発揮すること、をあげている。→CSR、ステークホルダー、WBCSD、フィランソロピー

## きこうへんどうにかんするせいふかんパネル【気候変動に関する政府間パネル】→アイ ピー シー シー【IPCC】

## きこうへんどうわくぐみじょうやく【気候変動枠組条約】

正式名称は、「気候変動に関する国際連合枠組条約」（United Nations

Framework Convention on Climate Change)。1992年にブラジル・リオデジャネイロで開かれた「地球サミット」直前の同年5月に採択され、94年3月に発効した。大気中の温室効果ガス濃度を安定化させることを究極の目的としている。特に、人為的な行為によって気候に危険な影響を及ぼさないような水準に温室効果ガス濃度を安定化させるため、締約国に対し、①温室効果ガスの排出・吸収目標の作成、②地球温暖化対策の国家計画の策定とその実施などを義務付けている。この申し合わせは、1997年12月に京都で開かれた本条約「第3回締約国会議」（COP3）で「京都議定書」として採択され、2005年2月に発効した。→地球サミット、COP3、京都議定書

## きしょうきんぞく【希少金属】→きしょうしげん【希少資源】

## きしょうしげん【希少資源】
(rare resources)
地球上に存在する量が少ない有用鉱物資源のこと。希少金属のことを「レアメタル」、希少元素のことを「レアアース」あるいは「希土類」という。ニッケル、クロム、モリブデン、タングステン、コバルト、マンガン、バナジウムはレアメタル7品目と呼ばれ、わが国では備蓄の対象になっている。7品目以外のレアメタルとして白金族金属がある。その他レアメタルとしてはベリリウム、ガリウム、ゲルマニウム、セレン、ニオブ、インジウム、テルル、タンタル、リチウムなどがある。これらのレアメタルはパソコン、携帯電話、デジタルカメラなどIT関連製品、そして軍需・宇宙開発に必要な先端材料として欠かせない。レアアースとしてはイットリウム、ユーロピウム、ネオジウム、ランタン、テルビウムなどで、やはり先端材料には欠かせない、情報化社会を支え科学技術の進歩を促す素材である。約60％の資源を保有する世界最大の供給国、中国の動向は重要である。希少性と偏在性から、日本の産業のアキレス腱とも言われる資源で、安定確保がきわめて重要な資源である。代替材料の開発も重要な課題である。→IT汚染、都市鉱山、地上資源

## きすいこ【汽水湖】
(blackish-water lake)
海水と淡水が混じり合った塩分濃度が、海水と淡水の中間を示す汽水によって満たされた湖。海水の塩分濃度が3.3％であるのに対し、汽水では3％から0.02％である。日本では浜名湖、宍道湖、中海が代表例である。塩分濃度により水面付近に汽水層、底部に海水層となる成層構造をつくる場合がある。汽水湖は、塩分濃度が場所や潮の干満によって変わるた

め特殊な環境である。このため、汽水湖に生息する生物には塩分濃度の変化に対して耐性の強い種類が多い。汽水湖は、外洋によって他の汽水湖と隔てられているため、独自の発展を遂げた生態系を形成している場合もあり、分布範囲が限られた固有種が多く生息している。汽水湖は河口部に発達するため、流域からの有機物が集まり有機物量が多く、富栄養化が起こりやすい。水深が浅い場合、豊富な栄養塩（窒素化合物やリン酸塩など）を利用して生物活動が活発になり、生物生産性が高い水域となる。反面、閉鎖性水域であるため、富栄養化が進むと赤潮や青潮などが発生しやすい。→赤潮、青潮、閉鎖性水域、富栄養化、湖の水温成層

## きはつせいゆうきかごうぶつ【揮発性有機化合物】（VOC）（Volatile Organic Compound）

常温・常圧で空気中に容易に揮発する有機化合物の総称。分解しにくく粘性が低いため、地中に浸透して土壌汚染の原因になる。吸引すると頭痛やめまいを起こし、肝臓・腎臓機能障害なども起こす恐れがあり、発ガン性もある。IC基盤や電子部品、金属部品の洗浄剤、自動車の塗料の溶剤、ドライ・クリーニングの溶剤などとして大量に使用されてきた。洗浄剤として使用済みのものは、土壌にそのまま廃棄されていたことも多く、土壌汚染の事例が多く判明している。再開発に先立って、土壌浄化が必要になっている。VOCが大気中に放出されると、光化学反応を起こしてオキシダントや浮遊粒子状物質も発生させる。VOCの法的規制は、ヨーロッパに追従して次第にきびしくなりつつある。→汚染物質、シックハウス症候群、土壌汚染、地下水汚染、二次汚染物質、バイオレメディエーション

## ぎゃくこうじょう【逆工場】→インバース・マニュファクチャリング

## キャット（CAT）

(Centre for Alternative Technology)
英国、ウェールズにある脱化石エネルギーの技術開発センター。自然エネルギー、緑化、有機農業、建築、リサイクルなどに関する代替エネルギーの開発が主眼。CATは建築家、エンジニア、生物学者、造園・園芸家、デザイナー、教育者、グリーン・ツーリズム関係者など、各分野の専門スタッフで構成され、一部は、施設内に居住している。中は、子どもから大人まで遊びながら環境的思考が学べるエコロジーの常設パビリオンになっており、世界の注目を集めている。1974年に、化石燃料や化学製品に頼らない生活技術（オルタナティブ・テクノロジー）を提唱、エコロジカルな生活を支えるための

技術やノウハウを具体的に実践することを目的として創設された。→再生可能エネルギー、石油代替エネルギー、ソフト・エネルギー・パス、市民風車

## きょうぎゅうびょう　うしでんせんせいかいめんじょうのうしょう【狂牛病　牛伝染性海綿状脳症】→ビーエス　イー【BSE】

## きょうせい【共生】
異種の生物が一緒に生活することで、その双方または一方の生物が利益を得る関係を言う。例えば、アリは、甘露と呼ばれる糖分が大量に含まれたアリマキの分泌物を求めて集まり、アリマキの集団に天敵が侵入するのを防ぐかわりに、甘露を得ている。また、寄生も共生の一形態である。→持続可能な社会、生物の共生関係

## きょうどうじっし【共同実施】
(JI)（Joint Implementation）
略称JI。「京都議定書」で承認された、温室効果ガス削減をより柔軟に行うための措置の一つ。京都議定書は、先進国が温室効果ガスの削減目標を達成するため、補助的手段として外国で削減した温室効果ガスの削減量の一部を国内削減目標に加えることを認めている。この内JIは、先進国同士が共同で実施した排出削減事業や吸収源などのプロジェクトを通じて削減した温室効果ガス削減量を分配できる制度。→京都議定書、京都メカニズム、クリーン開発メカニズム、排出権取引

## きょうどうせんゆう【共同占有】
複数の人間がその集団のためにする意思で物を所持すること。これは入会や入浜などの権利、現在のコモンズ（共有地）と呼ばれる共有財の権利など、資源が稀少である場合の資源管理のあり方として鍵になる概念である。またカーシェアリングなど、今後の財の個人所有だけでなく、財の共同所有を進めることは、持続可能な消費や持続可能な社会を考える上では重要である。しかし、現行の法体制では共同占有や共同所有についての概念が希薄なため、法人格を必要とするケースが多い。また法人格を獲得するためには、一定の基準を満たすことが必要なので、共同占有が広まる制約になっている。→カーシェアリング、里山、地域共同管理、地域政策、地域づくり

## きょうとぎていしょ【京都議定書】
(Kyoto Protocol)
1997年12月、京都で開催された気候変動枠組条約の「第3回締約国会議」（COP3、通称「地球温暖化防止京都会議」）で採択された温室効果ガス削減の約束。京都議定書と呼ばれる。先進締約国に対し、2008〜12年の

約束期間に、温室効果ガス（二酸化炭素、メタン、一酸化二窒素のほか、HFC類、PFC類、六フッ化硫黄）の排出を1990年比で、5.2％（日本6％、米国7％、EU8％）削減することを義務付けている。また、削減数値目標を達成するために、「京都メカニズム」（柔軟性措置）が導入された。しかし、2001年3月に最大排出国である米国が経済への悪影響と途上国の不参加などを理由に離脱。結局、京都議定書は、米国とオーストラリア抜きで、2005年2月16日に発効した。日本は1998年4月に署名、2002年6月に批准した。→温室効果ガス、京都メカニズム、コップスリー

### きょうとぎていしょもくひょうたっせいけいかく【京都議定書目標達成計画】

2005年4月28日に閣議決定された京都議定書の目標達成のための総合的対策計画。政府は、京都議定書の批准に伴い、同議定書の目標である2008年～2012年の平均温室効果ガス排出量を1990年比でマイナス6％にするための総合的な計画を作成した。その内容は環境と経済を両立させつつ、省エネルギー、新エネルギーなどの技術革新を積極的に推進し、政府、地方自治体、事業者、国民の全員参加によって達成する必要があることを強調している。達成のための政策手段としては、自主的方法、規制的方法、経済的手法、情報手段など多様な政策手段を、その特徴を生かしながら有効に活用することを指摘している。さらに、2010年時点の温室効果ガス排出量について、産業、運輸、民生など部門ごとの目標を定めている。→京都議定書、地球温暖化対策推進法、地球環境保全関係閣僚会議

### きょうとタワーけんせつもんだい【京都タワー建設問題】

京都タワー設立に関する景観論争。京都タワーは、京阪電鉄によって京都駅烏丸口前に建てられた131mのタワー。1964年に、海のない京都に灯台のイメージで建てられた。近くには西本願寺や三十三間堂、駅を挟んで東寺（教王護国寺）があったこともあり、建設当初から歴史的景観とそぐわないということで物議をかもした。この問題は後に尾を引き、同時期に起こった鎌倉八幡山の宅地造成問題、奈良公園内の旧奈良県庁舎と並んで歴史的景観に関する問題を提起し、1966年に「古都保存法」（古都における歴史的風土の保存に関する特別措置法）を成立させ、国に景観保護の政策を取らせるきっかけとなった。→景観、景観条例、歴史的環境

### きょうとメカニズム【京都メカニズム】(Kyoto Mechanism)

1997年、気候変動枠組条約第3回締約国会議（COP3）で採択された「京都議定書」に盛り込まれた「柔軟性措置」。温室効果ガス削減をより柔軟に行うための経済的メカニズムのこと。京都議定書には、直接的な国内の排出削減以外に共同実施（JI：Joint Implementation）（第6条）、クリーン開発メカニズム（CDM：Clean Development Mechanism）（第12条）、排出量（権）取引（ET：Emission Trading）（第17条）の三つのメカニズムが導入された。二酸化炭素（$CO_2$）など温室効果ガス排出削減の義務を負う先進国が、高いコストをかけて自国内で削減する代わりに、他国から低いコストで排出権を得て削減量に組み込むことができる制度である。「共同実施（JI）」は、先進国同士が省エネプロジェクトを実施し、その削減量を分配するもの。「クリーン開発メカニズム（CDM）」は、先進国の政府や企業が省エネプロジェクトや温室効果ガス削減プロジェクトを途上国で協働して実施し、その削減量を先進国に移転するもの。排出量取引は、先進国が削減目標を達成するために、先進国間で排出枠を売買するものである。→共同実施、クリーン開発メカニズム、排出量取引、気候変動枠組条約、温室効果ガス

## きょくそうりん【極相林】
（climax forest）

植生の遷移において、遷移の最終段階に達し、それ以上植生を構成する植物種がほとんど変化しなくなる平衡状態の森林。乾燥地帯では極相は森林ではなく草原や砂漠、寒冷地帯ではツンドラとなる。日本で現在の自然環境から推定される極相林は、西南日本の低地から山間部でシイやカシなどの常緑広葉樹を中心とする照葉樹林、東北日本の広い地域でブナなどの落葉広葉樹を中心とする落葉広葉樹林、本州以南の標高の高い山岳や北海道の山岳ではトウヒなどの針葉樹を中心とする針葉樹林である。極相林内には巨樹を含む様々な樹齢の樹木が生育し、生物多様性が豊富である。極相に達した森林は、二酸化炭素の吸収・同化を活発に行う若齢木の比率が低いため、炭素吸収源としての役割は小さい。しかし、生物多様性の保護など他に多くの有益な機能を有しており、保護していくことが重要である。→植生遷移、潜在自然植生

## ぎょぐんたんちき【魚群探知機】
水中の魚群の有無、位置を知るための装置。水中に向かって超音波を発射して、反射物をモニターなどに記録してその存在を知る機器。最近では漁業者用はもとより、釣り船用まで広く使われている。容易に漁場を探知できることから、操業期間の短

縮化や漁獲量を増やすのに一役買っている。反面、乱獲により魚類資源の枯渇化が懸念されている。→MSC認証、オリンピック方式、持続可能な資源消費、譲渡可能個別割当方式、乱獲

## きょだい（ちいき）かいはつ【巨大（地域）開発】

広大な地域に工業団地やコンビナートを建設する国土開発計画。日本では、主に数次にわたる国土総合開発がその典型例である。1950年にできた「国土総合開発法」によって、各地にこの法を利用した巨大な開発が行われた。この動きは田中角栄内閣の列島改造をピークに、1977年の第三次国土総合開発計画まで続く。しかしこうした計画は、地元の農林水産業への悪影響を避けることができず、全国で農民や漁民による開発反対運動が起こった。四日市ぜんそくなど、巨大開発による公害病が全国的に認知されるようなると、農民や漁民などだけでなく開発予定地域の住民なども開発反対運動に参加するようになった。これにより、1987年の第四次国土総合開発計画では環境アセスメントが導入され、以前より環境に配慮されるようになった。だが日本の産業構造の転換と、製造業のアジア地域への移転などにより、こうした開発は下火になった。→環境アセスメント、環境NPO、HEP、資源消費型社会、ミティゲーション

## ギルガメッシュじょじし【ギルガメッシュ叙事詩】(Epic of Gilgamesh)

文明による森林破壊が初めて記された、現存する最古の叙事詩。古代メソポタミアで書かれたとされ、最古の写本は紀元前8世紀のアッシリア語で書かれたものである。主人公のギルガメッシュは実在の人物と考えられ、シュメールの都市国家ウルクの王であるとされる。叙事詩中で、主人公ギルガメッシュは盟友エンキドゥとともに森の神フンババと戦い、フンババを倒しレバノン杉を伐採しウルクに持ち帰るくだりがある。これは文明による森林破壊の最古の記録とされ、古代人類の木材への渇望がよく表されている。環境考古学者の安田喜憲は、シリアにおいてボーリングコア試料を採取し、花粉分析をもとに古代メソポタミアでの森林破壊を明らかにした。→レバノン杉、環境考古学

## きんしぜんこうほう【近自然工法】

自然に近い状況で組み立てる工法。河川の護岸や道路の路肩などの土木工事で、従来のコンクリート素材などの利用に代えて、できる限り草木などの植物、自然石などを利用する。この工法を用いれば、三面コンクリート張りの工法に比べて虫や小動物が生息できるビオトープが維持され

るので、生態系保全の観点からは望ましい工法である。→持続可能な農業、多自然型川づくり、ビオトープ

## きんだいぎじゅつしゅぎ【近代技術主義】

環境問題に対する対処の仕方の違いを論じる時の立場の一つ。生活環境主義が生活活動域と自然環境の調和を目指すのに対して、技術開発や科学技術の進展によって環境問題の解決を図ろうとする立場。1950年代から60年代にかけて行われた「緑の革命」などは、その代表例である。しかし1960年代以降、顕著になった公害や、レーチェル・カーソンの『沈黙の春』などの科学技術への不信感から、こうした立場は世界的に退潮している。→資源浪費型社会、緑の革命

## きんるい【菌類】(fungus)

真菌類とも言い、カビ、キノコ、酵母などの総称。生態系において生産者や消費者の排出物、遺体など有機物を分解し、無機物に変える従属栄養生物で、生態系では分解者として位置付けられていて、他の生物と共生しているものも多くある。病原体として食品を腐敗させたり、生物に病害を及ぼすものがある一方で、医療、バイオテクノロジーなどの分野で人類に多大な貢献をしているものも少なくない。→酵母、生態系、バイオテクノロジー

# ク Ku

## くかいじょうど【苦海浄土】

1969年に、熊本県天草郡生まれの作家、石牟礼道子が描いた代表的な作品『苦海浄土 わが水俣病』。文明病としての水俣病と被害者への鎮魂を描き出した作品として高く評価された。第1回大宅壮一ノンフィクション賞(受賞辞退)、1973年にはマグサイサイ賞を受賞。水俣病の認識を国内外に広め、作品に触発された人々の中からは、水俣病に関する数多くの著作や研究が生まれた。石牟礼は2002年に、水俣病を題材として能『不知火(しらぬひ)』をつくり、2004年に水俣でも上演され話題となった。→産業公害、水俣病、四大公害訴訟

## くずまきちょう【葛巻町】

エネルギー自給率100%を目指す岩手県北部の町。町の86%を森林資源に恵まれた林業の町が、1999年、「クリーンエネルギーの町」を宣言、日本一のクリーンエネルギー生産基地を目指している。標高1000m級の高原には、15基の風力発電用風車が立

ち並び、牧場には家畜の排泄物を利用したバイオマス発電施設を設置。世界初の畜糞バイオマス燃料電池の実証実験が行われ、燃料電池の原料となる水素を、この蓄糞から取り出す研究も進んでいる。廃棄物として焼却処理をしていた樹皮を原料に、木質ペレットを生産。町内には、ペレットを使ったボイラーやストーブを導入する施設や家屋が増えている。中学校や介護施設には太陽光発電施設が設置され、一般家庭でも太陽光温水器が普及している。1999年に、「北緯40度のミルクとワインの町」というキャッチフレーズに「クリーンエネルギー」の一語が挿入されてから、名実ともに「ミルクとワインとクリーンエネルギーの町」となった。風力・太陽光・畜産バイオマス発電により、3000世帯の葛巻町内で約1万7000世帯の電力を供給できるまでになった。→太陽光発電　太陽電池、スローライフ、燃料電池、バイオマス発電、場所性、風力発電、町おこし

## クライメート・チェンジ（climate change）

「気候変動」のこと。「気候変動に関する国際連合枠組条約」（UNFCCC）では、「気候変動とは、地球の大気の組成を変化させる人間活動に直接または間接に起因する気候の変化であって、比較可能な期間において観測される気候の自然な変動に対して追加的に生じるものを言う」と定義している。人為的な意味での気候変動は、「地球温暖化（global warming）」と同義である。クライメート（気候）は、「クライメート・セイバーズ・プログラム」「クライメート・グループ」などとカタカナで登場することが多い。リオサミット（地球サミット）を契機に、米環境保護庁とエネルギー省が音頭をとって発足させた「クライメート・チェンジ・アクション・プログラム」（気象を変える活動計画）(CCAP: Climate Change Action Program) もその一つである。なお、「京都議定書」では先進国間で取り引き可能な温室効果ガスの排出削減証明として「排出権取引」（Carbon Credit）が認められたが、2001年に、米国初のカーボン・クレジット取引市場として「シカゴ・クライメート・エクスチェンジ」（CDE）が設立された。→IPCC、COP3、気候変動枠組条約、排出権取引

## クラインガルテン（Kleingarten）

独語で「小さな庭」の意味だが、日本では「市民農園」と訳されている。小さな農地を借りて、思い思いの農作物を栽培すること。独で200年の歴史を持つ農地の賃借制度。クラインガルテン運動を広めた教育学者シュレーバーにちなんで、「シュレーバーガルテン」とも呼ばれる。「クライ

ンガルテン協会」が管理し、希望者は協会員になって区画を借りる。利用者は50万人を超える。大小の差はあるが、平均面積は100坪程であり、賃借期間は30年。個々のクラインガルテンは分散しているわけではなく一まとまりになっている。日本では、サラリーマン家庭や都市住民のレクリエーションとしての自家用野菜や花の栽培、高齢者の生きがいづくり、生徒・児童の体験学習など、多様な目的で展開されている。市民農園の他に「レジャー農園」「ふれあい農園」などの愛称で親しまれている。→環境教育、自然享受権、スローフード、スローライフ、ライフスタイル、ロハス

## グラウンドワーク（Groundwork）

英国で発祥した環境再生運動。市民・行政・企業の三者が相互にパートナーシップを結び、共同の環境再生活動を通じて、持続可能な地域社会（コミュニティー）を構築するもの。1980年代初頭、荒廃した都市周縁部で始まった運動。失業率や犯罪発生率が高く、公共空間は荒廃し、荒れ地が放置されている地域に、あえて非営利団体「グラウンドワークトラスト」を創設する。そこでは、市民・行政・企業がパートナーシップを形成するプロセスが重視される。地域に眠っていた能力（Capacity）を顕在化（Build）する活動である。地域再生は、常にそこに住む人々の"やる気起こし"（Capacity Building）から始められる。日本では、1995年に財団法人日本グラウンドワーク協会が設立され、地域再生の中心的役割を担っている。源兵衛川再生を成功させた静岡県三島市のNPO法人「グラウンドワーク三島」の活動は、日本の代表例である。→地元学、ナショナルトラスト、町おこし、ライフスタイル

## クリチバし【クリチバ（Curitiva）市】

ブラジルの環境共生都市。ブラジル南部、サンパウロ市から南西に約400kmのところにある。30年にわたる独自の都市交通政策とリサイクル事業により、第三世界でもっとも環境政策の進んだ都市として知られている。自動車を排除し、公共交通ネットワークを重視する「人を大切にする街づくり」を実現した。1989年から始められた「ゴミでないゴミ運動」は、家庭から排出するゴミを市民が家庭で「ゴミ」と「ゴミでないゴミ」（資源ゴミ）に分別する運動である。この運動を、市民の環境学習実践の場と位置付けたところに、クリチバ市の特徴がある。低所得層向けには、「ゴミでないゴミ」を野菜に交換する「緑の交換計画」プログラムも採用された。→イクレイ、環境自治体　環境自治体会議、ゼロウェ

イスト運動

## クリーナープロダクション（CP）
(Cleaner Production)

製品の原材料の選択や生産プロセス全体を環境負荷の少ない環境配慮型に転換させ、品質向上、コストダウンを図り、経済的にも効率的な生産システムを目指す取り組み。環境対策として、工場内の汚染物質を周辺の環境へ排出しないための技術、エンド・オブ・パイプ技術がある。だがこの技術は、有害物質を周辺環境に排出させないための対症療法的な技術で、生産プロセス全体の転換や修正を目指すものではない。クリーナープロダクションは、生産プロセスを総合的に見直し、環境と経営を両立させる生産システムで、水銀を使わない苛性ソーダ生産への転換は、その一例である。→エコプロダクツ、エコデザイン、エンド・オブ・パイプ

## グリーンインベスター
(green investor)

投資対象を選択する際に、企業の環境配慮行動を重視する投資家のこと。環境への配慮の度合いが高く、かつ株価パフォーマンスが高いと目される企業の株式や投資信託を積極的に購入し、投資を通じて環境重視企業を応援しようとする投資家を指す。環境経営に熱心な企業の株価が、そうでない企業の株価を上回る現象は、COP3が京都で開催された1997年頃から顕著となり、環境好感度企業に積極的に投資するエコファンドやSRI（社会的責任投資）、環境格付け機関の台頭とあいまって、グリンインベスター向けのインベスター・リレーションズ（IR）広告も急増している。→エコファンド、COP3、SRI、環境格付け機関、責任投資原則

## グリーンウォッシング
(Green Washing)

企業や組織が、グリーン（環境保護）を考慮していると世間に思わせるための偽情報を流布すること。「うわべだけを取り繕う」という意味の"ホワイト・ウォッシング"のもじりで、一般的には環境問題に使われる言葉。「環境」を叫ぶ多くの会社が、うわべだけエコロジーのふりをしている、という意味。実は、エコロジーを標榜する多くの会社が、大規模な環境破壊を行っているケースが目立つ。「地球にやさしい」「環境にやさしい」などの広告表現が目立つようになったので、公正取引委員会は、このような表現を規制している。自主的に、「やさしい」という言葉を使わず、具体的な数値で環境を語る企業も増えてきた。→環境広告、環境コミュニケーション、環境ソリューション広告

## クリーンエネルギー
(creen energy)

有害物質の排出が、化石燃料等に比べ相対的に少ないエネルギー源の総称。再生可能エネルギーとして注目されている太陽光、水力、風力、地熱などのほか、天然ガスも、化石燃料の中では燃焼による有害物質の発生が少ないので、クリーンエネルギーと呼ばれることがある。また、水素ガスは燃焼時に有害物質をほとんど出さないためクリーンと言われるが、水素の製造過程で有害物質が排出されることもあり、吟味が必要である。→葛巻町、再生可能エネルギー、石油代替エネルギー、ソフト・エネルギー・パス

## クリーンかいはつメカニズム【クリーン開発メカニズム】(CDM)

(Clean Development Mechanism)
「京都議定書」で承認された、「京都メカニズム」の手法の一つ。先進国が途上国で温暖化対策の事業を行い、温室効果ガスを削減（または吸収）した場合、削減量の一定量をその国の削減目標に加えることができる制度。途上国に対し先進国の進んだ環境対策技術や省エネルギー技術等の移転促進を目指す効果も期待できる。先進国の温室効果ガス削減目標を達成する補助的手段である。具体的には、途上国における温室効果ガス削減プロジェクトに資金・技術を提供し、それによる削減量の一部を排出権として獲得できる仕組み。→京都議定書、京都メカニズム、共同実施、排出権取引

## グリーンキー（The Green Key）

ホテルなどの観光施設を対象とした国際的な環境認証（ラベル）。1994年にデンマークで始まった。取得するには、環境マネジメントの導入、従業員や顧客への環境教育、水やエネルギーの節約、有害物質の除外、有機食材の導入など、70以上に上るチェック項目をクリアし、環境NGO・政府機関・旅行業界による審査委員会のきびしい審査を通過しなければならない。現在、グリーンランドやスウェーデン、仏など7カ国で採用され、430を超える観光施設が認証を受けている。日本においても、国際NGOナチュラル・ステップ・インターナショナル日本支部が認証に向けて準備を進めている。→環境マネジメント、グリーン購入、グリーンコンシューマー、ナチュラル・ステップ

## グリーンこうにゅう【グリーン購入】(green purchasing)

製品やサービスを購入する場合、環境を考慮して、できるだけ環境負荷の少ないものを選んで購入すること。これまでの価格、品質の他に環境という尺度を加え、それを重視した購入。グリーン購入を重視する消費者を「グリーンコンシューマー」と呼

ぶ。グリーン購入が増えれば、供給側の企業に環境負荷の少ない製品づくりを促し、経済活動全体を環境配慮型に変えていくことが可能になる。→エコプロダクツ、グリーンキー、グリーン購入法、グリーンコンシューマー

## グリーンこうにゅうネットワーク【グリーン購入ネットワーク】

(GPN)(Green Purchasing Network)1996年2月に設立した、グリーン製品購入の取り組みを促進するための企業・行政・消費者のネットワーク。2006年8月現在、会員数は2845団体（企業2266、行政297、民間団体282）。GPNでは、購入する際に環境面で考慮すべき重要な観点を製品ごとにリストアップしている。例えば、トイレットペーパー購入の際のガイドラインとして、①原料が古紙100%であること、②ロール幅が狭いこと（購入の目安は幅105mm）、③シングル巻きであること、④芯なしタイプであること、⑤白色度が適度に高くないこと、などがガイドラインになっている。現在16分野、1万を超える製品のガイドラインを作成し、公表している。「グリーン購入法」の成立に貢献。→グリーンコンシューマー、グリーン購入、グリーン購入法

## グリーンこうにゅうほう【グリーン購入法】(Law on Promoting Green Purchasing)

正式名は「国などによる環境物品などの調達の推進等に関する法律」。2001年4月から施行。国などの公的機関が率先して環境負荷の少ない製品やサービスを購入することを義務付けるとともに、環境負荷の少ない製品・サービスの情報を提供し、需要の転換を図り、持続可能な社会を目指すことを目的としている。地方公共団体はグリーン購入の努力義務が定められている。一般の事業所および国民にもグリーン購入を求めている。→グリーン購入、グリーンコンシューマー、グリーン調達

## グリーンコンシューマー(green consumer)

地球環境への影響を考えて、環境への負荷が少ない買い物をする消費者。具体的には、「必要なもの」「使い捨てでなく、長く使えるもの」「製造段階・使用段階で環境への影響の少ないもの」「容器は再使用できるもの」などを基準に商品を選択する。また、企業や行政に対して環境配慮型製品の生産・流通を促し、環境対策の実施、法律や条例の制定などを求める運動も展開している。欧米で1980年代から登場し始めた。1987年、英国・サステナビリティ社のジョン・エルキントンが、『グリーン・コンシューマー・ガイド』を刊行すると、あっという間に世界の主要国でベス

トセラーになった。日本でも1990年代に入って、グリーンコンシューマーが台頭し始めた。→エコプロダクツ、エシカル・コンシューマー、京都会議、グリーンキー、フェアトレード、ライフスタイル、ロハス

## グリーンサービサイジング (green servicizing)

「物を売らずにサービスを売る」という発想のサービス提供型のビジネスにより、環境負荷低減効果が期待されるサービス提供型のビジネス。例えば、松下電器の「あかり安心サービス」では、ランプという"モノ"を販売するのではなく、蛍光ランプの"あかり"という機能を販売し、蛍光ランプの所有・適正処理をメーカーが行っている。経済産業省では、資源・エネルギーの削減、先導性が高く模範となる事業を支援する「グリーンサービサイジングモデル事業」を実施している。→エコビジネス、エスコ、カーシェアリング

## グリーンジム (Green Gym)

患者たちに自然公園の中で草刈りや手入れ作業に従事してもらい、自然環境の中で体を動かすことで治療効果を高め、心と体を健康にしていくプロジェクト。英国最大の自然保護団体「英国自然保護ボランティア基金」（BTCV）や、ロンドンのテムズ川沿いにあった造船地区「ドッグランド」を再生するために活動してきた「都市エコロジー基金」（TRUE：Trust for Urban Ecology）が始めた活動。都市エコロジー基金では、心身障害者や学習障害者、非行経歴者、心神耗弱者などの患者たちとこのプロジェクトに取り組んでいる。BTCVでは、医者や病院から資金提供を受け、その患者を、例えば、週一回、定期的に公園などに連れて行き、ストレッチなどの準備運動をし、その後草刈りばさみで草刈りをするなど公園の手入れ作業をする。それによって、患者は心拍数を上げ、数週間で気分がよくなり、健康を回復し、友達も得られる。公園の環境整備にも役立つ。→環境NPO、BTCV

## クリーン・ジャパン・センター (Clean Japan Center)

リサイクル推進のナショナルセンターとして設立された公益法人。1975年に、経済産業省、日本商工会議所、日本経済団体連合会等、官民一体の支援のもとに設立された。廃棄物のリデュース・リユース・リサイクル（3R）によって、持続可能な省資源型社会の形成を推進するための先導的な事業活動を進めている。→スリーアール、リデュース・リユース・リサイクル

## グリーンちょうたつ【グリーン調達】 (green procurement)

環境負荷の少ない製品・サービスを優先して調達すること。国や地方公共団体、事業者が製品に使用する部品や資材を選定する際、価格や品質、利便性、デザイン、納期だけを重視するのではなく、環境配慮（リサイクル可能、長期間使用可能、再生原料の使用など）を調達基準に加えること。関連法には、「グリーン購入法」（国等による環境物品等の調達の推進等に関する法律）がある。特に、情報機器・家電類を中心に、EU（欧州連合）では化学物質使用規制を強化しており、それに対応し、日本企業も1997年頃からグリーン調達に踏み切る動きが広がった。エレクトロニクス業界のように、共通ガイドラインを策定する業界も出ている。→エコプロダクツ、グリーン購入ネットワーク

## グリーンツーリズム (green-tourism)

農山漁村のような緑に囲まれた自然環境の中で、のんびりと余暇・休暇を過ごすこと。緑豊かな農山漁村で、その自然、文化、人々との交流を楽しむ滞在型の余暇活動・観光であり、マスツーリズムや物見遊山型の観光とは異なる。農山漁村に滞在しバカンスを楽しむ習慣が定着していたヨーロッパ諸国において、観光資源保護や環境保全意識の高まりとともに登場してきた。いわば、マスツーリズムが引き起こした観光破壊の反省の上に立っている。その特徴は、①あるがままの自然の中のツーリズムであること、②サービスの主体が、農家などそこに居住している人たちの手になるものであること、③農山漁村の持つ様々な資源、生活、文化的なストックなどを、都市住民と農山漁村住民との交流を通して生かしながら、地域社会の活力維持に貢献していること、などである。日本では、1995年に、グリーンツーリズムをハード・ソフトの両面から促進・支援する「農山漁村滞在型余暇活動のための基盤整備の促進に関する法律」が制定された。→エコツーリズム、エコミュージアム、コミュニティービジネス、グリーンキー、町おこし

## グリーンでんりょく　グリーンでんりょくにんしょうきこう　グリーンでんりょくしょうしょシステム　グリーンでんりょくききん【グリーン電力　グリーン電力認証機構　グリーン電力証書システム　グリーン電力基金】→グリーンでんりょくせいど【グリーン電力制度】

## グリーンでんりょくせいど【グリーン電力制度】

自然エネルギーを利用して発電した電力、およびそれを利用し普及させるための仕組み。仕組みについては、

日本では北海道グリーンファンドによるグリーン電力料金制度、電力会社によるグリーン電力基金、日本自然エネルギー株式会社などによるグリーン電力証書の三つの形がある。グリーン電力料金制度とグリーン電力基金は、毎月の電力使用料金に寄付金を上乗せして支払い自然エネルギー発電を普及させる仕組みである。グリーン電力証書は、第三者機関（グリーン電力認証機構）によって認証が行われる。グリーン電力証書システムとは、自然エネルギーによって発電された電力の価値として省エネルギー・$CO_2$排出削減などの環境付加価値を「グリーン電力証書」というかたちで取り引きすることで、企業などが自主的な省エネルギー・環境対策の一つとして自然エネルギーを利用することができる。50を超える企業・自治体が環境貢献策として採用し、$CO_2$排出量取引への応用にも注目が集まっている。→IPP、RPS法、系統連系、再生可能エネルギー、市民風車、新エネルギー、電力自由化、バイオマス発電、風力発電

## グリーンとうし【グリーン投資】

環境問題の解決につながるが、商業ベースにはなりにくい事業に対して投資をすること。政府の補助金や国際機関の援助や技術支援、もしくはクリーン開発メカニズム（CDM：Clean Development Mechanism）など、商業ベースでは採算が合わないようなプロジェクトを補完するための投資。システムとして公的機関が評価するため、投資を行う機関や企業の信用が高まり、投資する側もされる側も営利を追求しながら環境対策ができるが、グリーン投資が成立する条件は限られている。→クリーン開発メカニズム、京都メカニズム

## グリーンピース（Greenpeace）

世界中の環境破壊が進む現場で、急進的な直接行動をとることで知られる環境保護団体。1971年、米国・アラスカ沖での核実験への直接抗議行動をきっかけに設立された。環境保全・自然保護の分野において、行動重視で世界を舞台に活動している。原子力、有害物質、森林、気候変動、オゾン層、海洋生態系等に関連した環境問題について、実体調査・分析、情報の提供を行い、世論の喚起、環境破壊を止めるための行動の呼びかけ、代替案の提示などを行っている。アムステルダムに本部を置き、日本を含む27カ国に支部を持ち、会員に約250万人と言われる。1989年、日本支部としてグリーンピースジャパンが設立された。会員数は約5000人。→NGO、環境NPO、ゼロウェイスト運動、ワイズユース運動

## グリーンファクトリー (green factory)

環境性能の向上に取り組む生産現場の総称。ISO14001やLCA（ライフサイクルアセスメント）などの管理ツールをベースに、化学物質の適正管理・削減、省エネルギーやゼロエミッションを推進する生産拠点である。環境と経済の両立を図るための鍵として、グリーンファクトリー教育、茶の間と工場の環境性能を結ぶ環境コミュニケーションも重要視されている。→LCA、環境コミュニケーション、ファクトリー・コミュニケーションズ

## グリーンベルトうんどう【グリーンベルト運動】(GBM)

ケニアの環境活動家、ワンガリ・マータイが始めた環境保護運動。1977年、環境保護と住民の生活向上を目的にNGOを設立して、植林によって土壌侵食と砂漠化の進行を食い止める「グリーンベルト・ムーブメント」の活動を開始した。後に「アフリカン・グリーンベルト・ネットワーク」と改め、運動はケニアだけでなくアフリカ全域に広がっている。グリーンベルト運動は国際的にも評価され、彼女は2004年、ノーベル平和賞を受賞した。→NGO、環境保全運動、自然保護運動、緑の党、ワンガリ・マータイ

## グリーンマップ (Green Map)

身近な街の自然や文化施設などを網羅した環境地図。1992年に、米国人の環境デザイナー、ウェンディ・ブラワーが始めた。初版は、ニューヨークのダウンタウンを紹介したA4版の小さな地図だった。その後、インターネットなどを通じて、世界各地に広がる。日本では、地球温暖化防止京都会議（COP3）に合わせて作製された『京都グリーンマップ』が第1号。グリーンマップの最大の特徴は、子どもたちにも人気の高い、かわいらしいアイコン（絵記号）を使って地図を作成する点にある。大人と子どもが一緒になって知恵を出し合い、地域独自のローカルアイコンを作成することも楽しみの一つ。グリーンマップ作成は、生活環境、歴史、文化などを見直すきっかけとなっている。→風のがっこう、環境教育、地元学、田んぼの学校、ネイチャーダイアリー、森のムッレ教室

## クールビズ (Cool Biz)

夏場の軽装運動。「ビズ」はビジネスの意味で、夏場に涼しく効率的に働くことができるノーネクタイ・ノー上着の新しいビジネススタイルのこと。夏の冷房温度も、省エネ温度の28℃に設定することを提唱している。2005年春に、環境省によって提唱された。同年秋には、冬のオフィスの暖房温度を省エネ温度の20℃に

し、暖かい服装を着用するウォームビズも提唱された。特にクールビズ運動には中央官庁、地方自治体を始め、4000を超える多くの企業が賛同し、夏場のノーネクタイ、ノー上着のライフスタイルは急速に広がった。
→京都議定書、チーム・マイナス6％、ライフスタイル

## グレートプレーンズ（Great Plains）
米国・ロッキー山脈の東に広がる台地状の平原。年降水量が800から250mm前後の乾燥地帯。乾燥した気候により牛の放牧による畜産業が盛んである。比較的降水量の多い北部では穀物生産が行われる。グレートプレーンズの地下には、広大な地下水脈が存在しオガララ帯水層と呼ばれ、地下水を利用した灌漑農業が大規模に行われている。灌漑方法は、農場を円形に整備し、地下水を回転するアームから散水するセンターピボット方式である。農場の大きさは、直径1マイル（約1609m）にも及ぶ。オガララ帯水層は、前地質時代（氷河期）に形成された化石帯水層である。地下水涵養域が乾燥地帯であるため、新たな地下水への補給は少ない。近年、地下水を過剰に揚水し灌漑を行ったため、地下水位が低下し、井戸が涸れる現象が見られる。このため一部の州では、灌漑面積の減少が起きている。ここは米国内でも有数の穀倉地帯であり、地下水不足による収穫の減少は世界の穀物市場に大きな影響を与えることが懸念される。乾燥地帯であるため、放棄された農地は砂漠化の恐れがある。→オガララ滞水層、過剰揚水、食糧危機、地下水涵養、バーチャル・ウォーター、水危機

## グローバル・コンパクト（The Global Compact）
地球協定。コフィー・アナン前国連事務総長が、1999年1月31日の世界経済フォーラムで多国籍企業のリーダーに参加を呼びかけた「企業行動原則」。世界を舞台に活動する企業は、人権・労働・環境の分野において国連が定める10原則の遵守を求めたもの。2000年7月26日に発効した。10原則とは、人権については、①企業はその影響の及ぶ範囲内で、国際的に宣言されている人権擁護を支持し、尊重する、②人権侵害に加担しない。労働については、③組合結成の自由と団体交渉権を実効あるものにする、④あらゆる形態の強制労働を排除する、⑤児童労働を実効的に廃止する、⑥雇用と職業に関する差別を撤廃する。環境については、⑦環境問題の予防的アプローチを支持する、⑧環境に関して一層の責任を担うためのイニシアティブをとる、⑨環境にやさしい技術の開発と普及を促進する。腐敗防止について、⑩強要と賄賂を含むあらゆる形態の腐

敗を防止するために取り組む。(第10の番目の原則は、2004年6月に追加された)。→SA8000、CSR、スウェットショップ

## グローバルトリレンマ
(global trilemma)
人類が抱えている、相矛盾する三つの課題を指す。経済の成長、資源・エネルギーの確保、環境の保全、この三つの同時実現は難しい。グローバルトリレンマ解消を目指す取り組みの一つとして、国連大学の提唱するゼロエミッション（排出物・廃棄物ゼロ）構想がある。ある会社から出た廃棄物を別の会社で資源として活用する新しい産業構造の構築、ものを大切にするリデュース、長寿命製品の製造、使用済み製品のリユース・リサイクルなど、社会全体で可能な限り廃棄物・廃熱・炭酸ガスを出さないシステムである。ファクターXやナチュラル・ステップのシステム4条件など、有限な地球を意識した様々なアプローチ手法も提起されている。→産業生態系、ゼロエミッション、ファクターX、ナチュラル・ステップ、リデュース・リユース・リサイクル

## くろべがわのダム【黒部川のダム】
富山県の黒部川上流に建設されたダム。上流から黒部ダム、仙人谷ダム、小屋平ダム、出し平ダム、宇奈月ダムが建設されている。黒部川は水量が多く高低差があり水力発電に適していることから、大正時代から電源開発が進んだ。山間部における工事は難工事の連続であり、戦時体制下につくられた仙人谷ダムと黒部第3発電所、戦後の高度経済成長期に建設された黒部ダムの工事は過酷をきわめ多数の死者も出た。黒部川は、土砂運搬量が多い河川であるため、ダムの堆砂が大きな問題となった。出し平ダムには、日本で最初に排砂ゲートが設置され、1991年に排砂実験が行われたが、ヘドロ化した6年分の土砂が富山湾まで流出し、漁業などに大きな影響を及ぼした。これは、ダム湖の湖底で有機物が嫌気性微生物により分解されたためヘドロ化したことと、水量の少ない冬に排砂を行ったため河川水によって薄まらず、海にまで流れ出たためと考えられる。現在では、土砂の堆積が主に増水時に起こることが明らかになったため、増水時に下流の宇奈月ダムと併せて連携排砂、連携通砂を行い、環境への影響を低減している。→環境アセスメント、ヘドロ、湖の水温成層

## クロロフルオロカーボン→シー エフ シー【CFC】

## クローン（clone）
無性生殖により生じた、遺伝的に同一である個体や細胞を指す。植物の

場合、細胞を試験管内で培養、分化させることにより、一つの個体から同一の遺伝子を持つ複数の個体をつくることができる。動物における体細胞核移植クローン作成では、体細胞から取り出した核を、核を除去した未受精卵に移植し、胚に成長させたものを子宮に着床させることによってクローンをつくる。できたクローンは、核を供給した胚と同じ遺伝子型をしていて、形態学的には個体のコピーとなっている。自然環境下では、遺伝的に同一の子孫を残すような営みはきわめてまれである。クローン技術が、生物多様性に影響を与える可能性は高い。→アシロマ会議、遺伝子組み替え、遺伝子組み替え生物、生殖クローニング

**ケ Ke**

## けいかん　けいかんけいせい【景観 景観形成】

風景やその美しさのこと。また自然界と人間界の入り混じった状況を指す。景観を強調することには二つの意味がある。一つは「イメージ」が基準として重要であること、もう一つは点や個体ではなく、面や全体が基準になることである。前者では、英国のナショナルトラストと米国の自然保護に対する態度の差が重要な例である。米国の自然保護は自然の原生そのままを保存し、見た目が美しくなくても自然には人間の手を入れない。しかしナショナルトラストでは、イメージとしての自然の美しさが重要になるので、自然に人間の手を加えながらも保全することになる。また後者の空間の広がりで考えれば、例えば文化財の保護の場合、個々の美術品、遺跡、自然記念物の保存だけではなく、一地区や一地域丸ごとの風景を維持するために歴史的環境や自然の保全を考える。そのため、景観論では、現在の生活の便利さなどと矛盾を起こしやすい。そのため景観を手付かずに保存するのか、人間の生活を含めて新たな調和した景観を形成するのか慎重に選択しなくてはならない。→近江八幡、小樽運河、京都タワー建設問題、ナショナルトラスト、歴史的環境

## けいかんじょうれい【景観条例】

良好な景観の形成・維持を推進するため、地方自治体が定める条例。地域の環境意識の高まりなどを背景に、都市緑化など景観条例を有する自治体は全国で500を超える。これまで、自治体の景観条例は法的拘束力がなかったが、国の法律として「景観法」が2004年に制定されたため、法的拘

束力を持つ景観条例が可能になった。
→京都タワー建設問題、景観法

**けいかんせいたいがく【景観生態学】**
景観の中に見い出される生態系を研究する学問。生態系を構成する生物群集の空間分布や、無機的環境の構成要素である地形や水、岩石、土壌などと生物群集との係わりを分析し、生態系の成り立ちやそれが持つ潜在力、変化などを研究する。例えば、山の景観からは森林群集と、それを囲む無機的環境が見えてくるが、これに気候変動や地形、土壌などの変化が加わると山の生物層はどのような影響を受けるか、などが対象となる。→生態系、生物群集

**けいかんほう【景観法】**
(Conservation Law of The Scenery)
2004年公布、同年12月から施行。良好な景観の形成に関する基本理念および国の責務を定めている。市町村は、これまで独自の景観条例を定めるところが多かったが、法的拘束力を持たなかった。「景観法」の制定によって、市町村は景観計画の策定、景観計画区域を定め、建造物の高さやデザイン、色彩などに規制を加えることができるようになった。日本で最初の景観についての総合的な法律である。→景観条例、京都タワー建設問題

**けいすいろがたげんぱつ【軽水炉型原発】** (light water reactor)
日本で最も多く採用されている原子炉のタイプ。燃料のウランが臨界状態になり核分裂連鎖反応を起こす時に発生する熱を、普通の水（軽水）を使って冷却し原子炉を保護することから、軽水炉型と言う。このタイプは二種類に分けられ、冷却水が沸騰した状態で運転される原子炉を沸騰水型（BWR）と呼び、発生した熱を受け取る冷却水に高い圧力をかけて水の沸騰を抑え、高温・高圧の水の状態で運転される原子炉を加圧水型（PWR）と言う。関西電力美浜原発で高温の蒸気漏れを起こし死亡事故が発生したのは、加圧水型軽水炉であった。→核燃料　核燃料再処理、燃料棒、濃縮ウラン、プルサーマル

**けいだんれんかんきょうじしゅこうどうけいかく【経団連環境自主行動計画】** (Voluntary Action Plan on Environment)
1997年に、経団連（現・日本経済団体連合会）が地球温暖化防止や廃棄物の削減等の環境保全活動を促進するため業種ごとの数値目標と具体的な対策をとりまとめ、翌年12月に公表した行動計画。36業種、137団体が参加した。特徴は第一に、各産業が誰からも強制されることなく自らの判断で行う自主的な取り組みであること。第二に、製造業・エネルギ

ー多消費産業だけでなく、流通・運輸・建設・貿易・損保などと、参加業種が広いこと。第三に、参加した産業が数値目標を掲げたこと。第四に、この行動計画が毎年レビューされ、結果が公表されたこと。→拡大生産者責任、循環型社会形成推進基本法、自主的取組み

### けいだんれんちきゅうかんきょうけんしょう【経団連地球環境憲章】
(Global Environment Charter)
産業界の地球環境保全の取り組みについて、ガイドラインを示した憲章。1991年4月、経団連（現・日本経済団体連合会）が発表した。産業界が、国内の環境問題のみならず、地球環境問題に積極的に取り組むことを通じて、市民と共生し世界に貢献するよう訴えたもので、前文と基本理念、11分野24項目の行動指針から成る。前文では、産業公害対策だけでは地球規模の環境問題を解決することはできないとの認識を明らかにし、特に「省資源分野の技術革新」「国際協力」の重要性を謳っている。基本理念として、「企業も世界の"良き企業市民"たることを認識する」必要性を述べている。中で、環境問題担当役員および担当組織の設置、環境関連規定の策定等を求めている。また製品の開発、設計段階での環境破壊低減に対する配慮、海外事業展開における公害輸出対策も要請している。以後、この憲章をモデルとして、多くの企業が経営理念の一環として環境に対する経営姿勢を明確に示すようになった。→環境経営、経団連環境自主行動計画

### けいとうじゅ【系統樹】
生物の進化の道筋を、樹木が枝分かれしてゆくように、図に示したもの。約36億年前に、最初に出現した生物は原核生物と考えられ、この時点が系統樹の根本にあたる。その後、真核細胞形成期を経て、植物や動物へと分岐していったと言われる。→原核生物、真核生物、進化論

### けいとうれんけい【系統連系】
新エネルギーやローカルエネルギーなどの発電設備と配電線を接続して、電力のやりとりをすること。1993年、通産省（現・経済産業省）資源エネルギー庁は「低圧逆潮流ありの系統連携ガイドライン」を策定し、太陽光発電などの余剰電力を配電線に供給する系統連系が可能となった。通常の電気は配電線から各家庭などの需要者に供給されるが、太陽光発電による余剰電力は逆潮流（家庭から電力系統側への流れ）によって可能になる。これに対して、風力発電や中小規模水力発電に関して策定されている「電力系統連携技術要件ガイドライン」は、過剰な設備を要求しているために風力発電や中小規模水

力発電の普及を阻んでいる、という批判がある。→IPP、RPS法、市民風車、電力自由化

## けいはくたんしょうぎじゅつ【軽薄短小技術】

省エネ、省資源を可能にする技術。資源節約の視点から見ると、同じ機能を持つ製品ならより軽く、より薄く、より小さな製品の方が好ましい。そうした製品づくりを可能にする技術のこと。IBMの初期のコンピュータの重量は、約1トンもあった。現在のパソコンの中で最も軽量なものの重さは1kg程度である。重量換算で約1000分の1である。そこに使われている鉄、プラスチック、銅などの原材料も1000分の1程度で済む計算だ。それを可能にさせた技術は、マイクロエレクトロニクス関連技術などであった。ナノ技術革命の進展によって軽薄短小技術の精度はさらに向上している。→重厚長大型技術、ナノテクノロジー

## げすいおでい【下水汚泥】

(sewage sludge)
下水処理場で発生する汚泥のこと。全国の下水道整備と下水処理場の建設が進み、普及率は約70％に達した。そのため河川、海洋の汚染は改善された。一方、大量に発生する汚泥（2003年度7484万トン）は埋立処分場不足が、大きな社会問題となっている。そのため、汚泥の減容処理および活用のための色々な技術開発が進んでいる。それらの方法としては、溶融固化、建材製造、堆肥化、セメント原料資源化、バイオマスエネルギーなどがある。しかし、その経済性は十分とは言えない状態で、汚泥処理費は全国自治体の財政圧迫要因になっている。→エコセメント、バイオマス、微生物電池、メタン

## げすいしょりすい【下水処理水】

下水を処理場で高度処理した水洗・散水用水として利用される水。日本は世界的に見ても降水量の多い地域だが、山が多いため国民一人当たりの水資源利用可能量は世界平均の半分程であり、関東地域ではエジプトと同じ位、水資源の乏しい状態である。不足する水資源を補うため、下水処理場で高度処理された下水処理水の再利用が重要となる。下水処理水が使用されたのは、1978年の異常渇水を契機に1980年に福岡市で水洗用水として利用したのが最初である。都市部においての貴重な水源として期待が高まる一方、水質の確保等衛生面での問題がある。国土交通省は、2005年に「下水処理水の再利用水質基準等マニュアル」を作成し、下水処理水の再利用を推進している。近年は、ヒートアイランド現象対策としての打ち水利用など、新たな用途も期待されている。これとは別だが、

一つのビル内で、トイレ用水などを浄化し、中水として利用するケースも増えている。→打ち水、下水道、中水、ヒート・アイランド現象

### げすいどう【下水道】(sewer)

生活排水やし尿などの汚水と雨水（総称して下水）を集め、水路を使って公共用水域へ排出する施設の総称。途中に下水処理施設を設置し、水質の浄化を行う。施設としては、排水設備、下水道管、ポンプ場、下水処理場がある。下水道には、家庭や工場などからの下水を受け入れ市町村が事業を行う「公共下水道」、水質保全が特に必要な二つ以上の市町村にまたがる根幹的な下水道で、都道府県によって事業が行われる「流域下水道」、公共下水道事業を行っていない市町村において、雨水による浸水を防止する目的で地方公共団体によって管理される「都市下水路」がある。排水方式には、汚水と雨水をまとめて流す合流式と、別々の排水管に流し、雨水は河川へ排水し汚水は浄化処理を行った後に放流する分流式がある。下水道の役割は、雨水をすみやかに排水することによる水害の防止、汚水を収集し衛生的に処理することによる公衆衛生の改善、公共用水域の水質汚濁の防止である。→公衆衛生、上水道

### ゲノム（genome）

生物それぞれが持っている全ての遺伝情報のこと。生物は、①体のかたちをつくる、②機能を付与する、③子孫をつくるなど、種の維持に必要な情報を先祖代々受け継ぐことによって繁栄してきた。生物は環境に適応した個体だけが子孫を残し、生き延びてきた。ゲノムには、環境への適応の様子が記述されているとみられ、地球と生物の歴史が解き明かされることが期待されている。→遺伝情報、遺伝子組み替え、DNA

### ケミカルリサイクル（chemical recycle）

使用済みの資源をそのままではなく、化学分解後に組成変換してリサイクルすること。例えば、使用済みペットボトルのペットボトル化、廃プラスチックのコンクリート型枠化などがある。→再商品化、マテリアルリサイクル

### げんいちじょうか【現位置浄化】

(in situs remediation)

工場跡地やその周辺の土地で重金属や有害化学物質などによって汚染された土壌の浄化方法の一つ。汚染土壌を掘削して埋立処分場へ搬出することなく、現地においてバイオ技術などを使って有害物質を除去あるいは無害化した土を埋め戻す方法のこと。→土壌汚染、バイオレメディエーション

## げんかくせいぶつ【原核生物】

大腸菌などの細菌類や藍藻類のように、細胞にDNAを囲む核膜を有していない、明確な核構造を持たない生物を指す。地球上に誕生した生命体の初期の構造を受け継いでいて、真核生物が生きていける環境を支えてきたと考えられている。→真核生物、遺伝子組み替え

## げんせいしぜんほご【原生自然保護】

人間の活動の影響が及ばない、手付かずな、またはそれに近い状態にある原生林や湿地、砂漠、海域などの生態系を、そのままの状態で保護すること。保護する行為が自然に何らかの影響を与えるという考え方による。→サンクチュアリ、自然環境主義

## げんせいどうぶつ【原生動物】

単細胞から成る最も原始的な生物群。生物を分類する時の基本単位を"種"、分類段階の最も上位を"界"と言い、原生動物はその一つである原生生物界に所属する。原生生物の内、運動性があり、動物的とされるものを原生動物と言う。人間に寄生し、病原性のあるものを寄生虫学では特に原虫と呼び、赤痢アメーバのように人間の腸管内で分裂増殖するもの、マラリア原虫などのように吸血昆虫と人間の血液を行ったり来たりするものなどが知られている。地球温暖化によって、熱帯地方のマラリアが温帯地方に北上していることが指摘されている。→種、生物多様性

## げんせいりん【原生林】

人間の手の入らない林野のこと。日本には、屋久島の一部や白神山地の一部などにわずかに残っている。林野の保全形態は、各国の自然保護の意識を知る上では非常に重要な視点である。米国は、自然保護を原生林など手付かずの自然を残すことに焦点を当ててきたし、英国では景観美としての自然にウェートが置かれてきた。しかし、国土や自然環境の異なる日本においては、里山や棚田など自然に手を加えながら多様な生態系を維持してきた。棚田の景観を維持する運動は、各地で取り組まれている。人間の手を加えた森林のことを、原生林に対応して「天然林」と言う。→里山、白神山地、ナショナル・パーク、屋久島

## けんせつゼロエミッション【建設ゼロエミッション】

建設廃棄物を100％再資源化するゼロエミッション工事のこと。2002年、大林組が丸の内ビルディングと電通本社ビルで業界初の建設ゼロエミッションを達成して、業界に火を付けた。同社は、建設現場特有の条件を克服するために、「環境意識の共有」「発生の抑制」「効率的分別」「再資源

化」の四つのステップから成る「ゼロエミッション手法」を開発。建設現場で意識変革の連鎖が起こり、環境教育の壮大な実験場となった。先駆的な建設ゼロエミッション工事で、建設業界を覚醒させた功績が評価され、2003年には「3R推進功労者等表彰」の最高位である内閣総理大臣賞を受賞している。"建設工事ゼロエミッション＝100％再資源化"は、建設業界の悲願である。→建設リサイクル法、ゼロエミッション、マテリアルリサイクル、最終処分場

## けんせつリサイクルほう【建設リサイクル法】

正式名称は、「建設工事に係る資材の再資源化等に関する法律」。一定規模以上の建築物の解体・新築工事を請け負う事業者に、対象となる建設資材（土木建築工事に使われるコンクリート、アスファルト、木材）の分別・リサイクルを義務付けたもの。2002年5月施行。主な内容は3点。①建築物等に使用されている建設資材の分別・解体等と再資源化等の義務付け、②発注者による工事の事前届け出、元請業者から発注者への書面による報告の義務付け、③解体工事業者の登録制度や技術管理者による解体工事の監督。建設廃棄物は産業廃棄物の約2割、最終処分量の約4割、不法投棄の約9割を占めるとみられることから、対策の必要性は高い。→グリーン調達、建設ゼロエミッション、資源有効利用促進法、ゼロエミッション、廃棄物処理法、マテリアルリサイクル

## げんゆ【原油】(crude oil)

黒くて粘り気のある液体で、産地によって異なるが、さまざまな分子量の炭化水素の混合物。水より軽いため、輸送中のタンカー事故などにより流出した場合は、海面に広がる。油田から採掘した後、ガス、水分、異物などを除去した原油は、さらに精製されて石油やナフサが得られる。石油やナフサからは、ガソリンや灯油を始めとした様々な燃料や材料が得られる。→一次エネルギー、化石燃料、ナフサ

## げんりょうたん【原料炭】

(coking coal, process raw coal) 製鉄の際に使われるコークスの原料となる石炭。製鉄において、コークスは高炉内での還元剤として使われる。石炭は、原料炭と一般炭と無煙炭による三種類に分けることができる。原料炭は、主に製鉄用のコークスや都市ガス製造（ガスを取った後にコークスが残る）、石炭化学工業の原料に使われる。一般炭は、スチームなどの二次エネルギーをつくり、暖房火力などの火力として用いられる。無煙炭は、最も炭化が進んでいるため煙が少なく、かつては蒸気船

や汽車などに利用され、現在では練炭などの成型炭に使われている。原料炭は粘結性があるため、ボイラー用としては不向きである。→一次エネルギー

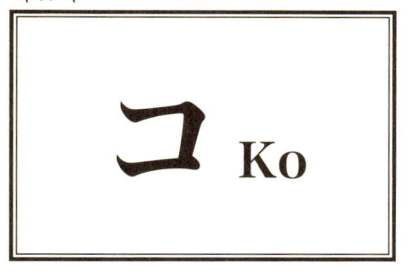

# コ Ko

## ごういてきしゅほう【合意的手法】
環境政策の手法の一つ。環境問題の解決のため利害の異なる主体の合意を取り付ける方法である。大きく行政指導と協定に分かれる。特に協定としては「公害防止協定」がある。協定に関して、紳士協定か契約かという論争があるが、多くは契約として法的拘束力があるものと考えられている。そのため、多くの公害防止協定が、政策としては所期の目的を果たしている。また、協定には、公共的な自主プログラムが含まれるという考え方もあり、この考えに従えば企業が一般に対して宣言する環境マネジメントシステムや環境ISOなども含まれる。これらの手法は、環境税などの経済的手法や、汚染防止規制などの規制的手法を補完する政策として利用されている。→環境影響評価、公害防止協定、公衆参加

## こうウイルスやく【抗ウイルス薬】
ウイルス感染症の治療を目的とする薬物のこと。ウイルスは、感染した人間など宿主細胞内において細胞自体の代謝を利用して複製、増殖するので、宿主細胞に対しては毒性を示さない抗ウイルス薬が求められる。抗インフルエンザウイルス薬のオセルタミビル（商品名タミフル）は、増殖したウイルスが宿主細胞外へ放出されるのを抑制する働きがある。→ウイルス、ガン

## こうがい【公害】
人の社会活動、経済活動によって環境が破壊され、その結果として人を含む生態系が被る被害のこと。「環境基本法」によれば、「環境の保全上の支障のうち、事業活動その他の人の活動に伴って生ずる相当範囲にわたる大気の汚染、水質の汚濁、土壌の汚染、騒音、振動、地盤の沈下および悪臭によって、人の健康又は生活環境に係る被害が生ずることをいう」と定義されている。→環境基本法、公害国会

## こうがいこっかい【公害国会】
(Pollution Session of The Diet)
1970年11月に開催された第64回臨時国会のこと。「公害基本法」など政府提出の14の公害関係法案を、一挙に可決・成立させたため、「公害国会」と呼ばれる。高度経済成長を謳歌し

ていた1960年代の日本は、同時に、四大公害訴訟や光化学スモッグで知られるように、公害が大きな社会問題に発展していた。そこで、1970年7月、内閣総理大臣を本部長とする公害対策本部が設けられた。また、関係閣僚から成る公害対策閣僚会議が設置され、公害対策の基本的な問題点が検討された。公害対策の抜本的な整備が図られた後、法案が国会に提出された。翌1971年、環境政策を推進するために環境庁（現・環境省）が創設された。→環境基本法、光化学スモッグ、リサイクル国会、四大公害訴訟

## こうかいしないせいさく【後悔しない政策】（non-regret policy）

後になってあの時やっておけばよかった、と悔いを残さない政策のこと。環境分野でよく使われる。例えば地球温暖化対策で、将来コストの安い省エネ技術が開発されるはずだから、今高いコストを払って省エネ対策を実施する必要はないという選択がある。しかし、期待した技術開発が間に合わず、対策が手遅れになってしまい、その時になって高いコストを支払って対策を講じても期待した効果が得られない場合がある。この場合、コストがかかっても、その時に可能な対策を実施しておけば、後で後悔しないで済む。後悔しない政策は、予防的対策が中心になるため、緊急性が低い政策としてこれまで軽視されてきたが、温暖化対策などについては、後悔しない政策が必要だと考えられている。→グローバル・コンパクト、スターン・レビュー、予防原則、リオ宣言

## こうがいとうちょうせいいいんかい【公害等調整委員会】

「公害紛争処理法」（1970年制定）によって設置された委員会。利害が複雑に絡む公害紛争を、第三者的立場で調整する委員会。70年代に多発した一連の公害（水俣病やイタイイタイ病など）による紛争の調整に当たった。最近では、豊島産業廃棄物水質汚濁被害紛争の調停に当たった。→イタイイタイ病、公害防止協定、豊島、水俣病、四大公害訴訟

## こうがいぼうしきょうてい【公害防止協定】

公害防止のために、公害発生源者（生産者）と公害発生源の近隣に住む住民、地方自治体の三者間で結ぶ協定。法令だけでは十分防止し得ない被害を防ぐため、普通、一段ときびしい内容になる。法的根拠はないが、行政指導の性格も持つため、公害発生源者は事実上この協定を守る義務を課されることが多い。また、環境法令の整備が十分でない時に、法令や規制をつくるための準備として行われることがある。日本では、1964

年に横浜市と電源開発・東京電力の間に結んだ協定は、法令規制よりきびしい公害防止協定として有名である。公害防止に効力を上げたため、後に「横浜方式」と呼ばれ全国に広まった。日本における公害防止協定は多くの地域で実績を上げており、法的強制力がなくてもなぜルールが守られたのか、研究の対象となっている。→公害等調整委員会、合意的手法

## こうかがくオキシダント【光化学オキシダント】
(photochemical oxidant)
光化学スモッグの原因物質。工場や自動車などの排出源から放出された窒素酸化物や炭化水素が、大気中で紫外線により光化学反応を起こし生成する酸化性物質の中で二酸化窒素を除いたもの。ほとんどが、オゾン($O_3$)である。工場などから排出された大気汚染物質から二次的に生成されるため、光化学オキシダントは二次汚染物質である。太陽の紫外線によって生成するため、日差しの強い春から夏の日中に濃度が高くなり、冬や夜間には濃度が低下する。高濃度になると、目や呼吸器の粘膜を刺激し、健康被害が発生する。「大気汚染防止法」により監視対象となっており、環境基準が設定されている。日中にしか発生しないため、環境基準は5時から20時を対象とし、一時間値0.06ppm以下と設定されている。大気中の濃度が一時間値0.12ppmを超えると、都道府県知事は「光化学スモッグ注意報」を発令し市民に注意を呼びかけるとともに、排出源である工場や事業所に対して排出量削減を要請する。→光化学スモッグ、紫外線、大気汚染　大気汚染物質、窒素酸化物

## こうかがくスモッグ【光化学スモッグ】(photochemical smog)
工場などから排出された大気汚染物質から二次的に生成される光化学オキシダントが元になって起こるスモッグ。工場や自動車などから大気中に排出された窒素酸化物や揮発性有機化合物などが紫外線を受けて光化学反応を起こし、二次的な汚染物質である光化学オキシダントが生成される。気温が高く、日射しが強く、かつ風が弱いといった気象条件が重なると、光化学オキシダントが大気中に滞留して濃度が高くなりスモッグが発生する。これによって目、鼻、喉などが痛くなるといった呼吸器系の症状を引き起こす。日本では、1970年代に猛威を振るった。1980年代以降、沈静化していたが、最近、関東を中心に再発している。→揮発性有機化合物、光化学オキシダント、紫外線、大気汚染　大気汚染物質、大気汚染物質広域監視システム、窒素酸化物

## こうがのだんりゅう【黄河の断流】

黄河の流水が河口まで届かず、途中で途絶えてしまう現象。黄河は中国北部を流れ全長は5000kmを越える大河であるが、1970年代以降、河口付近で断流（瀬切れ）が頻発するようになった。1972年から1998年の間に21回の断流が観測され、90年代以降は毎年発生している。1997年の断流は、河口から708kmにまで達した。黄河は流域の農業などに必要な用水を供給すると同時に、黄土高原起源の大量の土砂を運搬しており、断流によって土砂が下流域に堆積し、河床が上昇し洪水の危険性が増大している。断流により河口地域では海水が地下水へと浸入し、地下水の塩水化が進み、河口付近の生態系へ悪影響を及ぼしている。黄河の断流の主要な原因は降水量の減少と、流域における農業用水や工業用水など人間活動による過剰な取水である。また水資源の利用管理が不適切であり灌漑用施設や水路などが老朽化しているために、水の利用率が悪いことも原因と考えられる。現在、中国政府は、水資源量の多い長江から黄河へ3本の運河で導水する計画を推進中である。→食糧危機、瀬切れ、地下水涵養、水危機

## こうきょうけん【公共圏】

人間の生活の中で、他人や社会と相互に係わり合いを持つ時間や空間、または制度的な空間と私的な空間の間に介在する領域のこと。私圏（または私領域）の対語。市民社会の成立により世論が形成され、そこでは様々な政治的な立場から議論が行われる場所として「公共圏」が成立する。独の社会学者J・ハーバーマスが、著書『公共性の構造転換』(1962)の中で示した概念。→公共性、公衆参加、公論形成の場

## こうきょうざい【公共財】

(public goods)

社会資本などのように公共性を持つ財・サービス。その特徴として、消費の非競合性と非排除性の二つの基準を満たす財とされている。例えば、料金制ではない普通の道路は、何人が利用してもそのサービスが減るわけではない（非競合性）し、誰でも利用できる（非排除性）ので公共財の基準を満たしている。この公共財の概念を広げて、きれいな水、空気などを含む地球環境を地球公共財として健全な姿で維持しようとする考え方が強まっている。しかし私有財と違って、公共財については、人々がそれを維持するためのコストを払わず、「ただ乗り」が横行し、逆に環境破壊を深刻化させてしまうとの指摘もある。→入会権、コモンズの悲劇、水利権

## こうきょうせい【公共性】

経済学での公共性は、財とサービスの非競合性と非排除性の性格を持つ公共財や準公共財についての役割について論じる時に用いられる。社会学、政治学や社会哲学的には「公共圏」と同義語。→公共圏、公共財

## こうきんやく【抗菌薬】

微生物を殺したり増殖を抑制する働きを持った、抗菌性の抗生物質および合成抗菌薬のことを指す。人間の細胞に対しては毒性を示さず、細菌に対してのみ毒性を示す薬剤であり、細菌感染症の治療には不可欠である。広く殺菌剤、防カビ剤まで含め、抗菌剤と呼ぶことも多い。現代生活が清潔指向に偏るあまり、逆に体内の自然免疫力を衰えさせているとの指摘もある。→原核生物、抗生物質、自然免疫力

## ごうけいとくしゅしゅっしょうりつ【合計特殊出生率】

一人の女性が生涯に生む子どもの数。人口の将来推計をする場合の重要な指標。人口動態統計指標の一つ。具体的には、15歳以上、49歳以下の一人の女性が生涯に何人の子どもを生むかを示す数値である。合計特殊出生率が約2.07を切ると人口は減少に向かうとされている。2004年の日本の合計特殊出生率は1.29まで低下しており、日本は2005年から人口減少時代に入った。→出生率、人口動態・サービス

## こうげん【抗原】

免疫系に作用して免疫応答を起こさせる物質のこと。自分の身体の正常な構成要素とは異なるタンパク質を有する細菌やウイルス、寄生虫などの他、炭水化物、脂質など多くの物質が抗原となり得る。免疫応答は、それらの抗原によって起こされ、その結果つくられた抗体が、特異的に抗原と反応して、その生物活性を低下、消失させる。人間が一生の間に遭遇する抗原は、100万種余りに上ると言われる。→アトピー、アレルギー反応、アレルゲン、抗体、自然免疫、免疫系

## こうごうせい【光合成】

植物が太陽光のエネルギーによって大気中の二酸化炭素と水から有機物である炭水化物を合成すること。これによって二酸化炭素は固定され、酸素が発生する。光合成細菌の場合、光エネルギーによって二酸化炭素の固定を行うが、酸素は発生しない。一年間に地球上の陸上植物が、光合成により固定する炭素の量は約500億トンで、海洋植物によるものが約250億トンと推定されている。→海洋生態系、森林生態系、炭酸ガス固定化、光合成細菌

## こうさ【黄砂】(yellow sand)

中国やモンゴルから飛来する黄土の粒子が、吹き上げられて空を覆う現象。東アジア内陸部の乾燥・半乾燥地域に分布するタクラマカン砂漠、ゴビ砂漠および黄土高原の土壌および鉱物粒子で構成されており、非常に微細なエアロゾル（煙霧質）の一種である。粒子は偏西風によって運ばれるため、発生源から東側の地域に当たる朝鮮半島、日本で観測され、太平洋を越え米国でも観測されることがある。日本では、春に多く発生し、大規模になると空が黄褐色になり、降下した粒子により農作物に被害が出ることもある。発生源である中国やモンゴルでは、降塵による影響よりも砂塵嵐による被害が多い。近年、黄砂の発生頻度が高くなり被害が甚大化している。中国内陸部での急速で無計画な森林伐採、農地拡大、過放牧が原因による植被率の減少、砂漠化との関連が指摘され、人為的な影響によって発生しているとの認識が高まっている。→植被率、食糧危機、水危機

### こうしゅうえいせい【公衆衛生】

地域社会の組織的努力によって、人々の健康の保持、増進を図るための、科学技術に立脚した活動を指す。母子および老人保健、生活習慣病対策、感染症予防、公害対策、上下水道、食品衛生などを社会科学の観点も交えて検討するとともに、保健衛生、予防医学などの政策を立案し実践する。→感染症、下水道、上水道、生活習慣病

### こうしゅうさんか【公衆参加】

公衆が公共圏や公論形成の場に参加し、政策の立案実施に立ち会うこと。公衆とは、空間的には散在しながら、マスコミによる情報を受けて、論争や日常会話により世論を形成する担い手のこと。経済の進展により環境政策は変化するが、消費者や地域社会型の環境問題では、公衆参加の実現は政策の実効性を大きく左右する。環境政策の情報的手法と合意的手法の成功の一つの尺度として、どれだけ公衆が参加するかは重要である。→合意的手法、公共圏、公共性、情報的手法、パブリックコメント

### こうせいぶっしつ【抗生物質】

特定の微生物によって産生され、他の微生物の発育や機能を阻止する化学物質の総称。医療用として細菌や真菌による感染症の治療に供されるほか、家畜や養殖の病気治療、農作物の殺菌を目的としても使用される。元々、生物由来であった抗生物質だが、最近は化学的に合成されるものもあり、これを合成抗菌薬と言う。合成抗菌薬を含めて抗菌性を示す抗生物質を、特に抗菌薬と呼ぶこともある。第二次世界大戦を境に、細菌感染症は抗生物質によって征圧され

たかに見えたが、20世紀後半から結核など一部の感染症は勢いを取り戻しつつある。この原因として、抗生物質の多用による耐性菌の出現をあげることができる。近年、病院内でのMRSAの発生も、抗生物質の多用によるものであり、これら耐性菌に効く抗生物質の開発が待たれる。→遺伝子組み替え生物、MRSA、薬剤耐性

### こうそくぞうしょくろ【高速増殖炉】
濃縮ウランなどの核燃料で発電しながら、消費した以上の燃料（プルトニウム）を生み出し、増殖することができる原子炉のこと。現在の原子炉に比べて、ウラン資源の利用効率を飛躍的に高めることができる。日本では、高速増殖炉原型炉「もんじゅ」が開発された。1995年、送電開始直後に2次系のナトリウムの漏出事故を起こし、現在も運転を休止している。→核燃料　核燃料再処理、軽水炉型原発、高レベル放射性廃棄物、プルサーマル、プルトニウム

### こうたい【抗体】
生体に抗原が侵入した時、その抗原に特異的に結合し、これを排除するような生物学的活性を持ったタンパク質のこと。具体的には、抗原刺激に反応してリンパ球のB細胞が産生する免疫グロブリンのことを指し、血液中、血管外、粘膜、消化器官の感染防御を行っている。新生児は、母親の胎盤を通じて抗体を受け取り免疫を獲得する。→アレルギー反応、アレルゲン、抗原、自然免疫、免系

### こうてんせいめんえきふぜんしょうこうぐん【後天性免疫不全症候群】
→エイズ（AIDS）

### こうぼ【酵母】
栄養源を摂取して出芽によって増殖する真菌の総称。動植物の体表、動物の排泄物、土壌中などに見い出される。発育、増殖する際、菌体内では多くの物質がつくられ、その一部は発酵物として菌体外に分泌される。酵母によるアルコール発酵は、酒類の醸造に欠かすことはできない。また、小麦粉の発酵がパンに独特の風味を与えることはよく知られている。酵母の仲間であるカンジダなど十数種のものは、宿主の健康状態によっては重大な病原微生物となる場合がある。→細菌、制限酵素、バイオテクノロジー

### こうレベルほうしゃせいはいきぶつ【高レベル放射性廃棄物】
(high level radioactive waste)
原子力発電所で使用済みの燃料からウラン、プルトニウムを再処理工程で分離・回収した後に生ずる液状の廃棄物のこと。この廃棄物は、放射能のレベルが高いことから「高レベ

ル放射性廃棄物」と呼ばれ、日本ではガラスと混ぜて固化処理している。使用済みの燃料から、ウラン、プルトニウムを回収（再処理）しないで、そのまま処分する国では、使用済み燃料そのものが高レベル放射性廃棄物となる。日本の原子力発電の運転により生じた使用済み燃料をガラス固化体にした本数は、2005年12月現在、約1万9300本になる。出力100万kWの原子力発電所を、一年間運転した場合にできるガラス固化体の本数は約30本になる。安定化されたガラス固化体は30〜50年、冷却のため貯蔵した後、人間の生活環境に影響がないように地下300m以上の深さの地層中に処分されることになっている。現在、稼働中の高レベル放射性廃棄物の貯蔵管理施設は、青森県の六ヶ所村にある。→低レベル放射性廃棄物、核燃料再処理、プルサーマル

## こうろんけいせいのば【公論形成の場】

環境政策など多様な主体の意見を集約させて合意形成が行われる現場（仮想の空間を含む）。環境政策をより実行可能なものとするために合意形成が必要になる。これを公論形成の場と呼ぶ。環境政策における情報的手法や合意的手法の重要性を説いている。→合意的手法、公共圏、公共性、情報的手法

## こかつせいしげん【枯渇性資源】

石油、鉱物資源のような、地殻の中から一度掘り出せばなくなる資源のこと。生物圏から採取する農林水産資源、風力、太陽光などから得られるエネルギー資源は、再生可能資源と言う。枯渇性資源を現代世代の人たちが消費し尽してしまうと、後に生まれてくる将来世代の人たちが使えないという不公平を生み出す。また、先進国の発展のために発展途上国の資源を消費し尽くしてしまうと、南北間の公平性が失われてしまう。人類の持続可能な発展のためには、枯渇性資源の世代間、南北間の公平な利用の仕方が求められている。→カウボーイエコノミー、資源危機、資源投入抑制、生物圏、再生可能エネルギー

## こくさいエネルギースター・プログラム【国際エネルギースター・プログラム】

パソコンなどのオフィス機器について、待機時の消費電力に関する基準を満たす商品に付けられる特定目的環境ラベルの一つ。1995年に設立された国際的な制度で、日本では現在、経済産業省が担当している。参加国は米国、カナダ、日本、EU、豪州、ニュージーランド。2004年2月段階で、9105商品にラベルが付されている。基準は機器によって違いがあり、コンピュータ、ディスプレイ、プリ

ンタ、ファクシミリ、複写機、スキャナ、複合機の分類があり、それぞれに基準が設けられている。国内の別の環境ラベルとの競合問題があり、国際的な摩擦を起こしたこともある。→エコラベリング、特定目的環境ラベル

## こくさいかいていきこう【国際海底機構】
(International Seabed Authority) 深海底(いずれの国の管理権も及ばない大陸棚の外側の海底)にある資源の管理を目的とする国際機関。「国際海洋法条約」に基づき、1994年11月に設立された。本部事務局はジャマイカ。深海底には、マンガン団塊、海底熱水鉱床およびコバルト・リッチ・クラストと呼ばれる豊かな金属鉱物資源が存在している。わが国は、深海底鉱物資源開発に係わっている国として理事国になっている。これまで、日本は太平洋のハワイ沖などで探査活動や採鉱技術の研究開発を行ってきたが、経済性と海洋生態系の破壊等の問題があり、その開発は商業ベースには至っていない。→海洋生態系、資源危機、資源枯渇、大陸棚

## こくさいかんきょうじちたいきょうぎかい【国際環境自治体協議会】→イクレイ (ICLEI)

## こくさいきょうりょくじぎょうだん【国際協力事業団】→ジャイカ (JICA)

## こくさいきんゆうこうしゃ【国際金融公社】(IFC) (International Finance Corporation)
世界銀行グループで民間投資部門を担う国際機関。発展途上国で民間セクターへの投融資を持続可能なかたちで促進し、貧困軽減と人々の生活水準の向上に役立つことを使命としている。融資に当たっては、環境・社会配慮政策の基準設定および情報公開について定めている。その基準は、世界の大手銀行27行が批准する、環境・社会配慮の指針である「エクエーター原則」(「赤道原則」とも言う)のもとになっている。また、各国の輸出信用機関においても参照されるなど、企業や金融機関の環境・社会配慮の基準に影響を与えている。→エクエーター原則、CSR

## こくさいしげんメジャー【国際資源メジャー】
石油などのエネルギー資源を寡占支配している国際企業。1990年代以降、エクソン・モービル(米)、BP(英)、ロイヤル・ダッチ・シェル(オランダ)、シェブロン・テキサコ(米)の4社がスーパーメジャーと呼ばれ、国際資源メジャーの代表的な存在。鉱物資源分野では、BHPビリトン

（英・豪）、アングロ・アメリカン（英）、リオ・ティントグループ（英）、CVRD（ブラジル）がスーパーメジャーに相当する。この他にも、世界の鉱物資源を支配している11のメジャー企業がある。しかし、将来は石油メジャーと同じように、鉱物資源メジャーも3〜4社のスーパーメジャーに集約されることが予想されている。→スーパーメジャー、白金族金属、ピークオイル

## こくさいねったいもくざいきかん【国際熱帯木材機関】
(ITTO)（International Tropical Timber Organization)
1986年に、熱帯林保有国の環境保全と熱帯木材貿易の促進を両立させることを目的に設立された国連の専門機関。熱帯林の持続可能な経営のため、1983年に生産国と消費国が集まり「国際熱帯木材協定」を採択、85年に発効した。本部は横浜。2006年2月現在、加盟国は生産国33ヵ国、消費国26ヵ国の計59ヵ国に及び、EUで全世界の熱帯林の約80％、熱帯木材貿易総量の約90％をカバーしている。→国際熱帯木材協定(ITTA)、持続可能な資源消費

## こくさいねったいもくざいきょうてい【国際熱帯木材協定】
(ITTA)（International Tropical Timber Agreement)
国連貿易開発会議（UNCTAD）のリーダーシップで、1983年に採択された国際商品協定の一つ。85年に発効、94年3月に有効期限が来たため、協定を見直し、97年1月に新協定が発効した。協定の目的は、自国の天然資源に対する主権の確認、世界の木材経済に関する協力・枠組みの提供、持続可能な開発への寄与、2000年目標（同年までに、持続可能な経営が行われている森林から伐採された木材のみを貿易の対象にする）の支援など。協定の運営は国際熱帯木材機関が当たることも確認された。→国際熱帯木材機関（ITTO）、持続可能な資源消費

## こくさいれんごうじどうききん【国際連合児童基金】→ユニセフ

## こくしょくたんそ【黒色炭素】
(black carbon)
主に発電所のボイラーやエンジンなどで、化石燃料が不完全燃焼する際などに生成する元素状の炭素のこと。光を吸収して黒く見えることから、黒色炭素と呼ばれる。特に、ディーゼルエンジンの排気ガス由来の粒子には、黒色炭素が多く含まれている。対流圏では、大気粉塵中の黒色炭素が太陽光や地球表面からの赤外線放射を散乱・吸収する効果がある。温室効果ガス（二酸化炭素など）による地球温暖化効果程知られていない

が、人間活動による大気中の黒色炭素などの増加に伴う気候影響の評価がなされている。→大気汚染物質、浮遊粒子状物質

**こくみんそうこうふくりょう【国民総幸福量】**→ジー　エヌ　エイチ【GNH】

**こくれんかんきょうけいかく【国連環境計画】**(UNEP) (United Nations Environment Program)
1972年の「国連人間環境会議」(ストックホルム)で採択された「人間環境宣言」「環境国際行動計画」を推進するために創設された国際連合の機関。国連諸機関の環境に関する活動を総合的に調整し、環境に関する国際協力を推進することを任務としている。また、多くの国際環境条約の交渉を主催し、成立させてきた機関であり、UNEP自身も「モントリオール議定書」「ワシントン条約」「バーゼル条約」「ボン条約」「生物多様性条約」などの環境条約を管理している。本部はケニアの首都ナイロビに置かれている。発展途上国に本部を置いた最初の国際連合機関である。各国からの拠出金等を財源に運営され、管理理事会は国連総会で選出され、日本は設立当初から理事国となっている。→生物多様性条約、ストックホルム国連人間環境会議、モントリオール議定書

**こくれんじぞくかのうなかいはついいんかい【国連持続可能な開発委員会】**(CSD) (Commission on Sustainable Development)
1993年に、国連に設立された持続可能な開発に関するハイレベルな委員会。1992年の国連環境開発会議(UNCED、いわゆる「地球サミット」)で採択された「アジェンダ21」において、その設立の必要があるとされた。その役割は、アジェンダ21の実施・進捗状況のモニターとレビュー、各国政府の活動把握・検討、NGOとの対話強化、アジェンダ21の資金源とメカニズムの妥当性の見直し、環境関連条約の実施の進捗状況のチェックなどがある。→アジェンダ21、地球サミット

**こくれんしょくりょうのうぎょうきかん【国連食糧農業機関】**(FAO) (Food and Agriculture Organization)
人類の飢餓からの解放を目指して、1945年10月に設立された国連の食糧問題を扱う専門機関。本部はローマ(伊)。世界の栄養水準および生活水準の向上、食糧および農産物の生産加工および流通の改善、農村住民の生活条件の改善を図ることなどを目的とする。日本は51年加盟、加盟国は2006年現在、187カ国とEU。扱う問題は、人々の生活の根幹を成す農林水産業全てにわたる。開発途上国への農村開発援助、各種情報提供、

政策提言および討議の場の提供を行う。食品衛生、動植物の検疫、焼畑や商業伐採による熱帯林の減少および遺伝子組み替え生物の問題などに、国連環境計画と連携して対処している。毎年、世界の食糧・穀物の生産動向や在庫の変化、世界の森林事情などの基本データを作成・公表している。→飢餓、国連環境計画、遺伝子組み替え生物、食糧危機

**こくれんしんりんフォーラム【国連森林フォーラム】**（UNFF）（United Nations Forum on Forest）
全ての森林の持続可能な経営の推進を目的として、2001年に設立された国連の機関。国連には1995年以降、「森林に関する政府間パネル（IPF）」および「森林に関する政府間フォーラム（IFF）」が設立され、政府間で世界の持続可能な森林経営について討議が行われてきた。2000年に行われたIFF最終会合において、新たな政府間の討議の場を設けることが決議され、翌年、UNFFが新たに設置された。主な活動は、IPF、IFFの行動提案の促進である。UNFFは政府間協議の場であり直接事業を行う機関ではないが、各国の取り組み状況をモニタリング、評価、報告する機能を有している。合意事項は拘束力を持たないため、その達成を図るためにはこの機能が有効に働くことが重要である。支援体制として「森林に関する協調パートナーシップ（CPF）」を有する。→国連環境計画、持続可能な資源消費

**こくれんにんげんかんきょうかいぎ【国連人間環境会議】**→ストックホルムこくれんにんげんかんきょうかいぎ【ストックホルム国連人間環境会議】

**コジェネレーションシステム（cogeneration system）**
熱電併給システム。発電の排熱を回収して、エネルギーを有効活用する仕組みのこと。冬に熱需要が大きいヨーロッパでは、地域熱供給が行われているため、コジェネレーションの導入が進んだ。日本では工場、スーパーマーケット、ホテル、病院などで導入が進んでいる。→アイルネット、カルンボー工業団地、天然ガス、ベクショー市、ペレットストーブ

**こしゃじほぞんほう【古社寺保存法】**
1897年に成立した日本初の文化財保護に関する法令。この法は、歴史的な遺跡や遺物の管理に道を開いた。この後、法律を補足するように天然記念物という考えが大正期に流入され、1919年に自然景観や貴重な動植物管理のために「史跡名勝天然記念物保存法」が成立した。その後1929年、「古社寺保存法」は「国宝保存法」

へと発展解消。1950年、さらにこれらの法律は「文化財保護法」に統合され、景観保護や文化財保護の総合的な法律になった。→景観、歴史的環境

## こしょうすいしつほぜんとくべつそちほう【湖沼水質保全特別措置法】
(Law Concerning Special Measures for Conservation of Lake Water Quality)
略称は「湖沼法」。1984年、制定。湖沼の水質保全を図るための基本方針を定め、汚水、廃液、その他の水質汚濁物質を排出する施設に対する規制を定めている。琵琶湖、霞ヶ浦、諏訪湖、手賀沼・印旛沼、児島湖などが、指定湖沼の対象になっている。指定湖沼に対しては、窒素やリンなどの富栄養化物質の総量規制が実施されている。→集水域、水質汚濁防止法、生活排水、手賀沼 印旛沼、富栄養化

## コースのていり【コースの定理】
(Coase's theorem)
外部不経済が発生した場合でも、所有権が確立していれば、政府による直接規制や課税などの経済的手段によらず、民間の自発的交渉によって、解決（効率的な資源配分）できるという定理。所有権が複数におよぶ場合、当事者間の利害が複雑化してコースの定理の成立は難しい。米・シカゴ大学のロナルド・コース（Ronald Coase）が提起した。→外部不経済

## コーズ・リレーティッド・マーケティング
(cause related marketing)
企業活動を通じて社会問題を解決するマーケティング手法。環境問題などに自社の商品やサービスを関連付けてキャンペーンを行い、ブランド・イメージを向上させながら収益向上を目指す。代替燃料や排ガスの少ない輸送車を使っている企業、途上国における工場の労働環境改善に取り組む企業、フェア・トレードでコーヒー生産者を守ろうとする企業、砂漠で植樹活動を進める企業、世界遺産や美術品を修復する企業など多彩である。先鞭をつけたのは、1984年、「自由の女神修復キャンペーン」を展開したアメリカン・エクスプレス社。→環境コミュニケーション、CSR、フェアトレード、フィランソロピー、メセナ

## こっきょうなきいしだん【国境なき医師団】
ナイジェリア内戦（1967-70）での赤十字活動の経験を基に、1971年に仏の小さな医師のグループによってつくられたNPO。全ての人が医療を受ける権利があり、その必要性は国境よりも重要だという信念に基づい

て創設された。特に、災害支援などで機動力を発揮している。日本の阪神大震災や中越地震の時も調査団を派遣している。また、コソボやチェチェンなどの内戦の続く地域、貧困な地域での医療活動や貧困撲滅活動にも力を注いでいる。→NGO、NPOバンク、日本フォスタープラン協会、フェアトレード

## コップスリー【COP3】
(Conference of Parties)
「気候変動枠組条約第3回締約国会議」の略称。コップスリーと読む。2000年以降の地球温暖化防止対策を話し合うため、1997年12月に京都国際会館で開かれた。COP3の締約国155カ国の政府代表、非締約国、国連などの国際機関、さらに世界の環境NGO、報道機関など約1万人(国連発表では9850人が登録)が集まった。日本で開かれた国際会議としては最大の会議になった。COP3では、温暖化対策として「京都議定書」を採択した。議定書の主な内容は、①温室効果ガスの対象は、二酸化炭素($CO_2$)、メタン、亜酸化窒素、代替フロン3種類(HFC、PFC、$SF_6$)の6種類にする、②先進国全体で、温室効果ガスの排出量を1990年比で2008年から2012年までに5.2%削減する、この内日本は6%、米国は7%、EUは8%それぞれ削減する、③補助的な削減手段として京都メカニズム(クリーン開発メカニズム、共同実施、排出権取引)を認める、などである。→気候変動枠組条約、京都議定書、京都メカニズム、クリーン開発メカニズム、共同実施、排出権取引

## こていはっせいげん【固定発生源】
大気汚染物質の排出源の内、工場、事業所、家庭などの移動しない排出源のこと。移動発生源と異なり、施設が大型であるため大規模な処理装置の設置が可能である。固定発生源には、「大気汚染防止法」により発生源の種類および規模によって、窒素酸化物、硫黄酸化物、ばい煙や粉塵について排出規制が行われている。2003年度末のばい煙発生施設は21万4000施設、この内65%をボイラー、14%ディーゼル機関が占めている。窒素酸化物対策としては、低$NO_x$燃焼技術の応用や排煙脱硝装置の設置。硫黄酸化物対策としては、重油の脱硫や排煙脱硫装置の設置が進められている。2002年度のばい煙排出量は約6万トン、窒素酸化物排出量は約87万トン、硫黄酸化物排出量は約60万トンである。→大気汚染物質、大気汚染防止法、移動発生源

## コーポレートガバナンス
(corporate governance)
企業自らが、経営層を管理監督し、説明責任を果たす仕組み。「企業統治」と訳される。企業の継続的な成長を

目指して健全な経営を行うため、主に株主、経営者、取締役会などの参加者によって、企業の方向性と活動内容を決定していく仕組みを指す。経営者に権限が集中することによる弊害を監視し阻止すること、組織ぐるみの違法行為を監視し阻止すること、企業理念を実現するための業務活動の方向付けを監視することが大きな目的になる。具体的な例としては、取締役会に社外のメンバーを登用することや、株主総会で選任された取締役の職務執行の違法性を監視する監査役を置くことなどがあげられる。→ISO14001統合認証、ステークホルダー、責任投資原則

## ごみゼロこうじょう【ごみゼロ工場】
(no-waste factory)

埋め立てに回すごみがゼロの工場。工場で原材料を使って製品をつくる場合、様々な廃棄物が出てくる。これらの廃棄物を素材ごとに分別し、原燃料として再利用し、ごみとして埋め立て処理をしない工場。国連大学が提唱するゼロエミッションは、廃棄物の資源化という異業種企業の協力による産業クラスター(集合体)の形成を目指しているが、ごみゼロ工場は、一工場内で埋め立てに回すごみをゼロにすることを目標にしている。→ゼロウェイスト運動、ゼロエミッション

## ごみはつでん【ごみ発電】
(waste power generation)

ごみ(廃棄物)の焼却によって発生する熱を利用した発電所。具体的には廃熱ボイラーで蒸気を発生させ、蒸気タービンで発電機を回して電気をつくる。焼却施設などが、廃熱の有効利用としてごみ発電を設置するケースが多い。RDF(ごみ固形燃料)による発電も、ごみ発電の一つである。ごみの焼却に伴って猛毒のダイオキシンが発生するため、その対策に万全を期することが必要である。→RDF、RPS法、ダイオキシン

## ごみもんだい【ゴミ問題】

廃棄物に係わる諸問題。明治期から戦後しばらくまでは、ごみを散乱させておくと伝染病や害虫の発生の原因となるので、その抑制のために、ごみの収集や処理が行われていた。しかし経済成長に伴い、企業や家庭から発生するごみの量は増大し、ごみ処理処分場の処理能力を超えることがしばしば発生した。1971年には「東京ごみ戦争」が発生した。区内に最終処分場を持つ江東区が、反対運動により清掃工場の建設が進まない杉並区を地域エゴと断じて、杉並区からのごみ収集車を実力で阻止した。増大するごみ量に処分場の収容力が追いつかず、不法投棄やごみ処理費用の上昇などの問題が深刻化している。ごみ対策として、3R(リデュー

ス、リユース、リサイクル）運動やごみの再資源化などの動きが活発になっている。→ニンビー（NYMBY）、循環型社会形成推進基本法、スリーアール、廃棄物処理法、リサイクル、リデュース、リユース

## コミュニティー（community）

地域社会、共同社会、共同体。公害問題やゴミ・リサイクル問題では、地域の役割が重視される。工場での環境基準への違反行動は、地域住民の監視がなければ防止することが難しい。また公害防止協定などは、この地域住民の監視機能がなければ体をなさない。ゴミの分別やリサイクルの徹底なども、地域社会の協力がなければ機能しない。このように地域レベルでの環境問題の解決や環境対策の成功には、コミュニティーの役割は大きい。→合意的手法、公衆参加、コミュニティービジネス、自治会

## コミュニティービジネス（community business）

地域社会の、地域住民による、地域社会のための事業。地域住民が主体となり、地域の資源を活用して、地域の抱える課題をビジネス的手法で解決し、その活動で得た利益を地域に還元する試みのこと。地域の活性化や新しい雇用の創出などの面から、近年脚光を浴びている。また、そこで扱われる商品は、水や間伐材の加工品、木炭加工品、てんぷら油からつくった石鹸など、環境配慮の商品が取り扱われることが多い。経営主体も、必ずしも商業ベースで採算が取れるものとは限らないので、株式会社、有限会社、NPO法人、協同組合など様々である。→オルタナティブ、環境NPO、コミュニティー、地域づくり、社会的企業

## コモンズのひげき【コモンズの悲劇】（Tragedy of Commons）

共有地の悲劇。共有地における無制限の自由は、全てを破壊させてしまうという考え方。その例として、共同牧草地（コモンズ）で一人の羊飼いが羊の数を増やし続けると、その羊飼いには利益をもたらす。だが、他の羊飼いも同様な行動をとれば、「ただ乗り」が蔓延し、結果としてコモンズは過放牧になり、崩壊してしまう。ただ乗りの弊害を回避するためには、私的・公的所有が必要になる。米・カリフォルニア大学のガレット・ハーディンが論文の中で指摘した。→公共財、入会権、水利権

## ゴール・イズ・ゼロ（Goal is Zero）

デュポンが全世界の工場および事務所に掲げている標語。1980年代の終わり頃、「けがゼロ・職業病ゼロ・事故ゼロ」と安全操業と従業員の健康管理が主眼であったが、今では、「事

故ゼロ、廃棄量ゼロ、放出量ゼロ」が合言葉となっている。これらの活動で、化学物質の自然界への放出量を著しく削減している。→企業環境保護主義、フィランソロピー

**コンプライアンス（compliance）**
法令遵守、企業倫理。法令遵守のみならず、広く倫理や道徳を含む社会的規範を遵守する意味で使われる。企業不祥事が相次ぎ、企業の社会的責任が問われる昨今、法令遵守の経営が求められている。そこで、企業はコンプライアンス委員会やコンプライアンス室を設置して、コンプライアンスに関する研修や説明会を開催したり、業務運営をチェックしている。将来的なリスクを未然に防ぐという積極的な取り組みへと進化している。→グローバル・コンパクト、CSR、ステークホルダー

**コンベヤーほうしき【コンベヤー方式】（conveyer system）**
部品をベルトコンベヤー上に流し、分業によって製品を完成させる生産方式。ベルトコンベヤー方式とも呼ぶ。コンベヤーはベルトや鎖で物体を運ぶ装置。個々の労働者をベルトコンベヤーに沿って配置し、コンベヤー上を流れる半製品に部品や材料を加え、一定時間内にきわめて単純な作業を分担させ、製品をつくる生産方法。大量生産を支える生産システムで、20世紀初頭、フォード自動車がT字型自動車の量産化を目指して導入した。第二次世界大戦後、コンベヤー方式による大量生産は日本、ヨーロッパなど世界中に広がり大量消費を支えたが、一方で大量の廃棄物を発生させる原因にもなった。最近では、見込み生産で大量生産を支えたこの方式に代わって、注文生産に対応したセル生産方式が製造業の主流になりつつある。→オンデマンド生産、セル生産方式、大量生産大量消費　大量廃棄

# サ Sa

### さいきけいせい【催奇形性】
ある物質が、妊娠中の母体を通じて胎児に奇形（形態形成障害）を起こすこと。原因物質を催奇物質と言い、人に対する催奇物質としてはサリドマイド、ステロイドホルモン、ダイオキシンなどがよく知られている。→ダイオキシン

### さいきん【細菌】
細胞に核を持たない原核生物を指す。その大部分を占める真性細菌の英語表示「バクテリア」の名称で呼ばれることも多い。無機物だけで生育するものや、多種の有機物を必要とするもの、寄生性の細菌では動植物に対して病原性を持つものもある。細菌によって有機物が分解される過程を腐敗というが、細菌のこのような活動は物質循環の一翼を担っていて、生態系において細菌を分解者と位置付ける理由もここにある。腐敗と同じ仕組みの発酵には、アルコール発酵、乳酸発酵など日常生活に関係するものや生体内での有機物分解、バイオマスとしてエネルギー生産に利用されるメタン発酵など数多くある。また、代謝に伴う脱窒素作用、硫黄化合物還元などの化学反応や窒素固定なども見逃すことはできない。さらに、一般の生物が生存できない高温、高食塩濃度、強酸性の環境下でも生育できる細菌が存在することもわかってきた。→化学合成細菌、原核生物、生態系、バイオテクノロジー、メタン

### さいしげんかりつ【再資源化率】
不要物の中で、埋め立て処理をせずに再資源化（リサイクル）された物の割合（百分比）。多くは、重量比で示される。「再資源化」は、廃棄物を何らかの方法で資材・原料または資源として再活用することを言う。その方法には、マテリアルリサイクル、サーマルリサイクル、ケミカルリサイクルがある。マテリアルリサイクルは、ゴミを原料として再利用すること。サーマルリサイクルは、廃棄物を単に焼却処理するだけではなく、焼却の際に発生する熱エネルギーを回収・利用すること。ケミカルリサイクルは、使用済みの資源をそのままではなく、化学反応により組成変換した後にリサイクルすること。例えば、廃プラスチックの油化、ガス化、コークス炉化学燃料化などがある。→再商品化、再生原料、マテリアルリサイクル

## さいしゅうしょぶんじょう【最終処分場】

廃棄物が最終的に処分される場所のこと。廃棄物は再利用、再生利用をしても、最終的には自然環境に還元され、処分される。処分は埋め立て処分と海洋投棄処分の二つがある。この内、埋め立て処分は「廃棄物処理法」、海洋処分は「海洋汚染防止法」によって規制されている。廃棄物の内、産業廃棄物については、その種類によって安定型、管理型、遮断型の三つのタイプに分けられ、最終処理される。最終処分場の埋め立て可能な残余年数は、都市ゴミなどの一般廃棄物で14.8年（2005年度末）、産業廃棄物で6.1年（2004年4月）となっている。国土の狭いわが国では最終処分場の確保と不法投棄防止は重要な問題で、さらなる3R推進が望まれる。→海洋汚染防止法、産業廃棄物処分場3タイプ、スリーアール

## さいしょうひんか【再商品化】

ある製品をリサイクルして、別の商品の原材料として再度商品化すること。アルミ缶は原材料をアルミニウムに戻してまたアルミ缶をつくる、またガラス瓶をガレット化して再度ガラス瓶にするなど用途が比較的循環するものや、ペットボトルのように再度ペットボトルに再生するだけでなく、ペレットから繊維素材として別用途に再商品化する場合もある。この再商品化の用途の違いは、リサイクル過程での原材料としての製品の性能劣化が大きく影響するので、製品として繰り返し使えるようにするには、リサイクルでの徹底的な分別による純度の高い素材回収が必要になる。また、純度の高い原材料としての回収のために、製造過程でリサイクルを容易にするような設計も重要である。→再生原料、環境適合設計、ゴミ問題、産業エコロジー、マテリアルリサイクル、リサイクル

## さいせいいりょう【再生医療】

失われた生物体の組織の一部を復元させる医療のこと。生まれる時から身体の一部の機能が失われていたり、外傷や壊死によって組織が欠損した場合、その機能を回復する目的で行われる。近年、ES細胞を用いて欠損した細胞や組織、臓器などをつくる研究が進められ、その成果が期待されている。しかし、ES細胞は初期胚または受精卵を破壊してつくられるため、倫理上問題があるとする意見も一方にはある。→ES細胞

## さいせいかのうエネルギー【再生可能エネルギー】(renewable energy)

太陽光や風力や水力など枯渇しない自然エネルギー資源の総称。一方、現代社会を支えるエネルギーの内、石炭、石油、天然ガスなどの化石燃料、ウラン等は枯渇性資源である。

また、法律など政策用語として使われる場合は、太陽光や太陽熱、水力（ダム式発電以外の中小規模水力発電を言うことが多い）や風力、バイオマス、地熱、潮汐（波力）、温度差などを利用した自然エネルギーのことを指す。工場の減圧装置や廃棄物焼却を利用した発電などは、未利用エネルギーと呼ばれて区別される。→枯渇性資源、石油代替エネルギー

### さいせいげんりょう【再生原料】

使用済みのモノを再利用して原料とすること。ポリ袋やフィルムなど包装資材やプラスチック製容器は、石油を原料にしてつくられる。使用済みで回収された容器包装資材は、色々な製品をつくるための原料に再生することができる。例えば、棒杭、ボード、パレット、植木鉢、ゴミ箱等の容器、袋、車止め、マンホール台座等は再生原料でつくられているものが多い。再生原料を使用して、全く元の製品（ペット・ボトル）をつくれる技術も開発されている。再生原料でバージン原料と同じものをつくる画期的な技術と言える。→再商品化、マテリアルリサイクル

### さいせいしげんりようそくしんほう【再生資源利用促進法】

1991年制定された「再生資源の利用の促進に関する法律」のこと。通称、「リサイクル法」。この法律は事業者のリサイクル推進を行政が監督するという方法で、再生資源のリサイクルと副産物の有効利用を図ることを目的にしている。2000年に循環型社会づくりを促進させるため、「循環型社会形成推進基本法」（循環型社会基本法）が制定されたのを機会に、再生資源利用促進法は大幅に改正され、法律名も、「資源の有効な利用の促進に関する法律」（資源有効利用促進法）に改められた。内容も、改正前の単なるリサイクルだけではなく、使用済み物品や副製品の発生抑制（リデュース）、使用済み物品から取り出した部品の再利用（リユース）まで広げ、いわゆる3R政策推進の基本法となった。→循環型社会、循環型社会形成推進基本法、資源有効利用促進法、リサイクル、リデュース、リユース

### さいせいりよう【再生利用】→マテリアルリサイクル

### さいむかんきょうスワップ【債務環境スワップ】（DNS）

自然保護債務スワップ、または単に環境スワップとも呼ばれる。先進国や環境NGOが途上国に対して、対外債務の一部を肩代わりすることを条件に、債務相当分の自然保護政策の実施を求めること。債務国が、債務の返済のため自然環境に負荷を与えていることから考え出された。これ

までに米国の自然保護団体は、ボリビア、フィリピン、コスタリカなどに対してDNSを実施している。→環境負債

## ざいらいしゅ【在来種】

ある地域で長い間、棲息または生育した結果、自然淘汰によって、その地域の環境条件に適応した形質が備わった動物や植物の品種。近年、市街化、耕地転用などの環境破壊により、在来種が急速に失なわれつつある。→外来生物

## サステナビリティしひょう【サステナビリティ指標】→じぞくかのうせいしひょう【持続可能性指標】

## サステナビリティ（sustainability）

持続可能性。環境破壊や資源枯渇などの問題が深刻化してくる中で、有限な地球と折り合って生きていくための新しい概念として登場してきた。現在のような豊かな生活をするために、資源を過剰に消費し、有害物質を自然界に過剰に排出し続ければ、現代世代は生活を楽しめるが、将来世代は劣悪な自然環境の中で暮らさなければならなくなる。過去、現代、未来を生きる全ての人類世代が、豊かな地球の恵みを継続して、公平、平等に享受できる地球の利用の仕方が求められる。それが、サステナビリティである。そのためには、①有限な地球の認識、②生態系の完全な保全、③将来世代への利益配慮などが必要条件になる。国連ブルントラント委員会が1987年に出した報告書の中で、「持続可能な開発」について定義をしている。→ブルントラント委員会

## サステナビリティかくめい【サステナビリティ革命】

米国の環境問題研究家、作家、起業家であるポール・ホーケンが著した『The Ecology of Commerce』（1993年）の翻訳版。この中でホーケンは、持続可能な社会はいかにして可能になるか、環境、企業、消費者の全てが勝利するシステムとは何か、を語り、廃棄物ゼロの生産システムの構築、炭素に基づいた経済から、水素と太陽光に基づいた経済への転換、環境税、消費者負担への意識改革など、様々なアプローチを提唱した。→水素社会、再生可能エネルギー

## さっきんざい【殺菌剤】

殺菌薬とも言う。生物に対して病原性を持つ微生物を死滅させる薬剤。農薬として使用されるものと、医薬品として使用されるものがある。医薬品では通常、抗生物質、抗真菌薬はこのカテゴリーから除外されるが、明確な定義があってのことではない。1953年、稲のイモチ病が大発生し、

この病気の原因である糸状菌の一種に対する殺菌剤として有機水銀剤が急速に普及した。しかし、1960年代に水俣病の原因が有機水銀であることなどから、危険性が指摘され使用禁止となった。近年は、首都圏の河川や下水から殺菌剤に含まれる化学物質が度々検出され、殺菌剤の多用による耐性菌の出現が懸念されている。→薬剤耐性

### さっちゅうざい【殺虫剤】

害虫防除を目的とする薬剤。害虫とは、蚊、ハエ、ゴキブリなどの衛生害虫、ハチ、シロアリなどの不快害虫、ウンカ、カメムシ、アブラムシなどの農業害虫などを指す。19世紀末から20世紀にかけて、有機化学工業の急成長に伴い、殺虫剤も従来の天然に存在する植物などの抽出物を主体としたものから、有機塩素系または有機リン酸系の合成化学薬品を主体としたものへと移行していった。これにより殺虫効果は飛躍的に向上したが、毒性が高いことや動物の体内に蓄積することが指摘され、早期に開発された殺虫剤は、先進諸国において20世紀末までに使用が禁止されるか、または規制が強化された。レイチェル・カーソンの『沈黙の春』には、DDTやパラチオンなどが小動物や家畜、人にどのような薬害を与えたか、その様子が克明に描かれている。近年、天敵を保護する選択性殺虫剤や害虫の忌避作用（摂食阻害、産卵抑制など）に注目した殺虫剤の研究開発が進められている。→農薬被曝、有機塩素化合物、沈黙の春、PRTR制度、生物的防除

### さとちさとやま【里地里山】

奥山自然地域と都市地域の中間に位置し、多様な人間の働きかけを通して環境が形成、維持されてきた地域。集落を取り巻く二次林、それらの混在する農地、小川、溜池、草原などで構成されている。これらの地域は、過疎化の急激な進行と集落人口の高齢化によって維持・管理ができず、荒廃化が目立つ。→間伐材

### さとやま【里山】

人跡未踏の奥山に対比して、集落、人里に接した山を言う。厳密な意味での定義はない。関東地方の平地部では、クヌギやコナラ、シイといった広葉樹による森林が形成された丘陵、低山を指すことが多いが、平野あるいは台地上のものを指すこともある。このような山は、薪、炭の供給や落葉による堆肥づくりなど、地域の経済活動と密着した山であり、共有の入会地としての性格が強いものが多い。しかし戦後の石油エネルギーへの転換、また開発や防災のための公共事業によってほとんど失われているのが現状である。そのため、自然が豊かに残る里山に棲息する生

物群集の一部が日本から失われる事態が危惧されている。現在、里山の入会地と生物の貯蔵庫としての機能の重要性から、全国で里地里山保存運動が展開されている。→入会権、景観、共同所有、原生林、自治会、スーパー林道、地域づくり、ナショナルトラスト、農業近代化政策、文化景観、利用権、歴史的環境

## さばくかたいしょじょうやく【砂漠化対処条約】(UNCCD)

正式名称は、「深刻な干ばつまたは砂漠化に直面する国（特にアフリカ）において砂漠化に対処する国際連合条約」。深刻な干ばつや砂漠化に直面する国や地域が、砂漠化に対処するために行動計画を作成し実施すること、そのような取り組みを先進締約国が支援することが、定められている。1994年6月に採択され、96年12月に発効した。日本は、98年に受諾した。現在、約190カ国が加盟している。→異常気象、黄砂、地球温暖化、水危機

## サプライチェーンマネジメント (supply chain management)

IT技術による、原材料調達から最終需要（消費）に至るまでの供給連鎖（サプライチェーン）を最適化するための管理システム。天然資源を原材料として採掘・採取し、素材を加工・生産し、商品を製造、物流・流通過程を経て最終消費者に至る供給連鎖に関して、IT技術による情報化を元に、財の流れを把握して効率的に供給しようとする管理システム。経営的には、変化の激しい消費需要に迅速かつ柔軟に対応し供給連鎖全体としての効率化を図ることが重要になる。環境に絡めて考えれば、財のライフサイクルを把握することにつながり、財の資源効率性の向上をもたらすことになる。これにより、ライフサイクル的な製品の環境負荷低減を実現することができる。→ISO14001統合認証、環境効率性、環境適合設計、セル生産方式、ライフサイクルアセスメント

## サプライヤー・コード・オブ・コンダクト (supplier code of conduct)

供給者取り引き行動規範。サプライチェーン全体のリスク管理のため、調達先やOEMベンダー（供給先ブランド名で売り出される製品の受注生産者）など、仕入れ先に対する一定の行動を定めた基準のこと。法令遵守、労働基準の遵守、人権の尊重、環境汚染の防止などが盛り込まれる。取引先に対してモニタリングや改善指導を行い、改善が見られない場合には、取り引きを停止する場合もある。総合小売のイオンは2003年4月、プライベート・ブランドの製造委託先を対象に、「イオン・サプライヤ

ー・コード・オブ・コンダクト」を策定、その中の「労働環境の項目」には、児童労働、強制労働の禁止、安全で健康な職場の提供などが含まれている。世界最大のスポーツウェア・メーカー、ナイキが途上国で、児童に対し低賃金で長時間、労働を強いていたことが明らかになり、世界のNGOなどから不買運動を展開され、児童労働を廃止したケースが知られている。→スウェットショップ

## サーマルリサイクル
(thermal recycle)
熱回収のこと。対語にマテリアルリサイクルがある。廃棄物を単に焼却処理するだけではなく、焼却の際に発生する熱エネルギーを回収・利用すること。→循環型社会形成推進基本法、マテリアルリサイクル

## さんぎょうエコロジー【産業エコロジー】
生産に携わる企業や産業部門が、生産過程の中で環境配慮を実践しようとすること。具体的には、生産工程での廃棄物や排出物を減少、もしくはなくそうとするゼロエミッションやエコデザイン、製品のライフサイクル的な配慮、梱包物の簡素化など様々な活動が行われてきている。→エコデザイン、環境効率、環境適合設計、資源効率、ゼロエミッション、PDCAサイクル、ファクターX、マテリアルセレクション、マテリアルデザイン、マテリアルリサイクル、ライフサイクルアセスメント

## さんぎょうきょうせい【産業共生】→さんぎょうせいたいけい【産業生態系】

## さんぎょうこうがい【産業公害】
生産活動の副産物として、汚染物質などが周辺に排出するために起こる被害のこと。一般には、公害と言えば産業公害を指す。日本では1960年代には産業公害が多発したが、汚染物質などの排出規制や補助金による工場などの施設の更新に伴い、汚染の発生状況が大幅に改善した。それに代わって、今度は騒音や日照権など日常生活から起こる公害が目立つようになった。これらの公害は日常生活から発生するので生活公害と呼んだり、被害というより迷惑を被るという事例が多いので「迷惑公害」と呼んだりすることもある。→浦安事件、加害者－被害者図式、苦海浄土、公害防止協定、豊島、四日市ぜんそく

## さんぎょうせいたいけい【産業生態系】(industrial ecology)
自然の生態系にならった産業のあり方で、ゼロエミッションの元となる考え方。自然の生態系（ecosystem）には廃棄物という概念はない。例え

ば、生産者である植物、消費者である草食動物、草食動物に対する捕食者である肉食動物、さらに森林の落ち葉、枯れ木、動物の死骸、排泄物などは分解者である微生物や菌類によって土にかえる。このような自然の生態系にならって、ある産業の廃棄物は他の産業の原料・燃料として利用する仕組みを異業種間でつくりあげれば産業廃棄物はなくなるという基本的な考え方。各種産業が協力し合って、廃棄物あるいは未利用資源・エネルギーを利用し合うことから産業共生（industrial symbiosis）とも言う。日本では、火力電力、鉄鋼、非鉄金属、セメント、建材、製紙などが広域的に産業クラスターをつくり、産業生態系が形成されていると言える。デンマークのカルンボー市では、セメント・石油精製・発電所・薬品・建材・製薬などの工場が一つの町に集約され、廃棄物、余剰エネルギー、水などをやりとりしており、産業共生と呼んでいる。→ゼロエミッション、カルンボー工業団地

## さんきょうダム【三峡ダム】
(Three Gorges Dam)
中国の長江中流域に建設中の重力式ダム。堤高185m、堤頂長2300mで洪水調節、発電、水運を目的としている。予定される発電量は、日本の全水力発電量と同等であり中国の総発電量の1割を占める。三峡ダムの構想は古く、孫文によるものとされている。1993年に建設が始まり、2003年に一部貯水が開始、2006年にダム本体の工事が終了し、全ての工事が完了するのは2009年の予定である。巨大なダムで中国の電力問題を解決し、二酸化炭素の発生を抑制するなどの利点に対して、水没地区の住民の強制的な移住や流域の生態系への悪影響、土砂の堆積などが問題となっている。ダムの建設により、河川水は一時的にダム貯水池に滞留するため、流量、水質に変化が起こることが予測される。上流域から汚染物質が流入すれば、貯水池は巨大な汚水溜めとなることが予測される。さらに、長江の河川水は、東シナ海から日本海へと流出し、日本海の環境へ悪影響を与えることも、今後、懸念される。→アスワンハイダム、黒部川のダム、食糧危機

## さんぎょうはいきぶつ【産業廃棄物】
(industrial wastes)
事業活動に伴って発生する廃棄物。「廃棄物処理法」（1970年）によって定められている。多量発生性や有害性の観点から、汚染者負担原則に基づいて排出事業者が処理責任を有するものとして、燃え殻、汚泥、廃油、廃酸、廃アルカリ、廃プラスチックなど、20種類の産業廃棄物が定められている。その内、特定の事業活動

に伴って発生するものに限定される品目が7種類（事業限定産業廃棄物）ある。産業廃棄物以外を一般廃棄物と呼び、処理責任は市町村とされている。→一般廃棄物、廃棄物処理法、豊島

## さんぎょうはいきぶつしょぶんじょうスリータイプ【産業廃棄物処分場3タイプ】

「廃棄物処理法」による産業廃棄物の処分場は、廃棄物の種類によって安定型、管理型、遮断型の3タイプがある。安定型は、ゴムくず、金属くず、ガラス・陶磁器くずなど5品目で、素掘りの穴に埋め覆土する処分場。管理型は汚泥、鉱滓、タールピッチ、紙くず、木くず、動物の死骸などが対象で、地下水汚染を防止するために、処分場の底、側面にゴムシートを敷き詰める。浸出水や雨水は、処理施設で処理した後、放流する設備を備えた処分場。遮断型は燃え殻、汚泥、鉱滓などに含まれる有害物質が判定基準を上回っている廃棄物が対象で、地下水などへの汚染を防ぐため、底と側面を10cm以上のコンクリートで囲い、屋根を付けた処分場。→中間処理施設、最終処分場、地下水汚染

## サンクチュアリ（sanctuary）

米国の自然保護地域の一つ。「サンクチュアリ」は教会での神域や聖域を表わすように、人間が不可侵な地域であり、米国の自然への考え方を投影しているものである。保護区と同義語。→オーデュポン協会、自然環境主義、シエラ・クラブ、ナショナルパーク

## さんごのはっかげんしょう【珊瑚の白化現象】

珊瑚がストレスを受け、白色に変化し、漂白されたような状態になること。海水温度の上昇や大雨などの異常気象によって個々の珊瑚が弱って、珊瑚礁が全体的に破壊されていく。そのメカニズムは、珊瑚の体内に棲んでいる褐虫藻という小さな藻類が、光合成によって珊瑚を成長させる栄養分をつくっているが、海水温が2℃以上高くなると、この褐虫藻が珊瑚から出て行ってしまって珊瑚の色が白くなる現象である。気候変動によって、世界各地の珊瑚礁が被害を受けつつあり、世界最大と言われているオーストラリアのグレート・バリア・リーフも、ここ十数年でかなり被害を受けている。その他、インド洋、紅海、カリブ海、そして日本では沖縄や鹿児島が被害を受けている。白化の原因の一つとして、異常繁殖したオニヒトデによる捕食もある。全世界の珊瑚礁は、地球温暖化の影響で50年以内にほぼ全滅するとも言われている。→地球温暖化

## さんせいう　さんせいむ【酸性雨　酸性霧】(acid rain, acid fog)

pH（水素イオン濃度）が5.6以下の酸性度の高い雨と、雨よりpHが1以上低い霧のことを指す。石炭、石油などの化石燃料の燃焼で排出される硫黄酸化物（SOx）、窒素酸化物（NOx）などの大気汚染物質が、雨や霧に溶けて生成される。土壌や湖沼が酸性化することによって森林の枯れ死、魚介類の死滅など生態系に影響を与える。特に酸性霧は、滞留時間が長いので植物への影響は雨より大きい。酸性雨は、国境を越えて広域に広がる環境汚染である。歴史的には、1960年代に北欧で森林被害や湖水の酸性化問題となり、1970年代にはヨーロッパ各地で森林被害が報告されるようになるとともに、硫黄酸化物が上空の気流に乗って長距離移動して各国が汚染を受けていることが明らかになった。ヨーロッパでは、1979に「長距離越境大気汚染条約」が締結された。北米では、1991年にカナダと米国の間で「酸性雨被害防止協定」が締結された。近年の中国の高度経済成長に伴い、酸性雨となる原因物質の排出量が大幅に増加し、日本への影響が懸念されている。→大気汚染物質、硫黄酸化物、窒素酸化物

## さんせんそうもくしつうぶっしょう　さんせんそうもくしっかいじょうぶつ【山川草木悉有佛性　山川草木悉皆成仏】

両者は仏典にある言葉。前者は、山や川などの自然や、草や木にも悉く仏になる性質があるという意味。何物も粗末にしてはならないという教えが込められている。後者は、前者の考え方を一歩進めた言葉で、山や川、草木などの森羅万象は悉く仏になるという意味。ゆえに、万物に対して畏敬の念を持ち、大切にしていかなければならないという教えになる。両者ともに、日本古来からある「八百万の神」という考えにもつながる思想であるが、自然界には何一つとして無駄なものはないという、自然の生態系にならったゼロエミッションがよって立つ考え方にもつながってくる。→アニミズム、ゼロエミッション、産業生態系

## さんめんコンクリート【三面コンクリート】

河川の河床、両岸をコンクリートにより護岸すること。都市部では急速な人口増加、市街化（人家の密集化）により、洪水から住民を守る治水事業を行うために利用できるスペースは限られている。限られた用地を利用して治水を行うために、雨水を集め迅速に河口まで流すシステムが有効とされ、河川を直線状に改修し、河床を掘り下げ河床と河岸をコンクリートで護岸する公共事業が広く行

われた。東京や大阪などの大都市圏では、上空までもコンクリートで覆われ暗渠化された河川も多い。コンクリートにより護岸された河川は、河床に石などもないため魚介類や藻類、水草等の植物の生育が妨げられ生物の生育には適さない環境となり、生物多様性が低くなる。河口付近では、栄養塩類の豊富な水が滞留し悪臭を発するなど、周辺住民の生活環境も悪化させる。近年は、環境や利水の面から、河川の自浄作用など自然本来の河川が持つ能力が見直され、コンクリートの護岸を改良し植物を植えるなど、自然に近い姿に戻す多自然型川づくりが行われている。→生物多様性、多自然型川づくり、ビオトープ

**ざんりゅうせいゆうきおせんぶっしつ【残留性有機汚染物質】**→なんぶんかいせいゆうきおせんぶっしつ【難分解性有機汚染物質】

シ　Shi

**ジー　アイ　エス【GIS】**
(Geographic Information System)
地理情報システムとも呼ばれる。地理的位置を利用し、位置情報を付加したデータ（空間データ）を総合的に管理および加工し視覚的に表示するシステム。人工衛星や現地調査などから得られた道路交通量、人口、地価など様々な地理情報を一括管理し、時間および空間の多方面からの解析・研究に利用が可能である。1970年代に、カナダで土地資源地図化プロジェクトにより発展してきた技術で、日本では阪神淡路大震災以降、災害を対象とする研究に利用されて注目され、法人によるマーケティングなどに利用が拡大している。環境分野では、大気汚染状況の常時監視結果の表示、公共用水域の水質測定や日本周辺海域の海洋環境の状況の表示などに利用されている。→リモートセンシング、大気汚染物質広域監視システム

**ジー　アール　アイ【GRI】**
(Global Reporting Initiative)
企業の持続可能性報告書の世界標準のガイドライン立案のために設立された団体。1997年、米国のNGO「環境に責任を持つ経済連合」(CERES: Coalition for Environmentally Responsible Economies)が国連環境計画(UNEP)と連携して設立した。本部は、オランダのアムステルダム。世界各国のコンサルタントや経営者団体、企業、NGOなど多様なステークホルダー（利害関係者）で構成さ

れる。企業が地球環境保全のために守るべき10カ条「セリーズ（CERES）原則」を策定したことで知られる。2000年に作成した持続可能性のガイドライン「GRIサステナビリティガイドライン」は、企業の社会的責任（CSR）への取り組みに欠かせない環境報告書やCSR報告書を作成するためのグローバル・スタンダードとなった。→エクソン・バルディーズ号事件、環境報告書、環境リスク、CSR、持続可能性報告書

## シー　アール　ティー【CAT】→キャット（CAT）

## シアンかナトリウム【シアン化ナトリウム】(sodium cyanide)
別名、青酸ソーダ。わが国では「毒物および劇物取締法」「廃棄物処理法」「水質汚濁防止法」など各種法令が適用される規制物質。用途としては、金の製錬、メッキ、顔料の原料、金属の焼き入れなど。海外の金鉱山において、金鉱石を粉砕してシアン化ナトリウム溶液で金を抽出するのに多く使用されており、地域の河川など環境汚染を引き起こすケースがある。そのため、発展途上国において、国際資源メジャーが金鉱山を開発する場合、世界銀行は融資条件として、シアン化ナトリウムの使用上の基準を欧米並みにきびしくするよう求めている。→ダーティ・ゴールド

## ジェイ　アイ【JI】→きょうどうじっし【共同実施】

## ジェー　アイ　シー　エー【JICA】→ジャイカ【JICA】

## ジェイ　イー　イー　エフ【JEEF】→にほんかんきょうきょういくフォーラム【日本環境教育フォーラム】

## ジェイ　シー　シー　シー　エー【JCCCA】→ぜんこくちきゅうおんだんかぼうしかつどうすいしんセンター【全国地球温暖化防止活動推進センター】

## ジー　エイチ　ジー【GHG】→おんしつこうかガス【温室効果ガス】

## ジー　エイチ　ピー【GHP】(Gas-engine Heat Pump)
ガスエンジンヒートポンプ。LPガスをエネルギー源にして冷暖房ができるエアコンのことで、寒い冬でも通常のエアコンのような能力低下がなく高い暖房能力を発揮する。ヒートポンプとは、代替フロンガスを冷媒として強制的に気化と液化のサイクルを繰り返し、液体が気体に変化する時に周囲から熱を奪い、逆に気体が液体に変化する時は凝縮熱という熱が発生する気化熱の性質を利用して冷暖房を行うもの。電気式エアコンがモーターでコンプレッサーを動

かすのに対して、GHPはガスエンジンでコンプレッサーを動かす。ライフサイクルでのエネルギー効率がよいことから、地球環境問題を改善できると期待されている。→LPガス、代替フロン、ライフサイクル

### ジェイモス【J-Moss】

電気・電子機器を対象とした特定化学物質の含有表示方法を示したJIS（日本工業規格）の総称。正式名称は、「電気・電子機器の特定の化学物質の含有表示方法」と言い、規制対象物質や施行時期をEU（欧州連合）のローズ（RoHS）指令（有害物質使用制限）に合わせて、2006年7月1日にスタートした。「日本版ローズ（RoHS）」と呼ばれる所以である。鉛、六価クロム、水銀、カドミウムなど6物質に関し、基準値を超えて含有する製品を製造・販売する事業者と輸入業者に含有マーク（オレンジ色）を表示させるとともに、含有する部位や濃度などの情報をホームページで公開することを義務付けたもの。対象は、「資源有効利用促進法改正政省令」で指定されているテレビ、冷蔵庫、エアコン、洗濯機、パソコン、電子レンジ、衣類乾燥機の7品目。6物質の含有が基準値以下の場合は、任意で非含有マーク（グリーン色）を表示できる。→資源有効利用促進法、ローズ指令

### シー エス アール【CSR】

(Corporate Social Responsibility)
企業の社会的責任。企業が社会の一員として持続可能な社会の実現のために果たすべき責任のこと。それには、法律を守り、商品やサービスに責任を持ち、従業員にとって働きやすい職場をつくり、地域社会に貢献し、地球環境に配慮した活動をしなければならない。国際的には、グローバルな事業展開をしている企業は、発展途上国において、先住民や地域住民の人権侵害、強制労働、児童労働、生物多様性、環境汚染、腐敗・賄賂といった、人権、労働、環境そして地域社会において、責任ある行動をとることが求められている。日本では、企業不祥事で窮地に追い込まれる企業が相次ぎ、CSRの重要性が指摘されている。一方、CSR先進国の英国や仏では、CSR大臣を設置するなど、官民一致の協力体制が見られる。政治の分野においても、社会的公正が貫かれるCSR社会化への取り組みを期待したい。→SRI

### ジー エヌ エイチ【GNH】

(Gross National Happiness)
国民総幸福量。ブータン王国が近年の急速な近代化に警戒感を持ち、国固有の文化や価値観の保全や、自然環境の保護を目的として導入した概念。明確な基準や定量的な測定法というわけではなく、理念目標として

語られる。またスローライフ運動の中で、国民総幸福量が語られることも多い。経済発展、文化伝統の保持、自然の保護という異なる目的をどのように統合して評価するのか、持続可能な社会の成立に係わる重要なテーマであり、明確な方向性が示されることが期待される。→持続可能性指標、GPI、ライフスタイル

## シー　エフ　シー【CFC】
(Chlorofluorocarbon)
クロロフルオロカーボン。炭素、水素、塩素、フッ素から成る物質で、わが国ではフロンと呼んでいる。化学的、熱的にきわめて安定。成層圏において、紫外線により分解され塩素原子が発生し、塩素原子が連鎖的にオゾンと反応しオゾン層を破壊する。CFCの中でCFC-11、CFC-12、CFC-113、CFC-114、CFC-115は特定フロンと呼ばれ、特にオゾン層破壊が強いとされる。CFCは、温室効果ガスの一種でもある。米国で冷蔵庫用の冷媒として開発され、化学的に安定である利点を生かして世界中で冷媒、溶剤、発泡剤、精密機械の洗浄剤として利用された。オゾン層破壊物質として、1985年に、オゾン層保護のための「ウィーン条約」および1987年の「モントリオール議定書」により製造および輸入が禁止された。日本では1988年に、「オゾン層保護法」を制定し、1996年までに15種類のCFCが全廃された。「フロン回収破壊法」「家電リサイクル法」「自動車リサイクル法」を整備し、すでに利用されたCFCの回収、破壊を義務付けている。生産・利用の全廃により、HCFCなどの代替フロンが利用されている。→HCFC、モントリオール議定書、家電リサイクル法、自動車リサイクル法

## シエラ・クラブ（Sierra Club）
米国で設立された世界最古の環境保護団体の一つ。1892年、シエラ・ネバダ山脈の自然景観保護のために設立された。同国では、それより古い1886年に「オーデュポン協会」が設立されているが、当初は今のように広い環境保護を目的とせず、野鳥や動物の保護が基本であった。一方シエラ・クラブは、設立時からシエラ・ネバダ山脈の自然景観保護を目的とし、動植物だけでなく自然景観の保護など総合的な環境保護を志向していたので、事実上、世界初の環境保護団体と言える。また現在、「グリーンピース」や「地球の友」といった有名な環境保護団体では、元々からシエラ・クラブ出身者が多くを占め、その点においても重要な団体である。シエラ・クラブは現在、50万人にも及ぶ会員を有し、米国の環境政策にも積極的に働きかけ、非常に影響力の大きい団体となっている。→アースウォッチ、NGO、オーデュ

ポン協会、環境NPO、サンクチュアリ、自然環境主義、ワイズユース運動

## シーオーツーかけいぼ　かんきょうかけいぼ【$CO_2$家計簿　環境家計簿】
($CO_2$ household, environmental household)

家庭において、電気、ガス、水道、ガソリン等の毎月の支払金額や使用量を環境負荷に換算できるようにした家計簿のこと。日々の生活において環境に負荷を与える行動や環境によい影響を与える行動を記録し、必要に応じて点数化したり、収支決算のように一定期間の集計を行ったりするもの。決まった形式はないが、毎日使用する電気、ガス、水道、ガソリン、燃えるごみなどの量に$CO_2$を出す係数をかけて、その家庭の$CO_2$排出量を計算する形式のものが多い。環境家計簿をつける目的は、生活者自らが環境についての意識喚起を行いながら、生活行動を点検し、見直しを継続的に行うことができることにある。自分の生活を顧みて、環境との係わりを再確認するための有効な試みとして、主に市民の手によって広がりを見せている。環境省の調査によると、環境問題に対する考え方として「個人の行動が、どの程度環境保全に役立つのかよくわからない」とする人が全体の約6割を占める。そこで、個人の取り組みや行動が環境の保全にどの程度貢献するのかをより具体的に目に見える形で示すため、$CO_2$家計簿あるいは環境家計簿でそれらを記録することで、環境に配慮した生活様式への転換を促そうというものである。→エコクッキング、京都議定書達成計画、地球温暖化係数

## シーオーピー【COP】
(Coefficinet of Perfomance)

成績係数。一般的にエネルギー消費効率をCOPと呼ぶ。エアコンでは冷暖房の能力（kW）をエアコンの消費電力（W）で除（割り算）して得られるCOP値で表し、値が高い程、省エネ度が高い。自動車では燃費と呼ばれ、ガソリン1ℓで走ることができる距離（km/ℓ）で表す。その他にもテレビは、一年間に消費する電力量（kWh/年）で表し、ガス石油機器は、熱効率などを元に各機器別に、「省エネ法」で定められた式により百分率（%）で表され、パソコンは、「省エネ法」で定める測定方法により測定した消費電力を複合理論性能で除した値で表される。→省エネルギー法、省エネラベリング制度、EER

## シーオーピースリー【COP3】
→コップスリー（COP3）

## しがいせん【紫外線】
UV（Ultraviolet Rays）と表記され

ることも多い。電磁波は、それが持つ特性と波長によって電波、赤外線、可視光線、紫外線、X線に区分けされている。波長が可視光線よりも短く、X線よりも長い電磁波は紫外線と呼ばれ、X線に次いで大きなエネルギーを持ち、化学作用が著しいことから別名「化学線」とも呼ばれている。太陽から地上に降り注ぐ紫外線には、波長が400〜315nm（ナノメートル：10億分の1m）の比較的エネルギーの小さいUVA、波長が315〜280nmの生体組織障害作用を引き起こすUVBが含まれている。波長がUVBより短いUVCは、大気により吸収され地上には届かない。UVBはオゾン層で大部分が吸収されるが、一度に大量の日光を浴びると、この紫外線により皮膚の炎症が起き、皮膚ガンを発生することもある。→オゾンホール、日焼け

### しげんかんりがたぎょぎょう【資源管理型漁業】

主に漁業者が主体となって漁獲量制限、禁漁区、禁漁期間の設定を行い、水産資源を管理し計画的に利用する漁業。水産資源は、鉱物資源と異なり再生産が可能な生物資源であるため、資源量を増やすことが可能な特性を持っている。この特性を利用し、漁獲量を適正に管理し、卵を持った魚や稚魚を保護することで水産資源量を増やし、持続的に漁業を行うことが可能である。資源管理を達成する方法には、国の漁獲可能量制度（TAC制度）、「水産資源保護法」、各都道府県の漁業調整規則などから、漁業者団体の自主規制まで様々なものがある。全国の漁協や漁業者団体では、魚種ごとに採漁禁止サイズを定め、規定サイズ以下の小魚の再放流を推進し、魚網の網目を大きくし小魚が逃げられるよう工夫を施し、小魚の保護に努めている。また、資源管理と同時に、人工漁礁の造成や稚魚の放流などの栽培漁業を行うことで、水産資源量の再生産を強化することが必要である。→MSC認証、沿岸漁業

### しげんきき【資源危機】
(resources crisis)

資源需給の不均衡が拡大し、世界規模での資源争奪戦がもたらす資源価格の高騰、資源枯渇、環境破壊などの危機の総称。エネルギー・鉱物資源は枯渇性資源と言い、採掘を続けていけばいずれ枯渇するというごく当たり前の原則がある。今、世界の人口は65億人に達し、さらに増え続けている。一方、中国、インド、ブラジル、ロシアなどの経済成長が著しく、世界の資源消費量は増加の一途をたどっている。このように世界の経済規模の拡大に伴う資源需要の増大によって、資源争奪戦の結果、国際的な取り引き価格は急騰し、地

政学的にも不安定性が増してきている。また、資源採取・採掘に伴う自然環境破壊の影響も大きくなって、地域住民との軋轢(あつれき)などが深刻化している。さらに近年、エネルギー・鉱物資源に限らず、再生可能な天然資源である森林、水産資源など再生可能な生物資源についても、再生のスピードを超えた過剰採取によって、危機的状況にある。→オリンピック方式、枯渇性資源、再生可能エネルギー

## しげんこうりつせい【資源効率性】

一単位の資源投入によって得られる満足度(付加価値、サービス量など)を測る指標。通常、最小の資源投入によって最大の満足度が得られるような資源の効率的な利用のために使われる。資源効率性を向上させるためには、資源利用の無駄をなくし、量産技術とは違う省エネ、省資源型の技術開発が必要になる。そのための具体的な指標として、「ファクターX」などがある。また似た概念として、環境負荷の軽減に的をしぼった「環境効率性」などがある。→環境効率性、ファクターX

## しげんこかつ【資源枯渇】

エネルギー資源や鉱物資源が、地殻から採取・採掘され続けてなくなることを言う。このような資源は地下資源とも言われ、地球生成当時からきわめて長い地質時代を経て形成されたものである。これらは無尽蔵ではなく、長年月、大量に掘り続ければやがてなくなるので、枯渇性資源と言われる。石油や天然ガスは化石燃料とも言われ、現在の生産量はすでにピークに達しており、やがて枯渇に向かうことが懸念される。現在生きている世代が資源を使い尽くしてしまえば、将来世代は資源が使えなくなる。資源の持続可能な利用は、世代間の公平維持のために現世代に課せられた重要な問題である→エコロジカル・フットプリント、枯渇性資源、ピークオイル

## しげんしゅうやくど【資源集約度】

(material intensity)
ある製品を生産するために必要な直接材料と水や空気、電力などの間接的な材料を合わせた資源の投入量。資源集約度をサービスで除(割り算)すと単位サービス当たりの資源集約度が求められる。→エコリュックサック

## しげんじゅんかんりようりつ【資源循環利用率】

天然資源等投入量に循環利用量(リサイクル量)を加えた値に対する循環利用量の割合を言う。例えば、わが国全体の物質フローでは、天然資源等投入量は、約19.3億トンで循環利用量が約2.1億トンになっている。

したがって、資源循環利用率は、2.1/（19.3+2.1）=0.099、すなわち9.9%となる。政府の「循環型社会形成推進基本計画」では、2010年に資源循環利用率を約14%にすることを目標にしている。→循環型社会形成推進基本法、マテリアルフロー

### しげんせいさんせい【資源生産性】
(resource productivity)
一単位のモノづくりやサービスのために投入された資源量のこと。資源投入量が少ない程、資源の生産性は高くなる。最少の資源量で最大のサービスを目指す指標。資源投入量（Material Input）＝MI、サービス＝Sとすると、資源生産性はMI/SまたはMIPS（Material Intensity Per Unit Service）で表せる。サステナブルな社会構築のためには、このMIPSを最小にすることを目指すことが必要である。→ミップス（MIPS）、ファクターX

### しげんとうにゅうよくせい【資源投入抑制】
製品づくりや社会資本形成などに当たってバージン資源の投入量を抑制すること。同じ製品をつくる場合でも、製法や手順、さらに原材料の変更などによって、資源投入量を抑制することができる。投入資源の抑制（リデュース）は製造部門で最も効果を高めることができるが、流通、消費、廃棄の段階でリユース、リサイクルを徹底させることでもバージン資源の投入量を削減できる。経済が拡大していない社会では、このような方法で資源投入量を削減させることができるが、現実の世界経済は拡大を続けているため、資源の総消費量は増え続けている。→持続可能な資源消費、サステナビリティ、排出抑制、ファクターX

### しげんぶんかつ【資源分割】
同じような資源を必要とする複数の種が、競争の結果、同一の資源を分け合い、共存する現象。生態系において、食物や生息場所などの資源は数や量に限りがあり、種の個体数は制限を受ける。そのため、同じような食物や生息場所などの資源を必要とする異種同士は、競争による排除の結果、長期にわたって共存することができない。ところが、資源分割の現象が見られることがある。例えば、イワナとヤマメのどちらか一種が棲む川では、その生息場所は上流域に限定される。しかし、両者が棲む川では最上流域をイワナが、それより下流域をヤマメが生息場所とし、同じ川で共存する現象が見られる。→種間競争

### しげんまいぞうりょう【資源埋蔵量】
→まいぞうりょう【埋蔵量】

## しげんゆうこうりようそくしんほう【資源有効利用促進法】(Law for Promotion of Effective Utilization of Recyclable Resources)

1991年に制定された「再生資源の利用の促進に関する法律」(通称「リサイクル法」)の改正法。2000年に制定。それまでのリサイクル法は、廃棄物を原材料として再使用(リサイクル)させることに力点が置かれていた。改正法によって、①事業者による製品の回収・リサイクル対策の強化、②製品の省資源化、長寿命化等による廃棄物の発生抑制(リデュース)、③回収した製品からの部品等の再使用(リユース)のための対策強化などにより、循環型社会づくりを目指すことを目的としている。従来のリサイクル法が1Rだったのに対し、改正法で3Rへ対象範囲が広がった。→循環型社会形成推進基本法

## しげんろうひがたしゃかい【資源浪費型社会】

製品の大量生産・大量消費を前提とした社会制度やライフスタイルを元に成立している社会。当然ながら、資源やエネルギーの枯渇現象をもたらし、公害、さらにオゾン層破壊や地球温暖化などの様々な環境問題の温床となっている。有限な資源を有効に活用し、環境負荷の少ない社会を目指すためには、ワンウエイ型の資源浪費型社会から、資源を循環させる循環型社会へ早急に移行していかなくてはならない。→産業公害、循環型社会、農業近代化政策

## シー　シー　エス【CCS】→たんそかくり【炭素隔離】

## じしゅかいはつげんゆ【自主開発原油】

自ら産油国において権益を取得し、探鉱・開発・生産事業を通して原油を輸入すること。単純輸入原油に対して自主開発原油と言う。資源確保あるいはエネルギー安全保障上、重要な役割を担っている。わが国の原油輸入に占める自主開発原油量は1980年に8.9%であったが、その後増加して1999年には15.4%まで上昇したが、その後次第に減少し2003年には9.8%まで下がっている。近年、原油価格高騰は激しく、安い石油の時代は終わったとまで言われる現在、自主開発原油量の確保は重要な国家戦略になっている。経済産業省の総合エネルギー調査会は、自主開発原油の割合を2030年までに40%に引き上げる「新国家戦略」をまとめた。世界のエネルギー需要は、中国、インドなどの新興国で急速に増加しており、日本としても自主開発原油強化を求める声が高まっている。→エネルギー安全保障

## じしゅてきとりくみ【自主的取組み】

2000年に制定された「新環境基本計画」の環境政策分類の一つ。そこでは、「直接規制的手法」「枠組規制的手法」「経済的手法」「自主的取組み手法」「情報的手法」「手続的手法」を政策手法としてあげている。自主的取組み以外の手法は、政府や自治体などが実際に行う法令や規制など政策と呼べるものであるが、自主的取組みに関しては、環境ISOや環境マネジメントシステムの中であげているに過ぎず、それ自体は環境政策とは言いがたい。しかし、政府や地方自治体がこうした取り組みを支援することを政策と考え、一手法とすることは重要であり、行政の限界を民間に補完させるためにも重要である。経団連（現・日本経済団体連合会）の温暖化対策は、その代表的な事例である。→環境基本計画、合意的手法、情報的手法、経団連環境自主行動計画

## シシュマレフとう【シシュマレフ島】
(Shishmaref)
米国・アラスカ州の北極海に面した島。アラスカ本土から5km程、離れている。人口は565人（2005年）。年間を通して寒冷で、夏でも10℃前後までしか気温が上がらず、地下には永久凍土が存在する。冬季には海面が凍り、本土とつながる。近年、地球温暖化により海面の凍結期間が減少し海岸が波浪による侵食を強く受けるようになり、島の面積が減少している。海岸侵食は、外洋に面した海岸で激しい。これと同時に、地球温暖化により島の地下の永久凍土が融解し、海岸侵食に対して地盤がさらに弱い状態になっている。最近の調査では、年間3m程の速さで海岸線が後退しているとされている。村民は島の消滅を意識し、2004年に住民投票により村民全員が本土へ移住することを決定した。2009年までの移住完了を予定しているが、予算が足りないことなどから移住は進んでいない。→永久凍土、海岸侵食、地球温暖化、ツバル

## システムよんじょうけん【システム4条件】→ナチュラル・ステップ

## しぜんかんきょうしゅぎ【自然環境主義】
生態系や自然は原生のままにして、手付かずに保存することを最善とする考え方。米国における自然保護が、この考え方に当たる。この考え方は、米国人の一般的な宗教観であるピューリタンから発生する超越主義や、思想家ヘンリー・ソローの『森の生活』など自然に関する神秘主義的な傾向に影響を受けている。これに対して、日本のように生活環境と自然の調和・融合を目指す立場を生活環境主義と言う。→原生林、サンクチュアリ、生活環境主義

## しぜんかんきょうほぜんきそちょうさ【自然環境保全基礎調査】

環境省が国内の自然環境の現状を把握するために実施している自然環境全般の調査。「自然環境保全法」に基づきおおむね5年ごとに行われ、調査結果は報告書および地図類としてまとめられ公表される。現在は、環境省生物多様性センターのホームページでも閲覧が可能。「緑の国勢調査」とも呼ばれる。自然環境保全法では、国内の自然環境保全施策を有効に実施するため、自然環境の現況を把握し基礎資料を蓄積することを目的として調査を行うことを定めている。調査は、陸域・陸水域・海域生態系の領域で行われる。陸域の調査には植物、動物、地形地質が設定されている。→自然環境保全法

## しぜんかんきょうほぜんほう【自然環境保全法】

自然保護施策全般に係わる法律。自然環境の保全を適切に行い、国民が広く自然の恵みを享受し、これを未来へ継承していくことを目的とする。環境庁（現・環境省）が設立されてすぐの1972年に制定され、1993年の「環境基本法」の制定に際し、理念に関する条文の一部が「自然環境保全法」に移行された。自然環境保全の基本方針を示し、原自然環境保全地域・自然環境保全地域の指定および保全について定めている。原自然環境保全地域は人間活動の影響を受けていない自然環境が、自然環境保全地域はそれ以外で特に保全の必要な自然環境が指定され、開発は厳しく制限される。第一条第四章では、おおむね5年ごとに地形、地質、植生および野生動物に関する調査を行うことを定めており、「自然環境保全基礎調査」として実施されている。→自然環境保全基礎調査、環境基本法

## しぜんきょうじゅけん【自然享受権】

「誰にでも自然を楽しむ権利がある」というスウェーデン社会の伝統・習慣。自然享受権を意味するスウェーデン語「アレマンスロット」は「全ての人の権利」を意味している。誰もが自然の恵みを享受することができる権利であり、責任をもって行動する限り、所有者の許可なく、森や野原、鳥などの世界に入り自然を享受することができる権利である。背景には、「自然は経済的に利用する財産ではなく、それ自体に保護される権利がある」という思想がある。自然地域は、国民の共有財産であり、私有、公有を問わず、誰もがアクセスして享受する権利を持っているという思想である。たとえ、この国を訪れた旅行者であってもこの権利がある。森が国王のものであっても、国有地であっても、民有地であっても、人々は自由に森の中に入ってよい。一日なら、許可なくテントを張

って野宿もできるという決まりもある。むろん、権利には義務が伴う。森に出かけたらゴミを捨てない。所有者の邪魔をしない、森の動植物に配慮する、などのルールはきちんと遵守しなければならない。→森のムッレ教室、環境権

## しぜんさいせいすいしんほう【自然再生推進法】

過去に破壊ないし劣化された生態系、その他の自然環境を取り戻すために設立された法律。自然再生に関する施策を総合的に実施するための自然再生基本方針と、自然再生に係わる地域の多様な主体の参加を促進し、NPO等への支援を定めている。2002年12月に、議員立法により成立。所管は環境省、国土交通省、農林水産省。自然環境を取り戻すため関係行政機関、地方公共団体、地域住民、NPO、専門家等の多様な主体の参加により、自然環境の保全、再生、創出を行う。自然再生は、専門家による科学的知見に基づき地域の生態系に配慮して実施し、再生のための事業実施後は状況を監視し、さらに科学的知見を与え今後の事業に反映することとしている。→アサザ基金、エコロジカルネットワーク、三面コンクリート、市民型公共事業、生物多様性、多自然型川づくり

## しぜんせんたくせつ【自然選択説】

「自然淘汰説」とも言う。ある生物の個体間に生じた変異は、生物の置かれた環境下で生存に有利なものが選択され、その形質が子孫に伝わる、という説。1859年に英国の生物学者チャールズ・ダーウィン（Charles R. Darwin）が『種の起源』（On the Origin of Species by Means of Natural Selection）の中で唱えた。生物が次の三つの条件を満たす時、生存と繁殖に有利な性質を持つ個体が増えていく。①同じ親から生まれた個体の間にも変異が生じる。②変異の違いは繁殖能力や生存率に関係する。③このような変異は子孫に伝えられてゆく。自然選択は、適応進化への過程であると考えられているが、必ず最適な状態に進化するとは限らない。→棲み分け理論、進化論、ダーウィン

## しぜんとうたせつ【自然淘汰説】→しぜんせんたくせつ【自然選択説】

## しぜんほごうんどう【自然保護運動】

環境運動の中でも、自然環境の維持に努めることに力点を置く運動。自然および自然保護運動には狭義と広義の二つの立場がある。狭義の立場とは、自然とは人間の入らない手付かずの原生林や原生野、地域のことであり、これをそのまま保存する立場。この立場は、人跡未踏の自然や土地が多い米国でとられる立場であ

り、オーストラリアなどでも同じ傾向が見られる。これらを狭義の自然保護運動と言う。一方、広義の立場とは、それとは対照的に手を加えて保存ないし形成する立場を指す。英国では、ナショナルトラストなどの団体が自然を保全する場合、自然は原生である必要はなく景観美を重視するため人間の手を加えている。さらに、日本でも、里山や棚田などに見られるように、積極的に原生に手を加えながら生態系や地域環境、森林などを守っている。これらを広義の自然保護運動と言う。→オーデュポン協会、環境NPO、原生林、シエラ・クラブ、ナショナルトラスト、ナショナルパーク

## しぜんまんぞくどきょくせん【自然満足度曲線】
(Nature-Welfare Curve)
社会的厚生と自然利用の関係を示した曲線。横軸に自然利用（量）、縦軸に社会的厚生（生活の満足度）をとると、自然満足度曲線は横軸の中央にある点（環境許容限度）を挟んで、ちょうどお椀を伏せたような富士山型の曲線として描ける。環境許容限度の左側の世界では、自然の利用が増える程、社会的厚生が上昇するため、自然満足度は右上がりの曲線になる。自然を開発し、農業、工業を営み、道路、鉄道、住宅などをつくることによって、生活の利便性が向上する。自然界にある様々なエネルギーや資源を活用して、生活に必要な製品を大量につくることで、生活の満足度が向上する。この世界は、速やかに自然を開発し、自然資源を大量に使ってモノを生産することが社会的厚生を引き上げる。一方、環境許容限度の右側の世界は、自然を過剰に開発し、自然資源を過剰に消費し、有害物質を過剰に自然界に排出している世界で、自然満足度曲線は右下がりの曲線として描ける。自然を過剰に利用するこの世界では、公害の発生や温暖化などの地球規模の環境破壊、緑の喪失、資源の枯渇化などの負の相乗効果によって、自然の利用が進めば進む程、社会的厚生は低下する世界である。この世界では、資源循環型社会、サステナビリティ社会への移行が課題である。→資源循環型社会、サステナビリティ社会

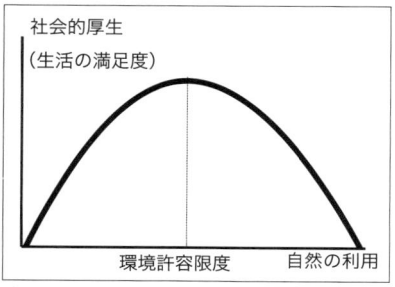

自然満足度曲線

## しぜんめんえき【自然免疫】

先天的抵抗性とも呼ばれる生体の機能。皮膚表面や呼吸器、消化器などの管腔の内側にあって、外部からのあらゆる感染性微生物の侵入に対して常時働いている防御機構。粘膜や繊毛などの組織と食細胞、キラー細胞などの免疫細胞、リゾチームやインターフェロンなどの分子が協力して、体内に侵入した感染性微生物を破壊、排除し、体内の環境を維持する。感染性微生物は物理的排除に抵抗するように進化し、生体の持つ防御機構を乗り越え侵入してくる場合もある。これに対して免疫細胞は侵入者を認識し、特異的にそれを破壊するような免疫反応を開始する。同時に、免疫系自体も変化する。すなわち感染性微生物が二度目に侵入して免疫系と接触すると、リンパ球を主体とする免疫系は初回よりすばやく強力に反応するようになるが、これを二次免疫応答と言い、感染に対して獲得免疫または適応免疫が成立したことになる。予防接種は、生体に獲得免疫を故意に成立させるためのものである。→免疫系、ワクチン

**じぞくかのうせいしひょう【持続可能性指標】**

持続可能性を示す指標。1992年の「リオ宣言」や「アジェンダ21」によって持続可能性の問題提起がなされ、様々な指標が活用されている。例えば、OECDや世界銀行による「SCOPE」、国連環境計画による環境・経済統合勘定「SEEA」があり、各国政府、地方自治体など様々なレベルで持続可能性を検証している。また、国内総生産（GDP）や国民総生産（GNP）等の経済指標に対する、持続可能性指標が求められており、負の経済活動を差し引く真の進歩指標「GPI」や持続可能性を土地面積で表示するエコロジカル・フットプリント、さらに経済価値ではなく幸福感を評価する国民総幸福量「GNH」等の新たな指標が注目を集めている。→永続地帯、エコロジカル・フットプリント、環境指標、GPI、GNH

**じぞくかのうせいほうこくしょ【持続可能性報告書】**

(sustainability report)

企業が経済的、環境的および社会的な視点から、持続可能な発展に適合しているかどうかをまとめて公表する報告書。1992年の「地球サミット」は、人権の問題などを含む広範囲な原則を掲げた。その広義の環境課題にも応えていく企業活動を評価する考え方が強まり、「GRI」（Global Reporting Initiative）は、世界レベルの指標となるガイドラインを発行。近年、特に企業の社会的責任（CSR）への取り組みと連動して注目を集めている。環境省は2001年2月に、「環境報告書ガイドライン（2000）」を策定している。しかし、ヨーロッパ

を中心として、絶えず持続可能性報告書の新しい基準づくりが進められており、的確に関与していかなければならない。→環境報告書、GRI、CSR

## じぞくかのうなしげんしょうひ【持続可能な資源消費】(sustainable resources consumption)

有限の地球の資源を持続可能な範囲で消費すること。天然資源には、エネルギー資源や鉱物資源のような地殻から掘り出す枯渇性の資源と、農林水産資源あるいは生物資源のような再生可能な資源がある。人類の持続可能な発展のためには、枯渇性資源は埋蔵量に限りがあるため、その消費の無駄を省かなければならない。また、再生可能な資源であっても、乱獲などによって再生のスピードを越えて消費すれば枯渇することになる。現在の世界人口の急速な増加と世界経済の急拡大によって、資源は過剰消費の状態に陥っている。→エコロジカル・フットプリント、国連森林フォーラム、サステナビリティ、資源の投入抑制

## じぞくかのうなしゃかい【持続可能な社会】(sustainable society)

現代世代だけではなく、将来世代も同様に豊かな地球の恵みを公平、平等に享受できるような社会。持続可能な社会を築くためには、①地球の有限性を認識した行動、②生態系の全体的な保全、③将来世代への利益配慮の三つの条件を満たすことが必要である。→サステナビリティ、資源の投入抑制、循環型社会、ブルントラント委員会

## じぞくかのうなのうぎょう【持続可能な農業】
(sustainable agriculture)

近代農業へのアンチテーゼとして、環境問題に配慮して1980年代頃から行われるようになった農業のこと。近代農業は、「緑の革命」に代表されるように農地からできる限り多くの農産物を生産しようという農業であり、化学肥料、大規模農場、システム化された灌漑、生産過程の機械化などがその特徴である。この結果、土地の塩害、先進農業国での過剰生産、さらに食の安全などの問題から、次第にこうした効率的な大量生産に否定的な立場が現れ、日本でもアレルギーなどの問題から有機農業や減農薬農業が1980年代から注目され始めた。この動きと並行して、1987年に発表された「持続可能な開発」に触発された農業関係者が、こうした有機農法、自然農法、減農薬農法などの農法を行うようになった。できる限り自然のメカニズムに近いかたちで農業を営もうとする動きを総称して持続可能な農業と言う。→緑の革命、農業近代化政策、焼畑農業、

有機農業

## ジーダブリュピー【GWP】→ちきゅうおんだんかけいすう【地球温暖化係数】

## じちかい【自治会】
町内会、町会とも言う。1940年に、大政翼賛会により基本的な自治行政単位としてつくられた。戦後、正式な制度ではなくなったが、今でも地域消防や清掃活動などに地域社会の協同組織としての役割を果たすケースが多い。自治会は任意団体と考えられるが、地域社会では少なからず任意団体以上の役割を果たしている。また反公害運動やリサイクルやゴミの分別などの環境活動も、自治会が中心になって活動していることが多い。また環境情報に係わる伝達、環境法令違反の監視などにも、自治会が有効に機能する。そのため、地域コミュニティーと自治会の強化は、環境政策の成否を決めるための重要な要素の一つとなっている。→入会権、小樽運河、共同所有、生活環境主義、地域共同管理、地域政策、地域づくり、日照権、利用権

## シックハウスしょうこうぐん【シックハウス症候群】
(sick house syndrome)
化学物質による室内空気汚染が原因と考えられる皮膚・粘膜刺激症状などの健康障害を指す。家を新築したりリフォームした時などに、居住者が皮膚や目、気管支などの皮膚・粘膜刺激症状および全身倦怠感、めまい、頭痛などの自覚症状を訴える場合がある。その空気を採取・分析すると、建材や内装材から発生したホルムアルデヒドなどの揮発性有機化合物が高濃度に検出される。ただし、シックハウス症候群の症状は、問題となる化学物質による健康障害に特異的なものではなく、他の疾患や物理的環境因子、精神的ストレスなどでも発症・憎悪されるものと言われている。→化学物質過敏症、揮発性有機化合物、木造住宅

## しつげん・ひがた【湿原・干潟】
(marsh, tideland)
前者は多湿・貧栄養の土壌に発達した草原。低温の湿原には、地表に泥炭が蓄積される。後者は遠浅の海岸で塩が引いて現れる場所。湿原、干潟には多様な生物が生息しているが、開発により湿原や干潟の環境が損なわれたり、埋め立てられることで、生存が脅かされている。→赤潮、諫早湾干拓事業、沿岸漁業

## しっしきせいせいれん【湿式精製錬】→ようばいちゅうしつ【溶媒抽出】

## しっぺいりつ【疾病率】→りかんりつ【罹患率】

## しつりょうほぞんのほうそく【質量保存の法則】

化学変化において、反応前の物質の総質量と、反応後の物質の総質量は互いに等しいことを示した法則。反応後の生成物質は反応前の物質とは異なったものになるが、反応の前後で関与する元素の種類とそれぞれの量は変わらない。例えば、2.0gの水素と16.0gの酸素からは、18.0gの水ができる。→エネルギー保存の法則

## ジー　ティー　エル【GTL】

(Gas to Liquid)
天然ガスから灯油や軽油などの液体燃料を製造する技術のこと。この技術によって、大気汚染物質など不純物を含まないクリーンな液体燃料がつくれるとともに、遠隔地で輸送コストが高くなる小規模天然ガス田の有効活用もできる。ペルシャ湾岸地区のカタールでは、このGTL技術による大規模でクリーンなディーゼル燃料（軽油）を生産するためのプラント建設が、200億ドルの投資で進んでいる。このプロジェクトにはロイヤル・ダッチ・シェル、シェブロン・テキサコ、エクソン・モービルの石油スーパーメジャーが参加している。→天然ガス、ディーゼル車

## シー　ディー　エム【CDM】→クリーンかいはつメカニズム【クリーン開発メカニズム】

## じどうしゃシュレッダーダスト【自動車シュレッダーダスト】

廃自動車を粉砕して有価金属を回収した後に残るごみのこと。内容物は、プラスチックやゴムなど軽いものが多く容積が大きくかさばるので厄介な廃棄物の一つである。自動車の重量の約20%がシュレッダーダストである。従来、埋め立て処理されていたが、「廃棄物処理法」の改正に伴う「自動車リサイクル法」の施行によってリサイクルが必要になった。自動車のメーカーや輸入業者は、使用済みになった自動車のシュレッダーダストを引き取ってリサイクルする義務を負う。ただし、そのために必要な費用は、自動車の所有者が買った時に負担することになっている。→自動車リサイクル法、豊島（てしま）

## じどうしゃはいしゅつガスそくてい きょく【自動車排出ガス測定局】

自動車の排出ガスに起因する大気汚染を監視するために設置される測定局。「大気汚染防止法」では「自動車走行による排出物質に起因する大気汚染の考えられる交差点、道路及び道路端付近において大気汚染の状況を常時監視するための測定局」と定義される。自動車排出ガスを測定することから、影響が最も強い道路端もしくはこれに最も近い場所に設置

される。採気孔が道路の沿道上にある沿道局と、道路の中央帯、車道の上にある車道局がある。車道局には環境基準が適用されない。現在、全国に447ヵ所設置されている。「自排局」と略される。→大気汚染物質、一般環境大気測定局、大気汚染防止法

## じどうしゃリサイクルほう【自動車リサイクル法】
(Automobile Recycling Law)
使用済み自動車の再資源化等に関する法律。2002年7月制定。2005年1月施行。自動車メーカーに、廃車後の自動車のリサイクルを義務付け、必要な費用は自動車保有者から徴収する制度。豊島の私有地に、大量の自動車シュレッダーダストが不法投棄されていたことが発覚し、同法の制定を急がせた。リサイクル・適正処分の対象は、①樹脂やゴムなどの破砕くず、②エアバッグ類、③エアコンに使うフロン類の三種類。再資源化や最終処分に必要なリサイクル料金は、自動車保有者が新車購入時、車検時、廃車時のいずれかに支払う。2006年度の使用済み自動車の引き取り台数は、前年比17％増の357万台だった。累計使用済み自動車の引き取り台数は、709万台となった。リサイクル料金の支払いを避けるため、不正業者による不法投棄や不正輸出などが目立つため、その対策が必要だ。→循環型社会形成推進基本法、自動車シュレッダーダスト、豊島、フロンガス

## じばんちんか【地盤沈下】
地表面が沈下する現象。例えば、地下の坑内掘り炭鉱で、石炭層を採掘した後の空間を岩石などで充填しておかないと、地盤の圧力で落盤が起こって地表面が沈下する。また、地下水を工業用水や灌漑用水として自然に補給される量を上回るペースで大量に汲み上げると、地下水位が下がり地盤沈下を起こす。地下水や炭鉱に限らず、他の鉱物資源の地下採掘によっても地盤沈下は発生する。地盤沈下は、地表の建造物の倒壊、農地の陥没、その他さまざまな災害を引き起こす原因となる。→地下水涵養、地下水規制関連法

## ジーピーアイ【GPI】
(Geneuine Progress Indication)
国内総生産（GDP）や国民総生産（GNP）に代わる国民生活の豊かさを示す指標。米国のNPO「リディファイニング・プログレス」が、毎年測定し、公表している。GDPには、環境破壊の対策費や公害治療費、交通事故、犯罪対策費など社会生活に好ましくない費用がかなり含まれている。これらの費用をGDPから差し引き、一方社会生活にプラスになる価値（例えば、無償の家事労働、介

護、ボランティア活動など）を推計して加算してつくる。2004年現在で、日本を含め13カ国が測定を行っている。→GNH、ライフスタイル

## シー ピー【CP】→クリーナープロダクション

## ジー ピー エヌ【GPN】→グリーンこうにゅうネットワーク【グリーン購入ネットワーク】

## シー ビー ディー【CBD】→せいぶつたようせいじょうやく【生物多様性条約】

## しひょうせいぶつ【指標生物】
(index organism)
生息できる環境が限られる生物のこと。環境指標種とも呼ばれる。環境変化に敏感であり環境によって分布が変わるため、生物の生育状況、分布を調べることで環境を推測・評価することができる。指標生物を用いて環境を類推・評価することを「生物指標」と呼ぶ。指標生物による環境評価は、物理・化学的な環境評価が日々の気象条件等によって刻々と変化をするのに対し、生物の生活環境の歴史を反映しているため長期間の安定した環境を示している点である。1984年に環境庁（現・環境省）は、建設省（現・国土交通省）とともに生物指標による河川の水質環境マップを作成、発表し、カワゲラやサワガニなど16種を指定した。自然環境保全基礎調査の中では、身近な生き物調査として身近に生息する指標生物の分布、生態調査が行われている。第4回基礎調査では動植物48種について、第6回基礎調査では身近な林の調査が行われた。→水生生物による水質調査、自然環境保全基礎調査

## しぼうりつ【死亡率】
人口1000人当たりの一年間の死亡数のことを指す。人口は様々な年齢で構成されているが、その中で特に高齢者の数が多くなると死亡率は高くなる。死因別死亡の場合は、人口10万人に対して一年間の死亡数を示す。厚労省の2005年度の統計によると、死因別にはガン、心臓病、脳卒中が上位を占めるが、2000年度に比べいずれも死亡率が低下し、代わりに男性の自殺による死亡率が上昇した。高齢者が多い場合は、死因別死亡率が高齢者の死因に偏る。→ガン、人口ピラミッド、生活習慣病

## しみんがたこうきょうじぎょう【市民型公共事業】
地域経済の活性化を目的に市民が主導して行う公共事業。政府による公共事業は、省庁の縦割り、省庁内部の縦割り行政の中で実施されるため、定められた予算を過不足なく使い、

一つのプロジェクトを完成させると全て終わりという自己完結型になっている。それに対し市民型公共事業は、縦割り型の公共事業の弊害を乗り越え、様々なプロジェクトを横につなげ、一つのプロジェクトが完成すれば、それを土台に次のプロジェクトを立ち上げ発展させていく自己発展型。地域経済の活性化に結びつけることを目的に、地元の自然環境に精通したNPOがコーディネーターとなって様々な事業を相互に関連させ協力させながら展開する点に特徴がある。→アサザ基金、環境NPO、コミュニティービジネス、社会的企業

### しみんふうしゃ【市民風車】

市民参加によって運営される民間の風力発電の事業名。これまで日本では、風力発電の建設は企業や自治体を中心に行われてきたが、2001年の北海道浜頓別町での市民風車「はまかぜちゃん」の建設を皮切りに、全国各地で市民参加方式による自然エネルギー普及の取り組みが始まった。「原発に頼りたくない」「地球温暖化を防止したい」「未来に美しい地球を残したい」「社会貢献できる資金運用をしたい」などの市民の願いを、クリーンなエネルギーづくりを通じて実現する新しい取り組みである。2006年10月現在、日本では北海道浜頓別町、青森県鰺ヶ沢町、同・大間町、秋田県秋田市、同・天王町、茨城県神栖市、千葉県旭市において合計10基、約1万4140kWの電力を出力する市民風車が建設され、約20億円の市民出資で運用されている。→アーヘンモデル、環境NPO、キャット、コミュニティービジネス、再生可能エネルギー、ソフト・エネルギー・パス、風力発電

### じもとがく【地元学】

フィールドワークによる地域づくりの概念。自然と共生する社会をつくるために、「ないものねだり」より「あるもの探し」を実践し、その地域の特性を生かした地域づくり、町おこしをしようという考え方。郷土史のようにただ調べて知るだけではなく、郷土の小川がどのように流れ、どのような種類の魚や植生が存在したか、地域を通る風の道と家屋の特徴など、地元の人が古老に聞いたり、地域外の人の視点や助言を得ながら昔の地元の姿を知り、自問自答しながら地域独自の生活をつくり上げていく手法。水俣市を始めとして、岩手県や三重県など全国各地へ広がりを見せている。水俣市職員だった吉本哲郎が提唱した。→地域づくり、町おこし

### ジャイカ【JICA】

(Japan International Cooperation Agency)

独立行政法人国際協力機構。前身である国際協力事業団は、政府の国際協力事業を一元的に実施する機関として海外技術協力事業団、海外移住事業団、海外農業開発財団、海外貿易開発協会の業務の一部を統合して、1974年に「国際協力事業団法」に基づいて特殊法人として発足した。外務省、農林水産省、経済産業省のもとで行われる業務には、「技術協力事業」「青年海外協力隊派遣事業」「技術協力のための人材の要請と確保」「無償資金協力事業の調査と実施」「開発への投融資」「移住者援助」「災害緊急援助業務」などがある。2003年10月1日に、「独立行政法人国際協力機構法」（2002年成立）に基づく外務省所管の独立行政法人となり、元国連難民高等弁務官の緒方貞子理事長を迎え、現在に至る。

### しゃかいてききぎょう【社会的企業】
(social enterprise)
欧州で90年代初め頃から使われ始めた用語で、環境や貧困、地域再生、福祉や雇用など、社会性の高い課題の解決を目指す事業体のこと。社会的起業とも呼ばれる。はっきりした定義はないが、地域社会に貢献することを目的にしており、利益は社会のためになる事業やコミュニティーに還元される。営利企業と同じようにビジネスの手法を使って利益を求めるが、その利益は株主に還元するのではなく、障害者や教育機会に恵まれず、職に就けない若者や障害者を雇い入れる事業などに振り向けられる。英国の「コミュニティー利益会社」、伊、スペインの「社会的協同組合」のように法人格を設ける国も出現している。「小さな政府」と手厚い公共サービスの両立を模索する、英国労働党政権が旗を振る新しいタイプの事業体で、2001年10月、貿易産業省に「社会的企業局」を設けた。行き過ぎた格差社会を是正する役割も期待されている。→NPO、グラウンドワーク、コミュニティービジネス、BTCV

### しゃかいてきこうせい【社会的公正】
経済的な貧富の差だけでなく、社会的な立場でも差別をなくすこと。特に米国では、廃棄物処分場などの施設が黒人やヒスパニックなどのマイノリティーの集住地域につくられることが多く、環境被害にも社会的な立場での差別が介在することが指摘されている。また、ヨーロッパで隆盛している環境政党の「緑の党」は、女性差別、人種差別、同性愛差別の撤廃を党の目標としていることも、環境運動が社会的な差別を是正する、いわゆるカウンター・カルチャー運動と重なる部分があることを示している。→環境差別、環境的公正

### しゃかいてきジレンマ【社会的ジレ

**ンマ】**(social dilemma)
個人が合理的判断によって行動すると、社会全体にとって望ましくない状態が生じることの矛盾。各個々人が自由な選択肢を持ち、個人にとっては非協力行動をとった方が望ましい結果が得られる場合、全員が非協力行動をとると、全員が協力行動をとった場合より望ましくない結果が生じることがある。これは、個人の合理性と社会的合理性とが分離しているために生じる。社会的ジレンマの難しさは、悲劇的な結果を予想できても、その悲劇を回避できないところにある。「共有地の悲劇」も、社会的ジレンマの一つの形態である。→コモンズの悲劇、ごみ問題、囚人のジレンマ、ニンビー（NIMBY）

**しゃかいてきせきにんとうし【社会的責任投資】**（SRI）（Socially Responsible Investment）
社会的責任投資。従来の財務分析による投資基準に加えて、法令遵守、企業倫理、環境保護など社会的な側面を投資基準に加えた投資。この考え方の発祥国は米国で、タバコ、ギャンブル、武器に関連する企業への投資が外されたことがルーツ。欧州には、1980年代に伝わり、「発展途上国の拠点の労働条件」や「温室効果ガスの発生抑制」など、人権や環境に配慮する様々な評価基準が加わった。最近では、環境配慮、女性が働きやすい職場、さらに雇用面の取り組み、顧客満足度などの基準も重視されている。2000年に、英国が「年金法」を改正して社会的責任投資の促進を打ち出すと、独や仏でもこれに追随した。→エコファンド、CSR、GRI、社会的責任投資（SRI）ファンド、責任投資原則

**しゃかいてきせきにんとうし（エスアール アイ）ファンド【社会的責任投資（SRI）ファンド】**
企業の社会的責任（SRI）を重視してつくられた投資信託。具体的には、環境や職場環境、消費者、地域社会に配慮し、女性や人権にも目を向け、企業の社会的責任に積極的な企業の株式を集めた投資信託のこと。道徳的な投資、環境投資、地域社会に貢献する投資などがある。環境への配慮の割合が高く、かつ株価パフォーマンスも高い企業の株式に重点的に投資する投資信託「エコファンド」もその一つ。環境や社会に配慮している会社を応援できることに加え、運用成果も見込めることから、個人の資金を集めている。2005年のSRIファンドの市場規模は、先行する米国が約274兆円、英国でも約22.5兆円（いずれも環境省調べ）と普及度は高い。これに対し日本の市場規模は、2740億円（2007年6月現在）とまだ小さい。欧州では、環境保全事業への税制優遇が導入されている

ほか、年金基金にはどのようなSRIファンドに投資しているかを開示する義務もある。→エコファンド、FTSE4Good、CSR、社会的責任投資、責任投資原則

## しゃかいりんぎょう【社会林業】
(social forestry)
地域住民の参加型林業のこと。コミュニティー林業とも呼ばれる。社会林業では、中央集権的な組織での森林管理をやめ、地域住民（コミュニティー、村落共同体）に権限を部分的に委譲することで管理・利用を適切に行わせる。一方、林業技術者や森林官は、住民のニーズを把握し、やる気を引き出すなどのサポートをすることで森林を保全する。社会林業を成功させるには、長期投資を要する木材生産中心の林業以外にも、短期間で現金収入が得られる農業や畜産などの併業化（アグロフォレストリー）や各種インフラの整備などが必要である。→生活破壊、国際熱帯木材協定

## ジャッカ【JCCCA】→ぜんこくちきゅうおんだんかぼうしかつどうすいしんセンター【全国地球温暖化防止活動推進センター】

## しゅ【種】
生物を分類する時の基本単位を指す。形質や染色体が一致した、交配可能な地理的条件下で生息する集団が、交配によって子孫を残す時は、それらは互いに同種と見なされる。→遺伝子組み替え、遺伝子組み替え生物

## じゅうきんぞくおせん【重金属汚染】
水銀、カドミウム、クロム、鉛など比重が4～5以上の比較的重い金属（総称して重金属と呼ぶ）による汚染のこと。工場や鉱山などから出る排水、廃液あるいは廃棄物中に重金属が含まれていると、土壌、河川、海洋あるいは大気が汚染されて人間の健康被害を起こす。熊本県水俣市で発生した水俣病は、工場の排水中の有機水銀が海に流れ出し魚を通して人体に深刻な被害を与えた。イタイイタイ病は岐阜県神岡にあった亜鉛鉱山の排水中に含まれるカドミウムが原因で神通川流域で起こった。最近では、工業地帯の工場跡地などの土壌が、PCB、ダイオキシンあるいは揮発性有機化合物による汚染とともに重金属によって汚染されているケースが多く判明し、浄化が進められつつある。→イタイイタイ病、揮発性有機化合物、食物連鎖、土壌汚染、鉛汚染、水俣病、四大公害訴訟

## じゅうこうちょうだいがたぎじゅつ【重厚長大型技術】
鉄鋼や造船、石油化学など重化学工業を支えた技術。大量生産を実現するため大量のエネルギー、資源を投

入して大型の生産施設や機械をつくるための技術。鉄鋼一貫製鉄所や石油コンビナートなどは、重厚長大型の技術によって大量生産が可能になった。環境配慮型の経済システムが求められる中で、重厚長大型技術は、軽薄短小型技術に置き換えられている。→軽薄短小型技術

## しゅうさんきしぼうりつ【周産期死亡率】

出生数および妊娠満22週以後における死産数の和1000件に対する、妊娠満22週以後における死産数と生後一週未満の早期新生児死亡数の和。母体と胎児の健康状態を反映する指標の一つで、2004年におけるわが国の周産期死亡率は3.3と、スウェーデンの5.3、米国の5.8、ニュージーランドの6.0、独の6.2などと比べて大変低く、わが国の母子環境整備が進んでいることを示している。→妊産婦死亡率

## しゅうじんのジレンマ【囚人のジレンマ】(prisoner's dilemma)

ゲーム理論の一つ。個々の最適な選択が全体として最適な選択とはならない状況のことを言う。社会的ジレンマの一つ。共犯容疑の二人の囚人に対して黙秘か自白かの選択と、それに伴う刑罰の可能性をそれぞれ与えた時に、二人の刑罰を合計するとゼロにはならず、逆に増えることもあるという、各プレーヤーの利益と損失の和がゼロにならないゲーム（非ゼロ和ゲーム）の代表例である。このゲームの下では、共犯容疑の二人は事前に共謀ができないので、相手の戦略が分からないのが一つの特徴である。実社会でも値下げ競争、環境保護などで頻繁に出現する。「共有地の悲劇」などの環境問題考察でのモデルとなっている。1950年、米国ランド研究所のメリル・フラッドとメルビン・ドレシャーが考案し、顧問のアルバート・W・タッカーが定式化した。→共有地の悲劇、ごみ問題、社会的ジレンマ、ニンビー(NIMBY)

## しゅうすいいき【集水域】(catchment basin)

河川の水をもたらす降水の降る範囲。流域、排水域とも呼ぶ。集水域の境界を分水界と呼ぶ。日本で最大の集水域を持つ湖沼は琵琶湖である。集水域に住宅地域や工業地帯を多く含む場合には、河川が流れ込む湖沼や海洋に汚染物質が集中的に流れ込み、汚染が激しくなる。千葉県の手賀沼や印旛沼は小さい面積に対して流域人口が多く、大量の生活排水の流入により水質汚濁が著しく進んだ例である。河川が流入する先が閉鎖性水域であると、水質汚濁はさらに進行する。水質汚濁を防ぐには、集水域全体の排出源の規制が必要である。

湖沼や海洋などの水質汚濁を改善するには、集水域における下水道、浄化槽の整備が必要である。集水域は山から川を通って海へ至る水循環の一翼を担っており、山間部における森林の開発や保全は、土壌浸食の防止、中下流域での洪水の防止、水源の涵養から、沿岸漁業の育成など集水域全体の自然システムに影響を与える。「第3次全国総合開発計画」では、流域圏構想として国土計画のあり方を再構築している。→保護林・保安林、水循環、黒部川のダム、手賀沼　印旛沼

## しゅうせいざい【集成材】
(laminated wood)
合成木材。木質建材の一種で、細い板材や小角材を繊維方向を互いにほぼ平行にして圧力をかけ、樹脂系の接着剤を用いて接着し木材としたもの。柱、桁、梁に使われる構造用と壁材、床板、手摺りなどに用いられる造作用に区分される。製造過程において、天然乾燥に加えて乾燥装置を使うことで木材の水分を除去して、反り、割れを防ぐことができるため寸法安定性が高く、さらに節など材の欠点を避けることができるため強度が高い。幅、厚み、長さなどの形状を自由に設計することができ、必要とする規格の木材を大量に製造することが可能。断面積が通常の木材よりも大きく防火性能が高いなどの利点がある。また、歪みの生じやすい杉の間伐材やカラマツ材を有効活用でき、環境負荷も低いとされる。しかし、無垢の木材よりも重量がかさみ、生産コストがかかるなどの問題もある。また、製造過程で大量のエネルギーを使うなど、一概に環境にやさしいとは言えない側面もある。→木造住宅

## じゅうぞくえいようせいぶつ【従属栄養生物】→どくりつえいようせいぶつ【独立栄養生物】

## じゅうたいぜい【渋滞税】
(car congestion tax)
交通混雑を解消するために、特定の渋滞地域に乗り入れる自動車に課せられる税金。ロード・プライシング(road pricing) とも言う。英国・ロンドン市交通庁は、先進国としては世界に先駆けて、2003年2月17日から、市内中心部への自動車乗り入れを抑制するため渋滞税を実施した。平日午前7時から午後6時半までの間に同地区を通行する車両に対し、一日5ポンドの渋滞税（交通料）を課している。その後2005年7月に、渋滞税は8ポンドに引き上げられた。対象区に約700台のカメラを設置し、車のナンバーを読み取って料金を徴収している。低公害車は課税免除。同市交通庁によると、渋滞税実施後、交通量は約20％減少したと発表して

いる。2007年2月19日から適用範囲を市西方に広げた。スウェーデン・ストックホルム市でも、2006年1月3日から市内の交通混雑地区で渋滞税を実施した。→低公害車、パーク・アンド・ライド

## しゅうちゅうごうう【集中豪雨】

比較的短時間に一定地域に大量の降雨があること。雨量などの明確な定義はないが、一時間当たりの雨量が50mmを超える場合を指すことが多い。集中豪雨が発生する要因は、前線、集風線、大気の不安定などがあり、これらにより発達した積乱雲により局地的な豪雨がもたらされる。日本では、梅雨末期に発生しやすく、本州一帯に梅雨前線が停滞し、南から湿った空気が舌状に運び込まれると発生しやすい。また、近年は都市部において集中豪雨の発生が多く見られ、これは都市部のヒートアイランド現象が原因とする説が有力である。短時間に集中的に降雨が起こるため、都市部では排水処理能力を超えてしまい水害が発生する。都市部以外でも、河川の急激な増水による水害、地すべりなどの土砂災害の危険性が増す。台風と異なり集中豪雨は予測が難しく、大きな被害を生みやすい。集中豪雨は、近年増加傾向にあり、この原因として気象庁は地球温暖化を指摘している。また、同じ地域が繰り返し集中豪雨に襲われる傾向も近年の特徴である。→異常気象、ヒートアイランド現象、地球温暖化

## しゅかんきょうそう【種間競争】

異種個体群の間の競争を指す。近縁種の間では互いに生活要求が似ていて、餌や生息場所などで相手の存在が自己の不利益になる場合も多い。このような場合、種は互いに競争関係にあると言う。同種個体間に対して同様な見方をしたのが「種内競争」で、これは個体群の密度調節の要因と考えられている。→資源分割、自然選択説、棲み分け理論

## しゅくしゅ【宿主】

寄生生物が寄生の対象にする生物のこと。感染性病原体の一種である寄生虫の攻撃に、その宿主である人間は長い間にわたって曝されてきた。感染が繰り返される内に、人間の免疫系は進化し、寄生虫を駆逐するシステムが築かれた。一方、寄生虫にとっては、宿主である人間自体が生存環境であり、人間の免疫系の変化に追随できるものだけが残ってきたと言える。→免疫系

## しゅっしょうりつ【出生率】

人口1000人当たりの一年間の出生数のことを指す。この場合の人口構成年齢は様々で、性別も男女を問わない。将来の人口を推測する場合は、

一人の女子が一生の間に生む子どもの数を知る必要があるが、このような時は15歳から49歳までの女子の年齢別出生率を合計した合計特殊出生率を用いる。→合計特殊出生率

## シュバルツバルト
## (Black forest、Schwarzwald（独）)

独南部のバーデン＝ビュルテンベルク州に広がるモミ、マツを中心とする針葉樹林地帯。南北160km、面積は5180km²で同国最大の森林。鬱蒼と茂るモミにより森林内が暗いこと、さらに未踏の森林が暗黒を連想させることから、「黒い森」を意味する「シュバルツバルト」と名付けられた。中世以前には、ブナを中心とする落葉広葉樹林であったが、伐採により森林が減少したため19世紀以降に針葉樹を植林した人工林である。第二次大戦後、急速に森林の木々が枯死する現象が発生し環境問題となった。1970年代になると森林の衰退はさらに進み、その原因が酸性雨や大気汚染とされ、酸性雨被害の代表的な例となった。酸性雨被害は森林の50％以上にも及び、被害を受けた森林を回復するため、同州やフライブルグ市などで対策が行われている。同国最大の森林の衰退は国民に大きな衝撃を与え、環境問題に対する市民の意識が向上し、1983年には環境問題を訴える「緑の党」が選挙で躍進した。→酸性雨、フライブルク市、緑の党

## シュミット・ブレーク
## (Friedrich Schmidt Bleek)

独の環境オピニオンリーダー。「ファクター10」の提唱者。1991年のブッパタール研究所（独の環境問題研究機関）の設立に副所長として参画。持続可能な地球のためには、地球全体の資源の生産性を2倍に引き上げることが必要であり、そのためには先進国は資源生産性を10倍に引き上げるべきだと主張した。現在、仏で「ファクター10クラブ」を設立し、会長を務めている。→資源生産性、ファクターX、ファクター・テン・クラブ、ブッパタール研究所

## じゅんいちじせいさんりょく【純一次生産力】

(NPP) (Net Primary Productivity) 植生が一定期間に光合成によって吸収する二酸化炭素量から、植生自身の呼吸により排出される二酸化炭素量を引いたもの。正味の二酸化炭素の固定量であり、炭素の増量である。植生の純一次生産力を推定する方法には、収穫法、生態系モデル法、群落光合成法、気候モデル法、リモートセンシング法がある。→リモートセンシング

## じゅんかんがたしゃかい【循環型社会】

社会での資源の循環と、それに伴う廃棄物の3R（リユース、リデュース、リサイクル）を目的とした社会のこと。「循環型社会形成推進基本法」第2条では、循環型社会の定義として、「製品等が廃棄物となることが抑制され、並びに製品等が循環資源となった場合においては、これについて適正に循環的な利用が行われることが促進され、及び循環的な利用が行われない循環資源については適正な処分が確保され、もって天然資源の消費を抑制し、環境への負荷ができる限り低減される社会をいう」としている。資源循環により資源を効率的に利用し、環境負荷を低減させ、持続可能な経済が営める社会が循環型社会の目的である。→再商品化、循環型社会形成推進基本法、豊島（てしま）、マテリアルリサイクル、リサイクル、リデュース、リユース

## じゅんかんがたしゃかいけいせいすいしんきほんほう【循環型社会形成推進基本法】

(Basic Law for Establishing The Recycling-based Society)
廃棄物処理やリサイクルを推進するための基本方針を定めた法律。略称、「循環型社会基本法」。2000年春の通常国会で成立。2001年1月に施行された。廃棄物・リサイクル対策の基本的な枠組みを整備し、「経済社会システムにおける物質循環」を確保、それを通して大気や水、土壌、生物といった循環の中での「自然物質循環」を保全することが目的。以下の諸点が特筆される。廃棄物処理に「優先順位」を付け、①発生抑制（リデュース）、②再利用（リユース）、③再生利用（マテリアルリサイクル）、④熱回収（サーマルリサイクル）、⑤適正処分、と順番を明示したこと。国と地方自治体、事業者、国民のそれぞれの役割分担を明確にしたこと。廃棄物を出した企業と国民の「排出者責任」を明確にしたこと。生産者に対しての製品の製造から使用、処理の全般にわたって環境負荷に対する責任を負わせる「拡大生産者責任（EPR）」が盛り込まれたことなどである。→循環型社会、マテリアルリサイクル、拡大生産者責任

## しょうエネがたせいひんふきゅうすいしんゆうりょうてん【省エネ型製品普及推進優良店】

財団法人省エネルギーセンターが主催する省エネルギー型製品販売事業者の評価制度。家電専門店を対象に、省エネ型製品の積極的な販売ならびに省エネに関する適切な情報を提供している店舗に与えられる。優良店の認定については、省エネルギーセンターが現地調査を行い、会社や店舗の運営方針、販売員の製品知識や販売意欲、売り場での省エネ型製品の購入のしやすさ、販売実績、店舗

の節電などの省エネ、店舗独自の省エネ活動などの項目で評価される。認定された販売店は、省エネルギー型製品の積極的な販売ならびに省エネルギーに関する適切な情報提供を行っている優良店マークを使用することができ、店舗のイメージを高めることができる。→省エネルギーセンター

## しょうエネきじゅんたっせいりつ【省エネ基準達成率】

「省エネ法」の特定機器に対し、それぞれのエネルギー消費効率が、判断基準と比較してどのような位置付けにあるかを示す数値のこと。判断基準は現在、商品化されている内、省エネルギー性能が最もすぐれている機器の性能に基づいて目標値を定める。それを「トップランナー方式」と言う。100％以下であれば、基準に達しておらずオレンジ色のマークで表し、省エネ達成率100％以上になれば、基準を達していることを緑色のマークで表す。「％」が大きければ、エネルギーの使用がより効率的であることを示す。省エネ基準達成率は１００％以上２００％未満を「A」、２００％以上５００％未満を「AA」、５００％以上を「AAA」等として表す。→省エネルギー法、トップランナー方式、省エネラベリング制度

## しょうエネきょうわこく【省エネ共和国】

財団法人省エネルギーセンターが、地球温暖化防止に貢献する人々の集まりを支援する制度の一つ。省エネルギー、環境、リサイクル等の活動を自ら計画、実践し、継続していく人々が集まり、省エネ共和国の建国を申請し認定されると、省エネナビ（電気料金表示システム）の貸与などの支援を受けられる。省エネ共和国は全国に171ヵ国あり（2005年11月現在）、タイプ別に学校型、団体型、自治体型があり、それぞれが具体的な達成目標を設定して日常的な省エネルギー活動を行っている。省エネ共和国がその活動や成果を発表し合う「省エネ共和国サミット」が開かれている。→省エネルギーセンター、省エネナビ

## しょうエネナビ【省エネナビ】

「省エネルギーナビゲーション」の略称。現在のエネルギーの消費量を金額で表示するとともに、利用者自身が決めた省エネ目標を超えるとブザー音等で知らせ、利用者に省エネ行動を促す機器。民生部門のエネルギー消費量の伸びが近年一貫して増加しているため、家庭の省エネを推進する必要がある。そこで、財団法人省エネルギーセンターでは、2000年8月時点に、一般家庭を対象にモニター住宅784戸について対前年削減率を集計した。その結果、平均で20％

の省エネが達成できた。使用電力が金額で即時に表示され、省エネ目標と比較できることがこうした効果を生んだと分析している。同センターでは、実践行動を促進するツールとして「省エネナビ」の普及を推奨している。→省エネルギーセンター

## しょうエネほう【省エネ法】→しょうエネルギーほう【省エネルギー法】

## しょうエネラベリングせいど【省エネラベリング制度】

「省エネ法」で定められた小売店等の店頭で「省エネ基準達成率」と「エネルギー消費効率」の表示を求める制度のこと。省エネ基準達成率は％表示され、エネルギー消費効率の表示は製品によって異なるが、例えば家電製品なら年間消費電力量が表示される仕組み。2000年から始まり2007年2月時点では、以下の16品目が対象となっている。対象品目：エアコン、蛍光灯器具、テレビ（液晶、プラズマ）、電子計算機、磁気ディスク装置、電気冷蔵庫、電気冷凍庫、ストーブ、ガス調理機器、ガス温水機器、石油温水機器、電気便座、電子レンジ、ジャー炊飯器、変圧器、DVDレコーダー→省エネ基準達成率、EER、省エネルギー法、省エネルギーセンター

## しょうエネルギーセンター【省エネルギーセンター】

経済産業省資源エネルギー庁所管の財団法人。略称、ECCJ（Energy Conservation Center, Japan）。第一次オイルショック後の1978年設立。省エネルギーの推進のため、子どもの教育、省エネ製品カタログの発行、資格授与や資格試験などを実施している。また、様々な工業製品の消費エネルギーデータを蓄積し、トップランナー基準の策定など、「省エネ法」の施行を支えている。→省エネ型製品普及推進優良店、省エネ共和国、省エネナビ

## しょうエネルギーほう【省エネルギー法】

石油危機を契機に1979年に制定された省エネルギーに関する法律。1997年に開催された京都会議（COP3）を受け、1998年に大幅な改正が行われた。この中で、工場・事業場におけるエネルギー使用の一層の合理化の推進を図るため、将来計画の作成・提出義務が課され、取り組み状況が著しく不十分な場合は罰則が設けられた。民生・運輸部門のエネルギー消費の増加を抑えるため、エネルギーを多く使用する機器ごとに省エネルギー性能の向上を促すため、トップランナー方式が設定された。省エネ性能について購入者への情報提供手段として、小売店等の店頭で省エネ基準達成率とエネルギー消費

効率の表示を求める「省エネラベリング制度」が、2000年からスタートした。さらに2002年6月の改正で、エネルギー消費の伸びが著しい民生・業務部門における省エネルギー対策の強化等を目的として、大規模オフィスビル等への大規模工場に準ずるエネルギー管理の義務付け、2000㎡以上の住宅以外の建築物への省エネルギー措置の届け出の義務付けが定められた。→COP3、省エネラベリング制度、エネルギー消費効率、トップランナー方式

### じょうかそう【浄化槽】
家庭などから出るトイレ排水や台所、風呂などからの生活雑排水を微生物の働きを利用して処理する施設。浄化槽にはトイレ排水のみを処理する単独浄化槽とトイレ排水と生活雑排水を処理する合併浄化槽がある。現在は、単独浄化槽の設置は認められていない。浄化槽内では、微生物の働きにより生活雑排水中の有機物が分解され汚水が浄化され、水は消毒されて終末処理下水道以外に排水される。浄化能力は、下水道と同等で、原排水の生物化学的酸素要求量の9割方は除去される。浄化槽を使用する際には、「浄化槽法」で規定された「法定検査」「保守点検」「清掃」の三つの法的義務を果たさなくてはならない。これは、浄化槽を正常に使用しない場合に発生する、放流水の水質の悪化や悪臭の発生を防ぐためである。浄化槽は、その場で浄化した水を河川へ放流するため、河川や地下水への負担が小さい。→下水道、生活排水、生物化学的酸素要求量、排水分離・分散システム

### じょうすいどう【上水道】
(water supply)
水源、取水、導水、浄水、送水、給水施設などの総称。「水道法」では「導管およびその他の工作物により人の飲用に適する水を供給する施設の総体」と定義される。同法により、100人以上に水道により飲用に適した水を供給する事業を水道事業と呼ぶ。水道事業を行うためには、厚生労働大臣もしくは都道府県知事の許可を受ける必要がある。また、水道事業者は利用者へ清潔な水を供給するために水道法に従い、水質基準を満たさない給水をすることはできない。水道事業者は、衛生上必要な措置として遊離残留塩素濃度を0.1mg/ℓ以上に保持するように塩素消毒することが義務付けられている。都市生活を維持する上で、上水道の整備による清潔な水の供給は必要不可欠である。しかし、近年都市化の進展により、水使用量が増大し水源不足が懸念されている。新たな水源を開発するには莫大なコストがかかることから、排水をリサイクルして利用する中水利用が進められている。→雨水

利用、中水、下水道

## じょうとかのうこべつわりあてほうしき【譲渡可能個別割当方式】
(individual transferable quota) 漁獲可能量を漁業者や漁船、漁業団体に配分する個別割当方式の内、分与された割当量を他の漁業者に譲渡が可能な方式。漁業資源は再生可能な資源であるが、過剰な漁獲を続けることにより資源量の減少が見られることから、各国で漁獲量の管理が行われている。オリンピック方式の欠点から、漁獲量を予め漁業主体に割り当てる個別割当方式が発展し、カナダやノルウェーなど多くの国で採用されている。個別割当方式では魚価の平準化を進める、過剰投資を回避できるなどの利点があるが、管理コストが高く低価格魚の投棄や、割当量の消化を行えない漁業者が存在すれば資源利用面での無駄が生じる、などの問題点もある。割当量を他の漁業者に譲渡可能とすることで無駄の無い資源利用が可能となり、アイスランドやニュージーランドなどで採用されている。特定の漁業者に割当量が集中するという問題点も含む。→MSC認証、オリンピック方式、資源管理型漁業

## じょうはっさんさよう【蒸発散作用】
(evapotranspiration) 水面や土壌面から水蒸気が大気中に放出されることを蒸発、植物体内の水が気孔を通って放出されることを蒸散と言い、これらを合わせて蒸発散と呼ぶ。地表に降った水の一部は葉や枝など植物体に捕らえられ、そのまま蒸発し大気中へ戻る。これを遮断蒸発と呼ぶ。直接土壌へ降った水や植物体から流下した水は、根から吸収され気孔から放出される。土壌中の水の一部はそのまま土壌から蒸発しているが、森林での蒸発散は主に蒸散と遮断蒸発である。蒸発散は日射エネルギー、温度、湿度、風速など気象条件や蒸発面の形状などに左右される。蒸発散は、水の相変化によるので大量の熱エネルギーを必要とし、植物体表面や土壌から蒸発する時に潜熱を奪い周辺の気温を下げる。植生の種類により蒸発散量は異なり、森林から草原になると蒸発散量は減り、流出量が増加する。蒸発散作用は、周辺の熱環境を緩和する能力を有している。特に森林は、蒸散量が多いため熱環境緩和能力にすぐれる。蒸発散は地域の水循環に大きな影響を持っており、植生が変わることで蒸発散が変化すると気候にも影響が及ぶ。→打ち水、熱環境緩和の能力、ヒートアイランド現象、水循環

## しょうひしゃうんどう【消費者運動】
(consumer movement) 消費者が自らの利益と権利を守るた

めの組織的活動。高度大衆消費社会の中で発生した様々な消費者問題に対して、消費者は団結して情報提供型運動や告発型運動などを展開してきた。特に、1960年代に米でラルフ・ネーダーなどが行った運動が有名である。こうした運動により、米国では情報公開に係る法律や、製品の安全リスクに係る対策が行われるようになった。この結果、環境関連の情報開示が進み、環境リスクのデータが蓄積され、各種の環境規制に必要な情報の元になった。また日本においても消費者運動は、1960〜70年代にかけて反公害運動を支援・協力するケースが多く、環境NPOの母体となったものも多い。消費は選挙における投票と同じ意味を持ち、消費者運動は単に消費問題にとどまらず、環境問題においても有力な運動の担い手となっている。→エシカル・コンシューマー、NGO、環境NPO、グリーンコンシューマー、ライフスタイル

## しょうひしゃこうどうぶんせき【消費者行動分析】

消費者がいかなる目標・欲求を持ち、どのように情報を取得して選択を行っているか調査し、分析すること。消費者行動を知ることは、製品、価格、販売促進、販売経路などに係わる経営上の意思決定に当たって基礎的知識となる。これは元々マーケティングに係わる分析であったが、環境問題でも製品のライフサイクルを考える上で全く同じ知識が必要となる。加えて環境問題では、消費者の製品の利用や廃棄段階の行動も必要になる。また、この消費者行動分析で得られたデータは、製品のライフサイクル分析を行うための各種データとしても用いられている。→環境適合設計、包括的製品政策、ライフサイクルアセスメント、ライフサイクル費用、ライフサイクルマネジメント

## じょうほうこうかいせいど【情報公開制度】(information disclosure)

市民の知る権利を保障するために、行政機関が保有する行政文書などを情報公開する制度。1967年に米国で、政府に情報の開示を義務付ける「情報自由法」が施行され、その後、法制度は先進国に広まり、日本でも1999年に「情報公開法」が成立した。こうした流れの中で、情報公開を環境政策に取り入れ、環境情報を開示するような制度がつくられるようになり、米国では「有毒物質排出目録」(TRI)制度がつくられ、日本では「環境汚染物質排出・移動登録」(PRTR)などの制度がつくられた。環境政策の手法としては、情報公開制度にエコラベリング制度を合わせて情報的手法と呼ぶ。なお、企業などが証券を始めとする金融商品の公

正な価格形成と取り引きを目的として情報を広く知らしめる制度は、「情報開示制度」と呼び、情報公開制度とは区別されている。→エコラベリング、環境汚染物質排出・移動制度、環境格付け、公共圏、公論形成の場、情報的手法、製品情報開示

## じょうほうてきしゅほう【情報的手法】

環境政策の手法の一つ。誘導的手法の一分野。誘導的手法には市場を利用したり、税や補助金などを利用する経済的手法と、情報の普及や提供、流通を目的とした情報的手法がある。この情報的手法には様々な手法があり、環境影響評価、環境汚染物質排出・移動登録（PRTR）、エコラベリングなどはこの手法に属する。広義には、情報公開に係わる法律や環境報告書、環境影響に関する報告を義務付けている米国の有価証券報告書などもこの手法に含まれる。情報的手法は、合意的手法や経済的手法の領域と重なる環境政策も多く、情報的手法のみの環境政策は少ない。しかし、環境問題の判断には正確な情報流通は重要であり、今後も情報的手法の充実が必要である。→エコラベリング、環境汚染物質排出・移動制度、環境格付け、公共圏、公論形成の場、情報公開制度、製品情報開示

## じょうみゃくさんぎょう【静脈産業】
(venous industry)

不要物や廃棄物を収集して、社会や自然の物質循環過程に再投入する産業のこと。対語は「動脈産業」。資源を掘り出し、輸入し、加工し、組み立て、物流網に乗せて販売することに係わる動脈産業に対し、使い終わった製品を回収し、再利用し、あるいは再生し、あるいは廃棄することに係わる諸産業のことを静脈産業と言う。「資源有効利用促進法（リサイクル法）」「容器包装リサイクル法」「家電リサイクル法」「建設リサイクル法」「食品リサイクル法」「グリーン購入法」「自動車リサイクル法」が施行されるなど、関連する法制度も整備されてきた。それらを追い風に、環境配慮型商品の開発、廃棄物処理・リサイクル事業、土木・水質浄化事業、焼却灰リサイクル事業など、エコビジネスが飛躍的に拡大してきた。工場のゼロエミッション化も廃棄物の処理量を減らすことにつながるため、静脈産業との連関を生んでいる。持続可能な社会は、動脈・静脈産業のバランスの上に築かれる。→エコビジネス、資源有効利用促進法、ゼロエミッション

## じょうもんすぎ【縄文杉】

鹿児島県・屋久島の標高1300m地点に生育する樹高30m、根回り42mの屋久杉。1966年に屋久町役場の岩川

によって発見された。樹齢は、周辺の杉の大きさと樹齢の関係から7200年と考えられている。屋久島は、日本での杉の南限で、樹齢が1000年を超えるものを屋久杉と呼ぶ。屋久島は降水量が多く土壌が花崗岩質で養分に乏しく杉の成長が遅いため、材は硬く内部に抗菌・防腐・防虫作用のある樹脂を多く溜めることができ、寿命が長いと考えられている。屋久島が世界遺産に登録されて後に、縄文杉は年間1万人以上の人が見学に訪れ根元付近の土壌が踏み固められ、加えて周辺樹木の伐採により、一時倒壊の危機にさらされた。現在は、15m程手前の高台からの見学に限定されている。→世界遺産

### しょうようじゅりんぶんか【照葉樹林文化】
東アジア地域に東西に帯状に分布する照葉樹林帯に基礎を持つ文化。照葉樹林帯は、ヒマラヤ山脈南麓から中国雲南省、華中地域さらには西南日本へ至る地域に分布する。ここにはナッツ類を産するシイ、クルミ、栗、トチなどがあり、根菜類としては葛、ワラビがあり、人々はこれら野生の食用植物を農耕以前の食糧としていた。この植生帯に共通する文化には茶、絹、漆、柑橘、シソ、酒などがある。照葉樹林文化の西端に位置する日本には、縄文時代前期にイモ類の半栽培やドングリ類の水さらしの技術（あく抜き）が、縄文時代後期に雑穀の焼畑農耕が、伝わったとされている。植物利用を中心とする照葉樹林文化は、稲作農耕の伝来以前に日本列島の文化基層を形成していたとされる。植物学者の中尾佐助や文化人類学者の佐々木高明によって提唱された。→焼畑農業

### しょくじりょうほう【食事療法】
生活習慣病などの治療において、食事面からの対策のことを言う。生体は環境から素材を得て、体内で化学反応によってアミノ酸や脂肪酸、タンパク質などの化合物を産生し、またそれらを分解、酸化してエネルギーを得ている。このような一連の生体化学反応によって体内環境は一定に保たれているが、これに異常が生じた場合、修正するために食事内容を選択するなどの食事療法が行われる。生活習慣病である糖尿病、高脂血症、肥満症などの治療の基本として位置付けられている。→生活習慣病、過剰栄養

### しょくせいせんい【植生遷移】
(vegetational succession)
植物群落が、ある環境下において非周期的に変化し、その土地の環境に適合した極相へと変化していく現象。完全に何もない裸地から遷移が始まる一次遷移と、ある程度植生がある状態や、植生はなくとも風化した土

壌がある状態から遷移が始まる二次遷移に分けられる。一次遷移には、乾燥した土地から遷移が始まる乾性遷移と、湖や沼などから遷移が始まる湿性遷移がある。日本では、気候が温暖で湿度が十分にあるため、遷移の最終段階では陰樹を中心とする森林となる。一次遷移では、裸地、コケ類、一年生草本、多年生草本、陽樹を中心とした森林、陰樹を中心とした森林へと変化する。森林を伐採した場合、跡地を放置すると植生は草本類の多い状態になるが、次第に陽樹が増え、やがて陰樹の極相へと変化する。遷移が極相林に達すると、それ以降森林を構成する樹種に大きな変化が見られなくなり、外部からの攪乱（かくらん）が入らない限り極相林が持続する。東北日本のブナ林や西日本の照葉樹林は、代表的な極相林である。極相林となってからも森林は成長し、林内に大径木が生え成熟するには、長い年月を要する。人為の影響など、外部からの攪乱が入ることで遷移は可逆的に進行し、陰樹、陽樹、草原への変化が見られる。→極相林、潜在自然植生

### しょくひりつ【植被率】
(vegetation cover rate)
植物が地表を覆う比率。作物の生育状況や地球レベルでの気候メカニズムを解析するための指標となる。植物は、地表を覆うことにより様々な影響を周辺環境へ及ぼしている。森林では、樹木が成育することで土壌浸食を抑え水の涵養を行うが、植生の乏しい地域では土壌の流出・移動が激しい。植物は、蒸発散により大気中へ水蒸気を放出し大気の循環に影響を及ぼしているため、植被率の変化は地表面のアルベド（日光の反射率）の変化を引き起こし、地球全体の大気循環に影響を与える。植被率は、作物の生育指標である葉面積指数との相関が高く、水稲や小麦の生育診断に利用される。耕地のような小規模な区画の植被率調査は、デジタルカメラによる写真撮影と画像解析により行われるが、広面積では衛星写真や航空写真を利用したリモートセンシングにより行われる。→蒸発散、熱環境緩和の能力、リモートセンシング

### しょくひんリサイクルほう【食品リサイクル法】(Food Recycling Law/Law Concerning the Promotion of Recycling Food Cyclical Resources)
正式名称は、「食品循環資源の再生利用等の促進に関する法律」。食品関連事業者に2006年度までに食品廃棄物の20％以上の削減やリサイクルを求める法律。2001年5月に施行された。食品メーカー、外食チェーン、ホテル・旅館、レストラン、小売店など100万社以上が対象となり、売れ残り

や食べ残しなどの食品廃棄物を削減、または、肥料や飼料、燃料用のメタンなどにリサイクルすることが求められた。年間100トン以上の食品廃棄物を出す大規模事業者で、取り組みが著しく不十分な場合は、罰金なども科される。2004年度に発生した食品廃棄物は1136万トン(農水省調べ)だが、その内45％が「食品リサイクル法」に定められた用途にリサイクルされていると言う。農水省と環境省による見直し案では、改正後は、業種別にリサイクル目標率などが設定される模様。→食料危機、食糧自給率、地産地消、バイオマス発電、フードマイレージ

## しょくぶつプランクトン【植物プランクトン】(phytoplankton)

プランクトンの内、光合成を行い二酸化炭素と無機栄養塩から有機物を生成するもの。珪藻類、藍藻類、緑藻類などがある。植物プランクトンは、水中に浮遊しているものと気泡をつくり浮いているものがある。水界の一次生産者として有機物と酸素を供給し、水界の生態系を支えている。流域からの生活排水等により富栄養化が進んだ水域では、植物プランクトンが大増殖し赤潮、青潮などの水質汚濁を発生させ、漁業など生態系に被害を与える。植物プランクトンの繁殖には、水中の鉄が関係している。季節変動により深海から栄養塩を含んだ海水が上昇してくる場所では、植物プランクトンが増殖し好漁場となる。一個体の大きさが非常に小さい植物プランクトンであるが、海洋での光合成による二酸化炭素吸収量は草本や樹木など陸生植物全体の吸収量と同等とされる。光合成により生産された有機物の一部は、深層へと輸送される。これは、大気中の二酸化炭素が海洋へ溶解し有機炭素に変化し深層へ炭素を輸送する機能を持っているためで、「生物ポンプ」と呼ばれる。→赤潮、青潮、沿岸漁業、生物ポンプ、水界の炭素循環、大陸棚、微生物ループ、プランクトン

## しょくもつれんさ【食物連鎖】

生態系において異種の生物が被食者と捕食者の関係で結びついているつながりのこと。自然界において生態系のバランスが保たれているのは、生物間で食ったり食われたりする捕食関係のネットワーク（食物連鎖）によるものである。植物やプランクトンのように有機物をつくっているものを「生産者」、人間を含めて有機物を食う草食動物や肉食動物を「消費者」と呼ぶ。生産者である植物を食う第一次消費者（草食動物）、その第一次消費者を摂食する第二次消費者（小形肉食動物）、以下第三次、第四次消費者と続き、これら生物は無機的環境と関係を持ちながら生態系

を形成している。微生物は、生物の死骸あるいはその排泄物を分解して生態系を保つ役割を果たし、「分解者」と呼ばれる。環境が破壊されると、生物の生息地の減少や棲息条件の悪化によって食物連鎖の元となる生態系のバランスが崩れる。捕食者の頂点に立つ狼や虎などが絶滅すると、食物連鎖の下位の鹿など一部の動物だけが異常繁殖したり、食物連鎖のネットワークも崩れる。→イタイイタイ病、海洋生態系、外来生物、生態系、生態ピラミッド、生物濃縮、水俣病

## しょくりょうあんぜんほしょう【食糧安全保障】

全ての人々が、活動的で健康な生活を営むために、いつでも十分な食糧を手に入れることができる状態を保障すること。国連食糧農業機関(FAO)によれば、世界でおよそ8.5億人が飢餓で苦しんでいる。1996年に開催された「ローマ世界食糧サミット」では、2015年までに世界の飢餓人口を半減するとしたが、10年以上経った現在、飢餓人口は増加傾向にあり、将来における世界的な食糧安全保障の実現はきわめてきびしい状況にある。日本の食糧自給率は、カロリーベースで40％と主要先進国の中で最も低い。温暖化に伴う異常気象で、今後、食糧輸出国の生産が急減するような事態が発生すると、その影響が大きいため、食糧自給率を引き上げることが、日本の食糧安全保障のために必要だとする意見が強まっている→食糧危機、食品リサイクル法、水危機、食糧自給率、フードマイレージ

## しょくりょうきき【食糧危機】
(food crisis)

米国、元ワールド・ウオッチ研究所長のレスター・ブラウン（現・アースポリシー研究所長）は、その著書『誰が中国を養うのか』の中で、「2030年、中国の穀物不足量は2億7000万トンから3億6900万トンに達する。世界はそれだけの穀物を供給できない」と述べて大きな反響を呼んだ。中国に限らず、インドを始めとする発展途上国の人口増加により、世界人口は、2006年現在、65億人に達し、今も増え続けている。21世紀は、軍事的な安全保障もさることながら、食糧危機に対して食糧安全保障の重要性が叫ばれている。20世紀は1960年代以降、食糧過剰時代と異常気象による食糧不足時代が繰り返されてきたが、21世紀になって気候変動なども影響し、世界各地で深刻な水不足、土壌流失、砂漠化などが進行、食糧需給はますますきびしい方向に向かいつつある。しかも、飽食の先進諸国と飢餓の途上国と表現できるように、食糧消費の格差が拡大している。日本では、残

飯など食料廃棄物の量が年間1130万トン排出され、一方世界の食糧援助の総量は1000万トンという矛盾が生じている。フードマイレージは世界最大で、食糧自給率はカロリー・ベースでも40％という現実は、まさに食糧危機と言える。→食糧安全保障、食糧危機、食糧自給率、フードマイレージ、レスター・ブラウン

## しょくりょうじきゅうりつ【食糧自給率】

(food self-sufficiency ratio)
自国内の食糧消費量の内、自国内の生産量でまかなえる割合のこと。計算方法には、重量ベースの穀物自給率、主食用穀物自給率、カロリーベースの供給熱量総合食糧自給率、金額ベースの総合食糧自給率などがある。日本の食糧自給率は、カロリーベースで40％（2005年度）であり、主要国の中では低水準にある。食糧自給率の低下の原因は、米の消費減および輸入飼料に頼る畜産物の消費増があげられる。近年は、魚介類の輸入増も食料自給率の低下に拍車をかけている。→永続地帯、持続可能な農業、食糧危機、地産地消、フードマイレージ

## じょそうざい【除草剤】(herbicide)

雑草を枯死させる薬剤のこと。有害な種に対しては毒物としての性質が強く現れ、有益な種に対しては影響がほとんどない薬剤を用いた選択的除草剤と、植物の種類に関係なく毒性を発揮する非選択的除草剤がある。薬剤を機能別に分類すると、光合成を阻害するもの、呼吸を阻害するもの、タンパクの合成を阻害するものや、光エネルギーを利用して毒物生成するものなどがある。→遺伝子組み替え生物、農薬

## しらかみさんち【白神山地】

青森県南西部から秋田県北西部に広がる13万haの山地。標高1000m級の山が連なり、日本でも有数の隆起地帯である。また、多くの崩壊地形が分布している。1993年に1万7000haが世界遺産（自然遺産）に登録された。白神山地にはブナの原生林が広がっており、その規模は世界最大とされる。その特徴は、ブナの比率が高くブナの純林に近い様相を示し、なおかつ人間の手の入っていない原生の状態をよく保っていることである。また、ブナ林の豊富な餌によりツキノワグマやニホンザル、クマゲラなどの多くの動物も生息している。特に、クマゲラは絶滅の危惧される天然記念物であり、繁殖にブナの太い若木を必要としており白神山地は貴重な生息地となっている。世界遺産地域は、中心部の核心地域と周辺の緩衝地域に分けられ、登録地域では開発は行わず現状のまま保護されることになっている。青森県

側の核心地域への入山には当日までに森林管理署長に報告をすることが義務付けられており、秋田県側の核心地域への入山は原則として禁止されている。また、世界遺産地域は禁猟区に指定されている。→世界遺産、スーパー林道、屋久島

**シリコンプロセス（silicon process）**
シリコンを製造するプロセスのこと。太陽光発電用ソーラー・セル、エレクトロニクス用ICチップス等の半導体シリコン（Si＝珪素）や光ファイバー用シリカ（$SiO_2$＝二酸化珪素）を製造するプロセス。そのプロセスは、まず水晶や高純度珪石をコークスなどで還元して、未だ不純物を含む粗製シリコンにして、さらに塩素と反応させて四塩化珪素にした後、塩素を除去するプロセスを経ることによって高純度のシリコンが得られる。そのシリコンに酸素を化合させると、高純度のシリカができる。これらの一連のプロセスには、多量のエネルギーを必要とする。その消費量は、アルミニウム製錬の1000倍、製鉄の1万倍とも言われている。IT産業の川上における、エネルギー多消費を示す例としてあげられる。→IT汚染、エコリュックサック、都市鉱山

**シルバーショック（silver shock）**
第一次オイルショック（1973年）、第二次オイルショック（1979年）と同時に起きた世界的な銀価格の暴騰。第一次オイルショックの時は、それまでの1kg当たり1万円だった価格が、翌1974年3月には5万7000円にまで急騰。第二次オイルショックの時は、1979年5月の5万9000円から半年間で2倍以上に高騰、1980年1月にはついに34万6000円と史上最高値を付けた。この結果、写真感光材料製品はおしなべて大幅な採算割れとなった。フィルム産業は根本的に見直され、枯渇資源である銀を極力使わない省銀化の技術開発が促進された。この逆境をバネとして、富士フイルムが、レンズ付きフィルム「写ルンです」を世に出した。同社は、1998年に南足柄工場内に「『写ルンです』循環生産工場」を建て、ゼロエミッションのモデル工場として世界にその名を高めた。→インバース・マニュファクチャリング、オイルショック、ピークオイル、ポーター仮説、マスキー法

**しんエネりようとくそほう　でんきじぎょうしゃによるしんエネルギーとうのりようにかんするとくべつそちほう【新エネ利用特措法　電気事業者による新エネルギー等の利用に関する特別措置法】**→アール　ピーエスほう【RPS法】

**しんエネルギー【新エネルギー】**
(new energy)

「新たに発見されたか、技術進歩によって利用可能になったエネルギー」と定義される政策用語。「RPS法」（新エネ利用特措法）および政令に基づいて指定され、「再生可能エネルギー」と「従来型エネルギーの新利用形態」の二つに分類される。「技術的に実用化段階に達しつつあるが、経済性の面から普及が十分でないもので、石油に代わるエネルギーの導入を図るために支援を必要とするもの」。なお、経済産業省に設置された「総合資源エネルギー調査会新エネルギー部会」では、大規模な水力発電や薪や炭などの伝統的バイオマスを除き、地熱発電と中小規模水力発電が新たに新エネルギーに加えられた。→アーヘンモデル、RPS法、グリーン電力、再生可能エネルギー、地熱発電、中小規模水力発電

### しんエネルギー・さんぎょうぎじゅつそうごうかいはつきこう【新エネルギー・産業技術総合開発機構】

(NEDO) (New Energy and Industrial Technology Development Organization)「ネド」と呼ばれる、新エネルギー・省エネルギー技術を中心とした研究開発とその普及を支援する独立行政法人。前身は、通産省（現・経済産業省）所管の「石炭鉱業合理化事業団」を継承した、1980年設立の「新エネルギー総合開発機構」。73年、78年の二度のオイルショックから、石油代替エネルギー開発の推進役を担う。現在は、二つの国家プロジェクト「ニューサンシャイン計画」「ムーンライト計画」と取り組み、主要事業の一つとする。具体的には、太陽光発電、風力発電、バイオマス発電、燃料電池、各種リサイクル技術、地球温暖化対策技術などの研究開発を、産学の研究機関に委託している。1988年に現在の名称に改称、2003年10月に独立行政法人に法人格を変えた。本部は神奈川県川崎市。→オイルショック、石油代替エネルギー

### しんかくせいぶつ【真核生物】

核膜に包まれた核とミトコンドリア、葉緑体などの細胞小器官を持つ、真核細胞から成る生物を指す。ウイルスと、原核生物である藍藻類や細菌類を除いた生物は、真核生物である。→ウイルス、原核生物、細菌

### しんかろん【進化論】

生物は長い時間をかけて次第に変化してきた、という見方に基づいた変化の過程を進化と言い、現存する生物は進化の中で生まれてきたとする説を指す。きびしい環境の変化に適応した個体だけが生存を保障される、という、C・ダーウィンが樹立した適者生存の原理と、変異と遺伝に関する最新の知識などに支えられた自然選択説（自然淘汰説）が、進化の要因であるとする見方が一般的である。

→自然選択説、棲み分け理論、ダーウィン

## しんかんせんこうがい【新幹線公害】
新幹線によって発生した騒音や振動の公害。この公害は、これまでの四大公害に代表される公害が固定された汚染発生源であるのに対して、公害が移動するという点、騒音や振動といった主観的苦痛が問題となった点で新しいタイプの公害であった。→四大公害訴訟、加害者－被害者図式、社会的ジレンマ、日照権

## シンクグローバリー、アクトローカリー（Think globally, Act locally）
地球的視野で考え、足元から行動するという意味。環境問題に取り組むための基本姿勢を表現した言葉としてよく使われる。最初に誰がこの言葉を使ったかについては諸説があるが、1972年にスウェーデンで開かれた「ストックホルム国連人間環境会議」で最初に使われたと言われる。→アジェンダ21、イクレイ、ストックホルム国連人間環境会議、地域政策、環境自治体　環境自治体会議

## じんこうゼロせいちょう【人口ゼロ成長】
人口増加率がゼロの状態。通常、一国の人口の増減は、その年の出生率と死亡率の差として表される。出生率が死亡率を上回れば、人口は増加し、逆になれば人口は減少する。人口成長ゼロは、差し引きゼロの状態を指す。日本は、2005年に死亡率が出生率を上回り、人口減少時代に入った。一方、世界人口は、2006年現在、約65億人に達しており、2050年には90億人を突破すると見られている。有限な地球が養える人口を大きく上回っており、人口増加率をゼロ以下にすべきだとの意見が強まっている。→人口動態、人口爆発

## じんこうどうたい【人口動態】
同一地域の一年間の出生と死亡、転入と転出の人口の変化を表したもの。ある地域における一年間の出生と死亡および出生から死亡を差し引いた値を、年度別にまとめ人口の変化を表したものを自然動態と言う。また、ある地域における一年間の転入者と転出者、および転入者から転出者を差し引いた値を年度別にまとめ人口の変化を表したものを社会動態と言う。→人口ゼロ成長、町おこし

## じんこうばくはつ【人口爆発】
時間の推移とともに人口が急激に増加することを指す。今からおよそ1万年前の全世界人口は、数百万人に過ぎなかった。その後、農業革命によって人口はゆるやかに増加し、紀元前5000年には5000万人、紀元初頭には3億人が生活していたとみられている。世界人口は1600年を過ぎた頃

から急増し始め、産業革命が進行中の1804年に10億人になった。それから160年も経たない1960年に30億人に、さらに人口が50億人から60億人になるのに12年を要しただけだった。世界人口は、1900年代において3倍に膨れ上がったことになる。現在、10秒毎に約25人が世界人口に新たに加わり、一年では7800万人の増加となる。2006年5月現在、世界人口は65〜66億人と推定され、この増加率を維持すると、2050年には90億人を突破すると予想される。→資源危機、食糧危機、人口論、成長の限界、水危機、サステナビリティ

## じんこうピラミッド【人口ピラミッド】

年齢別人口構成図のこと。ある地域のある時点における人口を男・女に分け、一定の年齢幅でその分布を示したヒストグラム（柱状のグラフ）。男・女の年齢別人口を左右に振り分けて表示する。人間の出生、死亡が自然に委ねられていた昔は、年齢を重ねるごとに死亡数が増加するため高齢人口が少なくなり、人口ピラミッドは三角形に近い形になる。しかし近年、先進諸国では生活環境の整備が進み、医療環境の充実、少子化などが影響して、人口に占める若年層の割合と高年齢層の割合が接近し、人口ピラミッドは釣鐘形や紡錘形に移りつつある。→死亡率

## じんこうりんのかべ【人工林の壁】

人工林により自然植生の連続性が絶たれ動植物の移動に障害が出ること。地球温暖化や森林破壊などにより環境が変化すると、そこに生息する動植物は生存に適した場所へ移動を行うが、自然植生が連続していない場合には次の生息適地に移動が不可能となることが考えられる。鳥類は移動力が高く遠くの適地まで移動が可能であるが、小動物や昆虫は環境変化のスピードに対応して移動が行えず、絶滅する種が出てくることが懸念される。日本は、国土の7割が森林であり先進国中では森林の多い国であるが、そのほとんどは人工林である。生物多様性の豊富な自然植生はパッチ状に各地に分布しており、地球温暖化によって生息域の消滅が危惧される。多くの種を救出するためには、パッチ状に散らばる自然植生を生物多様性の高い人工的な植生でつなぎ、ネットワーク化することが必要である。→緑の回廊、エコロジカルネットワーク、地球温暖化、リフュージア

## じんこうろん【人口論】

英国の経済学者、トーマス・マルサスが1798年に出版した書名。英文名は『The Principle of Population』。マルサスはこの本の中で、「人口は幾何級数的に増えるが、食糧供給は算術級数的にしか増えないので、深刻

な食糧不足と飢餓は避けられない」と主張し、「憂鬱な科学」と呼ばれた。マルサスは「資源が豊富な米国植民地で、人口が25年間ぐらいごとに2倍になる傾向を持つ」という米国の政治家ベンジャミン・フランクリンの観察に触発されて人口論を書き上げたと言われる。人口論は二つの前提から出発する。第一は、食物は人類の生存に必要である。第二は両性間の情欲は必ずあり、大体、今のままで変わりがあるまいということ。この結果、過去の観察から人口は倍々で増えていくのに、土地に縛られる食糧生産には限界があるため、食糧難は避けられないと結論付けた。人口抑制の方法としては、疫病、飢餓、戦争などがあると悲観論を展開した。後年、悲観論を修正し、晩婚による産児制限などによる人口抑制の可能性も指摘したが、マルサスの人口論という場合、もっぱら前者の悲観論を指す。20世紀後半の人口爆発が今世紀も続くと予想され、マルサスの人口論の警告が改めて注目されている。→人口爆発、成長の限界、食糧危機

**しんせいぶつたようせいこっかせんりゃく【新生物多様性国家戦略】**→せいぶつたようせいこっかせんりゃく　せいぶつたようせいじょうやく【生物多様性国家戦略　生物多様性条約】

**しんそうすいじゅんかん【深層水循環】**

(meridional overturn circulation) 海洋の循環の中で、水温や塩分濃度の違いから駆動される海底付近を流れる循環。「熱塩循環」とも呼ばれる。海水は水温や塩分濃度の違いにより密度が異なり、水温が低い程、また塩分濃度が高い程、密度は高い。密度が高くなった海水は重くなり深層へと沈降し、そこにあった海水を押しのけ最終的に表層へと上昇し循環が発生する。北大西洋グリーンランド沖合では、メキシコ湾流によって運ばれてきた海水が冷却され比重が重くなり、海水が深層へと沈降している。重い海水は大西洋を南下し、南極付近のヴェッテル海で深層へと沈降してきた海水と合流し、南極大陸周辺を周りインド洋と太平洋へ流れる。インド洋および北太平洋では、深層水が押し出され表層へと上昇し表層付近を運ばれる。深層水が北大西洋で形成され北太平洋で上昇するまでの時間は、1000年程度と考えられている。米国のW・S・ブロッカーによって提唱され、「海のベルトコンベヤー」もしくは提唱者の名前をとり「ブロッカーのベルトコンベヤー」と呼ばれる。巨大な水塊であり、ゆっくりと進むため、深層水循環は熱循環や物質循環に大きな影響を与えて、地球規模での気候に大きな影響を与えている。深層水が上昇する北

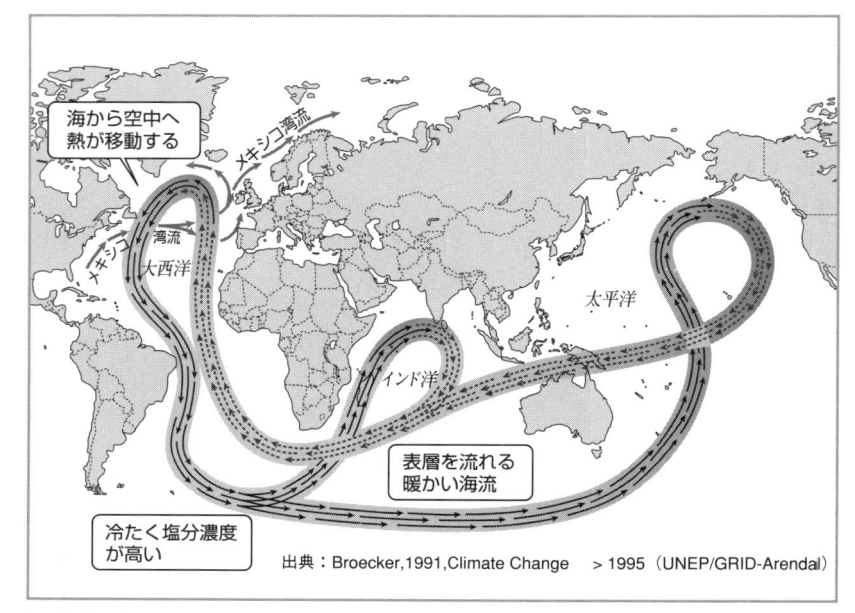

**深層水循環**

太平洋は、深層から豊富な無機栄養塩が供給されるため、世界的にも有数の好漁場を形成している。→熱塩循環、海洋循環、氷期　間氷期、寒冷化、地球温暖化、不都合な真実、ペンタゴン・レポート

### しんそうちかすい【深層地下水】
地下水の内、不透水層に挟まれた帯水層のもの。周りの地層から圧力を受けており被圧地下水とも呼ばれ、掘り抜き井戸を掘ると自噴する場合もある。不透水層の上に存在する自由地下水よりも規模が大きく、量が豊富なため安価な水資源として、またミネラル分を多く含むためミネラルウォーターとしても利用されている。→オガララ帯水層、地下水涵養

### しんたんりん【薪炭林】
(fuelwood forest)
薪や炭用の木材を採取するための森林。主に集落の周辺の丘陵や低山に位置し、人間の手が入った二次林である。里山や武蔵野の雑木林は、薪炭林として利用されてきた。西南日本ではシイやカシなどの照葉樹林が、東北日本ではブナやコナラを中心とする落葉広葉樹林が薪炭採取に利用される。薪炭には、伐採後の成長が

早く熱量の高い広葉樹が適する。シイやカシ、コナラは伐採後の株から萌芽する力が強く、伐採後放置することで自然に萌芽再生するため薪炭林には適している。世界における木材需要の50％以上は、現在でも薪炭用であり、特に発展途上国において薪炭への燃料依存が強く、森林の過剰伐採が問題である。日本では、石炭および石油への燃料革命により薪炭需要が減少し、薪炭林の荒廃が問題となっている。→二次林、里地里山

## しんどふじ【身土不二】

仏教用語。「しんどふに」とも言う。体と土は一体のもので、切り離すことはできないという意味。人間が足で歩ける範囲（四里四方とか五里四方）で育ったものを食べ、生活するのが最も健康によいとする考え方である。身土不二が、文献として最初に登場するのは、中国の仏教書『盧山蓮宗寶鑑』（1305年、普度法師編）と言われる。医療関係者、料理関係者、食・農・環境のあり方を探る生産者や消費者の間で、「地産地消」「スローフード」「地域自給」とともに、食に対する新しい思想、信条の一つとして使われている。（出典＝山下惣一著『身土不二の研究』1998年、創森社）→地産地消、スローフード

## しんゆうせいがく【新優生学】

個人の生殖、出生の自由と権利を背景として、遺伝子操作によってすぐれた人間をつくろうとする新しい優生学。近年、遺伝学が発達し、個人の資質は環境に左右されないとの見方が強まり、それに伴って遺伝子操作により、思いどおりの資質を備えた人間をつくろうという研究もなされるようになった。自然に委ねられていた生の選択を、優良・劣悪の価値基準を設けて人間が支配することの是非については、未だ十分に議論が尽くされていない。→生殖クローニング

## しんりんげんそくせいめい【森林原則声明】

正式名称は、「全てのタイプの森林の経営、保全および持続可能な開発に関する世界的合意のための法的拘束力のない権威ある原則声明」。1992年の「地球サミット」で採択された、森林保全に関する初めての世界的合意文書。森林原則声明は、①森林保全と持続可能な開発の費用は、国際社会によって衡平に分担しなければならない、②森林資源、林地は、現在世代および将来世代の必要を満たすために持続的に経営されなければならない、③全ての国、特に先進国は、造林、再造林、および森林保全のため、積極的かつ透明性の高い行動を起こすべきである、④酸性雨の原因になる汚染物質は規制しなけ

ればならない、など15項目から成っている。→地球サミット、森林認証制度

## しんりんせいたいけい【森林生態系】
(forest ecosystem)
森林における物質循環のこと。森林は主要な構成種が樹木であるためバイオマス（生物量）が大きく、階層構造が発達し様々な植物が空間を満たして生存している。このため太陽エネルギーの吸収効率は他の植生よりも高く、それゆえ有機物生産量も多い。全光合成量も多いが、呼吸量も大きいため純生産量は大きくはない。豊富な有機物生産により、森林は多くの動物の生活を可能にしている。大きいバイオマスは多くの枯死物を生産するため、分解者である微生物類も豊富に生息しており、森林土壌は肥沃である。森林では生食連鎖より腐食連鎖の量が非常に多い。森林が発達すると純生産量と枯死量がほぼ等しくなり、生産と分解が並行した安定状態となる。→極相林、生態ピラミッド

## しんりんによるたんそのちょぞう・きゅうしゅう【森林による炭素の貯蔵・吸収】
森林による大気中の二酸化炭素の取り込みと固定化。森林の樹木は、光合成の際に二酸化炭素を取り込み、木質や樹皮として樹体に炭素を固定しながら成長する。樹齢の若い樹木は、年間の成長量が大きいため二酸化炭素の吸収量も多いが、極相に達した森林では、若齢木の割合が少ないため森林全体での炭素吸収量は少なく、呼吸による排出量とほぼ等しくなる。樹木が蓄えた炭素は、枯死とともに分解され再び二酸化炭素として大気に排出されるが、樹木を伐採後木材として利用することで長期間にわたって炭素を固体として蓄えておくことが可能である。森林による二酸化炭素吸収量は、構成する樹木によって違い、熱帯林ではその成長力の高さを反映して多く、温帯林、寒帯林の順に減少する。農水省資料によると、日本の森林の炭素貯蔵量は約14億トン（炭素換算）、年間の吸収量は約2700万トン（同）と推定している。京都議定書では、日本は温室効果ガス削減目標6％の内、3.8％を森林による吸収でまかなう計画である。→京都議定書、森林生態系、光合成

## しんりんにんしょうせいど【森林認証制度】
(forest certification systems)
適正に管理された森林を認証し、その森林から生産・製造された木材製品に認証マークを付けて流通させ、森林の破壊や劣化防止を目指す制度。1992年の「地球サミット」で合意された「森林原則声明」に基づく行動

計画として、1993年に設立された森林管理協議会（FSC：Forest Stewardship Council）が推進している。環境団体、林業関係者、先住民団体、林産物認証機関等により設立された、国際的な森林認証制度を行う第三者機関（非営利の会員組織）で、本部は独のボンにある。企業などが所有する森林の合法性や環境配慮などを基準に照らして、それを満たせば第三者機関がFSCマークの森として認証する。FSCマークの付いた製品を販売するには、流通・加工過程でも認証取得の必要がある。WWF（世界自然保護基金）も、世界で最も信頼性の高い森林認証制度として、その普及と推進を推奨している。なお、管理された漁業に対しても同様のエコマークとしてMSCマークがある。→MSC認証、世界自然保護基金、地球サミット、認証機関

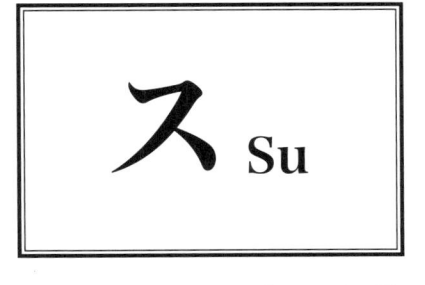

## ス Su

### すいかいせいたいけい【水界生態系】
陸上にある湖沼、河川、湿地、および海域に形成される生態系の総称。それぞれ湖沼生態系、河川生態系、湿地生態系、海洋生態系などと言う。水界生態系における生産者はマングローブなどの水生植物や植物プランクトンであり、消費者は動物プランクトンや魚介類などである。→海洋生態系

### すいかいのたんそじゅんかん【水界の炭素循環】
湖沼、河川、湿地および海域における二酸化炭素の循環。化石燃料や木材などの炭素が燃焼されると大気中に二酸化炭素として放出されるが、二酸化炭素は水に溶けやすいため大気中から海水に溶けこむ。海水中に溶けた二酸化炭素は、表層水中では植物プランクトンなどの光合成により有機炭素として固定され、食物連鎖や微生物ループに組み込まれ消費される。この過程で、植物プランクトンを始めとする水生生物の呼吸により、二酸化炭素は排出され水中に溶解する。有機炭素の一部は、深層へと沈降し堆積物となる。一部のプランクトンは、溶存した二酸化炭素とカルシウムから石灰質の殻や骨格をつくり、死後、石灰質の殻や骨格は水底へと堆積し炭素の循環から外れる。これを「生物ポンプ」と呼ぶ。セメントの原料となる石灰岩は、この石灰質の殻や骨格が堆積し固結したものである。このため石灰岩からのセメントの製造は、過去に海底に固定された二酸化炭素を再び地上で大気中に放出することになる。表層

水から深層水へと移った二酸化炭素は、深層水循環に組み込まれるため、長期間深層水に貯蔵される。→エコセメント、深層水循環、生態系の炭素循環、生物ポンプ

## すいげんかんようほあんりん【水源涵養保安林】

農林水産大臣または都道府県知事によって指定される保安林の中でも水源地となる森林。17種ある保安林の中でも面積が最大で744万haを占める。森林は、林床の深い土壌層により降水を貯留し河川へと流れ出る水の量を調整し洪水を緩和、河川の流水量を安定にする機能を有する。また、土壌中を流下した水はろ過されることで不純物が取り除かれ、水質は浄化される。森林の保水能力は、発達した森林土壌への水の浸透力によるが、森林土壌の浸透能は伐採跡地の2倍、草地の3倍と高い。森林の持つ保水機能、水質浄化機能、洪水緩和機能を有効に利用し保持するために、多くの河川の水源部は水源涵養保安林に指定され、開発はきびしく規制されている。水源涵養保安林で木を伐採する場合は、伐採後に植林をすることが義務付けられている。森林の水源涵養能力は、針葉樹林、広葉樹林、人工林、天然林間で違いはないとされている。→保護林・保安林

## すいしつおだくぼうしほう【水質汚濁防止法】

(Water Pollution Control Law)
1970年に制定された、水域へ排出される水の汚濁を防止するための法律。公共用水域および地下水の水質汚濁を防止し、国民の健康を保護し、生活環境の保全を図るため、事業所からの排出水の規制、生活排水対策の推進、有害物質の地下浸透規制などが盛り込まれている。また同法には、閉鎖性水域に対して、汚染負荷量を全体的に削減する水質総量規制も定められている。→地下水汚染、地下水規制関連法

## すいせいせいぶつによるすいしつちょうさ【水生生物による水質調査】

水辺に生息する生物の種類、生息状況、分布などから生息環境を類推し周辺の水質環境を評価する方法。特定の環境下においてのみ生息が可能な生物は、環境変化に対し敏感で環境を特定するためのよい指標となり、指標生物と呼ばれる。指標生物の生息状況や分布を調べることで環境を類推評価する方法を生物指標と呼ぶ。水域においては、指標生物として動物が主に用いられる。きれいな水の指標としてサワガニ、カワゲラ、オニヤンマ等が、汚い水ではアメリカザリガニ、ユスリカ等が示されている。生物指標調査は、簡単な生物分類の知識があれば誰にでも参加が可

能で、高価な分析機器を必要としないため一般市民の参加が容易である。水辺の環境に触れながら身近な水質について学ぶ場を提供でき、河川環境への関心を高める効果が期待できる。環境省では、『水生生物による水質の調査法─川の生き物から水質を調べよう』という水質判定方法のマニュアルを作成し都道府県を通じ市民の参加を呼びかけ、1984年から水生生物調査を実施している。→指標生物

## すいそきゅうぞうぶっしつ【水素吸蔵物質】

水素をエネルギー利用するための水素貯蔵材料。地球温暖化防止のために、化石燃料に代わるクリーンなエネルギーとして水素を利用する燃料電池車などの各種研究開発が進められている。しかし、水素を安全かつ大量に貯蔵する技術開発が、水素をエネルギー媒体として使用する技術とともにきわめて重要となる。これまで主に、合金系の水素貯蔵材料の開発が進められてきたが、水素吸蔵量が少ない上に重たいので実用化には至っていない。最近では、ナトリウム・アラネートなど軽い元素をベースにした水素貯蔵材料が注目されているが、水素貯蔵機能の本格的な研究が始まったばかりである。→燃料電池、水素社会

## すいそしゃかい【水素社会】
(hydrogen society)

水素を主たる燃料として使用する社会のこと。人類がこれまで利用してきたエネルギー源は、石油、石炭、天然ガス等の化石燃料であるが、これら化石燃料は将来的には枯渇する資源である。しかも、化石燃料は地球温暖化の原因ともなっている。そこで、化石燃料の替わりに、水素を燃料として使用する水素社会の到来が期待され、将来的には基幹エネルギーが炭素から水素へと変わっていく可能性もある。しかし、主要なエネルギー源を水素に置き換えるには、乗り越えなければならない高いハードルがある。まず、ガソリンと同じくらいの安価なコストを実現できるかである。水素ステーションなどのインフラ整備の問題がある。どこから水素を持ってくるか、何から水素をつくるか、という問題もある。全体を通じて、安全、確実、低コストが必要だ。すでに現在、燃料電池自動車や家庭用の燃料電池発電装置などで実用化に向けた取り組みが活発化している。日本における燃料電池の導入目標として、燃料電池自動車は2010年には5万台、2020年には500万台、家庭用の燃料電池は2010年には210万kWh、2020年には1000万kWhとされている。エネルギーの最終消費段階で大気汚染物質や$CO_2$を排出しないことは大きな魅力

である。→サステナビリティ革命、水素吸蔵物質、燃料電池

## すいりけん【水利権】

用水権とも言う。公の河川の水を潅漑、交通、飲用、発電、鉱工業用などのために継続的に使用する権利。その利用に当たっては、慣行によるものも少なくないが、河川によっては河川管理者である官庁の許諾が要る。水利権は財産権の一種であり、その侵害に対しては罰則がある。近年、再生可能エネルギーとして脚光を浴びている中小規模水力発電の開始に当たって、山間地を生活の場とする地域住民側と管轄官庁側との間で水利権をめぐる調整問題が発生している。再生可能エネルギーに関連する法律のスムーズな運用が望まれる一例として注目される。→再生可能エネルギー、中小規模水力発電

## スウェットショップ（Sweat Shops）

途上国における人権無視の搾取工場のこと。1997年、ベトナムなど東南アジアにおけるスポーツ用品メーカー、ナイキの下請工場で、強制労働、児童労働、低賃金労働、長時間労働、セクシャルハラスメント問題が発覚。こうした搾取型行為への批判や反感は、米国内でインターネットや電子メールで拡大、ついには、消費者の不買運動にまで発展、訴訟問題をも引き起こした。国際サッカー連盟も「児童労働によってつくられたサッカーボールは試合で使わない」と宣言した。ナイキは、自ら設立したNGOに途上国における工場を監視してもらい、孫請け企業においても、就業年齢の引き上げを徹底した。インドネシア、中国、メキシコ、ベトナム、フィリピンなど、「輸出加工ゾーン」と呼ばれる国々は、法人税や固定資産税など企業にかかる税金が免除されている区域があり、約70カ国、2700万人が働いている。GAP、リーバイス、リーボック、チャンピオン、IBM、GM、ウォルマート、ウォルトディズニーなどでも同様の問題を抱えていた。だが、ナイキ事件以後、企業の社会的責任（CSR）の観点から、ほとんどの企業がこの問題に正面から取り組むようになっている。→グローバル・コンパクト、CSR、SA8000

## スターン・レビュー（Stern Review）

英国気候変動・開発政策の経済担当政府特別顧問ニコラス・スターン（元・世銀副総裁）が、ブレア前首相とブラウン財務大臣（当時）から委嘱を受けてまとめた気候変動に関する経済分析。2006年10月30日に、「気候変動が世界経済に与える影響」（正式名称は、「気候変動の経済」）を発表、「スターン報告」とも呼ばれる。科学的知見から綿密なレビューを行

い、「本格的かつ大規模な温暖化抑制政策は、高い経済合理性を持つ」と結論付けた。具体的には、①温室効果ガスの濃度は、現在430ppm（$CO_2$濃度は379ppm）まで高まっており、今後、対策をとらない場合は750ppmを超えるだろう。ただし、450〜550ppmに安定化させることができれば、最悪の事態は回避できるだろう。②温室効果ガスの濃度を550ppm以下にするためには、2050年までに世界の総排出量を現在レベルより25％以上の削減が必要。450ppm以下に安定化させるためには、同様に70％以上の削減が必要。③気候変動の対策をとらない場合の経済的な損失は、世界のGDPの5〜20％に達するが、今すぐに着手し、長期的、継続的に対処すれば、1％の損失で済む、としている。→エコファンド、社会的責任投資、責任投資原則、地球温暖化、予防原則

## ステークホルダー（stakeholder）

利害関係者のこと。企業活動に何らかの利害関係を持つ主体を指し、顧客・消費者、取り引き先、関係企業、小売店、業界、株主・投資家、従業員、NGO/NPO、行政、マスコミ、地域住民、市民団体、研究機関などを指す。企業にとって、これらのステークホルダーとのコミュニケーションと信頼関係の構築が重要な課題となっている。近年では、国際社会や将来世代、地球環境などもステークホルダーとみなして環境経営に取り組む企業が増えてきた。最近、「ステークホルダーダイアログ」と称して、企業がステークホルダーと相互理解を深めるために直接的なコミュニケーションを図るケースが増えてきた。環境報告書を題材にした「報告書を読む会」や、特定のテーマについて多用なステークホルダーを招いて議論を行う「ステークホルダーミーティング」、専門家に意見を求める「アドバイザリーボード」などである。→環境経営、環境報告書、第三者レビュー

## ステークホルダー・エンゲージメント（stakeholder engagement）

利害関係者との相互関与。企業にとっては、利害関係者を巻き込んで、その力を借りること。直訳すると、「利害関係者の参加」となり、ステークホルダーの意見やニーズを探りつつ、経営改善に役立てるプロセスを言う。企業に対する不満やネガティブな主張を低減し、ステークホルダー重視の姿勢を打ち出して、ステークホルダーを経営の中核に据えた戦略的経営に転換することが主眼となる。英国の非営利組織「アカウンタビリティ社」が開発したAA（AccountAbility）1000は、ステークホルダー・エンゲージメントを実現するツールでもある。→AA1000

## ストックホルムこくれんにんげんかんきょうかいぎ【ストックホルム国連人間環境会議】(United Nations Conference on the Human Environment/Stockholm Conference)

1972年6月5日〜16日、国連が初めて取り組んだ環境問題に関する国際会議。人間環境の保全と向上が人類共通の原則であることをうたった「人間環境宣言」と「国際環境行動計画」を採択。これを実施する機関として、国連環境計画（UNEP）が設立された。ストックホルム会議を開催に導いた理由の一つは、酸性汚染（酸性雨問題）であったと言われる。もう一つの理由は、ベトナム戦争に対する反戦思想にあった。当時、スウェーデン社会は「戦争は環境への最大の脅威」という認識の下にあり、故・パルメ首相は、その論陣の先頭にいた。なお、会期中に催された小グループの会合で、パルメ首相は次のように語っている。「①科学者の役割は、事態があまり深刻にならない内に事実を指摘することにある。②科学者は、わかりやすい形で政治家に問題提起してほしい。③政治家の役割は、そうした科学的な判断に基づいて政策を実行することにある。その最も具体的な表現は政府の予算である」と。→環境権、成長の限界、シンクグローバリー、アクトローカリー

## ストレスせいしっかん【ストレス性疾患】

ストレスの結果生ずる身体的、精神的変化のこと。ストレスとは、体内に生じたひずみのことで、生活環境からの有害な刺激と、それに対する生体の防御反応が原因で起こる。ストレスを長期にわたって繰り返し経験すると緊張状態が続き、疲労が蓄積され、様々な身体的、精神的変化を引き起こす。その初期症状としては、頭痛や睡眠障害、食欲不振などがあげられる。→生活環境影響調査

## ストロング・サステナビリティ (strong sustainability)

地球環境の持続可能性に係わる考え方の一つ。地球環境問題の背景の一つには、人口増加に伴う大規模な自然破壊という問題があり、残された自然環境の保全をどう取り扱うかということは、地球環境の持続可能性に係わる最大の問題の一つである。持続可能性を具体化する方策において、ストロング・サステナビリティは、自然資本には人工資本で補完はできるが代替できない部分があるから、ある量の自然資産は必ず必要であるという立場に立つ考え方である。しかし、ストロング・サステナビリティを達成する具体案は、現状の人口増加傾向からは簡単には見つかりそうもなく、我々は難しい選択に直面していると言える。→ウイーク・

サステナビリティ

## スーパーていぼう【スーパー堤防】
「河川法」第6条2で規定される高規格堤防。設計の基本概念は、200年に一度の大洪水でも崩壊しない堤防である。従来の堤防と違い、堤防の市街地側（裏法面）に盛り土を行い、堤防の幅を高さの30倍程に拡張し、緩やかな斜面とした構造を持つ。スーパー堤防では、その広い幅により越水しても水は斜面を流れ下るので崩壊する危険がなく、水の浸透が長く続いた場合も崩れることがなく安全性が高い。現在、東京、大阪を流れる利根川、荒川、江戸川、多摩川、淀川、大和川の6河川について整備が進んでいる。通常の堤防と違い、堤防の裏法面が広く公共用地として利用でき、川へのアクセスが容易になり水と緑に触れ合えるレクリエーション空間を創造する反面、多額の公共事業費がかかり河川の生態系を破壊するなどの問題も含んでいる。→異常気象、集中豪雨

## スーパーファンドほう【スーパーファンド法】（Super Fund Law）
米国で1980年に制定された投棄廃棄物に関する法律。汚染土壌の完全な浄化と浄化費用の負担は、過去にまで遡及して追及するというきびしい内容の法律。政府が、巨額の基金を設けたことから「スーパーファンド法」と呼ばれている。正式名称は、「環境資源に対する包括的な補償と義務に関する法」。→汚染土壌、ブラウンフィールド、ラブカナル事件

## スーパーメジャー（super majors）
石油を世界規模で探鉱・開発・生産・精製・輸送まで一貫操業を展開する超大手石油会社のこと。現在、エクソン・モービル、BP、シェブロン・テキサコ、ロイヤル・ダッチ・シェルの4社をスーパーメジャーと呼んでいる。石油だけでなく、鉱物資源についてもスーパーメジャーと呼ぶにふさわしい企業として、BHPビリトン、アングロ・アメリカン、CVRD、リオティント・グループなどがある。→国際資源メジャー、白金族金属、ピークオイル

## スーパーりんどう【スーパー林道】
正式には、「特定森林地域開発林道」と言う。林業の伐採や森林の管理を目的に森林に敷設する道を林道と言う。この林道の内、規模が大きく、特定森林地域開発林道と呼ばれるものを、通称スーパー林道と呼ぶ。このスーパー林道は、多くは公共事業として高度成長期から1980年代にかけて計画されたが、大規模な工事が行われ自然破壊も大きいため、自然保護の立場から反対運動も起きた。1982年に工事が始まった白神山地での「青秋林道」のように、計画され

て一部だけつくる内に自然保護運動が盛んになって中止されたものや、逆に「白山スーパー林道」のように、計画から着工までが早かったため1977年には開通してしまったものもある。白神山地は、その後1993年に「世界自然遺産」に登録されている。→白神山地、農業近代化政策、世界遺産

## スペースシップ・エコノミー→カウボーイ・エコノミー

## すみわけりろん【棲み分け理論】
生物は「種社会」を形成し環境を棲み分け、共存しながら進化してきたという考え方。生物進化については、生存競争で生き残った固体が生き残る適者生存説（自然選択説）を唱えたダーウインの「進化論」が有名である。競争原理に立ったダーウインの進化論に対し、棲み分け理論は共存原理に立った進化論と言われている。生物学者、今西錦司が京都大学時代、京都加茂川で、4種類のヒラタガゲロウが種社会をつくり、棲み分けている姿を発見し、棲み分け理論を提唱した。→進化論、自然選択説、ダーウィン

## スモール・イズ・ビューティフル (Small is Beautiful)
独の経済学者、E・F・シューマッハーの代表的著書（1973年）。副題は、人間中心の経済学。シューマッハーは、本書の中で、永続性の経済学が必要であると指摘し、自然支配と能動的な進歩観、独走的な技術を背景とした際限のない膨張主義は、資源・環境の両面から自然を暴力的に破壊、汚染し、人間の尊厳、自由、独創性を抑圧すると現在社会を批判した。自然との調和、身の丈技術、質素倹約の倫理観が必要であり、小さいことの中に永続性の叡智が潜んでいると強調した。→カウボーイエコノミー、足るを知る

## スモールオフィス　ホームオフィス (SOHO) (Small Office, Home Office)
「SOHO」（ソーホー）と簡略化して呼ぶこともある。自宅や小規模な事務所を勤務場所として、少人数で事業を行う就業形態のこと。1990年代半ば頃のインターネット普及に伴う、新しいオフィス形態の就業者の増加に起因している。ITインフラを活用した双方向のコミュニケーション環境が到来し、在宅での就業形態を拡大した。子育て時期にある女性等の就業機会や、小規模事業者による新たなビジネス機会が広がり、SOHO形態の就業は急速に進展した。通勤などの移動機会を大いに減殺するSOHOは、$CO_2$排出の削減にもつながり、自ずと地球環境配慮型の就業構造になっている。→ライフスタイ

ル、ロハス

## ズリ（waste rock）
山元で廃棄される、鉱石以外の不用な岩石類のこと。鉱山では、目的とする鉱石以外の品位が低い部分、あるいは鉱石採掘の妨げとなる部分は掘削除去する必要がある。この廃棄されるズリの処理が杜撰(ずさん)であると、地滑り、河川の汚染など鉱山周辺の環境破壊を引き起こすので、堆積の方法とその管理が重要となる。→エコリュックサック

## スリーアール（3R）
リデュース（Reduce）、リユース（Reuse）、リサイクル（Recycle）の頭文字をとって3Rと言う。3R政策とも言う。リデュース（Reduce）は廃棄物を出さないこと、もしくは廃棄物の量を減らすこと。リユース（Reuse）は一度使用して不要になった製品を、そのままのかたちでもう一度使うこと。リサイクル（Recycle）は廃棄物を原料ないし資源として再利用すること。3R政策の基本法となったのは、2000年に制定された「資源有効利用促進法」（リサイクル法）である。→クリーン・ジャパン・センター、資源有効利用促進法、循環型社会、循環型社会形成推進基本法、リデュース、リユース、リサイクル

## スリーアールイニシアティブ（3R Initiative）
2004年6月、米国のシーアイランドで開かれたG8サミット（主要8カ国首脳会議）の席上で、小泉純一郎首相が提唱し、合意された計画。廃棄物の発生抑制（リデュース）、再利用（リユース）、再生利用（リサイクル）を通して循環型社会を目指す計画で、合意を受け、2005年4月には東京で、「3Rイニシアティブ閣僚会合」が環境大臣主催で開かれた。閣僚会合で、日本は3Rを通じた循環型社会の構築を国際的に推進するための日本の行動計画（略称、「ゴミゼロ国際化行動計画」）を発表した。→リデュース、リユース、リサイクル

## スローシティ（Slow City）
1999年、伊・トスカーナ地方のグレーベから派生的に広がった環境町おこし運動。伊語では「チッタ・スロー」（Citta Slow）運動と呼ばれる。地方の中小都市の生活、文化、歴史を再評価し、スローな生活と環境を尊重して人間らしく暮らすこと。2000年7月には、「スロー　イズ　ベター」の考えに賛同した他の30の小都市が、"スローシティ"を宣言した。スローシティであるためには、伝統的町並み、豊かな文化、調理、職人技術が伝承されていることはもちろん、派手なネオン広告は禁止、中心地への車の乗り入れ禁止、自転車道の普及、地域の小食堂・樹木・

公園・広場の保護、騒音規制など細部にわたる配慮が必要になる。→がんばらない宣言いわて、スローライフ、町おこし、地元学

## スローフード（Slow Food）

北イタリアの小さな町ブラで誕生した食文化運動の羅針盤となる概念。消えてゆく伝統的食材や食文化を守り、その生産者を守り、子どもたちに味の教育を進めていく運動のこと。ジャーナリスト、カルロ・ペトリーニが、1986年、ローマにファストフード店ができたことに危機感を感じ、故郷のピエモンテ州ブラで仲間数人と始めた。1989年、スローフード協会設立の時に出された「スローフード宣言」には、「われわれは"ファストライフ"というウイルスに感染している」とあり、「スピード」という概念に縛られた生活からの脱出・解放を呼びかけている。スローフードとは、直接的には地産地消を旨とする食品を指している。具体的な活動については、次の三つの指針がある。①消えてゆく恐れのある伝統的な食材や調理、質のよい食品、ワイン（酒）を守る、②質のよい素材を提供する小生産者を守る、③子どもたちを含め、消費者に味の教育を進める。→身土不二、地産地消、スローライフ

## スローライフ（Slow Life）

生活様式に関する思想の一つで、地産地消や歩行型社会を目指す生活様式を指す。1990年頃のバブル経済の時期に、ファストフードに代表される大量生産、大量消費、高速型のライフスタイルや、モータリゼーション（自動車の大衆化）の進展による都市の郊外化が進んだ。これに伴い、全国各地に郊外型ショッピングセンターやロードサイドショップが急増し、中心市街地が空洞化してドーナツ現象が進行した。その結果、地方都市は画一的な様相を呈するようになり、衰退の一途をたどった。これに対して、地元産の農産物の奨励や、沈着型でゆっくりした生活様式を唱える動きが高まった。日本では、掛川市、高知市、岐阜市といった地方都市が「スローライフ」を宣言している。「ザ！鉄腕！DASH村‼」「田舎に泊ろう‼」「田舎暮らしでスローライフ」「人生の楽園」など、スローライフをテーマとするテレビ番組も急増している。→がんばらない宣言いわて、スローシティ、地産地消

# セ Se

せいいくそがい【生育阻害】

生物の正常な生育が、環境変化などによって阻害されること。要因としては病虫害、外来生物の移入、人為による環境破壊などがあり、成長の鈍化や矮化、個体の死亡などの現象として現われる。酸性雨は、樹木の根系の生育を阻害することが明らかになっている。酸性雨により土壌酸性化は早く進み、酸性雰囲気でイオン化したアルミニウムは根に吸着し伸長を阻害する。その結果、根は水分や養分を吸収できなくなり樹体の成長量が低下する。地球温暖化により気温の上昇が起こると、様々な生物の生育が阻害されることが懸念されている。日本では、夏の気温の上昇により稲の受精阻害が懸念され研究が行われている。→酸性雨、土壌の酸性化、塩類集積

### せいかつかんきょうえいきょうちょうさ【生活環境影響調査】

「廃棄物処理法」（廃棄物の処理及び清掃に関する法律）に基づく廃棄物処理施設設置許可の申請に付随する手続き。1997年、「環境影響評価法」の成立とほぼ同時に、同年廃棄物処理法も改正され、廃棄物分野の環境アセスメントとして制度化された。申請には、施設の設置が周辺の生活環境に与える影響の事前評価を行い、その報告書を提出することが義務付けられている。この事前評価のことを「生活環境影響調査」、もしくは「廃棄物法アセス」と言う。廃棄物焼却炉や最終処分場、PCB処理施設の場合にはこの調査が実施され、それ以外の廃棄物関連施設では処理能力によってこの調査の対象が決まっている。→環境アセスメント、合意的手法、廃棄物処理法、ニンビー（NIMBY）

### せいかつかんきょうしゅぎ【生活環境主義】

自然や生態系に人間の手を入れながらも生活環境と自然環境を調和させ、多様な生態系を残していく考え方。日本の自然保護は、この生活環境主義の立場をとる。日本は、国土が急峻で森林地域も全体の3分の2を占め人間の可住面積は少ない。加えて、樹木の生育環境としては温暖であるため、人間が手を入れないと植物が繁茂し過ぎて生育不足にもなる。そこで、生態系に人間が上手なやり方で介入するほうが自然を適度に保持し、多様な生態系を残すことができる。→エコシステム、里山、自然環境主義、自治会、地域づくり、内発的発展論

### せいかつしゅうかんびょう【生活習慣病】

体の負担になる生活習慣を続けることによって引き起こされる病気の総称。糖尿病、高血圧、高脂血症の他に、悪性腫瘍、肝臓病、腎臓病、骨

粗しょう症などの症状と疾患も生活習慣病に含まれる。腹部の内臓脂肪の増加は高血糖、高血圧、高脂血症を起こす原因となりやすく、これらが重複して発症したメタボリックシンドロームと言われる状態は、動脈硬化を加速させ、脳卒中、虚血性心疾患などの発症を促す。早期に生活習慣を改善すれば、将来において病気発生のリスクを低く抑えることが可能であるが、そのためには適度な運動、バランスの取れた食生活、禁煙の実践が必須の条件となる。→食事療法、ガン

## せいかつち【生活知】

人間が日常生活を営む上で、経験によって得た知恵や直感のこと。経営学の「暗黙知」や哲学の「臨床知」などは同義・類義語である。これら語群の対語は「科学知」「形式知」などであり、どちらもいわゆる学問の世界で認められた知識である。学者は、「科学知」や「形式知」を重視しがちだが、身近な生態系や自然保護などを考える上では生活知は重要な材料となる。さらに生活知を科学知へ一般化していくことによって、他地域の自然環境保全につながるヒントが得られることもある。現実の環境保全を行う場合には、科学知の利用とともに意識的に身近な生活知の利用が求められるゆえんである。→オルタナティブ、地元学

## せいかつはいすい【生活排水】

(domestic water)

日常の生活から出される排水の中でし尿を除いたもの。生活雑排水とも言う。1970年制定の「水質汚濁防止法」で炊事、洗濯、入浴等の人の生活に伴い公共用水域に排出される水（排出水を除く）と定義される。生活排水中には多くの有機物が混入しており、河川や海洋の富栄養化の主要な原因となっている。下水道の整備されていない地域では、従来し尿のみを処理する単独浄化槽が設置され水質汚濁を防止してきたが、近年では食生活の向上により栄養価の高い食材使用による台所からの排水や洗濯排水の負荷が大きくなっており、生活雑排水を含む生活排水全体を処理する合併浄化槽の設置が進められている。発生源対策として、台所では細かいネットなどを使用し食べ残しを流さない、食用油を流さない、洗濯や風呂では適正な量の洗剤を使用する、風呂の残り湯を洗濯で使用するなどが必要である。→浄化槽、富栄養化、手賀沼　印旛沼

## せいかつはかい【生活破壊】

先進国の途上国への援助において、技術支援や経済援助、経済開発などが、被援助国の生活スタイルを破壊することを言う。例えば、先進国の高度灌漑や化学肥料を多用する農業技術援助が、途上国での塩害や水資

源の枯渇などの環境悪化につながり人々の生活を破壊し、加えて人々の生活様式を変えてしまい、元の伝統的な生活様式に戻ろうにも戻れないなど二次的な生活破壊に至るケースもある。生活破壊は環境破壊を伴うことが多いが、現在では援助の時に、環境配慮とともに生活を混乱させないような経済援助なども配慮されるようになった。→ODA、社会林業、内発的発展論

## せいけいがわふくげんじぎょう【清渓川（チョンゲチョン）復元事業】

韓国・ソウル市内の高速道路を撤去し、以前そこを流れていた清渓川を復元させ、清流を取り戻すための都市再開発事業。市中心部を西から東に流れる清渓川は、韓国の経済発展による交通量の増大に対処するため70年代末に埋め立てられ、その上に高速道路がつくられた。2002年のソウル市長選で、「清渓川復元事業」を公約に掲げた市長が当選し、事業が進められた。2003年7月から工事が始まり、2005年9月に予定通り完成した。総工費は日本円換算で約470億円。環境に配慮した新しい都市再開発モデルとして話題になった。→三面コンクリート、多自然型川づくり

## せいげんこうそ【制限酵素】

生物が、外部から侵入する他の生物の生育を阻止するために備えている酵素の一種。侵入生物の遺伝子を構成している塩基配列を、特定の部分で切り離す機能を備えている。そのため制限酵素を用いて、例えば大腸菌のDNAから特定塩基配列を切り離したり、他の生物から切り離されたDNA断片をその代わりに組み込むこともできる。このような特性を有することから、制限酵素はDNA塩基配列の決定や遺伝子組み換えに欠くことのできない重要な道具となっている。→遺伝子組み換え、酵母、DNA

## せいこう【精鉱】(concentration)

金属鉱山において採掘された鉱石を選別して不純物を除去、有用鉱物の含有量を上げたもの。その工程を選鉱と言う。精鉱は製錬工程の原料となる。資源が乏しい日本では、非鉄金属などの鉱石を海外の鉱山から買ってきて製錬しているが、その鉱石は精鉱として輸入される。→選鉱、テーリング、エコリュックサック

## せいさんしゃ【生産者】

生態系において無機物から有機物をつくり出す生物、すなわち独立栄養生物を指す。緑色植物や植物プランクトンなどの光合成生物と化学合成生物がこれに属するが、一般には有機物の大部分を生産している植物を生産者と呼ぶことが多い。→生態系

## せいしょくクローニング【生殖クローニング】

体細胞核移植によるクローニングのこと。核を除去しておいた未受精卵に体細胞から取り出した核を移植し、胚へと成長した段階で子宮に着床させる一連の技術のことを指す。すぐれた人間のコピーが人類の未来にプラスになるという優生学的な考えがある一方で、家族の概念やクローン人間の人格など、多くの社会問題が生じることが予想される。→クローン、新優生学

## せいそうけん【成層圏】

(stratosphere)
地球大気の内、中間圏と対流圏（最下層にある）の間に存在する大気。分布高度は9kmから50kmである。成層圏では、対流圏と違い高度とともに温度が上昇する。発見当初は、安定した大気層であると考えられた。成層を成していることから成層圏と名付けられたが、高層大気研究の進展により成層圏でも風が吹いていることが明らかになった。成層圏には太陽の紫外線の影響でオゾンが多く存在しており、オゾン層を形成している。オゾンは成層圏の中部、高度25km付近で最高濃度を示す。オゾン層は人体に有害な紫外線を吸収し、地表の生物を守る役割を担っている。地表から発生するフロンガス類が時間をかけて上昇し成層圏を汚染している。フロンガスはオゾンを破壊するためオゾン濃度が減少し、南極などではオゾンホールが発生し皮膚ガン等人体への影響が発生し問題となっている。→オゾンホール、フロンガス、対流圏

## せいそくかんきょう【生息環境】

生物の個体または個体群が生活している空間において、生物と係わり合っている事物全体を指す。川に生息する魚ならば、水質や餌、産卵場や休む場所など魚の生活に係わる全てが生息環境となる。→エコロジカルネットワーク、生息場適合指数、ハビタット

## せいそくちのアイランドか【生息地のアイランド化】

生物の生息地に、人間によって道路や農地、住宅などが建設され、その結果として生息地が小さな地域に分断され、ついには孤立化することを指す。分断、孤立化は、生息地の気温の上昇、湿度の低下などを招くばかりでなく、生物の交配や餌の確保が困難になり、生物多様性の破壊を助長させる。→エコロジカルネットワーク、人工林の壁、生息場適合指数

## せいそくばてきごうしすう【生息場適合指数】

(HSI)(Habitat Sustainability

Index)
生態系の質を評価する指数。選定された生物種について、水や繁殖地など各種の生息適正値を算出し、生態系を評価する。HEP（生息場評価手法）による評価は、生息場適合度指数に空間と時間を掛け合わせて実施するため、HEPの導入には生息場適合度指数の検討が重要である。本指数の算出には、生息場の水質など物理・化学的特性を示す変数からの積み上げによる方法を用いる。アメリカ地質調査所が、いくつかの種の生息場適合度指数をインターネット上で公開している。日本でも財団法人日本生態系協会がニホンリスやテン、ミドリシジミの指数を公開している。→ミティゲーション、HEP、ハビタット

**せいたいけい【生態系】**（ecosystem）
ある独立した地域における生物群集と非生物的環境の総称。エコシステムとも言う。自然界には、生産者と呼ばれる無機物から有機物をつくりだす植物や植物プランクトンなどとともに、それらを直接間接的に取り入れて生活する消費者と呼ばれる動物などが存在する。さらに生産者や消費者の遺体や排出物を無機物にする、分解者と呼ばれる細菌や菌類なども共存する。生産者、消費者、分解者から成る生物群集は、それを取り巻く光、水、空気など、非生物的環境と密接な関係を保って生きている。例として、海洋生態系、森林生態系、砂漠生態系などをあげることができる。→エコシステム海洋生態系、森林生態系

**せいたいけいかんり【生態系管理】**
エコシステムマネージメント（ecosystem management）とも言う。持続可能な社会と経済の発展に向けて、自然資源の管理を自然科学と社会科学の両面から行おうとするもの。生態系や生物多様性を維持し、回復を図り、自然資源の利用を促進するために、行政機関や地域住民、研究機関などが連携し、自然の生態系と人間社会との調和を目指す。→持続可能な社会、生態系、生物多様性

**せいたいけいサービス【生態系サービス】**（ecosystem service）
生態系が人類にもたらす全ての恵みを総称して言う。生態系には、大気成分の調整、気候の調整、自然災害・土壌浸食の緩衝、水質浄化・水源涵養、廃棄物処理、花粉運搬、動植物への生息地の提供などの機能がある。そして食料・素材の提供、バイオ、農業、製薬分野などにおける遺伝子プールとしての価値、レクリエーション機能の提供など経済的な価値、そして科学的、教育的、審美的、倫理的価値など多岐にわたるサービスを人類に提供している。これ

ら生態系の人類に対するサービスを評価することなく開発を優先して生態系を破壊してしまうと、人々は自然の恵みを受けられなくなる。→外部不経済、生物資源、エコロジカル・フットプリント

## せいたいけいのたんそじゅんかん【生態系の炭素循環】

自然界における炭素の循環のこと。この内、陸上生態系では大気中の二酸化炭素は植物の光合成により、一部は生体を構成する有機炭素として固定され、残りは呼吸活動により再び二酸化炭素として大気中に放出される。動物などは植物から有機物として炭素を受け取り、呼吸により二酸化炭素として大気中へ放出する。動植物の遺体は微生物によって分解され、二酸化炭素として大気中に放出される。陸上の植物が年間に吸収する炭素の内、半分は呼吸により、残りの半分は土壌微生物による分解（土壌呼吸）により大気中へ戻され、自然状態では炭素収支はほぼ平衡である。森林の大規模な伐採により、陸上に貯蔵されていた炭素が二酸化炭素として大気中に大量に放出されていることも、二酸化炭素濃度の上昇に影響している。→炭素プール、水界の炭素循環

## せいたいけいふくげん（うんどう）【生態系復元（運動）】

人間活動の介入によって破壊、損傷、または退行した生態系を修復すること。原生林や湿原の生態系回復のための植林活動などは、その一例である。→エコロジカルネットワーク、三面コンクリート、多自然型川づくり、ビオトープ

## せいたいてきちい【生態的地位】

生態系を構成する生物群集において、その生物が占める地位のことを指す。ニッチとも言う。生態的地位には食物連鎖上の地位と、生息場所における地位があるが、いずれの場合も異なる種が一つの生態的地位に共存することはできない。しかし、同じ生態的地位にありながら、互いに異なる時間帯に捕食行動をとることで、棲み分け、食い分けを図るワシとフクロウなどの例もある。生態的地位が確立されることによって、環境に適応した種が生き残っていくことになる。→資源分割、種間競争、食物連鎖、生態ピラミッド

## せいたいピラミッド【生態ピラミッド】

生態系の食物連鎖や栄養段階において、各段階の生物量、生産力、個体数の状態を表したもの。下位のもの程、生物量などが多く、段階が上がるごとに減少し、これを積み上げるとピラミッド型になることから名付けられた。ある生態系の外部から高

次消費者が移入してくると、生態ピラミッドの構成が崩れ生態系に影響が出る。→生態系、食物連鎖

## せいちょうのげんかい【成長の限界】
(The Limits to Growth)
1972年に発表されたローマクラブによる「人類危機」レポート。「人口増加や環境破壊がこのまま続けば、資源の枯渇や環境の悪化によって、100年以内に成長は限界点に達する」と指摘、「破局を回避するためには、地球が無限であるということを前提とした従来の経済のあり方を見直し、世界的な均衡を目指す必要がある」と警鐘を鳴らした。米国、マサチューセッツ工科大学（MIT）のデニス・メドウズを主査とする国際チームが「ローマクラブ」から委嘱を受け、全地球的システムのモデル化という手法で研究した結果を公表したもの。反響が大きかったことから、日本でも同年に邦訳された同名の書籍がある。この本の「睡蓮のたとえ話」（幾何級数的増加に関するなぞなぞ）は、同年6月に開催されたストックホルム国連人間環境会議の場で多くの人々によって語られた。その続編『限界を超えて—生きるための選択』(Beyond The Limits) (1992年)は、資源採取や環境汚染によって21世紀前半に破局が訪れるという、さらに悪いシナリオを提示した。ローマクラブは、伊・オリベッティ社の副社長で石油王アウレリオ・ベッチェイが、資源・人口・軍備拡張・経済・環境破壊など全地球的な問題に対処するために設立した民間のシンクタンク。1968年4月、立ち上げ会合をローマで開催したことから、この名称になった。→人口爆発、資源危機、ストックホルム国連人間環境会議、ローマクラブ

## せいひんじょうほうかいじ【製品情報開示】
製品に係わる素材・原材料、製造工程、環境負荷など各種の情報を開示すること。一般に、各種の環境ラベルやある種の環境報告書などがこの役割を果たしている。その目的は、安全や環境保全に係わる情報を使用者や消費者が知ると同時に、生産者の意識を高めるためにもある。また消費者保護や情報公開に係わる法令によって公表される製品情報もあるので、こうした制度も製品の環境負荷を知るために重要な制度である。環境政策の中で、製品情報開示は情報的手法と呼ばれる手法の中心となる。→エコラベリング、特定目的環境ラベル、情報公開制度、情報的手法

## せいぶつかがくてきさんそようきゅうりょう【生物化学的酸素要求量】
(BOD) (Biochemical Oxygen Demand)

水の中に含まれる有機物を微生物が分解する際に必要とする酸素量で示した水質指標。単位は mg/ℓ で表示される。有機物の量が多いと、生物化学的酸素要求量の値は高くなり汚染が強いことを示す。有機物による河川の汚染を測る指標となるが、微生物によって代謝されにくい有機物は測定できず、毒物による汚染がある場合は微生物の活性が弱まるため実際の値よりも低く測定される。また、アンモニアや亜硝酸のような無機物により酸素が消費されると、測定値は実際よりも高くなる。通常は、20℃の暗所で5日間培養した時の消費量を測定する。生物化学的酸素要求量が高いと、水中の溶存酸素が欠乏し汚染が進行する。生物化学的酸素要求量が 10mg/ℓ を越えると、悪臭の発生が見られる。生活排水の生物化学的酸素要求量はおおよそ 200 であり、汚染の少ない山間部の清流で 0.5 である。魚の生存が可能な生物化学的酸素要求量は、汚染に強いフナやコイなどで 5 程度とされる。→化学的酸素要求量、浄化槽、生活排水

## せいぶつぐんけい【生物群系】

区分された生物群集のこと。バイオームとも呼ぶ。ある地域に生息している複数の生物種個体群の集合において、それらの生物種が相互に様々な関係を持っている時、その集団を生物群集と言う。生物群集は、例えば植物の場合、高木か低木か、密生か疎生か、常緑林か落葉林かなど個体の様相や外観の因子と気候条件によって熱帯多雨林、亜熱帯多雨林、照葉樹林、夏緑樹林、サバンナ、ツンドラ、砂漠などに分けることができる。この区分された生物群集を生物群系と言う。日本の森林の場合、関東以南の植物群系はカシやシイなどの照葉樹林、中部、東北ではブナやカエデなどの夏緑樹林である。→生物群集

## せいぶつぐんしゅう【生物群集】

生態系を構成している生産者、消費者、分解者の集団を指す。生産者とは、太陽のエネルギーと水と二酸化炭素を利用して光合成を行いデンプンや糖をつくる植物を始め、植物プランクトン、光合成細菌、化学合成細菌など、いずれも無機物から有機物をつくり出す生物を言う。消費者とは、生産者のつくった有機物を直接取り入れて生活している草食動物やそれらを捕らえて生活している肉食動物などを言う。分解者とは生産者、消費者の排出物や遺体、すなわち有機物を取り入れて無機物にする菌類のキノコや細菌類のカビ（黴）などを指す。→生態系

## せいぶつけん【生物圏】(biosphere)

大気圏、水圏、地圏（岩石圏）から成る地球の、生物が棲んでいるごく

表層の領域を指す。19世紀のJ・ラマルクの造語から「バイオスフィア」とも言う。地球をリンゴにたとえれば、生物圏はリンゴの皮にたとえられる。高山や土壌および地下水中から深海に至るまでを、その領域としたとしても、層の厚さはたかだか20kmに満たない。生物圏が空間的に制限される理由は、生物が液体の水と光合成のための太陽光を必要とするからである。有限な閉鎖空間の中で全ての生命活動が行われているため、廃棄される物質は外部へ排出されることなく、バイオスフィア内をさまようことになる。有害物質等の量が自然の持つ浄化能力を超えて排出されると、汚染物質は蓄積し除去が困難となる。→水界の炭素循環、植物プランクトン、生物ポンプ

### せいぶつしげん【生物資源】
(bio-resources)
人類の生活に役立つ食料、バイオマス・エネルギー、工業製品、薬品、微生物など生物由来の資源、およびそれら生物の成育環境も含めて生物資源と言う。生物資源は、地球表層部の生物圏に棲息、成育、生成する。生物の機能と役割、そして生態系と環境との関係から、その開発、利用そして廃棄においては、自然環境との調和を考慮した持続可能な利用を行うことが大切である。生物資源は、真の循環型社会の確立や地球環境問題解決のために不可欠な資源であるのみならず、地殻の中にある枯渇性の資源とともに人類の持続可能な発展のために重要な資源である。→持続可能な社会、循環型社会

### せいぶつしひょう【生物指標】→しひょうせいぶつ【指標生物】

### せいぶつたようせい【生物多様性】
数多くの種に分化し、35億年を超える進化の歴史を経てつくられてきた生物の、時間的・空間的に多様化した有様を指す。地球上には、名前が付けられているものだけでも200万種、未確認のものを合わせると、その数倍から十数倍の生物が生育しているとみられている。生態学的には、生態系の多様性、種の多様性、遺伝的多様性は生態系の安定に寄与するとされ、保全が求められている。→遺伝子資源、ガイア仮説、カルタヘナ議定書、生物多様性条約

### せいぶつたようせいこっかせんりゃく【生物多様性国家戦略】
1995年10月に、政府閣僚会議が定めた、生物多様性の保全と持続可能な利用に関する基本方針および国の施策。日本が、1992年の国連環境開発会議（地球サミット）で調印した「生物多様性条約」の内容を反映した構成になっている。2002年3月に、同戦略の全面的な見直しを実施して

「新・生物多様性国家戦略」とし、「自然と共生する社会」を政府全体のトータルプランとして位置付けた。具体的には、①種の絶滅、湿地の減少、移入種問題などの対応として「保全の強化」、②失われた自然を再生、修復する「自然再生」、③里山里地など多義的空間の「持続可能な利用」の三点を強調している。→遺伝子資源、カルタヘナ議定書、生物多様性条約、地球サミット

### せいぶつたようせいじょうやく【生物多様性条約】（CBD）（Convention on Biological Diversity）

正式名称は、「生物の多様性に関する条約」。生物の多様性の保全、その構成要素である生物資源の持続可能な利用および遺伝資源の利用から生ずる利益の公正かつ公平な配分を目的とした条約。1992年5月、ケニアのナイロビで開かれた会議において採択され、1992年6月にブラジルのリオデジャネイロで開催された国連環境開発会議（地球サミット）において、日本を含む157カ国が調印。1993年に発効された。→カルタヘナ議定書、地球サミット

### せいぶつたようせいのだいさんきき【生物多様性の第三危機】

生物多様性の第一危機は、開発など人間活動によって引き起こされるもの、第二の危機は、逆に人口減少に伴う過疎化などが原因で、里山里地などの生態系が劣化することで引き起こされるもの。第三の危機は、マングース、アライグマ、ブラックバスなどの移入種による生態系の攪乱が原因となったものを言う。特に、最近では第三の危機が深刻化しており、侵入の予防、侵入の初期段階の発見と対応、定着した移入種の駆除・管理の各段階に応じた対策が必要とされる。→遺伝子資源、エコロジカルネットワーク、外来生物、海洋生態系、生物多様性

### せいぶつちりがく【生物地理学】

地球規模から局地的規模まで、生物の時間的、空間的分布を研究する科学。例えば、地形の時間的な変化が生物の分布にどのような影響を与えてきたかなど、生物の分布を地誌や地理など多方面から研究する。

### せいぶつてきぼうじょ【生物的防除】

農作物の害虫や雑草の防除に、化学農薬に代えて、対象となる害虫の天敵を利用したり、または雑草を食う草食性の動物を使うことを言う。このような防除法は効果が緩やかである、天敵の管理が難しいなどの問題もあるが、化学農薬による防除法に比べて環境に与える負荷が少ないため、防除の応用技術や新たな天敵微生物の開発に期待が寄せられている。→生物農薬

## せいぶつのうしゅく【生物濃縮】

特定の物質が食物連鎖を介して濃縮されてゆく現象。外界から取り込んだ特定の物質が、生物体内で解毒または排泄され難いために、環境中におけるよりも高濃度に蓄積され、食物連鎖の上で上位の生物種がこのような状態にある生物を補食すると、より高濃度の蓄積が起こる。レイチェル・カーソンの『沈黙の春』では、殺虫剤として多用された有機塩素化合物であるDDTが、牧草から牛の体内に取り込まれ、その牛乳からつくられた乳製品に高濃度に残留する様子が述べられている。また、日本の水俣では、工場排水に含まれていた有機水銀が、海草や魚介類を通じた食物連鎖によって濃縮され、高次の栄養段階にある人間に大規模な有機水銀中毒被害を及ぼした。DDTや有機水銀は、いったん生体に取り込まれると排出され難いため、深刻な健康被害をもたらす。→食物連鎖、沈黙の春、有機塩素化合物、レイチェル・カーソン

## せいぶつのうやく【生物農薬】

農作物を害虫などから守るために、駆除したい害虫の天敵に当たる生物を利用して害虫を防除すること。天敵には、捕食性昆虫であるテントウムシや寄生性昆虫のオンシツツヤコバチなどの他、線虫、微生物などが用いられる。例えば、テントウムシはアリマキ（アブラムシ）の天敵で、害虫であるアリマキを捕食する益虫である。→共生、生物的防除、天敵

## せいぶつのきょうせいかんけい【生物の共生関係】

生物が他の生物へ栄養などの利益を提供し合う異種生物の相互依存関係。共生には、関係する生物種双方がお互いから利益を受ける相利共生、片方の生物種のみが利益を得る片利共生関係があり、近年は片方が利益を受け他方は不利益を被る寄生も、共生関係の一種とされている。相利共生の例としては、地衣類やマメ科の植物が代表的である。地衣類は菌類と藻類の共生体で、菌類が体をつくり、藻類は光合成を行い栄養分を提供している。マメ科植物の多くは根に根粒菌を共生させ、根粒菌は大気中の窒素を固定し供給し、植物は炭水化物を根粒菌に供給している。片利共生の例としては、イソギンチャクに共生して身を守るカクレクマノミなどの魚類がある。生物である人間と他の生物との関係は、主に人間が一方的に利益を得る寄生関係であり、生物多様性を維持し環境を保全していくには、人間と自然との共生関係（持続可能な農林水産業）の構築が必要である。→共生、資源管理型漁業、持続可能な農業、生物多様性、長伐期施業

### せいぶつはんしょくのうりょく　はんえいのうりょく
【生物繁殖能力　繁栄能力】
生物が生殖などによって個体数を増やすための、種固有の能力。自然の中で、生物の特定の種を人為的に増やすことは、生態系のバランスを崩すばかりでなく、生態系に環境破壊が起これば、その行為は意味のないものになる。→外来生物、食物連鎖、生態系

### せいぶつポンプ【生物ポンプ】
(biological pump)
海洋において表層付近から深層へ炭素を輸送する生物学的な経路。炭素以外の元素の輸送を含む場合もある。海洋の表層付近では、光合成により植物が有機物を生産し炭素を固定している。生産された有機物は分解され二酸化炭素となり放出されるが、一部は生物の遺骸や糞粒の形で深層へと沈降し堆積物となる。微生物の石灰質ナンノプランクトンや有孔虫は石灰質の殻をつくり遺骸が沈降し無機炭素の形で堆積物となる。海洋表層から二酸化炭素が減少するため、大気から二酸化炭素が海洋表層へ溶け込む。堆積物となった二酸化炭素は長時間固定されるため、地球表層の炭素循環から除外される。近年このメカニズムを利用して、大気中の二酸化炭素を海洋中へ吸収させる研究が行われている。→水界の炭素循環、植物プランクトン、炭酸ガス固定化、炭素隔離、炭素プール

### せいぶんかいせいプラスチック【生分解性プラスチック】
バイオプラスチックとも言う。トウモロコシやケナフなど生物由来の原料からつくるカーボンニュートラルなプラスチック類の総称。焼却すれば有毒ガスを発し、埋め立てても分解しないプラスチック製品の普及によってプラスチック公害が問題化、自然界で分解するプラスチックの開発が求められていた。生分解性プラスチックは乳酸菌が合成するポリ乳酸を精製してつくるもので、微生物によって炭酸ガスと水に分解されるため、自然界に散乱しやすい釣り糸や魚網などへの実用化が進んでいる。欧米ではすでに包装や容器などに実用化されており、特に、伊では1992年から分解性以外のプラスチックの使用を禁止した。日本では、ソニーが、ヘッドホンステレオ「ウォークマン」やペット型ロボット「AIBO（アイボ）」などにバイオプラスチックを部分使用、NECはケナフ繊維強化バイオプラスチックを使った携帯電話を開発、富士通もトウモロコシ原料のプラスチックを使ったノートパソコンの開発を進めている。→カーボンニュートラル、バイオマス

### せかいいさん　せかいのぶんかいさ

## んおよびしぜんいさんのほごにかんするじょうやく【世界遺産　世界の文化遺産及び自然遺産の保護に関する条約】

世界遺産リストに登録された遺跡や文化、景観、自然など、人類が共有すべき普遍的な価値を持つもの、およびそれらの遺産を保護するための条約のこと。1960年代のエジプトのアスワンハイダム建設に伴い、歴史的な遺産が崩壊の危機に直面したことが契機となり、歴史的な遺産を保存するための国際的な取り決めが必要になった。そのため、1972年にユネスコ（国際連合教育科学文化機関）( UNESCO : United Nations Educational, Scientific and Cultural Organization) の総会で「世界の文化遺産及び自然遺産の保護に関する条約」（世界遺産条約）が採択された。世界遺産は文化遺産、自然遺産、複合遺産の三つの種類がある。特に自然遺産では、特殊な生態系や生物多様性なども遺産指定の基準になっている。特異性のある環境の保全に、この条約が果たす役割は大きい。日本は1992年に加盟。1993年には屋久島、白神山地が自然遺産に、法隆寺地域と姫路城が文化遺産に登録され、その後も世界遺産としての登録が続いている。→自然保護運動、白神山地、文化景観、屋久島、歴史的景観

## せかいきしょうきかん【世界気象機関】(WMO) (World Meteorological Organization)

世界各国の気象情報の交換を行うための国連専門機関。本部はスイスのジュネーブで、2002年3月現在、179ヵ国、6領域が加盟している。1873年に設立された国際気象機関（IMO）が発展的に解消して、1950年に設立された。地球温暖化について専門的な研究をするIPCC（気候変動に関する政府間パネル）は、国連環境計画（UNEP）とWMOにより設置された。→IPCC、国連環境計画

## せかいしぜんほごききん【世界自然保護基金】(WWF) (World Wide Fund for Nature)

100を超える国々で活動する世界最大の環境 NGO。 1961年に、絶滅の危機にある野生生物の保護を目的としてスイスで設立された。その後、次第に活動を拡大し、現在は、地球全体の自然環境の保全に幅広く取り組んでいる。具体的には、絶滅危惧種の保護、生物多様性を守るために選定された地域の保全、森林や海洋の持続可能な開発の推進、気候変動や化学物質による汚染防止などの活動をしている。50ヵ国以上の国々に拠点を置いており、日本ではWWFジャパンの名で知られている。→RSPO、エコツーリズム、MSC認証、森林認証制度、生物多様性、絶滅危惧種

**せかいほけんきかん【世界保健機関】**(WHO) (World Health Organization)
保健問題に関する国際連合の医療政策の立案、実行機関。本部はスイスのジュネーブ。1948年に発効した「世界保健憲章」第一章には、「全ての人々が可能な限りの最高の健康水準に到達すること」と設立の目的が述べられている。主な仕事としては、世界の医療環境の整備、すなわち伝染病、風土病の撲滅、保健事業に関する条約、協定などの提案、勧告などである。日本は1951年に加盟。予算は加盟国の国連分担率に沿った義務分担金と、加盟国、世界銀行からの任意拠出による。→UNDP、罹患率

**せかいみずフォーラム【世界水フォーラム】**(World Water Forum)
深刻化する世界の水問題を議論する国連主催の公開討議の場。国際シンクタンク「世界水会議」の呼びかけで1997年3月、モロッコのマラケシュで「第1回世界水フォーラム」が開催され、「世界水ビジョン」の作成が提案された。2000年3月の第2回フォーラムでそのビジョンが発表され、第3回は2003年3月に日本の琵琶湖・淀川水系の京都、滋賀、大阪で開催され、ビジョンを実行するための方法論と問題点が議論された。その結果、「閣僚宣言」と「水行動集」がまとめられた。第4回は2006年3月、メキシコ市で開催された。そこでは、水の使用に関する社会的責任を通じて、全人類の生活の改善のために地域活動による水管理強化と水の地方自治宣言がなされた。→水危機、バーチャル・ウォーター

**せきたんガスかふくごうはつでん【石炭ガス化複合発電】**
石炭をガス化炉で高温高圧の水素、酸素、水蒸気などと反応させてガス化し、ガスタービン燃料とする高効率発電方式。石炭は燃やすと、$CO_2$と灰が他の化石燃料に比べより多く出るという欠点があるが、この方式は従来の微粉にして燃やす方式よりも発電効率が約20％高く、$CO_2$発生量も約20％少ない。また、硫黄酸化物（SOx）、窒素酸化物（NOx）、ばい塵の排出量が低減される。→発電効率

**せきどうげんそく【赤道原則】**→エクエーターげんそく【エクエーター原則】

**せきにんとうしげんそく【責任投資原則】**(PRI) (Principles for Responsible Investment)
世界の持続可能な発展に寄与する投資のための原則。コフィー・アナン前国連事務総長と国連環境計画・金融イニシアティブ（UNEP・FI）、および国連グローバルコンパクトが共

同開発したもの。2006年4月27日、ニューヨーク証券取引所で16カ国から年金基金などの大口機関投資家（総資産2兆ドル）32社が署名した。責任投資原則は六つの柱から成り、機関投資家が「環境、社会、コーポレートガバナンス」の考えを投資活動に取り入れていくための行動指針が示されている。その後も署名する機関投資家が増え、2006年5月3日時点では合計63社で資産合計は5兆ドルに上る。日本企業も当初、三菱UFJ信託銀行、住友信託銀行、大和証券投資信託委託、損害保険ジャパン、キッコーマン年金基金の5社が署名している。その後、三井アセット信託銀行、太陽生命保険が加わった。→エコファンド、SRI、FTSE4Good、コーポレート・ガバナンス

**せきゆかんざん【石油換算】**(equivalent to oil)
熱や電気などエネルギー量を石油に換算して比較する方法。再生可能エネルギーによる発電など、原料として石油や原油が使われていない場合も、熱量や炭素の量を石油換算することで石油代替エネルギーのイメージをつかみやすくすることができる。計算根拠は、石油関連諸税の税法や、「省エネ法」などにより異なる。→エネルギー自給率

**せきゆきき【石油危機】**(oil crisis)
石油価格の異常高騰による混乱現象。1973年と1979年の二回起こった。いずれも1960年にアラブ、中東の産油国で結成した石油輸出国機構（OPEC）が石油の輸出制限を発動したために石油価格が急騰したことによる。第一次石油危機は、1973年10月の第四次中東戦争に端を発したものであるが、"石油は武器"というスローガンのもとに、いわゆる欧米石油メジャーや先進消費国による資源の乱掘や利益独占などの経済支配に対する産油国の反撃であった。当時、このことは、"資源ナショナリズムの台頭"と表現された。第二次石油危機は第一次と同じように石油価格の上昇幅は大きかったが、先の経験が生かされて日本経済への影響は比較的軽微であった。二度の石油危機が契機となり、安い輸入原油に依存して鉄鋼、アルミニウム、石油化学製品などを大量に生産する産業構造から自動車、コンピュータ、精密機械、エレクトロニクスなどの加工度の高い製品への転換が行われた。→オイル・ショック、石油代替エネルギー

**せきゆぞうしんかいしゅうほう【石油増進回収法】**(EOR)(Enhanced Oil Recovery)
$CO_2$を圧入することによって原油の生産量を上げるための最新技術。火力発電所や石炭ガス化プラント、ガス田などで発生する$CO_2$を捕集して

圧縮したものを、近くにある油田までパイプラインで運び油井に圧入、油層内で放出するとそのガスの圧力で原油の生産量が上がる。従来から、海水を圧入したり、重質油に対してはスチームを注入している。2006年11月に、ケニアのナイロビで行われた京都議定書第2回締約国会議において、この方法を排出権取引の対象にしようということが議論されたが、見送られた。油井の多い産油国においては、石油の回収率が上がるだけでなく炭酸ガスを固定化できるので、今後の地球温暖化防止のための一つの有効な方策になりうる。米国では一部の油井で実施されている。→炭素隔離

### せきゆだいたいエネルギー【石油代替エネルギー】

石炭、自然エネルギー、原子力など石油に替えて利用できるエネルギーの総称。オイルショック以降、石油代替エネルギーへの転換が進められてきた。「サンシャイン計画」(1974年)、「ムーンライト計画」(1978年)、「ニューサンシャイン計画」(1993年)が産官学の連携の元で進められ、日本の省エネルギー技術開発を推進した。総合資源エネルギー調査会の「長期エネルギー需給見通し」では、2010年までに石油依存を45％まで低下させ、石炭、天然ガス、原子力エネルギーへの転換を進めていくことを目標としている。一次エネルギーに占める石油のシェアは、この30年間で50％以下まで低減した。特に、発電電力量に占める石油のシェアについては11％にまで低減している。しかし、石油に石炭、天然ガスを合わせれば、一次エネルギー供給の8割を海外からの化石燃料に依存していることに変わりはない。→エネルギー作物、一次エネルギー

### せぎれげんしょう【瀬切れ現象】

河川の流量が減少し、河床が露出し水流が断絶してしまう現象。瀬切れの原因となる河川流量の減少は、主に少雨期の渇水、上流部のダムによる放水量の調整、生活用水や農業用水の過剰な取水が原因と考えられている。中国の黄河では、瀬切れが大規模、長期間にわたって発生し深刻な環境被害が起こっている。日本では琵琶湖に流れ込む河川などで同じ現象が見られる。本来、水が流れることにより環境が維持されている河川で水流が途切れるため、瀬切れによる環境への影響は大きい。瀬切れにより河川が干上がると、水生生物などの生態系へ影響を与え、漁業被害を生じさせる。鮎のような遡上する魚類の遡上期、産卵期に瀬切れが発生すると、影響は致命的である。流水の停止により河川環境が悪化し、景観、レジャーにも悪影響が出る。→黄河の断流

## せだいかんこうへいせい【世代間公平性】

地球の資源と環境を未来世代も現世代と等しく利用し享受できること。有限なエネルギーや資源は、未来世代のことを配慮した利用の仕方が求められる。地球の地殻に存在する資源や、森林・水産・水資源など地球の生物圏にある資源、さらに大気、土地、生態系といった自然環境などを、現在生きている世代の人たちが利用し尽くしてしまう、あるいは汚染してしまえば、後々の世代の人々が利用して現代世代と同じような豊かな生活を送ることができなくなる。これでは、世代間の公平性を欠くことになる。地球上の自然資源は、後々の世代も利用できるよう持続可能な方法で管理されなければならない。→環境基本法、環境権、持続可能な社会

## ぜつめつきぐしゅ【絶滅危惧種】

(endangered species)
野生生物で、環境汚染、気候変動、生態系破壊、乱獲、密漁などによって個体数が極端に減って絶滅の恐れがある種のこと。同じ意味に「危急種」がある。絶滅危惧種を網羅したリストとして、国際自然保護連合（IUCN）によるレッドリストやレッドデータブックがある。わが国では、これに準拠した環境省が作成したレッドリスト、レッドデータブックがある。地球環境の劣化に伴い、絶滅危惧種はますます増える傾向にあり、世界各地でその地域における固有種と言われる種が消滅し、生物多様性が失われつつある。現在、13秒に一種類、一年で4万種が絶滅していると言われている。→レッドデータブック、生物多様性

## セリーズげんそく【セリーズ原則】→エクソン・バルディーズごうじけん【エクソン・バルディーズ号事件】

## セルせいさんほうしき【セル生産方式】(cell production system)

セルは細胞。転じて一人から五人程度の小集団が部品を組み合わせて完成品に仕上げる生産方法。大量生産を支えてきたベルトコンベヤー方式に替わる新しい生産方式。コンベヤーによる大量生産は、見込み生産が前提になっており、見込みでつくった製品が売れなければ大量の製品在庫が発生し、その大部分は廃棄物として捨てられてしまう。これに対しセル生産は、注文生産に近い生産システムで無駄になる製品在庫はほとんど発生せず、ベルトコンベヤー方式と比べ、省エネ、省資源で資源生産性が高く、環境負荷の少ない生産方法であり、循環型経済システムを支える生産方法として位置付けることができる。複写機業界や電機業界を始め様々な製造部門で、ラインか

らコンベヤーを外し、セル生産方式に移行する動きが目立っている。→オンデマンド生産、コンベヤー方式、資源生産性

## ゼロウェイストうんどう【ゼロウェイスト運動】
(Zero Waste Campaign)
地球上のごみゼロを目指して、ごみを「燃やす」「埋める」のではなく、そもそも「ごみを発生させないようにする」運動。1996年にオーストラリアのキャンベラ市が「2010年までにごみをゼロにする」というゼロウェイスト宣言を行った。教育システムの充実や、住民提案のアイデア採用などで、2003年までに最終処分量を69%減らすことに成功した。次いで米国のサンフランシスコ市も2002年、「2020年にゼロウェイスト達成を目指して、2010年までに75%」の同宣言を行った。2004年までに63%のリサイクル率を達成している。日本では、グリーンピースジャパンの「日本縦断ゼロウェイストツアー2003」がきっかけとなり、同年9月、徳島県上勝町が「2020年までに焼却・埋立て処分をなくす最善の努力をする」と日本初のゼロウェイスト宣言を行った。宣言を後押ししたのは、世界中で「脱焼却炉」を説き、同年7月に同町を訪問した米・セントローレンス大学のポール・コネット（環境化学）であった。日本のごみ焼却炉は1700基以上、地球上の一般廃棄物焼却炉の3分の2が日本にあることになる。これに対して、カナダ、オーストラリア、ニュージーランド、米国の自治体では、焼却炉は用いず、最終処分量の減量に成功している。→クリチバ市、廃棄物処理法、排出抑制、フライブルク市、リデュース

## ゼロエミッション【Zero Emission】
廃棄物ゼロ。国連大学が1994年に提唱した「国連大学ゼロエミッション研究構想」の中で初めて使われた。ゼロエミッションの基本的な考え方は、地球上に存在する全ての物質は、有用な資源として使える。だから本来自然界には廃棄物は存在しないと考える。廃棄物が存在するのは、それを有効に活用する社会的、経済的システムや技術が未開発、未成熟であるからと考える。例えば、A産業が排出する廃棄物をB産業が原材料に使うといった具合に、廃棄物の再資源化が可能になるような産業クラスター（集合体）を軸とした産業構造をつくり出すことで、廃棄物をゼロに近づけることができる。→産業生態系、エコタウン事業、ガス化溶融炉、カルンボー工業団地

## せんこう【選鉱】(ore dressing)
採掘後に鉱物の品位を高めるために行う工程。精錬用の鉱石にするため

には、選鉱が必要である。選鉱によって有用鉱物の濃度を上げるためには、各鉱物の物理的・化学的特性に応じた方法が用いられる。その方法には磁力選鉱、比重選鉱、浮遊選鉱などがある。選鉱によって品位を上げた鉱石のことを精鉱と言う。精鉱をとった残りカスを尾鉱（テーリング）と言う。金や銅などのように有用鉱物の含有量が非常に少ない場合、精鉱の量に対して鉱山の廃棄物となる尾鉱の量がはるかに多いために、その処理は鉱山周辺の環境に大変大きな負荷を与える。→バクテリア・リーチング、エコリュックサック

## ぜんこくちきゅうおんだんかぼうしかつどうすいしんセンター【全国地球温暖化防止活動推進センター】

(JCCCA) (Japan Center for Climate Change Actions)
1999年4月に施行された「地球温暖化対策推進法」で、設置が義務付けられた機関。地球温暖化対策に関する普及、啓発を通して、地球温暖化防止活動の推進を図ることを目的にしている。草の根型の温暖化防止活動を推進するため、都道府県地域温暖化防止活動センター（略称・都道府県センター）、地球温暖化対策地域協議会（市町村ベース）などの地方拠点が設置されている。→地球温暖化対策推進法

## せんざいしぜんしょくせい【潜在自然植生】

(potential natural vegetation)
人間の影響が完全に排除された時、その立地および気候条件から理論的に成立するであろうと推測される植生。独の植物学者ラインホルト・チュクセンによって提唱された。人間の影響が大きくない土地では、潜在自然植生は自然本来の原植生と同じになる。しかし土地が人間の影響を強く受けると、その土地はもはや自然本来の植生を維持することができず成立する植生は異なったものになる。遷移の過程では、土地の変化も伴うため、潜在自然植生とは異なる。このため、潜在自然植生では土地条件をある時点に固定して表す。自然再生を行う場合、再生を目指す自然の植生とはどのようなものかを考えることが重要であり、その答えの一つが潜在自然植生の推定である。生態学者の宮脇昭は、潜在自然植生の概念を利用した植生復元に取り組み、大きな成果を得ている。→二次林、植生遷移

## せんまいだ【千枚田】→たなだ【棚田】

# ソ So

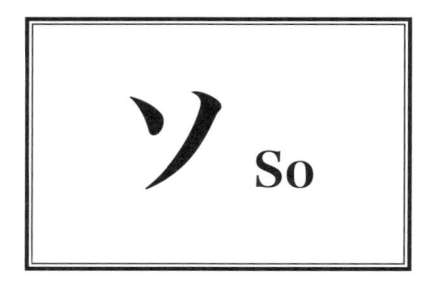

## そうおんきせいほう【騒音規制法】
(Noise Regulation Law)
工場および事業活動、建設現場などで発生する騒音について必要な規制を定めた法律。また自動車騒音についても、許容限度を定め、生活環境の保全、国民の健康の保護を図ることを目的としている。1968年10月公布。→新幹線公害

## そうごうてきびょうがいちゅうかんり【総合的病害虫管理】(IPM)
(Integrated Pest Management)
防除システムを構築して病害虫や雑草管理を行うこと。安定した農業生産を実現するために、経済性を考慮しながら、利用可能な全ての防除手段から適切なものを組み合わせて行う。人の健康に対するリスクと環境への負荷を軽減する目的で、化学農薬以外に天敵、フェロモン、防虫ネットなどの技術が併用されている。→農薬、生物農薬、生物的防除

## そうるい【藻類】
主として水中で生活する酸素発生型の光合成を行う生物で、海草や水草など高等植物以外の生物の総称。陸上で生活する種子植物、シダ類、コケ類などに比べて藻類の体の構造は単純であるが、その生態や形態は著しく変化に富んでいる。水界の生態系の中では、藻類は他の生物の生活を支える重要な役割を果たしている。河川、湖沼、海が生活雑排水などの流入によって富栄養化すると、植物プランクトンのアオコや赤潮などの藻類が異常に増殖し、生態系を壊し魚類を死滅させたり異臭を放ったり、水辺の景観を損なったりする。これらの藻類の中には、有毒物質を発生させるものがあり、水が汚染されて、その水を飲んだ家畜などが被害を被ることもある。→アオコ、赤潮、富栄養化

## ソックス【SOx】→いおうさんかぶつ【硫黄酸化物】

## ゾーニング（zoning）
主に都市計画の立場で、ある地域地区での土地利用を特定用途に規定し規制をかけること。元々「建築基準法」の用途地域規制は、この考え方に基づいている。都市内での土地の利用の仕方に地域特性があることを示し、用途制限を設けることにより、都市景観・公害対策などに応用しようとした。しかし、「都市計画法」を含めてあまり実効性がないことが指

摘されている。また、自然環境保護の高まりにつれて、特殊な自然環境や生態系を守るためにゾーニングを使い、人間の出入りを規制する枠組みをつくる試みもなされている。→地域共同管理、地域政策、地域づくり、町おこし

**ソーホー**→スモールオフィス　ホームオフィス

**ソフト・エネルギー・パス（Soft Energy Path）**
米国の物理学者エイモリー・B・ロビンズ（現・ロッキーマウンテン研究所長）により、1976年に提唱された概念で同名の書名がある。エネルギー需要の質と量の双方を検討し、その最終用途での利用効率を高めるようなエネルギー供給体系を追求することを重視している。その実現のためには、化石燃料や原子力といった大型出力可能なエネルギーを効率よく利用しつつ依存度を低め、太陽光・熱、風力、水力などの再生可能な自然のエネルギー（ソフト・エネルギー）を需要の質と規模に合わせて分散的に自然界から得ることが必要である。その技術は環境に対して穏やかであり、誰にでも理解され、コスト的にも引き合う。さらに、そのソフト・エネルギーを得ることが可能になれば、エネルギー源の分散化につながるため、より自由で多様な社会を築くことができるとされる。→環境効率、環境民主主義仮説、キャット、クリーンエネルギー、再生可能エネルギー、資源効率性

**ソーラークッカー（solar cooker）**
太陽コンロ。太陽光の熱エネルギーを利用した調理器具。クリーンで再生可能なエネルギー利用の一つとして、炊飯、湯沸し、煮物などに利用される。最近では、子どもの環境教育の一環として、焼き芋やゆで卵、ポップコーンなどをつくり、太陽光エネルギーの大切さを教える教材としても利用されている。

**タ Ta**

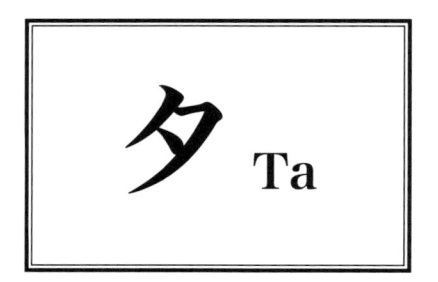

## ダイオキシン（dioxin）

人間の活動の結果生じた毒物の中では、最強クラスの毒性を持つポリ塩化ジベンゾ-パラ-ジオキシン（PCDD）の別称。同じ程度の毒性を持つポリ塩化ジベンゾフラン（PCDF）を含めて、一般にダイオキシン類と呼ぶことが多い。無色無臭の固体で水には溶けず、脂肪などに溶けやすい性質を持つ。ごみの焼却や金属の精錬など、塩素が存在する環境で有機物を燃焼させると発生するが、詳しい発生のメカニズムはわかっていない。動物がダイオキシンを取り込むと、体内の脂肪に蓄積されるため、食物連鎖によって高次の消費者により高い濃度で蓄積される可能性がある。人間への影響は発ガン、催奇性、内分泌攪乱などが指摘されているが、影響の程度についてはまだわかっていない。→食物連鎖、内分泌攪乱物質

## ダイオキシンるいたいさくとくべつそちほう【ダイオキシン類対策特別措置法】（Law for Dioxin Pollution Control）

略称、「ダイオキシン法」。1999年7月に議員立法として制定。翌2000年1月から実施。ダイオキシン類による環境汚染の防止やその除去などを図り、国民の健康を保護することを目的としている。具体的には、耐容一日摂取量基準、排出ガス、排出水規制、廃棄物処理規制、汚染状況調査、汚泥土壌措置、国の削減計画の策定などが定められている。→ガス化溶融炉、耐容一日摂取量

## タイガ（taiga）

ロシアのシベリア地方など、高緯度の寒帯地域に広がる針葉樹を中心とした北方林。林床では特徴的にポドゾル土壌（灰白土）が見られ、地下に永久凍土が広がる。北半球の北緯50度から70度のユーラシア大陸、北米大陸に帯状に分布している。森林を構成する樹種はトウヒ、モミ、マツ、カラマツが中心で、これにカバノキ属、ハコヤナギ属などの落葉広葉樹を含む。落葉針葉樹のカラマツを中心とする明るいタイガと、常緑針葉樹のトウヒを中心とする暗いタイガに分けられる。タイガは、植生分布的には落葉広葉樹林帯と極域のツンドラ帯との間に位置し、気候は寒冷で比較的乾燥している。このため、タイガの地下には永久凍土が存在する場合もあり、地球温暖化による永久凍土の融解による森林の崩壊

が危惧されている。タイガの崩壊は、アルベド（日光の反射率）の変化にもつながり、さらなる気候変化を誘導する可能性もある。地球温暖化に対する炭素吸収源としても期待されているが、シベリアなどでは大規模伐採によって温度上昇が起こり、凍土の中に閉じこめられていた二酸化炭素の21倍の温室効果ガスであるメタンガスが放出されるとともに、森林火災により二酸化炭素の発生原因になるなど問題も抱えている。→永久凍土、温室効果ガス、メタン

### たいがいじゅせい【体外受精】

自然生殖によらず、卵子と精子を体外に人為的に取り出し、試験管内で受精させることを言う。受精卵は一定期間体外で培養し、胚となった状態で再び子宮に戻し、着床させる。10組に1組～7組に1組が、子どもに恵まれないカップルと言われる現在、不妊症治療の一つである体外受精によって妊娠する確率は平均30％程度とされている。→奪われし未来、環境ホルモン、合計特殊出生率、人口ピラミッド、新優生学、生殖クローニング

### たいきおせん　たいきおせんぶっしつ【大気汚染　大気汚染物質】

前者は火山など自然現象によるものを除き、人間の社会・経済活動に伴って人為的に排出される物質によって大気が汚染されること、その物質を大気汚染物質と言う。大気汚染物質には、大きく分けて硫黄酸化物（SOx）、窒素酸化物（NOx）、浮遊粒子状物質（SPM）などがある。→硫黄酸化物、窒素酸化物、浮遊粒子状物質、光化学スモッグ、酸性雨、大気汚染物質広域監視システム、大気汚染防止法

### たいきおせんぶっしつこういきかんしシステム【大気汚染物質広域監視システム】（AEROS）(Atmospheric Environmental Regional Observation System)

環境省により設置されている大気汚染情報を24時間リアルタイムにインターネット上で提供するシステム。日本では「大気汚染防止法」により都道府県など行政単位で常時監視が行われていたが、光化学オキシダント等大気汚染が広域的に見られるようになり、広域的な大気監視システムの構築が必要となり開発が進められた。2001年に運用が開始され、2002年からは携帯電話での閲覧が可能となった。愛称は「そらまめ君」。全国各地に設置されている大気汚染の常時監視測定所で得られた、大気汚染情報および光化学オキシダント注意報などの発令状況を、オンラインにより収集し速報値として提供する。提供される大気汚染情報は、二酸化硫黄、光化学オキシダント、一

酸化窒素、二酸化窒素、一酸化炭素、浮遊粒子状物質、非メタン炭化水素、風向、風速、気温、相対湿度である。注意報等発令情報は、発令区、発令時刻、解除時刻、最高光化学オキシダント濃度である。そらまめ君のホームページはhttp://w-soramame.nies.go.jp/Index.php→大気汚染防止法、光化学オキシダント

## たいきおせんぼうしほう【大気汚染防止法】
(Air Pollution Control Law)
大気汚染を防止するために排出規制などを定めた法律。1968年制定。国民の健康を保護し、生活環境を保全するため、工場や事業所の活動、さらに建設物の解体などに伴って排出されるばい煙や粉塵などの排出基準を定めている。また、自動車の排ガスに含まれる硫黄酸化物（SOx）、窒素酸化物（NOx）などの有害物質の許容限度を定め、それ以上の排出を規制している。→大気汚染　大気汚染物質

## たいきーかいようけつごうだいじゅんかんモデル【大気－海洋結合大循環モデル】
(Coupled Ocean Atmosphere General Circulation Model)
大気大循環モデルと海洋大循環モデルを結合した地球の気候モデルを使い、計算機上で地球の気候をシミュレートするもの。地球における気候は大気、海洋、陸地面などの地球の表層の複雑な相互作用によって決まる。この気候システムは複雑であるため、人工的に室内実験などによって確かめることは不可能である。これを計算機上で再現するために、多くの気候モデルが提案されている。日本では、東京大学気候システム研究センターと国立環境研究所が開発したCCSR/NIESモデルや地球シミュレータセンターと地球フロンティア研究システムが開発したCFESモデルなどがある。大気－海洋結合大循環モデルを利用して二酸化炭素濃度の上昇による地球温暖化予測に利用されている。→地球シミュレータ、大気大循環、海洋循環、深層水循環

## たいきだいじゅんかん【大気大循環】
(general circulation of atmosphere)
地球規模で起こる大気の循環運動。地球に入射する太陽放射量は、地球全体で一定ではなく、低緯度地域では熱量が多く高緯度地域では少ない。地球から放射される熱量は、高緯度地域で多く、高緯度地域は気温が下がる。大気の大循環は、この極地域と赤道付近の熱エネルギーの不均衡を補うために起こると考えられる。地球上での大気の流れは、地球の自転の影響により南北よりも東西が大きい。地表付近では、赤道付近で東

風の貿易風、中緯度付近で西風の偏西風、極地域で東風の極東風が吹いている。南北方向への空気の移動を垂直的に見ると、低緯度地域では地表付近で東風、上空で西風が吹くハドレー循環が、中緯度では偏西風が南北に蛇行するロスビー循環が見られる。中緯度地域における天候が3日から5日で変化するのは、ロスビー循環の波動による温帯低気圧の発生などに起因する。→大気－海洋結合大循環モデル

## だいさんしゃレビュー【第三者レビュー】

作成者以外の主体（第三者）が、環境報告書の記載情報やその背景にある取り組み内容を点検し、意見を表明し（レビュー）、環境報告書上に記載することを言う。より信頼性を高めるため、その企業から独立した第三者が、報告書に記載された内容について、その正確性、網羅性などをチェックするもの。しかし、第三者の資質、チェック内容の基準などについての決まりはなく、この取り組みを表す言葉も、「検証」「監査」「評価」「第三者意見」などと、表現はまちまちである。環境省は、環境報告書の第三者による評価を進めるための指針「環境報告書作成基準」を発表しており、今後、第三者レビューは環境報告書の必須項目となりつつある。→環境報告書

## たいしゃ【代謝】

生命維持のため、生体内で行われている化学反応を指す。生体を構成する細胞は、絶えず環境からエネルギーや、栄養物などの素材を得て、アミノ酸やヌクレオチドなどの化合物を合成し、それによってタンパク質、核酸などを産生している。また、ホルモン、ATP（アデノシン三リン酸）などの合成を行っている。そして、これらの高分子化合物を加水分解し、炭水化物や脂肪酸を酸化してエネルギーを得ている。生活習慣病の温床となる肥満は、食物の過剰摂取による代謝（メタボリズム）異常である。→過剰栄養、生活習慣病

## だいたいねんりょう【代替燃料】

(substitute fuels)

有限な化石燃料に代わる、しかも炭酸ガス発生の少ない燃料のこと。燃料によって、同じエネルギーを得るのに発生する炭酸ガスの量は異なる。例えば、石炭を1とすると石油は0.58、天然ガスは0.44である。したがって、石炭を全て天然ガスに転換すれば56％の炭酸ガスを減らすことはできる。しかし、石炭の埋蔵量は数百年分あるが、天然ガスのそれは数十年分しかないとすると持続可能性が問題となる。枯渇性の資源である化石燃料に全て依存するわけにはいかない。そこで枯渇性資源と地球温暖化を考慮したエネルギー資源の調達と

消費が必要になる。化石燃料に代わる代替の燃料としては、バイオマス、風力、太陽光、水力、波力、潮汐等の再生可能な自然エネルギーに加えて核燃料がある。→石油代替エネルギー、再生可能エネルギー、核燃料、炭素集約度、天然ガス

## だいたいフロン【代替フロン】
(Chlorofluorocarbon-Replacing Material)
オゾン層を破壊するフロンガスの代わりとして利用されている物質。オゾン層破壊への影響が大きいとして、「モントリオール議定書」により1996年末までに全廃された特定フロン類の代替品として開発が進められているフロン類似品のことである。代替フロンとなり得る条件は、①塩素を含まないこと、もし含んでいたとしても分子内に水素を有し、成層圏に達する前に消滅しやすいこと、②地球温暖化への影響が少ないこと、③毒性のないこと、である。代表的な代替フロンには、ハイドロクロロフルオロカーボン（HCFC）やハイドロフルオロカーボン（HFC）などがある。しかし、全く無害とは言いがたく、先進国では2020年までに全廃することになっている。代替フロンは、半導体の製造過程や冷蔵庫などに利用されているが、二酸化炭素の数千倍から数万倍もの温室効果作用があるため、1997年のCOP3（地球温暖化防止京都会議）で削減の対象となった。→フロンガス、モントリオール議定書、HCFC、コップスリー（COP3）

## だいにきみずかんきょうかいぜんきんきゅうこうどうけいかく【第二期水環境改善緊急行動計画】
国土交通省が推進している河川環境改善計画。21世紀の日本にふさわしい健全な水循環系の構築を目指し、水環境の悪化が著しい河川、都市下水路、湖沼、ダム貯水池等において水環境改善施策を推進することを目的とする。市町村、河川管理者、下水道管理者および関係者が一体となって策定する計画。1996年度から2000年度まで第一期水環境改善緊急行動計画が行われ、それを引き継ぎ2001年度より目標年度を2010年度に据えて水質および水量を対象として実施されている。「清流ルネッサンス2」とも呼ばれる。対象河川は、①水質汚濁が著しい河川、②アオコ・異臭味等富栄養化の著しい湖沼、③平常時の流量が著しく減少し、④自然環境、景観等が損なわれた河川、⑤清流ルネッサンスの対象河川の内、引き続き緊急的、重点的な取り組みが必要な河川、⑥その他、社会的に問題となっている河川のいずれかの用件を満たすものが選定される。→水生生物による水質調査、水質汚濁防止法、生物化学的酸素要求量

## たいふう【台風】→ねったいていきあつ【熱帯低気圧】

## たいよういちにちせっしゅりょう【耐容一日摂取量】
(TDI)（Tolerable Daily Intake）
有害な化学物質など、一生涯にわたって継続的に摂取しても、健康に影響を及ぼす恐れがない一日当たりの摂取量。WHOによると、ダイオキシン類の耐用摂取量は、当面体重1kgにつき一日当たり4pg（ピコグラム、1億分の1グラム）を限度とし、究極的には1pg未満に削減することを目指している。→ADI、ダイオキシン類対策特別措置法、致死量

## たいようでんち　たいようこうはつでん【太陽電池　太陽光発電】
(solar cell, photovoltaic power generation)
太陽の光を利用して電気エネルギーを発生させる装置。光を電気に変換する半導体光電素子を利用し、太陽光が当たった時発生する電力をエネルギー源として使用できるようにしたものを太陽電池と言う。太陽電池の規模を大きくしたものが太陽光発電。太陽電池の基本的な最小単位をセルと言い、実用電力を得るようにセルを配列し、パッケージ化されたものをモジュールという単位で数える。現在、実用化されているシリコンを用いた太陽電池は、照射された太陽エネルギーの10％〜20％を利用することができる。最大の特徴は、地球温暖化の原因になる二酸化炭素を発生しないこと。資源小国の日本にとって、最も期待されるクリーンエネルギーの一つで、工場や学校、家庭などにも取り入れられ、太陽光発電の生産量は世界で一番多い。だが、日本では、太陽光発電普及のための設置補助が2005年で打ち切りになり、設置導入量においては独に一位の座を譲った。→再生可能エネルギー

## たいりくだな【大陸棚】
(continental shelf)
大陸の縁辺部に広がる水深が200m以浅の海底および海域。きわめて緩傾斜であり、海洋底とは大陸斜面によって隔てられる。大陸棚は、現在よりも海面の低かった氷河期に海岸平野であった大陸の一部が、その後の海面上昇により海洋に沈んだものと考えられており、地質学的・地形学的にも陸地との連続性が認められる。国際法における大陸棚は、「国連海洋法条約」により沿岸国は200海里までの海底および海底下を大陸棚とすることができ、地形・地質が一定条件を満たす場合はその外側も大陸棚とすることが可能である。大陸棚は、陸地から河川により栄養分が運搬されており、浅海域であるため多くのプランクトンが繁殖している。

豊富なプランクトンを狙い多くの魚介類が大陸棚に集まり、好漁場を形成している。第二次大戦以降、大陸棚の豊富な海底資源が注目されるようになり、沿岸各国により領有権・開発権が主張され国際紛争が頻発した。海底油田の多くは、大陸棚に存在していると考えられる。近年、日本は東シナ海の海底ガス資源をめぐり中国との間で紛糾し、日中間の懸念となっている。→プランクトン

### たいりゅうけん【対流圏】
(convection sphere)
地球の大気の内、地表と成層圏の間に位置する層。高度0mから約11km。対流圏内では、気温は高度の上昇とともに減少する。対流圏は、高度が0から100mまでの接地層、100mから1000mまでのエクマン境界層、1000mから対流圏最上部までの自由層に分けられる。対流圏上部では、ジェット気流が吹いている。対流圏内では、様々な気象現象が発生する。大気汚染物質は対流圏内を浮遊し、世界中に拡散していく。フロンガスのような化学的に安定、分解されにくい物質は、成層圏にまで達しオゾン層を破壊している。対流圏内でも窒素酸化物などから光化学反応によりオゾンが発生し、光化学オキシダントの原因となる。この対流圏内のオゾンを対流圏オゾンと呼ぶ。オゾンは温室効果ガスであり、人体への毒性を有している。対流圏内のオゾン量は、北半球では産業革命以前の2倍に達している。日本では大気汚染対策が進んだ結果、対流圏内のオゾン発生量は減少したが、アジア大陸起源のオゾンが運搬されてきたと考えられるオゾン濃度の上昇が観測される。→オゾンホール、成層圏、光化学オキシダント

### たいりゅうじかん【滞留時間】
特定の化合物や元素が、一つの系の中に留まる平均時間。各種汚染物質が、生物に影響のある系に留まる時間の指標となる。大気中に放出された汚染物質は重いもの程速く落下し、軽いものは長く大気中を浮遊し汚染期間が長くなる。水循環では、水の交換に時間のかかる地下水などが汚染されると浄化を行うために必要な時間も長くなる。→水循環、大気大循環、海洋循環

### たいりょうせいさん　たいりょうしょうひ　たいりょうはいき【大量生産　大量消費　大量廃棄】
(mass production, mass consumption and mass waste)
製品を大量に生産、消費し、使い終わったら大量に廃棄物にすること。産業革命以降、日米欧などの先進工業国は、大量生産・大量消費・大量廃棄の一方通行型経済システムによって、経済を急速に発展させてきた。

その結果、これらの国の生活水準は上昇し、豊かな社会が実現した。だが半面、公害や地球規模での環境破壊、さらに資源の枯渇化など様々な弊害をもたらした。そのため、一方通行型経済システムに代わって、資源循環型の経済システムへの転換が求められている。→コンベヤー方式、循環型社会、セル生産方式

## たいりょうぜつめつ【大量絶滅】

人類誕生以前のある時期、多くの種類の生物がほぼ同時に絶滅したと言われるが、このような事件を大量絶滅と言う。多細胞生物の誕生以降、六度の大量絶滅があったとされる。2億5000万年程前に起こった大量絶滅は、地球の歴史上最大のものと言われ、海に棲む生物種の95％が絶滅したと推定される。原因として、現在のユーラシア、アフリカ、アメリカなどの諸大陸が一つにまとまって超大陸パンゲアが形成された際の火山活動によって環境が急変したことがあげられている。また、6500万年前には海洋生物とともに陸上の恐竜類が絶滅したとされ、隕石などの天体の衝突がその原因とされている。現代においては、人類による環境破壊によって大量絶滅が進行しつつある、と見る専門家は少なくない。→人口爆発、資源危機

## ダーウィン (Charles Robert Darwin)

英国の生物学者（1809-1882）。「進化論」の提唱者。1831〜1836年に、海軍の測量船「ビーグル号」で南米大陸、南太平洋、インド洋などをめぐり、各地で動植物などを観察、採集した。後に「進化論」のもとになった『ビーグル号航海記』（1845年）を上梓し、1859年には生物の進化について「自然選択説」を唱え、後世に多大な影響を与えた『種の起源』を出版した。→進化論、自然選択説、棲み分け理論

## ダウ・ジョーンズ・サステナビリティ・インデックス（Dow Jones Sustainability Index）

世界初のSRI（社会的責任投資）評価に基づく株式評価指標。1999年、米国のダウ・ジョーンズ社とSRI分野の調査・格付け会社であるスイスのSAM（Sustainability Asset Management）グループが共同で作成した。世界34カ国、59種の産業の大手企業2500社について、環境、経済、社会の三分野で企業の持つ持続可能性（Sustainability）を測り、上位10％の約300社の株式銘柄を選んで、その株価と配当利益を指標に組み入れた株式指標。世界中の優良企業に「調査票」を送り、企業が記入して送り返す仕組み。→SRI、環境格付け機関

## たかしお【高潮】(high water)

台風や発達した低気圧が海岸付近を通過する時に、海面が異常に上昇する現象。高潮が発生すると海水が堤防を越えて陸地へ流入し、沿岸部の住宅地や耕地が浸水し大きな被害が発生する。台風による巨大災害の原因は、高潮が多い。高潮の発生メカニズムは、吹き寄せ効果と吸い上げ効果の二つに分けられる。吹き寄せ効果とは、台風や低気圧により海岸へ強風が吹きつけられることで海面水位が上昇することである。吸い上げ効果とは台風や低気圧により海面の気圧が低下し海面が持ち上げられ上昇すること。気圧が1ヘクトパスカル低下すると、海面が約1cm上昇する。高潮による被害は、奥まった湾のような地形で大きく、満潮が重なるとさらに被害は拡大する。高潮が発生し、堤防を越えて海水が陸地に流入すると、家屋の倒壊などが発生するとともに海水が長時間排水されないため、浸水時間が長くなり家屋や田畑に塩害を及ぼす。日本における観測史上最大の高潮は、伊勢湾台風時の3.45mである。高潮の発生が予測される場合、気象庁は高潮警報を出して注意を喚起する。

## たしぜんがたかわづくり【多自然型川づくり】

治水上の安全性を確保しつつ、生物の生息に適した自然環境を保全した河川をつくること。自然の河川には、生息する多くの生物による自浄作用が備わっているが、近代以降の開発により多くの河川が三面コンクリートで護岸されたため生物の多様性が失われ、河川の自浄作用が著しく低下した。この反省から、河川を元の自然の豊かな状態に戻し、自浄作用を高め、生物多様性が維持されるような河川づくりが求められるようになってきた。自然に近い河川へ復元する方法としては、コンクリート護岸の撤去と石組みなどによる護岸、植栽による堤防の強化、中州や河原の設置と葦などの植栽がある。中州や植生により自然の川の流れに近い緩急の水流が復活し、水中の栄養塩が植物プランクトンなどにより消費され、その植物プランクトンを消費する魚介類が戻ってくるなどの効果が期待できる。日本では、80年代後半から都市部の河川でコンクリートを剥がして元の姿に戻す事業が行われている。→三面コンクリート、生物多様性、エコロジカルネットワーク

## だつおんだんかしゃかい【脱温暖化社会】

二酸化炭素($CO_2$)を排出する化石燃料に依存しない社会のこと。欧米では、脱炭素社会（carbonless society）、低炭素社会（low carbon society）などと呼んでいる。石油や

石炭などの化石燃料は、燃焼過程で大量の$CO_2$を排出するため、温暖化を加速させている。そのため、主として太陽光や風力、バイオマスなど化石燃料に依存しない再生可能でクリーンな自然エネルギー、さらに廃棄物が水として排出される水素エネルギーなどに支えられる社会のことを言う。→再生可能エネルギー、水素社会

## だつぶっしつかしゃかい【脱物質化社会】(weightless society)

最小の物質投入で最大の効用が得られる社会。大量生産・大量消費・大量廃棄型の経済システムは、エネルギー、資源の多消費を前提としているが、それに代わって循環型経済システムに移行することで、エネルギー、資源を節約できる。そのためには、資源生産性を向上させることが必要である。使い捨て製品から長寿命製品への転換、重厚長大から軽薄短小技術への移行、省エネ、省資源技術の開発、IT技術の普及などによって、投入する新規原材料を大幅に節約できる。一般にストックの蓄積が乏しい発展途上の段階では、エネルギー、資源の多消費が目立つが、ストックの充実した先進段階になると、新規物質投入が少ない脱物質化社会に近づくことができる。→IT汚染、資源生産性、軽薄短小技術

## たつまき【竜巻】(tornado)

発達した積乱雲または積雲に伴って地表から柱状もしくは漏斗状で高速回転しながら上昇する空気の渦。気象現象の一つ。渦の直径は100m程で気象現象の中では小規模であるが、秒速100mを超える猛烈な風が吹き、移動しながら建物や生物に被害を与える。竜巻の発生過程については、明らかになっていないことが多い。竜巻の規模を表す指標として、米・シカゴ大学の藤田哲也が考案した藤田スケールが用いられる(F-scale)。F-scaleでは、通常起こりうる竜巻を風速と被害状況からF0からF5までの6段階に分類している。F6以上の竜巻は地球上では発生しないとされていたが、非公式ながら若干の発生が報告されている。竜巻が多く発生するのは、米国に次いでインド、オーストラリアとなっている。米国では年間700個程度の竜巻が発生し、多くの被害を出している。日本で発生した最大の竜巻は、1990年千葉県茂原市で確認された。地球温暖化により、竜巻の発生数の増加が懸念されている。→地球温暖化、熱帯低気圧、猛暑日

## だつりゅうざい【脱硫剤】(de-sulferization agent)

火力発電所や精錬所などの排煙中に含まれる硫黄酸化物や、鉱山の排水中に含まれる廃硫酸を中和して無害

化する機能を持つ物質のこと。脱硫剤としては、石灰石、消石灰、生石灰などが多く使われる。

## ダーティ・ゴールド（dirty gold）

違法に生産される金のことを言う。金の採掘・製錬には大きな環境負荷が伴う。特に露天採掘の場合は自然破壊が伴い、大量の廃棄物が発生する。製錬段階で違法な水銀や有害化学物質を使用すると、水質汚染により地域住民に甚大な健康被害をもたらす。環境負荷を最小限に抑えて操業している鉱山から産出される金に対して、全く環境汚染に配慮することなく違法に金を採取している事業者によって生産された金をダーティ・ゴールド（汚い金）と呼ぶ。需要者側の取扱い事業者に、ダーティ・ゴールドの仕入れを控える動きがある。グリーン調達の一つと言える。→グリーン調達

## たなだ【棚田】（rice terraces）

山間部などの傾斜地に階段状に整備された稲作地。「千枚田」とも言う。現在、農林水産省では傾斜の度合いによって棚田を定義しており、傾斜度が20分の1を超える水田を棚田と認定し助成金を交付している。近世以前の灌漑技術が未熟な時代には、水田は主に傾斜のある土地につくられることが多く、棚田は日本の一般的な水田形態であった。近代化以降、農業機械の導入により耕作地の集約化、大面積化が進むにつれ、棚田も比較的傾斜の緩い地域では大規模化に成功したが、山間部の急傾斜地の小規模な棚田は大規模化に莫大な費用がかかることから、営農放棄されるケースが目立つ。棚田は、河川などからの灌漑用水設備を付帯しているため、山間部の降水を水平方向に発達した用水路に一時的に貯留することが可能であり、水田および用水路に降水を貯留することで洪水調整機能を果たしている。また、多くの棚田は地すべり地形上に築かれており、耕作を行うことで地すべり発生を抑止している。棚田は日本全国に分布しており、総面積は22万haに達する。1999年に農林水産省が「棚田百選」を選定している。現在、棚田の国土保全、生態系保全、健康休養機能に注目し、日本各地でその保全、復元が行われている。

## ダブリュ　アール　アイ【WRI】

(World Resources Institute)

「世界資源研究所」の略称。1982年に設立された。本部は米国のワシントン。独立した立場で、環境や資源の政策研究を行う非営利の民間シンクタンク。人類が生きていくための欲求を満たす経済成長を維持しながら、いかに自然資源や環境を保全していくかの課題に取り組む。約120人の専門研究員が、世界52カ国以上の

地域の専門家や機関の協力で研究を進めている。所長はジョナサン・ラッシュ（Jonathan Lash）、委員会のメンバーには元米副大統領アル・ゴア（Al Gore）他、有力者が名を連ねている。86年から隔年で発表している『ワールドリソース』（日本語版は『世界の資源と環境』）は、資源と環境に関する貴重な情報源として定評がある。

## ダブリュ イー イー イーしれい【WEEE指令】→ウィーしれい【WEEE指令】

## ダブリュ エス エス ディー【WSSD】(the World Summit on Sustainable Development)

「持続可能な発展に関する世界サミット」。国連加盟国の首脳の参加により、21世紀の環境と開発についての高度な政治的意思を結集する場である。最新の会議は、1992年の「地球サミット」（国連環境開発会議＝UNCED）から、10年目に当たる2002年8月末から9月初めにかけて南アフリカのヨハネスブルクで開催された。参加国数191カ国、参加首脳数は104人、参加者人数は政府関係者、NGO関係者、プレス関係者など2万1000人以上が参加し、国連史上最大の環境会議になった。日本からは小泉純一郎首相が出席した。同会議では、「持続可能な開発に関するヨハネスブルク宣言」を採択した。その内容は、各国が直面する環境、貧困などの課題をあげ、清浄な水、エネルギー、食糧安全保障等へのアクセスの改善、国際的に合意されたODA達成努力などが盛り込まれたが、南北対立や先進国間の利害関係が浮き彫りになり、具体的な成果は乏しかった。この会議のことを通称「ヨハネスブルクサミット」と呼んでいる。→ODA、食糧安全保障、地球サミット

## ダブリュ エム オー【WMO】→せかいきしょうきかん【世界気象機関】

## ダブリュ シー イー ディー【WCED】→ブルントラントいいんかい【ブルントラント委員会】

## ダブリュ ビー シー エス ディー【WBCSD】(World Busines Council for Sustainable Development)

「持続可能な発展のための世界経済人会議」の略称。1992年のリオの「地球サミット」を契機に設立された国際組織。経済成長、生態系のバランス、そして社会の進歩を三本柱として持続可能な発展を遂げようという理念を共有する。世界30カ国、20事業分野の企業175社で構成される。メンバーは各企業の最高経営責任者（CEO）。ビジネス界で持続可能な発

展のためにリーダーシップを発揮し、自らベスト・プラクティス（最善の実行）を行い、途上国の持続可能な発展に貢献し、持続可能なビジネスを展開することを表明している。これまでにWBCSDが取り組んできた事業分野別のプロジェクトには、モビリティ（自動車）、鉱業、林業、電気機器、セメントなどがある。→企業市民

**たるをしる【足るを知る】**
禅宗の教え「知足の者は貧しといえども富めり、不知足の者は富むといえども貧し」にちなんだ言葉。産業革命以来、足るを知らない経済成長主義で地球資源の枯渇化と地球温暖化を招いたとの反省から、近年、「足るを知る」という思想は地球環境に配慮し、持続可能な社会をつくるためのキーワードとして用いられるようになった。その代表的な例としては、経済学者で哲学者、フリッツ・シューマッハーの『スモール・イズ・ビューティフル』（1973年）があり、そこでは足るを知る経済主義が唱えられている。日本では、京都、龍安寺の茶室蔵六庵前の蹲（つくばい）に、口という字を中心に象られた「吾唯知足」（吾唯足るを知る）の銘によって広く知られるようになった。「足るを知る」は、「もったいない」という言葉とともにサステナビリティ（持続可能性）の鍵を握る重要語の一つである。→スモール・イズ・ビューティフル、ゆで蛙シナリオ、ワンガリ・マータイ

**たんさんガスちちゅうちょうりゅう【炭酸ガス地中貯留】**→たんそかくり【炭素隔離】

**たんさんガスこていか【炭酸ガス固定化】**
炭酸ガスを固定化すること。自然によるものと人為的なものがある。陸上では、植物が炭酸同化作用によって土壌の水分と太陽光によって炭水化物という有機物を合成する。これは光合成と言うが、植物の炭酸ガス固定の一つである。また、沿岸海域や海洋に棲む生物も炭酸ガスを固定し、貝殻や珊瑚の骨格など炭酸カルシウムという無機炭素を生産し、同時に陸上の植物の光合成による炭水化物の生成に対応する有機炭素を生産する。このような自然の炭酸ガス固定に対して、人工的に大気中の炭酸ガスを微生物を利用するなどして固定化する方法も種々研究されている。→光合成、炭素隔離

**たんさんカルシウム【炭酸カルシウム】**（calcium carbonate）
天然には石灰石（$CaCO_3$）、大理石などとして産出される。火力発電所、精錬所などで発生する硫黄酸化物を中和して無害化するために、公害防

止用の材料として世界的に広く使用されている。主として、セメント原料あるいは鉄鋼原料として利用される。

### たんそうメタン【炭層メタン】
(CBM)(Coal Bed Methane)
石炭が生成される過程で、石炭層あるいはその近辺の地層に溜まったメタンガスのこと。坑内掘の炭鉱では坑内に漏出し、爆発事故の原因となり危険であるが、米国ではボーリングをしてエネルギー源として採取し商業生産している炭鉱もある。カナダ、ロシア、中国、ウクライナ、オーストラリア、インド、英国などでは生産に向けて検討が進められている。→メタン

### たんそかくり【炭素隔離】
(carbon sequestration)
二酸化炭素の排出量を削減するために発電所などで発生した$CO_2$を回収して、地中や海中などに安定的に貯蔵すること。その回収・貯留技術のことをCCS(Carbon Capture and Storage)と言う。特に化石燃料が埋蔵していた地中に戻す方法は、炭素循環という観点から最も自然なサイクルと言える。地中の主な隔離場所としてはガス田、石油貯留層、石炭層、枯渇ガス田など。中でも石炭層は世界に広く分布し、偏在性が少ないので、世界のあらゆる国で実施可能という利点がある。また、石油貯留層の場合、石油回収量が上がるという利点もある。→水界の炭素循環、生態系の炭素循環、石油増進回収法、炭素プール

### たんそしゅうやくど【炭素集約度】
(carbon intensity)
エネルギー消費単位当たりの二酸化炭素排出量で、GDP(国内総生産)一単位当たりの二酸化炭素排出量として表される。化石燃料では石炭が高く、石油、天然ガスの順に低い。炭素集約度を低減することで、経済活動を維持したまま二酸化炭素の排出量を削減することが可能である。低減させる方法としては、天然ガスなどの炭素集約度のより低い燃料への転換、太陽光発電や風力発電等の二酸化炭素を発生させない発電施設の導入などがある。日本では、過去二回のオイルショックを経験した結果、エネルギー消費効率の改善が進んだためエネルギー起源の二酸化炭素排出量が低く、先進国中では最も低い炭素集約度となっている。地球温暖化を防止するためには、開発途上国、特に石炭利用の多い中国やインドの炭素集約度を低減していくことが求められる。IPCC(気候変動に関する政府間パネル)第4次報告書では、最悪の場合、今世紀末には地球表面の温度が現在より6.4℃、海面水位も59cm上昇するという予測を出し

た。炭素集約度の低減技術の開発および大量普及が急務である。→IPCC、IPCC第4次評価報告書、エネルギー集約度、資源投入抑制、代替燃料、天然ガス

### たんそプール【炭素プール】
森林や草原、海洋など炭素を吸収および排出する機能を有する貯蔵庫。主な炭素プールとしては植物体、海洋、大気、土壌、木材などがある。深海では低温・高圧環境のために二酸化炭素は液状化し海水と反応しハイドレートとなり、大きな炭素プールを形成している。2006年には、沖縄トラフで液体二酸化炭素のプールが発見された。近年、二酸化炭素の排出量を削減するために人工的に深海へ投棄する計画が提案され、その方法が研究されている。→ガスハイドレート、森林による炭素の貯蔵・吸収、炭素隔離

### たんぼのがっこう【田んぼの学校】
(School in the Rice Field)
農村の自然環境を学びの場として活用する環境教育活動のコンセプト。水田や水路、ため池、畦道、里山など、農村に古くからある自然風景がその舞台となる。社団法人「農村環境整備センター」が「田んぼの学校」支援センターを設置し、このような取り組みの支援やネットワークづくりを進めている。自然環境に対する豊かな感性と見識を持つ人を育てることが目的。全国各地で様々な運営主体によって主体的に取り組まれている。→風のがっこう、グリーンマップ、森のムッレ教室

# チ Chi

### ちいきおこし【地域おこし】→まちおこし【町おこし】

### ちいききょうどうかんり【地域共同管理】
公共財や共有財の集団管理のこと。特定地域の住民によって共同で所有される場合は地域共同所有と言い、所有権は存在しないが利用権が存在している場合を地域共同管理と言う。具体的には、入会権や入浜権、入山権、水利権など様々なかたちで存在する。また英国におけるナショナルトラストが成功した要因には、所有権が錯綜している場合でも地域の利用権、つまり慣習法としての地域共同管理の存在があると言われている。景観や自然資源には公共財や共有財の性格を有するものが多く、自然環境の管理手法として地域共同管理の重要性が再認識されている。→公共

財、入会権、共同占有、コミュニティー、コミュニティー・ビジネス、自治会、地域政策、地域づくり、ナショナルトラスト、利用権

### ちいきせいさく【地域政策】
地方自治体などによる地域社会のための政策。個々の環境問題は個人や企業単位、地域単位での対策が解決の中心となる。しかし、地域での対策は様々な利害関係の対立が存在するため、これらの対立を収束するかたちでの問題解決が重要になる。例えば廃棄物処分場の設置問題を考えてみれば、建設予定地周辺の住民はもとより地域全体での合意形成は大切である。利害対立する住民意見の集約を図る仕組みづくりのためには、住民参加や情報公開などの制度化が必要である。→アジェンダ21、合意的手法、公衆参加、コミュニティー、自治会、情報的手法、地域づくり、町おこし

### ちいきつうか【地域通貨】
あるコミュニティーや地域内などで流通する、法定貨幣と同等の価値あるいは全く異なる価値を持つ貨幣。エコマネーとも呼ばれる。コミュニティーの住民同士で特技や手伝いに対する対価として用いられている例や、地域商店街で商品の割引券の役割を果たすものなど多種多様である。その制度と経済的効力は、実際に地域通貨運動を行っているNPOやコミュニティーごとに異なる。地域づくりや環境保全の目的のために使われることが多く、地域通貨のポイントで植林を行うとか、地域の環境保護に還元されるなど、法定貨幣とは異なった貨幣価値を持っている。2006年12月現在、全国には600種を超える地域通貨があり、地名や方言などから思い思いの通貨名が付けられている。→NPO、環境NPO、コミュニティー、コミュニティービジネス、地域政策、地域づくり、町おこし

### ちいきづくり【地域づくり】
ふるさとづくりと同義語。ただし、ふるさとづくりが農村部や山間部などの地域での活動を指すのに対して、地域づくりは都市部や一般的な地域共同体などでの活動を指すことが多い。また、日本の自然保護と環境保護に対する態度を、米国の保護区や英国のナショナルトラストと比較して使われる場合もある。→コミュニティー、自治会、地元学、生活環境主義、地域政策、ナショナルトラスト

### ちいきねつきょうきゅう【地域熱供給】→ディー　エイチ　シー【DHC】

### チェルノブイリげんぱつじこ【チェルノブイリ原発事故】
1986年4月26日、ウクライナ共和国

（前・ソビエト連邦）のチェルノブイリ原子力発電所4号炉で起こった事故。この原子炉は、黒鉛減速軽水冷却沸騰水型と呼ばれる同国に特有のもので、定期点検で出力を停止する途中で爆発事故が起こった。原子炉は破壊され核燃料が粉々になって吹き飛び、1000m以上の上空に吹き上げられ周辺の国々まで運ばれて放射能汚染を広げた。発電所周辺30kmにわたって人が住めない状態になり、14万人が避難した。事故を起こした4号炉は、コンクリートで固められ「石棺」と呼ばれた。事故による当初の死亡者は31人であったが、その後、放射能被曝による甲状腺ガンなどが多発している。世界最大の原発災害であった。→放射線障害

## ちかくそんざいど【地殻存在度】
(crustal abundance)
地球の地殻に存在している元素の重量％と地殻を構成している主成分存在度の重量％のこと。元素の存在度％は、酸素46.60％、珪素27.72％、アルミニウム8.13％、鉄5.00％、カルシウム3.63％、ナトリウム2.83％、カリウム2.59％、マグネシウム2.09％。主成分としては、二酸化珪素55.2％、アルミナ（酸化アルミニウム）15.3％、酸化カルシウム8.8％、一酸化鉄5.84％、酸化マグネシウム5.22％、酸化ナトリウム2.88％、三酸化鉄2.79％、酸化カリウム1.91％、酸化チタン1.63％、五酸化リン0.26％、一酸化マンガン0.18％。ある鉱石元素の地殻存在度から、鉱物資源の埋蔵量を推定する試みもなされている。

## ちかしげん【地下資源】
(underground resources)
地下に存在する資源。地下には石油、石炭などのエネルギー資源、鉄、銅、アルミニウムなど工業化社会を支える基本的な金属資源（ベースメタルとも呼ばれる）、ニッケル、チタン、タングステン、マンガンなど埋蔵量の少ないレアメタルと呼ばれる様々な金属資源、白金、パラジウムなどの貴金属、さらにインジウム、タンタル、イットリウムなどIT産業には欠かせないなレアーアースと呼ばれる希少金属、元素、そして石灰石、石英、石膏などの工業用鉱物資源などがある。これらの資源が多く埋蔵されている地下資源大国の発展途上国も多い。だが、先進国の工業化の過程で途上国の地下資源は大量に採掘され、先進工業国に運ばれ、道路、鉄道、工場、住宅、ビル、自動車、工業製品などの人工物の中に埋め込まれていった。これらの資源は地上資源と呼ばれ、今や先進工業国は地上資源大国になっていると言える。→地上資源、都市鉱山

## ちかすいおせん【地下水汚染】

地下水が有害物質などによって汚染されること。有害物質などで汚染された廃棄物や有毒な使用済み薬品などが、敷地内あるいは最終処分場などで埋め立て処理される場合に、適切な管理がなされないと土壌が汚染されるばかりでなく地下水の汚染に至ることも多い。そのような恐れがある場合には、汚染箇所の絞り込みとボーリングなどによる深層調査を行い、地下水の水質検査とともに汚染範囲と深さの把握を行った上で、汚染源を浄化する必要がある。地下水に流れ込む土壌汚染を防ぐための「土壌汚染対策法」(2002年5月施行)はあるが、地下水そのものを保全する「地下水保全法」は未だなく、その制定が待たれている。→地下水規制関連法、土壌汚染、土壌汚染対策法、揮発性有機化合物、重金属汚染

**ちかすいかんよう【地下水涵養】**
降雨による水や河川水が、地下に浸透し帯水層に水が供給されること。地下水が涵養される場所を涵養域と呼ぶ。涵養域で汚染物質が排出されると、地下水汚染が発生する。地盤は水を吸収する能力を有し、浸透能と呼ばれる。降雨や降雪によって地表に降った水分は、浸透能により地中に浸透し、礫や砂からなる地層中に蓄えられる。地下水の多くは、標高の高い場所で浸透し低いほうへ流れる。降水は一度地中へと浸透し、再び地表へ流出し河川や湖沼を形成する。揚水量が涵養量を上回ると地下水位の低下が起こる。地下水の涵養には、地表の浸透能が大きく影響している。都市部のように、地表がコンクリートやアスファルトに覆われると浸透能が低下し、降水は地表面を流下する。地下水涵養能力が低下した地域では、地下水の塩化、洪水の発生などの影響が出ている。地下水を人工的に涵養する方法としては、ため池などから地下へ浸透させる拡水法、井戸から帯水層へ供給する井戸法がある。涵養域の減少している地域では、透水性舗装、浸透性側溝、雨水浸透槽などの雨水浸透設備を整備し、地下水の涵養を行う。米国のカリフォルニア州では、排水再生水が地下水涵養に使われている。→グレートプレーンズ、オガララ帯水層、地下水汚染、水の再生利用

**ちかすいきせいかんれんほう【地下水規制関連法】**
地下水の利用に関する法律。「工業用水法」(1956年制定)や「ビル用水法」(建築物用地下水の採取の規制に関する法律、1962年制定)がある。これらの法律では地下水を私水(私財)として扱い、地下水の過剰汲み上げによる地盤沈下防止対策に力点が置かれている。これに対し、地下水の汚染防止や持続可能な有効利用を促進するため、地下水を公共財と

して位置付ける総合的な「地下水保全法」の制定を求める運動が、地方自治体関係者の間で強まっている。
→地下水涵養、地下水汚染

## ちきゅうおんだんか【地球温暖化】

地球表面の温度が二酸化炭素などの温室効果ガスの増加により上昇していく現象。IPCC（気候変動に関する政府間パネル）の第4次報告書では、2100年までに気温は1.1℃から6.4℃上昇すると予測している。地球の気温が上昇する原因は、人間活動から排出される二酸化炭素、メタンなど温室効果ガスが大気中で増加したためとされる。温室効果ガスの排出量増加とともに、二酸化炭素の主要な吸収源である熱帯雨林の減少が二酸化炭素の増加に拍車をかけている。気温の上昇による地球環境への影響は、海水面の上昇、異常気象の頻発や生態系の変化などが考えられ、研究が進められている。また、人間活動においても、熱帯病のマラリアの拡大や農作物の収穫量の減少、国土の消滅など測り知れない影響が懸念されている。主要な温室効果ガスである二酸化炭素の排出量削減を目標として、1997年に京都で開催されたCOP3において温室効果ガス削減のための数値目標を定めた「京都議定書」が採択され、2005年2月に発効した。日本は6％の削減目標の達成を目指し、同年4月、「京都議定書目標達成計画」を閣議決定し、削減を進めている。→温室効果ガス、京都議定書、京都議定書目標達成計画、二酸化炭素、チームマイナス6％、COP3、IPCC、ゆで蛙シナリオ、リフュージア

## ちきゅうおんだんかぼうしじょうやく【地球温暖化防止条約】→きこうへんどうわくぐみじょうやく【気候変動枠組条約】

## ちきゅうおんだんかけいすう【地球温暖化係数】（GWP）（Global Warming Potential）

二酸化炭素を基準にして、二酸化炭素以外の温室効果ガスの地球温暖化に対する効果を相対的に表す指標。温室効果を見積もる期間の長さによって変わるが、「京都議定書」によって、IPCC（気候変動に関する政府間パネル）の第2次評価報告書による地球温暖化係数を温室効果ガスの排出量の計算に用いることとなっている。具体的な値は、メタンは二酸化炭素の21倍、一酸化二窒素は310倍、フロン類は数百〜数千倍、最も大きな値は六フッ化硫黄（$SF_6$）の2万3900倍となっている。→IPCC、京都議定書

## ちきゅうおんだんかたいさくすいしんほう【地球温暖化対策推進法】
(Law Concerning The Promotion

of Measures to Cope with Global Warming）

地球温暖化対策に取り組むための法律。1998年10月制定。前年97年12月のCOP3で「京都議定書」が採択されたことを受け、国、地方自治体、事業者、国民が一体となって取り組むための枠組みを定めた。京都議定書が発効すれば、直ちに日本の公約である6％削減のための「京都議定書目標達成計画」の策定や全国センター、都道府県センター、協議会の設置など国民の取り組みを強化するための措置などを定めている。2005年2月に京都議定書が発効したため、同法に基づく対策措置が進められている。→京都議定書、全国地球温暖化防止活動推進センター、京都議定書目標達成計画

## ちきゅうかんきょうさんぎょうぎじゅつけんきゅうかいはつ【地球環境産業技術研究開発】(RITE) (Research Institute of Innovative Technology for the Earth )

地球環境の保全、特に気候変動問題に対する対策技術の基礎的研究を行う研究機関。1990年に、日本政府と民間企業の共同寄付金99億円によって設立された。システム研究グループ、化学研究グループ、$CO_2$貯留研究グループ、植物研究グループ、微生物研究グループの五つの基礎研究グループと、それらに係わる産業連携事業を行っている。

## ちきゅうかんきょうファシリティ【地球環境ファシリティ】(GEF) (Global Environment Facility)

世界銀行と国連開発計画（UNDP）、国連環境計画（UNEP）の三機関の共同運営による、地球環境問題に取り組むための基金。1989年、仏で開かれた「アルシュ・サミット」での議論を受け、1991年5月に発足。さらに1992年6月の「国連環境開発会議」（地球サミット）での議論を受け、1994年3月にGEFの基本的枠組みが合意された。その目的は、発展途上国が地球環境の保全・改善に取り組むための費用を賄い、原則、無償で資金を供給すること。供給対象となるのは、地球温暖化、生物多様性、国際水域汚染防止、オゾン層保護、砂漠化、森林消滅、残留性有機物質の各分野。1991年～2003年の資金配分は、生物多様性：16億3870万ドル、気候変動：15億9090万ドル、国際水域汚染防止：6億3300万ドルで、全体の87％をこれらの三分野が占めている。→生物多様性

## ちきゅうかんきょうほぜんかんけいかくりょうかいぎ【地球環境保全関係閣僚会議】(Council of Ministers for Global Environment Conservation)

地球環境問題のためのわが国初の閣

僚会議。1985年5月、地球環境問題が国際的な重要課題となるにつれ、日本としても官民が一体となって温暖化対策を総合的・計画的に推進していくために、政府に「地球環境保全に関する関係閣僚会議」が設置され、環境庁(現・環境省)長官が「地球環境問題担当大臣」として任命された。1990年10月に、91年から2010年までを行動計画の期間とし、官民あげての最大限の努力により、二酸化炭素排出量について2000年以降、おおむね1990年レベルでの安定化を目標とした「地球温暖化防止行動計画」を閣議決定した。→京都議定書目標達成計画

## ちきゅうけんしょう【地球憲章】
(The Earth Charter)
1987年に「我ら共通の未来」(Our Common Future)と題する報告書を発表したブルントラント委員会が制定を呼びかけた、地球市民が「持続可能な暮らし」を行うための行動指針。1992年の「地球サミット」で具体的な論議はなされたが、採択には至らなかった。サミット後、サミットの事務局長をつとめたモーリス・ストロングやミハイル・ゴルバチョフ(元・ソ連大統領)が中心となって、草案作成に着手。以後、世界各国から寄せられた意見を米国のスティーブン・ロックフェラーが中心となってまとめあげ、2000年3月にパリのユネスコ本部で開催された会議で最終稿を完成。同年6月のオランダのハーグにおける会議で、正式に世界へ発表された。→ブルントラント委員会

## ちきゅうサミット【地球サミット】
(UNCED) (United Nations Conference on Environment and Development)
国連人間環境会議から20周年目に当たる1992年6月、ブラジルのリオデジャネイロで開催された世界最大級の環境問題を話し合った国際会議。正式名称は、「環境と開発のための国連会議」。南北間で生じる環境と開発に関する対立を、どうしたら克服できるのか。この問いかけに対する思想的な枠組みが提唱され、その規範として「持続可能な開発」という概念が共有された。会議には、182カ国の政府代表およびEC(現・EU)、103カ国の首脳、多数の国際機関、NGOや産業界代表が参加した。NGO主催のフォーラムや先住民世界会議、多様なシンポジウムや環境技術展示会などが並行して開催され、報道関係者を合わせると、数万人規模の人々がリオに集まった。持続可能な開発に向けた地球規模での新たなパートナーシップ構築に向けたこの会議で、27の原則から成る「環境と開発に関するリオ宣言」(略称・リオ宣言)と、この宣言の諸原則を実

施するための行動計画である「アジェンダ21」、そして「森林原則声明」が合意された。また、「気候変動枠組条約（地球温暖化防止条約）」と「生物多様性条約」への署名も開始された。→ストックホルム国連人間環境会議、リオ宣言、アジェンダ21、森林原則声明、気候変動枠組条約、生物多様性条約、リオサミット

## ちきゅうシミュレータ【地球シミュレータ】

地球温暖化のメカニズムを解明するため、国立環境研究所、東京大学、海洋研究開発機構の共同研究として開発したコンピュータによるシミュレーションモデル。640台の大型コンピュータを高速のネットワークでつないでいる。CPUの数は5120個、メモリー容量は10テラバイト（1テラ＝10の12乗）、1秒間に最大40兆回の計算ができる、世界有数の最新鋭のシミュレーションモデル。2005年に作成された1950年から2100年までの地球の気温変化を1分間にまとめた動画は、現状のままだと2100年へ向け時の経過に伴って温度上昇が急速に進行する様子がわかり、話題を集めた。1997年に旧科学技術庁（現・文部科学省）が地球環境変動予測の研究を推進するため、宇宙開発事業団、日本原子力研究所および海洋科学技術センターによって開発され、2002年3月15日に運用が開始された。→地球温暖化、大気－海洋結合モデル

## ちきゅうのとも【地球の友】

(Friends of the Earth)
略称は、「FoE」。1971年、米国の環境運動家デビッド・ブラウアーの提唱により設立された国際的環境保護NGO。「国際的な環境保護のネットワークをつくりたい」が創設の主旨だった。今では、アムステルダムを拠点として、68カ国、約100万人のサポーターによるネットワークを有している。各国のメンバー団体は、それぞれが独立して活動する一方、地球温暖化や森林破壊、途上国債務といったグローバルな課題に対し、共同行動をとっている。日本では、1980年に「地球の友・日本」が設立され、2001年にNPO法人化に伴い、「FoE Japan」と改称している。→環境NPO、グリーンピース

## ちきゅうはくしょ【地球白書】

米国の環境研究機関、ワールドウォッチ研究所が毎年発行している『世界の環境事情』(State of The World)の日本版名。同研究所は、1974年に環境問題研究家のレスター・ブラウン（現・アースポリシー研究所長）が設立、1984年から毎年、『地球白書』を作成している。世界各地の環境破壊の現状や取り組みが具体的に記述されており、資料的価値が高い。→

レスター・ブラウン

## ちさんちしょう【地産地消】
地域で生産されたものを、その土地で消費すること。特に農産物や木材に対して、理想的な消費形態として言及されることが多い。生物とその生物が生息している土地の環境とは、切っても切れない関係にある。栄養学的にも土地でとれた農産物は、その土地で暮らす人々の健康を維持するのにふさわしい食物であるとされる。また、フード・マイレージの考え方から言っても、環境に対する負荷が少なく理想的である。地産地消の地域経済は、食糧安全保障、食糧自給率などの観点からもすぐれている。→身土不二、スローフード、フード・マイレージ、持続可能な農業、有機農業

## ちじょうしげん【地上資源】
(ground stock resources)
先進工業国の道路や鉄道、工場、オフィスビル、個人住宅、工業製品などの人工物にストックとして埋め込まれている資源のこと。これらの資源の多くは、かつて途上国の地下資源として存在していた。人工物にはやがて寿命がくる。その場合、先進国は人工物に埋め込まれている資源を地上資源として積極的にリサイクルさせ、枯渇気味のバージン原材料は途上国や将来世代が利用できるように残しておく配慮が求められている。→地下資源、都市鉱山

## ちしりょう【致死量】(LD)
人または動物に大量の薬物を投与する時、それによって死に至る薬物量のことを言う。LDを用いて表現することも多い。例えば、ハムスターにダイオキシンを経口投与した時、投与量3mg/kgにおいてその50％が死亡するような場合、実験動物ハムスターのLD50は3mg/kgである、などと言う。→ダイオキシン、耐容一日摂取量

## ちっそさんかぶつ【窒素酸化物】
(NOx) (Nitrogen Oxides)
窒素の酸化物の総称。通称、ノックス。一酸化窒素、二酸化窒素、一酸化二窒素、三酸化二窒素、五酸化二窒素などが含まれる。大気汚染物質としての窒素酸化物は、一酸化窒素、二酸化窒素が主である。工場の煙や自動車排気ガスなどの窒素酸化物の大部分は一酸化窒素であるが、これが大気環境中で紫外線などにより酸素やオゾンなどと反応し、二酸化窒素に酸化する。窒素酸化物は、光化学オキシダントの原因物質であり、硫黄酸化物と同様に酸性雨の原因にもなっている。また、一酸化二窒素（亜酸化窒素）は、温室効果ガスの一つである。→硫黄酸化物、光化学オキシダント、温室効果ガス

## ちねつはつでん【地熱発電】
(geothermal power generation) 地球内部で生成され蓄積されてきた熱エネルギーを利用して発電する方法。この地熱エネルギーは、地表近くの火山活動や温泉などで放出されている。発電は、地下に掘削した井戸から噴出する蒸気を用いてタービンを回して行う。井戸の深さは1000m～3000mに達する。発電規模は2万～3万kW、最大11万kW程度であるが、年中24時間運転が可能であり$CO_2$の発生も少ない。全国で、現在18ヵ所、出力合計50万kW。世界では20ヵ国、合計800万kW。現在も各国で建設が進められている。$CO_2$の排出量を火力発電と比べると、同じ発電電力量に対して数％に過ぎない。→再生可能エネルギー

## チーム・マイナスろくぱーせんと【チーム・マイナス6％】
京都議定書の温室効果ガス6％削減の日本の公約を実現するため、政府（環境省）が立ち上げた国民運動プロジェクト。マイナス6％はもちろん公約の数字。小池百合子元・環境大臣のリーダーシップで展開され、2005年にはクールビズ（夏の軽装）、ウォームビズ（冬の厚着）運動などが展開された。2007年4月現在、個人約112万人と1万1000の団体が参加登録している。→クールビズ

## ちゅうおうかんきょうしんぎかい【中央環境審議会】
(Central Council of Environment) 「環境基本法」第41条に基づいて2001年1月6日に設置された環境大臣の諮問機関。環境政策の基本になる環境基本計画を作成、環境大臣に答申すること。さらに環境大臣または関係大臣の諮問に応じ、環境の保全に関する重要事項を調査、審議する。審議会は、環境基本計画などを扱う総合政策部会、廃棄物の適正処理を審議する廃棄物・リサイクル部会、地球温暖化問題を扱う地球環境部会など13部会で構成されている。委員は30人以内とし、任期は2年。

## ちゅうかんしょりしせつ【中間処理施設】
廃棄物は最終的には埋め立て処分されるが、その前に減量化、再資源化などをする施設。一般廃棄物については、焼却施設、粗大ごみを粉砕、圧縮する粗大ごみ処理施設、資源化をする資源化施設、堆肥化施設などがある。産業廃棄物については、焼却施設、脱水施設などがある。→産業廃棄物、産業廃棄物処分場3タイプ、最終処分場

## ちゅうしょうきぼすいりょくはつでん【中小規模水力発電】
農業用水路や渓流の落差などダムによらない水路を利用した中小規模の

水力発電。温室効果ガスをほとんど発生しないクリーンなエネルギーとして注目されている。水力発電は100年以上の歴史があるが、大規模な水力発電は、1955年頃から建設が始まり、現在までにほぼ開発され尽くしたと言われている。また大規模水力発電は、ダム建設に伴う環境破壊が大きいとして、ダムを伴わない河川などを利用した小規模水力発電が新しい再生可能エネルギー（New Renewable）として定義されている国が多い。わが国の「RPS法」では、水路式1000kW以下の水力発電を対象としている。実際の利用に当たっては水利権との調整という大きな問題もあるようであるが、今後は、山間地域を中心に中小河川や全国的に広く分布している農業用水路などを利用した、エネルギー現地調達型の中小水力発電による地域の活性化と環境にやさしい開発が望まれている。→水利権、再生可能エネルギー、RPS法

## ちゅうすい【中水】
(recycled wastewater)
雨水や排水を下水に流さず処理し、トイレや散水など限定した用途に使用する水のリサイクルシステム。利用位置や水質が、上水と下水の中間にあることから中水と呼ばれる。都市部では人口の増大による水使用量の増加が著しく、水源の水不足が懸念されている。また、都市化により雨水の土壌浸透力が減少し、ヒートアイランド現象が原因と考えられる集中豪雨による都市型水害が発生している。そこで雨水を一時的に貯留し、排水とともに必要な処理を施して再利用することが行われている。主な水処理工程は、生物処理、凝集沈殿、ろ過などである。通常利用されない雨水や排水を利用することで、都市部において不足する水源の水量を補い、下水道への負担を軽減することができる。比較的安価に既存施設に設置ができるために、水道代や汚水処理コストの削減が可能であるなどメリットが大きい。原水の種類により、処理工程や利用方法について十分注意する必要がある。雨水は質がよく、一時貯留したものを簡単な処理により水洗トイレなどに利用が可能であるが、し尿などの汚水は感染症の防止に特に配慮する必要がある。→雨水利用、打ち水、下水処理水、ヒートアイランド現象

## ちゅうせきへいや【沖積平野】
(alluvial plain)
河川の運搬する土砂の堆積によって形成された平野。谷の出口に形成される扇状地、中流域に形成される自然堤防、後背湿地、河口に形成される三角州などの地形がある。古来より沖積平野は、平坦な低地で水を利用しやすいことから人間に活用され

てきた。特に日本では、稲作農耕の開始とともに広く水田として利用されるようなった。現在、東京や大阪を始めとする多くの都市は沖積平野上に形成されている。日本の人口の50％が居住する沖積平野は、その形成年代の違いによって脆弱で、河川の氾濫や高潮、地震などの災害に弱いところもある。例えば地震対策では、軟弱な地盤に対応する、より耐震性の高い建物の建築が要求される。建築物の耐震技術として、近年は地震動を吸収する制震、地震動が建物に伝わらなくする免震技術が発達している。しかし、沖積平野ではその地下構造により、同じ地震波が繰り返し伝わってくることが指摘されている。→高潮、集中豪雨、スーパー堤防

### ちゅうひしゅ【中皮腫】
胸腔や腹腔を覆う中皮に発生する腫瘍。中皮腫には、中皮の一部分にかたまりを形成する限局性のものと、胸膜や腹膜に沿って広く発育するびまん性のものがある。中皮腫を起こす原因物質のアスベストは、繊維一本の太さが髪の毛の4000分の1で空中に飛散しやすく、多量に吸い込んだ場合、肺に刺さった繊維は30年以上の潜伏期間を経て中皮腫を引き起こすと言われている。わが国では、アスベストが盛んに使われていた時期から推定して潜伏期間が過ぎた21世紀に入って、アスベストが原因と思われる中皮腫や肺ガンが多発している。→悪性中皮腫、アスベスト、汚染物質

### ちょうせきはつでん【潮汐発電】
海面の周期的な上下運動である潮汐を利用した発電。潮の干満の差が大きい湾口などにダムと水門を設け、その中に水車と発電装置を設置して、満潮時に水門を閉じて湾内に貯まった海水を干潮時に生ずる海面との差位により放出し、その水流で水車を回転させて発電する仕組み。落差の低い、流量が大きい水力発電の原理と同じ。仏、カナダなどで実用化されているが、日本では干満の差が小さく発電によって得られるエネルギーが少ないので、クリーンで再生可能なエネルギーとしての実績はない。→再生可能エネルギー

### ちょうばっきせぎょう【長伐期施業】
林業において伐採する林木の樹齢を50年以上、80年から100年など長くとる方法。通常の短伐期施業では、伐採年齢は40年程度である。長伐期施業では、安価な外国産木材に対抗可能な、材価の高い優良な大径木の生産が可能となる。また、大径木生育のため、伐期間に積極的に間伐を行うことで継続的な収入を得ることも可能となり、林業経営におけるメリットは大きい。伐採周期が長くな

ることで、植栽や下草刈りなどの保育・更新作業の比率を小さくすることができ、少ない労働力でも維持が可能である。長伐期施業を行う林地では、適切な間伐や生育時の自然枯死により林冠に空隙ができ、林床の植生が豊かになり複層林を形成するため、動植物の多様性を確保するとともに、土壌が深くなり森林の水土保全機能が向上する。成長した大径木を皆伐しないことで、林床に生育していた樹木が成長し循環的な森林の利用が可能となり、森林の持つ公益機能の低下を防ぐことが可能となる。短所としては、一部の樹種では凍裂や病中害・獣害の発生確率が高くなるなどのリスクもあり、立地環境等に注意した実施が必要である。
→皆伐、間伐材、森林生態系

## ちんもくのはる【沈黙の春】
(Silent Spring)
1962年に米国で出版された、レイチェル・カーソン（Rachel Carson）の著書。化学物質による環境汚染の恐ろしさについて警告した。発行部数150万部、二十数カ国で翻訳された。取り上げられた化学物質は農薬で、主としてDDT、BHCなど有機塩素系殺虫剤と有機リン系殺虫剤であった。当時は、米国のみならず世界中でこれらの農薬は大量に生産、消費されていた。「かつてアメリカの真ん中に全ての生き物が環境と調和して生きているような町があった。そして、四季折々の自然に満ち溢れていた町が、空から降ってきた雪のような白い粉によって死の世界に変わってしまう」という趣旨の序章で始まり、「春を沈黙させる」原因になった白い粉の正体こそ農薬であることを指摘した。日本では、1972年までにDDTやBHCは禁止になった。カーソンは、その時にはガンで亡くなっていた。
→レイチェル・カーソン

ツ Tsu

## ツバル（Tuvalu）
国土の最高海抜が5mと低く、地球温暖化による海面上昇による国土損失の危機に瀕している国。オーストラリアの北東に位置するエリス諸島、九つの珊瑚礁の島から成る。面積26㎞、人口約1万人。英連邦内の立憲君主国。鉱物資源に恵まれず、土地はやせ農業にも適さず、水も乏しい。このため経済的には貧しく、国連の最貧国リストに記載されている。ツバルは近年、潮位の高い時に地中から海水が噴出し、畑に被害を及ぼし、飲料水の井戸にも海水の混入が進んでおり問題は深刻化している。また、

海水面の上昇により海岸侵食が進み、国土が減少している。2004年には高潮が発生し、空港などを含む島の大部分が浸水した。ツバル政府はこの状況を鑑みて、2001年に、海面上昇が起こった場合、島から移住せざるを得ないとする声明を発表した。移住民の受け入れ先については、ニュージーランド政府と協議し、政府は移民の受け入れを認めた。しかし、オーストラリア政府は海面水位の上昇が確認できず、温暖化と海面上昇、ツバルの消滅との因果関係が科学的に証明されないとして、移住を拒否している。→地球温暖化

## つめかえようき【詰め替え容器】

何度も詰め替えて使用する容器のこと。日本で古くから「量り売り」という小売りの方法があり、酒、醤油、酢などを購入する際に、消費者が空になった容器を持参して、中身だけを買う販売システムがあった。欧米社会では化粧品までもが、そのような詰め替え容器による量り売りが一般化している。現在では、洗剤やシャンプー、食料品や化粧品に至るまで、ほとんどの商品で詰め替え用品が店頭に並んでいる。詰め替え容器に対する消費者の購入動機は、本体価格より安いというのは無論であるが、少しでも廃棄物を少なくし地球環境問題に貢献したいという環境意識の側面も大きい。メーカー側の発売動機は、「容器包装リサイクル法」の下で、プラスチック使用量を削減してリサイクル費用を少なくしようとする経済的側面が強い。→容器包装リサイクル法、リターナブルびん、グリーンコンシューマー

## ツンドラ→えいきゅうとうど【永久凍土】

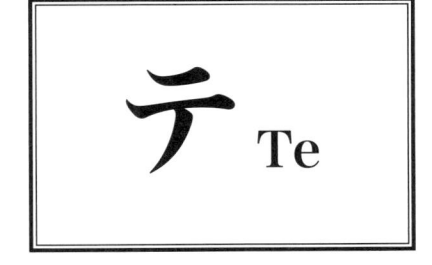

## ディー　エイチ　シー【DHC】

(District Heating and Cooling)
地域熱供給。一まとまりの建築物や地域内で、熱供給設備（地域冷暖房プラント）によって、給湯・暖房・冷房・融雪などを行うシステムで、熱需要の大きいヨーロッパの寒冷地などで盛んに行われている。熱供給は単体ごとに行わず面で行い、発電システムの廃熱を有効活用するコジェネレーションシステムなどにより、エネルギーの変換効率も高まるので、省資源のインフラ（生活・生産基盤）と言われている。→コジェネレーション、ベクショー市

## ディー　エヌ　エー【DNA】

(Deoxyribonucleic Acid)
デオキシリボ核酸。ほとんど全ての生物の細胞内にある生体高分子で、遺伝情報を担う。DNAは、二重らせん構造を持つ長いひも状の高分子であり、細胞が必要とする様々なタンパク質を合成するためのプログラムが、4種の核酸分子の配列の仕方で示されている。人の細胞が分裂する時、DNAは特殊なタンパク質と結合して、23対の棒のような構造を持つ染色体になる。この23本の染色体二組の内の一組の中にあるDNA全体を、総称してヒトゲノムと呼ぶ。→遺伝子組み替え、遺伝子組み替え生物、遺伝情報、遺伝子治療

## ティー　エム　アール【TMR】
(Total Material Requirement)
関与物質総量。製品や構造物など目に見えるものへの直接的な物質投入量と、それらをつくる過程で投入される地下資源、エネルギーなど直接には見えない物質投入量、いわゆる「隠れた資源フロー」を合計したもの。資源の消費によって発生する総体的な環境負荷（隠れたフロー）を減らすことの重要性から考えられた、モノづくりにおける資源生産性の一つの評価指数。先進工業国では、経済生産当たりの資源利用は効率的になっているとはいえ、隠れた資源フローも含めた総物質投入量、環境への廃棄物の排出量、環境負荷は増加している。→資源生産性、サステナビリティ、マテリアルフロー

## ていこうがいしゃ【低公害車】
(Low Emission Vehicle)
既存のガソリン自動車やディーゼル自動車に比べ、窒素酸化物や二酸化炭素などの排出量の少ない自動車。地球温暖化、地域大気汚染の防止の観点から、世界各国で技術開発、普及が進められている。新エネルギー、新エンジンの技術開発により、窒素酸化物、粒子状物質、二酸化炭素が低減できるものが一般的だ。日本では、電気自動車、圧縮天然ガス自動車、メタノール自動車、ハイブリッド自動車等が実用化され、その普及のための導入補助、税制優遇など支援政策が展開されている。このほか、LPG車、希薄燃焼エンジン車、ソーラー自動車、バイオディーゼル自動車等、多種多様なものがある。→エタノール車、LPG自動車、硫黄酸化物、窒素酸化物、バイオディーゼル、浮遊粒子状物質

## ていじょうじょうたい【定常状態】
(stationary state)
経済成長率と人口増加率がゼロになった状態。19世紀の英国の経済学者、ジョン・スチュワート・ミルは、『経済学原理』の中で、科学技術の進歩により経済発展が続き、やがて豊かな社会が実現すれば、経済成長率と

人口増加率がゼロになる定常状態が来ると予言している。定常状態は、必ずしも人間的進歩の停止状態を意味するものではなく、その中で人類はさらに様々な文化や技術を発展させ、より豊かな生活を実現できると指摘している。持続可能な社会のイメージは、ミルの定常状態に近い社会だとする見方もある。→サステナビリティ、持続可能な社会

## ていねんきのう【定年帰農】

農家出身者が定年退職後、都会暮らしをやめて故郷に帰り、第二の人生として農業に従事すること。農家出身でない都会人が、定年後、田舎暮らしを始めて農業に従事することを定年就農という。出身地から進学・就職等により転出した者が出身地に帰るUターン、出身地に関係なく希望して地方へ行くIターン、出身地から進学・就職等により転出した者が出身地の近隣地区に戻るJターンなど様々なケースがある。「定年帰農」という言葉は、1998年に『現代農業』増刊号の『定年帰農』（農文協）が刊行された時からブームとなった。定年帰農に関して、多くの県で独自の定年帰農への支援事業を行っている。また、NPO「ふるさと回帰支援センター」が、「ふるさと回帰フェア」を開催するなど、ムーブメントの振興に一役買っている。→スローライフ、スローフード、地産地消、町おこし

## ていひんいこうせき【低品位鉱石】
(low grade ore)

鉱物資源で、採掘・製錬しても品位が低いために経済性のない鉱石のこと。枯渇が懸念される資源については、需要・供給の関係から、技術的に有用鉱物を抽出することが可能なら、品位が低くてもやがて経済性が出てきて採掘されるようになる資源もある。ただし、品位が低すぎたり、鉱物組成が複雑で、技術的に有用鉱物を取り出すことができない場合は、将来の持続可能性のために、あらかじめ技術開発を進めておく必要がある。→バクテリア・リーチング、露天採掘

## ディープエコロジー
(deep ecology)

1972年にノルウェーの哲学者アルネ・ネス (Arne Naess) が提唱した、生命平等主義に基づいた環境主義思想。全ての生命存在は人間と同等の価値を持つので、人間がそれらの生命の固有価値を侵害することは許されないとしている。全ての生命の固有価値の保護を優先する思想的な世界観が、その根底にある。ディープエコロジーという観点からは、環境保護はそれ自体が目的であり、人間の利益は結果に過ぎないと考える。ネスは、先進国の人々の健康と豊かさを維持・向上するために環境汚染や資源枯渇を招いていることを非難

し、人間の利益のための環境保護運動を、「シャロー（shallow＝浅はかな）エコロジー」として批判した。ディープエコロジーの世界観は、その後の全地球規模の環境保護思想に大きな影響を与えた。→エコフェミニズム、生物多様性、人間中心主義、パラダイム

**ていやくこくかいぎ【締約国会議】**
(COP)（Conference of Parties）1992年の「地球サミット」における「気候変動枠組条約」の締約国が集まって行う会議のこと。コップ（COP）。正式名称は、「気候変動枠組条約締約国会議」。主として、地球温暖化と気候変動の関係、対策を話し合う。97年12月に京都で開かれたCOP3（第3回締約国会議）では、温室効果ガスの排出削減を定めた「京都議定書」が採択された。2005年11月〜12月にカナダのモントリオールで行われた「第11回気候変動枠組条約締約国会議」（COP11）は、京都議定書締約国の第1回締約国会合が同時開催されたため、「COP/MOP」（Meeting of the Parties）と呼ばれた。COPは、1995年にベルリンで第1回会議（COP1）が開かれて以来、毎年開かれており、最近ではCOP12/MOP2が2006年11月にケニアで開かれた。COP13/MOP3は、2007年12月にインドネシアで開催される予定である。→地球サミット、気候変動枠組条約、コップスリー（COP3）

**ていレベルほうしゃせいはいきぶつ【低レベル放射性廃棄物】**
(low level radioactive waste)
放射能レベルの低い廃棄物。原子力発電所、使用済み燃料再処理工場、ウラン濃縮工場、核燃料の成型加工工場あるいはその他研究所、アイソトープ使用医療施設・研究所など放射性物質を取り扱う施設においては、固体あるいは液体の低レベル放射性廃棄物が発生する。原子力発電所の運転に伴って発生するものは現在、セメントなどで固化してドラム缶に詰め、発電所その他原子力施設内、あるいは青森県六ヶ所村の低レベル放射性廃棄物埋設センターで受け入れ保管している。100万kWの原子力発電所を一年間運転するとドラム缶1000本分になる。→高レベル放射性廃棄物、核燃料再処理、モックス

**ディー　エヌ　エス【DNS】**→さいむかんきょうスワップ【債務環境スワップ】

**ディーゼルしゃ【ディーゼル車】**
ディーゼルエンジンを搭載した車。日本よりEU（欧州連合）で盛んに使われている。燃費がガソリン車に比べてよく、燃料となる軽油も安く手に入る。また、$CO_2$の排出量がガソリン車より少なく、新エンジンの開

発などエンジン性能の向上により、大気汚染物質となる排ガス中の黒煙微粒子の問題点もかなり改善されてきたと言われている。→浮遊粒子状物質

**デオキシリボかくさん【デオキシリボ核酸】**→ディー　エヌ　エー【DNA】

**てがぬま　いんばぬま【手賀沼　印旛沼】**
水質汚濁が進み、1974年から2001年まで全国の湖沼でワースト1（手賀沼）を記録した千葉県北部の湖沼。千葉ニュータウンを挟み北側に手賀沼、南東側に印旛沼が位置する。面積は、手賀沼6.5km²、印旛沼11.55km²、流域面積は、手賀沼148.85km²、印旛沼487.18km²である。手賀沼・印旛沼は、下総台地の溺れ谷が利根川の運搬してきた土砂によって堰き止められ形成された。手賀沼・印旛沼の水は、周辺地域の農業用水として利用されるほか、印旛沼の水は千葉市、習志野市、船橋市の飲料水としても使用される。手賀沼・印旛沼は、戦後、周辺が急速に都市化したことにより多くの排水が流れ込み水質汚濁が進み、全国でも有数の汚染湖沼となった。汚染の原因は、流域からの生活排水、工業排水および農業排水である。中でも生活排水が大きな割合を占めている。汚染対策として、流域の下水道整備、合併浄化槽の整備および沼の浚渫作業が進み、汚染の状況は改善しつつある。しかし、現在でもCOD値（化学的酸素要求量）は、環境省の環境基準には遠く及ばない高い値を維持している。現在、NPO団体などが水草を利用した水質浄化を行うなど、新たな取り組みが行われている。→生活排水、化学的酸素要求量、水質汚濁防止法

**てきしゃせいぞんせつ【適者生存説】**
(Survival of The Fittest Theory)
生存に一番適した条件を備えた生物個体だけが生き残るという説。英国の生物学者、チャールズ・ダーウィンは、生物の進化を観察し、多くの生物個体の中で、生存競争に勝ち残った個体は、環境に適応するなど生存条件を備えた最適者であり、最適者が常に選ばれることを自然選択と名付けた。ダーウィンの進化論のことを自然選択説（Natural Selection Theory）とも呼ぶ。→自然選択説、進化論、棲み分け理論、ダーウィン

**デコミッショニング**
(de-commissioning)
原子力発電所など原子力施設が使命および目的を終えた後に施設の解体、廃棄物処理・処分、汚染除去、放射線安全管理を行うこと。デコミッショニングには、次の三つの方法がある。①燃料を抜き取って放射能で汚

染された部分をできるだけきれいにして密閉管理する。②放射能レベルの高い部分をコンクリートで遮蔽管理する。③燃料を抜き取って、原子炉や構造物を全て解体・撤去して更地にする。日本は③を目指しているが、膨大な費用がかかる。

## てしま【豊島】
有害物質を含んだ産業廃棄物が大量に放置された香川県の小島の名前。小豆島の西方に位置し、瀬戸内海国立公園内にある。1970年代後半から産業廃棄物中間処理業者が自動車シュレッダーダストなどを野焼きし、10年以上にわたって不法埋め立てを続けた。1990年に兵庫県警が摘発、操業停止された。翌91年、実質的経営者は逮捕、有罪判決となったが、大量の有害物質を含んだ50万トンを越える産業廃棄物は放置されたままであった。1993年豊島住民は、香川県、処理業者、排出業者を相手に、産業廃棄物の撤去などを求める国の公害調停を申し立てた。1995年、国の調査により産廃投棄現場を調査した結果、香川県の説明する3倍近い廃棄物が埋まっており、しかも有害で瀬戸内海へ流出しているという状況が明らかになった。1997年、香川県と豊島住民とが中間合意を結び、技術検討委員会から、溶融処理による無害化が可能で、全量を島外に撤去可能とする、報告書が提出された。2000年、豊島の公害調停は、香川県による産業廃棄物の撤去と知事が豊島住民に謝罪したことで終結した。しかし島外での廃棄物処理は、2006年現在も終わっていない。→産業廃棄物、産業廃棄物処分場3タイプ、ゴミ問題、産業公害、循環型社会

## デポジットせいど【デポジット制度】
(deposit system)
預かり金制度、預かり金払い戻し制度のこと。製品価格に容器の預かり金を上乗せして販売し、使用後に返却された時に預かり金を返却する制度。デポジット制度の優等生は、一本につき5円ずつ上乗せして販売されるビールビン。業界あげて自主的に取り組んできた結果、回収率99％を誇る。ただし、缶、ペットボトルなどはデポジット制を採用しておらず、回収は自治体が行うため回収率が上がらないのが、日本の現状。欧米では、デポジット制が定着している国が多く、独では飲料、洗剤、洗浄剤の容器に約40円を上乗せすることを義務付け、回収率は95％を超えている。スウェーデンではアルミ缶のデポジット制度があり、ノルウェーには自動車のデポジット制度もある。使用済み製品や容器の回収率が上がり、リサイクルや適正処理が進み、ごみの散乱を防ぐことができるなど、デポジット制のメリットは大きい。→リターナブルびん

## テーリング (tailing)

尾鉱とも言う。非鉄金属鉱山では、鉱石を選鉱して品位を上げて精鉱と呼ばれるものにして精錬所に供給、金属の地金を取り出す。その間、選鉱工程では大量のテーリングと呼ばれる廃棄物が発生する。特に、露天掘り金鉱山の場合、採掘された鉱石1トンの中に金は0.3〜1g程度のわずかな量しか含まれていないので、他の金属に比べても精鉱にするまでに最も多くのテーリングを処理しなければならない。世界最大級の露天掘り金鉱山においては、一日当たり十数万トンから数十万トンのテーリングが発生する。→STD、選鉱、精鉱、エコリュックサック

## テーリングダム (tailings dam)

鉱山で発生する廃棄物（テーリング）を埋め立て処理する施設。非鉄金属鉱山などで、鉱石を選鉱して品位を大幅に上げる工程で大量に発生する廃棄物を、鉱山の近くの谷などを利用してダムを築き埋め立てる。テーリングが外部に流出して自然環境を破壊するのを防止する。→テーリング

## てんてき【天敵】

ある生物に対して食物連鎖の上位にあって、その生物を捕食したり、寄生したりして殺してしまう他種生物を指す。例えば、アブラムシ、カイガラムシに対するテントウムシやコバチ、衛生害虫のハエ、蚊、ゴキブリに対するクモなどは天敵としてよく知られていて、一部は生物農薬として実用に供されている。→生物的防除、生物農薬

## てんてきかんがい【点滴灌漑】

少量の水で頻繁に灌漑を行う、乾燥地帯の代表的な灌漑方式。灌漑用水の効率的利用と作物の塩害を軽減するのにも有効。施設としては、給水管、配水管路末端の制御装置、コンピュータ制御装置、点滴装置から成る。点滴水は、配水管路からとられた圧力水を水滴状に作物の根元を中心に滴下する。この方法は乾燥化、砂漠化が進み、深刻化する世界的な水不足と将来の食糧危機問題に対処するための一つの方法である。少ない水を生かしきるためにイスラエルで開発された。→水危機、食糧危機、水ストレス

## てんねんガス【天然ガス】
(natural gas)

地下から噴出する有機ガスの内、メタン、エタン、プロパン、ブタンなどを含む可燃性ガスで、化石燃料の一つ。産地が中東だけでなく、世界各地に豊富に存在している。石油や石炭に比べて燃焼した時の二酸化炭素の排出量が少ないので、環境負荷の少ないエネルギーとして注目され、

自動車、火力発電所などの燃料や都市ガスの原料に利用されている。近年は、容積が天然ガスよりも軽く、輸送にもあまり負担のかからない液化天然ガス（LNG：Liquefied Natural Gas）が輸入され、コジェネレーションなどにも利用され二酸化炭素の排出量削減に一役買っている。→液化天然ガス、コジェネレーション、炭素集約度、メタン

## でんりょくじゆうか【電力自由化】

新規発電事業者による電力の小売りが可能になった電気事業の自由化。1990年代の電気事業の規制緩和の進展の中で、日本の電力の高コスト構造、内外価格差の是正が課題となり、競争原理を取り入れるために三度の「電気事業法」改正が行われた。1995年の改正では、発電事業への新規参入を拡大するため、独立系発電事業者（IPP）の参入が可能となった。特定電気事業が創設され、小売供給が新たな電気事業者に認められ、特定の供給地点での小売が可能になった。1999年の改正では、自由化の範囲対象が、特別高圧（2万V以上）受電で、使用規模が原則2000kW以上の大規模工場やデパートに拡大した。電力会社のネットワークを利用し、自由化対象の顧客に電気を供給する特定規模電気事業者（PPS）の新規参入が可能になった。2003年の改正では自由化の対象範囲を拡大し、卸電力取引所が設立された。→IPP、アーヘンモデル、RPS法、系統連系、市民風車

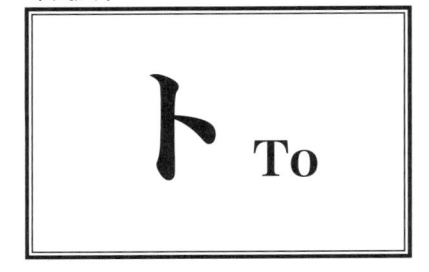

**ト　To**

## とくていきぼでんきじぎょうしゃ【特定規模電気事業者】→でんりょくじゆうか【電力自由化】

## とくていフロン【特定フロン】→シー　エフ　シー【CFC】

## とくていもくてきかんきょうラベル【特定目的環境ラベル】

ある特定目的の環境負荷低減を示した環境ラベル。環境ISOの分類で言えば、タイプⅡ型の環境ラベルと呼ばれるもので、タイプⅠやタイプⅢ型のラベルのようにライフサイクルや総合的な環境負荷低減を目的としないで、廃棄物減量、エネルギー使用の減少など特定目的のためのもの。ただし、タイプⅡ環境ラベルを宣言するためには、再生材料の使用、使用資源の削減、エネルギー回収、廃棄物削減、エネルギー消費量の削減、水消費量の削減、製品寿命の延長、再使用・再充填可能、リサイクル可

能、解体可能設計、分解可能、堆肥化可能の12の目的の内どれか一つを満たしていなくてはならない。また、その環境負荷の削減効果は数値で示すことができ、科学的に再現できなければラベルとして認定されない。具体的には、再生紙利用率が記されている再生紙使用マークなどがある。→ISO14001、エコラベリング、国際エネルギースター・プログラム

### とくていゆうがいぶっしつのしようせいげんしれい【特定有害物質の使用制限指令】→ローズしれい【ローズ指令】

### どくぶつ【毒物】
きわめて少量であっても、生命維持に障害を及ぼす性質を持つ物質を指す。例としてフグ毒、キノコ毒、ダイオキシン、シアン化合物、ニコチンなど多くが自然環境中に存在する。「薬事法」では経口急性毒性の場合、毒物はLD50の値が30mg/kg以下のものを言う。→致死量（LD）

### どくりつえいようせいぶつ【独立栄養生物】(autrophic biota)
無機化合物から太陽光等を利用して有機化合物を生成する生物。一次生産者とも呼ぶ。独立栄養生物が生成した有機化合物を栄養とする生物を従属栄養生物と呼ぶ。陸上における植物や有光層における植物プランクトン、光合成細菌は光合成により有機物を生産する。植物や植物プランクトンは、有機物の生成と同時に酸素を生産し二酸化炭素を炭素として固定する。中央海嶺の有機物の少ない場所の熱水噴出域には、熱水噴出孔から出る金属硫化物等の無機化合物を利用し、海水中の酸素もしくは熱水起源の硫化水素を酸化剤とする独立栄養生物が存在する。これらは還元物質を酸化し炭素固定を行うことから、化学合成独立栄養生物と呼ばれ、地表下にも存在することが確かめられている。近年は化学合成独立栄養生物が生命の起源と考える説が出ている。→生態系の炭素循環、水界の炭素循環、植物プランクトン、光合成

### どくりつはつでんじぎょうしゃ【独立発電事業者】→アイ　ピー　ピー【IPP】

### としがす【都市ガス】
ガス会社によって商業用につくられ、一般の家庭まで供給されるガス。メタンが主成分の天然ガスをLPガス（液化石油ガス）で熱量調整したもの。天然ガスは、天然に噴出する有機ガスのメタン、エタン、プロパン、ブタンなどを含む可燃性ガス。LPガス（液化石油ガス）はプロパンとブタンを主成分とする燃料で、火力発電所から家庭用調理器まで幅広く利用さ

れる。→一次エネルギー、LPガス液化石油ガス、液化天然ガス、天然ガス

## としこうざん【都市鉱山】
(urban mining)
地上資源の中から有用金属や希少金属（レアメタル）を回収すること。パソコンや携帯電話などIT機器には、金、銀、白金、パラジウム、インジウム、ニッケル、銅など金属、貴金属、希少金属が使われている。これらの金属は希少資源であり、高価であるばかりか、鉱山で採掘する時に環境負荷が非常に大きいので、廃棄物となったIT機器の中から回収した方が得策である。そのため、鉱山会社では製錬技術と設備を有効に活用して金属リサイクルを事業化するようになった。このように、鉱山で採掘された天然の鉱石を精錬して有用金属を取り出すかわりに、都市で発生する大量の使用済みIT機器などから各種金属を抽出する事業のことを都市鉱山と呼ぶようになった。→IT汚染、地上資源、希少資源

## どしつきじゅん【土質基準】
土壌の中に含まれる有害物質の種類、項目、土質の検査・測定方法、許容限度などを定めた基準。有害物質としては例えば、カドミウム、六価クロム、鉛、砒素、水銀など重金属類、シアン、有機リン、PCB、トリクロロエタンなどの有害化学物質が対象となる。建設残土などの利用あるいは埋立て処理、汚染土壌の浄化の際には、この土質基準を満たすことが求められている。→汚染土壌

## どじょうおせん【土壌汚染】
人間や他の生物の健康、生存に影響を与える有害物質が土壌に蓄積されること。土壌は水や無機物を保持し、ミミズ、ダンゴムシなどの土壌動物や細菌や菌類、その他の微生物など分解者の生存する場であり、植物、特に人間にとっては農作物を育てるための重要な培地でもある。近年、埋設処分された産業廃棄物のカドミウム、クロム、水銀などの重金属類や有機塩素系農薬からの浸出液による土壌汚染が多発し、近くに住む人の健康被害の発生が懸念されている。また、家畜の排出物や都市の下水に含まれる有機物による土壌汚染の拡大は、生態系に深刻な影響を及ぼすことが予想される。→地下水汚染、バイオレメディエーション

## どじょうおせんたいさくほう【土壌汚染対策法】
土壌汚染の状況の把握、人の健康被害の防止に関する措置等の対策実施を内容とする法律。2002年5月22日に施行。近年、工場の跡地などの土地を取得して利用する際に、各種汚染物質によって汚染された土壌が全

国各地に存在することが明らかになってきた。汚染された土壌から有害物質が溶け出して、周辺の住人が汚染された地下水を飲んで被害を受けるなどの可能性があるため、立法化が急がれていた。農地については、1970年制定された「土壌汚染防止法」（正式名称、「農用地の土壌の汚染防止等に関する法律」）がある。→土壌汚染、地下水汚染

### どじょうのさんせいか【土壌の酸性化】

土壌が酸性化すること。その要因には、雨水による土壌中の塩基の溶脱、酸性物質の添加、生理的肥料の使用、有機酸の生成がある。環境中の水は、大気中の二酸化炭素の溶存により通常、酸性を示す。日本では降水量が蒸発量よりも多いため、雨水により土壌が酸性化するのは自然な現象である。近年、酸性雨により土壌が酸性化されつつある。土壌が酸性になると、土壌生物の活動や植物の生育に影響が出る。酸性化した土壌では、マグネシウムやカルシウム、カリウム等の植物に必要な養分を溶出させ、生育を阻害する。また、植物に有害なアルミニウムがイオンとして溶出し、植物の根の育成を阻害する。土壌が酸性化するのを防ぐため、日本では農地に石灰を散布することで土壌管理を行っている。森林土壌への石灰散布は費用がかかるため現実的でなく、酸性雨の原因となる大気汚染物質の排出削減が必要である。→酸性雨、生育阻害、大気汚染物質

### どじょうびせいぶつ【土壌微生物】

土壌に生存する微生物の総称。微生物の一つである藻類は一次生産者として、表層において光合成を行っている。硝化細菌や硫黄細菌などは無機物を摂取し、独立栄養を営んでいて、それによる硝化作用や窒素固定を通じて窒素循環と深く係わっている。また、枯草菌群や放線菌などは従属栄養を営んでいて、有機物分解の際の呼吸は炭素循環に大きな役割を果たしている。→生態系の炭素循環、生物の共生関係

### どじょうれっか【土壌劣化】

(soil degradation)

酸性雨、異常気象、森林伐採、塩害、旱魃、砂漠化の進行などによって、土壌が流失あるいは浸食されて農業や林業に適さない土地に劣化すること。世界各地で土壌浸食などによる劣化が進んでいる。そのため、世界の食糧問題、貧困問題に影響を与える恐れが出てきている。→酸性雨、塩類集積、水危機、食糧危機

### としりょっかききん【都市緑化基金】

(Urban Green Space Development Foundation)

地域住民の都市緑化に対する助成を

講じるための基金。財団法人都市緑化基金と地方における都市緑化基金とがある。全国の企業や個人からの募金を「都市緑化基金」として運用し、その果実（利子）により都市緑化の推進、普及、啓発活動を行っている。財団法人都市緑化基金は、地方における都市緑化基金の設立の支援、「全国都市緑化フェア」の普及、啓発活動などの事業を行っている。地方における都市緑化基金は、民間の行う緑化事業への助成などを行っている。

**とつぜんへんいげん【突然変異原】**
生物に突然変異を引き起こす物理的または化学的因子のこと。自然状態でも低い頻度で突然変異は起こっているが、それ以外に放射線や紫外線などの物理的因子、一部の化学物質などの化学的因子は、遺伝子に突然変異を起こす。特定の遺伝子における突然変異が、細胞のガン化を誘発することは広く知られている。→アスベスト、紫外線、放射線障害、PCB中毒

**トップランナーほうしき【トップランナー方式】**
(Top Runners Approach)
省エネ基準を策定する際に、現在商品化されている製品の内、省エネルギー性能が最もすぐれている製品の性能レベルを基準にして、どの製品もその基準以上の性能を目指させる方式。まず、市場に出回る商品を区分けし、その中から最も省エネルギー（低消費電力）の商品をトップランナーに見立てる。その後、一定期間内で、この商品よりもさらに一定の割合以上に省エネルギー化した商品を販売することが求められる。1999年に施行された「改正省エネ法」において、日本が世界に先駆けて導入した制度である。家電製品18種類が対象（2003年4月）。この基準に達していない製品を販売し続ける企業は、ペナルティとして社名と対象製品を公表、罰金を科されることもある。→エコ効率、省エネルギー法、EER、省エネ基準達成率、省エネラベリング制度

**とりインフルエンザ【鳥インフルエンザ】**
インフルエンザウイルスにはA、B、C型があり、その中のA型インフルエンザウイルスによる感染で発生する鳥の病気。宿主である鴨に対してウイルスは病原性を示さないが、鶏など、その他の鳥に対しては低い病原性を示す。ただし、A型は突然変異などで新しい抗原となって出現しやすく、その場合は高い病原性を示す。死亡率の高い強毒性に変異したものを、特に高病原性鳥インフルエンザウイルスと呼ぶ。従来、鳥インフルエンザウイルスは人へは感染しない

と考えられていたが、ウイルスに濃厚に接触すれば感染する可能性があることが、過去の事例で明らかになった。アジアでの死亡例が多く報告されている。→ウイルス、BSE

## トレーサビリティ（traceability）
追跡可能性。trace（追跡）とability（可能性）を組み合わせた言葉。元々は計測機器の精度や整合性を示す用語であったが、野菜や肉などの生産・流通履歴をも意味するようになった。有機農産物の人気が高まる一方で、遺伝子組み換え作物の登場や、食品アレルギーやBSE、偽装表示問題などの発生に伴って、食品の安全性や、消費者の選択権に対する関心が高まり、特に食品分野でのトレーサビリティが注目されるようになった。2003年6月に「牛肉トレーサビリティー法」が制定された。一方、リサイクルの進展に伴い、家電製品や自動車などのリサイクル資源の処理についてもトレーサビリティが求められており、消費者がリサイクル費用を負担する家電製品では、処理について確認することが可能となっている。→遺伝子組み替え生物

# ナ Na

## ないはつてきはってんろん【内発的発展論】
経済や社会の発展を単線的な進化と考えるのではなく、地域や国家によって特性がある以上、それらの発展も地域特性のある進化を遂げるとする考え方。1960年代、アジアやアフリカの国々が独立した。これらの多くは、経済発展のモデルとして西欧型の近代化やソ連型の計画経済などを参考にした。しかし1970年代に入ると、こうした単線的な進化ではうまく発展しないことが明らかになった。加えて、単線型経済成長に成功した国々は、公害などの負の側面も表面化し始めた。こうした流れから、1970年代には、それぞれの国がその地域の社会構造や経済特性などを生かした成長を模索するようになった。この言葉は、1975年にスウェーデンのダグ・ハマーショルド財団が国連経済特別総会に提出した報告書の中で初めて使われ、オルタナティブや生活環境論など環境問題と社会の関係を論じる時の基本概念となった。→オルタナティブ、生活環境主義

## ないぶんぴつかくらんぶっしつ【内分泌攪乱物質】

環境ホルモンとも言う。環境中にあって、生物の情報伝達物質であるホルモンと同じような働きをしたり、ホルモンの働きを阻害するような化学物質のこと。船舶の防汚剤などに用いられるトリブチルスズ、有機塩素化合物の一種であるDDTやダイオキシン類、プラスチック可塑剤などの化学物質が内分泌攪乱物質としての疑いを持たれている。野生動物や実験動物において、生殖機能、甲状腺機能、免疫機能などに影響が認められているが、人体への影響については明らかではない。→環境ホルモン、奪われし未来

## ながらがわかこうぜき【長良川河口堰】

長良川の河口部につくられた利水と治水を目的とした可動堰。河口から5.4kmの長良川と揖斐川の合流点付近の長良川上に建設され、堰長661m、堰高8.1mの規模を有する。河口に可動堰を設けることで海からの海水の侵入を防ぎ淡水の利用を可能にし、河床の浚渫を行うことで洪水時の水の安全な排水を目的としている。木曽川水系に属する長良川は、濃尾平野を流れる三大河川の一つで一級河川であるが、本流にダムが建設されておらず清流として知られていた。1960年に、周辺の水需要の増加を予測した建設省（現・国土交通省）によって、長良川の水を利用するための河口ダムとして建設が開始された。しかし、可動堰の建設により周辺の生態系や川の水質への影響が懸念され、当初見込んだ水需要が伸びないことから自然保護団体を中心に全国的な反対運動が起こった。1995年に可動堰のゲートは閉じられたが、魚介類の移動を妨げないための魚道が設けられている。しかし、汽水に棲息するヤマトシジミは絶滅した。長良川河口堰管理所では、周辺地域の環境への配慮と健全な水循環の維持のため様々な環境保全対策を行っている。特に、2006年からISO14001に沿った環境マネジメントシステムの取り組みを開始した。→ISO14001

## ナショナルトラスト (National Trust)

19世紀、英国で起こった景観保護運動と、その団体名。価値ある自然環境や歴史的建造物を、広く市民から寄付金を募って買い取り、次代に引き継いでいくことを目指した環境保護活動である。多くの市民から寄せられる資金によって取得し管理を行うことが基本であるが、資金を集める方法や実行主体の性格などに様々な形態がある。運動自身は19世紀中頃から存在するが、英国でこうした共同管理を支援する法律が制定されたのは1895年のことである。米国で

は原生的自然に価値を置くのに対し、英国では自然と景観の価値を結びつけている。日本では1960年代後半に、鎌倉市の鎌倉山での宅地化に反対して、ナショナルトラストの手法をとったのが初めてである。その後、北海道斜里町による「しれとこ100平方メートル運動」や和歌山県田辺市の天神崎保全市民運動はよく知られているが、事例は少ない。→景観、環境保全運動、自然保護運動、サンクチュアリ、地域づくり、歴史的環境

**ナショナルパーク（National Park）**
米国の国立公園のこと。日本の国立公園や英国のナショナルトラストと異なり、自然保護には一切人的な手を加えないのが特徴。国立公園内での山火事や野火は、原則として鎮火されることはない。また、洪水、地盤沈下や水位低下などの現象も、基本的には放置される。ここに米国特有の「自然」と「手付かず」は等しいという概念が垣間見られる。ナショナルパークの上位概念は保護区である。→オーデュポン協会、環境保全運動、自然保護運動、サンクチュアリ、シエラ・クラブ、ナショナルトラスト、ワイズユース運動

**ナショナルジオグラフィック（National Geographic）**
世界各地の景観や風俗を伝え、世界的権威のある米国のビジュアル月刊雑誌。発行者のナショナルジオグラフィック協会は、1888年、ワシントンDCに設立された「地理学の知識の向上と普及」を掲げた団体。創設には、発明家のグラハム・ベルらも加わっていた。今日、世界180カ国、1000万人以上の読者を持つ、世界最大の非営利団体となっている。世界各地の自然景観や動植物の生態、地球の最前線を伝える雑誌で、自ずと地球環境保全につながる警世誌となっている。1995年4月、英語圏以外では、初の外国版となる『ナショナルジオグラフィック日本版』が創刊された。

**ナチュラル・ステップ（Natural Step）**
スウェーデンの小児がん専門医、カール・ヘンリック・ロベールが創設した環境教育団体。1989年に発足し、カール16世グスタフ国王の後援を受けて財団法人として世界的に活動している。ロベールは、同団体の創設に当たって50人の著名な科学者によるコンセンサス・ドキュメント（統一意見書）を作成、これを元に持続可能な社会を実現するための「四つのシステム条件」を提唱した。それは、①自然の中で地殻から掘り出した物質の濃度が増え続けない。②自然の中で人間社会のつくり出した物質の濃度が増え続けない。③自然が物理的な方法で劣化し続けない。④

人々の基本的なニーズを満たそうとする行為を妨げ続けてはならない。今日、この「四つのシステム条件」は先駆的環境経営思考の羅針盤となっている。また、ナチュラル・ステップは、望ましい将来像を描いてから今なすべき行動を考える将来設計の思考法である「バックキャスティング思考」を提唱。スウェーデン政府は、バックキャスティング思考を用いて、「2021年のスウェーデン」ビジョンを構築した。日本にも、国際NGOナチュラル・ステップ・インターナショナル日本支部がある。→カール・ヘンリック・ロベール、バックキャスティング、2021年のスウェーデン

## ナノテクノロジー (nanotechnology)

「ナノ」(nano-)とは、数量の単位を表す接頭語で、10億分の1($0.000000001=10^{-9}$)のことを言い、原子、分子の大きさをその尺度とする物差しを必要とするような、微視的世界のための技術を指す。走査トンネル顕微鏡や走査型プローブ顕微鏡によるナノレベル計測技術の確立を背景に、物体をナノスケールのレベルに加工したり、原子や分子を組み合わせてナノスケールの物質をつくることが可能になりつつある。近い将来、ITや医療を始めとする広い分野において、ナノテクノロジーによる技術革新が期待される。→軽薄短小技術

## ナフサ (naphtha)

粗製ガソリン、直留ガソリンなどとも呼ばれる、石油化学工業の主原料。主にガソリンおよび芳香族炭化水素製造の原料に使われ、エチレン、プロピレン、ブタジエン、ベンゼン、トルエン、キシレンなどの重要な製品につくりかえられる。→原油

## なまりおせん【鉛汚染】

鉛によって土壌や大気が汚染されること。鉛はバッテリー、ケーブル、顔料、ペイント、はんだ、鉄鋼製品、ガソリン添加剤(アンティノック剤)、水道管、クレー射撃用の鉛玉など、多岐にわたる用途に使われてきた。鉛は、強い神経毒性を示す元素であるため、血中の濃度が高くなると脳障害、精神障害、集中力低下、暴力行為、IQ(知能指数)低下など、多くの健康被害をもたらす。そのため、鉛による土壌汚染や大気汚染の防止のためにきびしい環境基準が設けられている。わが国など先進諸国では、すでにガソリンの無鉛化、土壌浄化あるいは使用禁止などの措置が進んでいるが、発展途上国では有鉛ガソリンの使用、水道の鉛管など、未だ野放しの状態のところもある。→汚染物質、重金属汚染、ジェイモス、土質基準、足尾鉱毒事件、LCIA、ロ

ーズ指令

## なんねんざい【難燃剤】

ものを燃えにくくする物質のことを総称して言う。難燃剤としては、黄リン系、赤リン系、シリコーン系、臭素－アンチモン系、有機リン系などがある。生活用品、建築材料、車両の内装品や部品、電線被覆、エレクトロニクス部品、工業用シート等多岐にわたる分野で、燃えにくくする各種材料が使われている。しかし、近年"燃えにくくする"というだけでなく、より安全性が高く、地球環境によい難燃剤が求められている。その規制は、年々きびしさを増している。テレビの本体で使用されるプラスチックや耐火性のカーテンなどにはアンチモンが使用されているが、アンチモンは砒素のような毒性があるので、環境汚染物質として禁止の方向にある。天然のアンチモンは、世界の総生産の85％を中国が生産している。→環境汚染物質排出・移動登録

## なんぶんかいせいゆうきおせんぶっしつ【難分解性有機汚染物質】(POP)
(Persistent Organic Pollutant)

残留性有機汚染物質とも言い、POPsと表記されることが多い。自然分解されにくく、長期間にわたって残留し環境を汚染する有機化合物のこと。食物連鎖の過程で生物濃縮されやすく、生態系や人の健康に影響を及ぼす。「POPs難分解性有機汚染物質条約」では、アルドリン、ディルドリン、エンドリン、クロルデン、ヘプタクロル、DDT、マイレックス、トキサフェン、PCB、ヘキサクロロベンゼン、ダイオキシンおよびフロンの12物質がPOPsとして、その使用が規制されている。→食物連鎖、PCB中毒

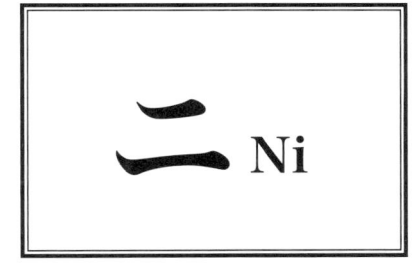

## 二 Ni

## にさんかいおう【二酸化硫黄】
($SO_2$)（Sulfur Dioxide）

硫黄が燃焼することによって発生する硫黄酸化物の一種。腐敗したような卵に似た刺激臭を有する気体（$SO_2$）。石油や石炭には硫黄が微量含まれており、これらの燃焼により硫黄が酸化され二酸化硫黄が発生する。また、鉄鉱石や銅鉱石中にも硫黄は含まれるので、これらの精錬時にも発生する。火山ガス中にも含まれ、火山や温泉において噴気孔より放出される。二酸化硫黄は、窒素酸化物と並び主要な大気汚染物質であり酸性雨の原因物質である。人体にとっては有害で、咳、ぜんそく、気

管支炎などの疾患を引き起こす。大気中の二酸化硫黄濃度は環境基準が定められ、一日平均値が0.04ppm以下、一時間値が0.01ppm以下を、同時に満たすものとされている。1960年代から70年代にかけて、二酸化硫黄による大気汚染は、日本各地で高レベルに達した。現在は全国的に、燃料転換が硫黄分の多い石炭や重油から硫黄分の少ない低硫黄重油、さらに硫黄分を含まない天然ガスへと進み、さらに排出ガスから硫黄を除去する脱硫装置の普及により1980年代には全国的に環境基準を達成することに成功している。→大気汚染物質、四日市ぜんそく、酸性雨、一般大気環境測定局、排煙脱硝、排煙脱硫

## にさんかたんそ【二酸化炭素】

($CO_2$) (Carbon Dioxide)
炭素の酸化物で常温常圧下では気体 ($CO_2$)。大気中に約0.03％含まれる。水に溶けやすく、溶液は炭酸と呼ばれ弱酸性を示す。常温では液体にならず、-79℃で昇華して固体のドライアイスとなる。炭素を含む物質を燃やすことや、動植物が呼吸することなどで発生する。植物は、大気中の二酸化炭素を光合成によって有機物として固定する。二酸化炭素は、温室効果ガスとして働き大気中に微量に含まれることで、地球の平均気温を15℃前後に保つ重要な役割を有している。産業革命以前の二酸化炭素濃度は0.028％であったものが、現在は0.037％へ上昇している。これは、自然の炭素循環に含まれない化石燃料の大量消費により、二酸化炭素の放出が急速に増大したことに起因する。化石燃料の消費とともに熱帯林などでの森林資源の大量伐採は、二酸化炭素の吸収源の減少になり二酸化炭素濃度の上昇に寄与している。二酸化炭素の温室効果は、地球温暖化の最大の要因であるとされる。1997年には、各国の温室効果ガスの排出削減目標を示した「京都議定書」が採択されたが、その中心は寄与度がもっとも大きい二酸化炭素の排出削減だった。大気中の二酸化炭素濃度を減少させる方法には、排出量の削減が一番であるが、森林により二酸化炭素を固定することも効果的である。また、人工的に二酸化炭素を地中や深海の海水などに固定する技術が研究されている。→地球温暖化、京都議定書、温室効果ガス、メタン、炭酸ガス固定化、炭素隔離、炭素プール

## にさんかたんそによるせひこうか【二酸化炭素による施肥効果】

大気中の二酸化炭素濃度が上昇することにより植物の光合成が促進されること。植物は光合成により大気中の二酸化炭素を吸収しているが、二酸化炭素濃度を高めると光合成が促

進され生育がよくなる。小規模な施設での実験では、水や栄養分を最適に保った状態で二酸化炭素濃度を倍増させると、光合成が20％から40％程度促進される結果が得られている。IPCC（気候変動に関する政府間パネル）の1994年特別報告書では、1980年代に排出された二酸化炭素の内0.5～2.0ギガトン（Gt）C/年が施肥効果により吸収されたと評価している。温室栽培など施設内で植物の栽培を行う場合、二酸化炭素濃度が減少し植物の生育が停滞する場合があり、人工的に二酸化炭素を供給する必要がある。スイカやメロンの栽培では、二酸化炭素施肥を行うのが普通である。→二酸化炭素、光合成、IPCC

**にさんかたんそはいしゅつりょうけいすう【二酸化炭素排出量係数】→ちきゅうおんだんかけいすう【地球温暖化係数】**

**にさんかちっそ【二酸化窒素】**
($NO_2$)（Nitrogen Dioxide）
窒素酸化物の一種。赤褐色の重い気体（$NO_2$）で、代表的な大気汚染物質である。窒素は、大気中の他に石油などの燃料中にも含まれており、燃焼させることで窒素酸化物が発生する。燃焼により発生する窒素酸化物は主に一酸化窒素であるが、大気中で酸素と反応して二酸化窒素となる。燃料を燃焼する工場や事業所のボイラー、家庭用のコンロやストーブなどの固定発生源と、自動車のエンジンなどの移動発生源がある。燃焼温度が高い程多くの窒素酸化物が生成される。また、生物活動によっても二酸化窒素は生成される。高濃度の窒素酸化物は、急性呼吸器疾患の罹患率の上昇をもたらすことが知られている。また、二酸化窒素は、大気中で光化学反応により光化学オキシダントを生成し、光化学スモッグの原因となる。大気中の二酸化窒素濃度には、環境基準が定められており、一日平均値が0.04ppm～0.06ppmの範囲内、もしくはそれ以下であることとされている。東京、大阪、名古屋の各都市圏では「自動車NOx・SPM法」により、自動車に対し、さらにきびしい排出規制が課せられている。→光化学オキシダント、光化学スモッグ、一般大気環境測定局

**にじりん【二次林】**
(secondary forest)
森林が破壊された跡に、種子や萌芽などにより再生した森林。成長が早く、強い日光の下で成長が良好な陽樹が優占する。西南日本では、人間による改変が弱いとシイやカシなどが萌芽した萌芽林、強い改変を受け続けるとアカマツを中心とする二次林となる。東北日本では、コナラや

クヌギ、アカマツを中心とする二次林となる。武蔵野の雑木林、中国地方で見られるアカマツ林は、典型的な二次林である。→潜在自然植生、育成林

## にせんにじゅういちねんのスウェーデン【2021年のスウェーデン】

スウェーデン政府の国家ビジョン・プロジェクト。1992年の地球サミットの議論を受けて、「アジェンダ21実現に向けた未来研究」として取り組まれた。「2021年」は、1996年のプログラム開始から一世代（25年）先の未来を想定してのネーミング。この国家ビジョンの前提となったのは、「100年間でオゾンを90％削減し、25年間で大気汚染物質を95％削減する」という壮大な決意。アプローチ手法として、将来のあるべき姿を設定して、それを実現させために今とるべき手段を構築する「バックキャスティング」の思考法が採用された。ビジョンが公表されるや、産業界や自治体をはじめ、教育現場でもフルに活用され、スウェーデン国をあげての羅針盤となった。「バックキャスティング思考」は、ナチュラル・ステップが提唱してきたもので、世界中の環境先進企業で採用され、それぞれに卓越した将来ビジョンを生み出している。→バックキャスティング、ナチュラル・ステップ

## にっしょうけん【日照権】

建物や土地の所有者が日照を享受する権利。日照権をめぐる問題では、日常生活で隣人の不作為の作為によってトラブルとなるケースが多く、生活公害や迷惑公害と呼ばれる。加害者が開発業者なのか、それとも高層建築や、少しでも日当たりのよい建物を望む隣人かの違いはあるが、加害責任が必ずしも明確にならず訴訟へ至るケースが多い。発生原因が不明確でも被害者が特定できるため、日照権は公害としての条件を十分満たしている。日本ではオイルショック以降、産業公害が規制などを通じて対策が進み、1980年代に入ると別の公害が顕著になってきた。それが騒音や日照権などの生活公害や迷惑公害で、法的に対処することが難しく、被害はわかっても被害の程度を測定できないという問題もある。→加害者－被害者図式

## ニッチ→せいたいてきちい【生態的地位】

## にほんエヌ　ピー　オーセンター【日本NPOセンター】

NPO全体の発展と支援を目的とする民間の非営利組織。1996年に設立され、1999年に「特定非営利活動法人」（NPO法人）となる。民間非営利セクターが発展するための、NPOの社会的基盤の強化を図る事業や、市民

社会づくりに取り組むNPOの企業や行政との新しい連携を支援している。特にNPOの活動内容の情報発信、NPO間の橋渡し役など、NPO間のネットワークづくりに大きな役割を果たし、日本各地におけるNPOの組織づくり、資金づくり、人づくりに寄与している。2006年現在、全国のNPO法人は約2万7400を数える。→NGO、NPO、NPOバンク、環境NPO

## にほんかんきょうきょういくフォーラム【日本環境教育フォーラム】
(JEEF) (Japan Environmental Education Forum)
環境教育の普及、自然学校の普及、途上国の環境教育支援を目的とする環境省所管の社団法人。1987年、日本にもっと自然学校をつくりたいという人たちが集まり「第1回清里環境教育フォーラム」がスタート。そこに集まった行政の環境担当者、学校の教師、自然学校の運営者などによって、年一回「清里ミーティング」が開かれ、さらにネットワークが広がって、1997年に現在の社団法人となった。自然体験活動指導者の養成、企業との連携事業、行政への政策提言、国際的な環境教育支援など、持続可能な社会づくりのため、広範な環境教育への取り組みを展開している。損保ジャパン、NEC、トヨタなど多くの企業と協働事業を行っている。→環境教育

## にほんフォスタープランきょうかい【日本フォスタープラン協会】
戦争孤児や、貧困に喘ぐ国を支援する国際的NGOフォスタープラン協会の日本支部。1983年に設立された。母体であるフォスタープラン協会は、1939年のスペイン内戦を期に、米国で戦災孤児などの里親支援から活動を始め、現在では16カ国に支部を持つ。同協会は1989年、開発援助を行う民間団体として国連に正式に公認・登録された。この頃から子どもの視点や意見をとりいれた活動を実践するようになり、近年では「子どもとともに進める地域開発」を世界中の活動地域で広めようとしている。支援プロジェクトには環境教育などの要素が含まれ、途上国での環境にも配慮した自立支援を行う。→NGO、環境NPO

## にゅうじしぼうりつ【乳児死亡率】
子どもの出生数1000に対する乳児の死亡数のこと。乳児とは、日本の「母子保健法」では1歳未満の子どもを指す。わが国の乳児死亡率は、1950年に60.1であったものが、2002年には3.0と、世界でもトップレベルを保っている。母体の健康状態や養育条件は乳児の生存に大きく係わることから、乳児死亡率はその国の生活、医療、教育などの環境を

反映する指標の一つとなっている。
→周産期死亡率

## にんげんちゅうしんしゅぎ【人間中心主義】

人間自体にのみ価値を認め、人間以外のものは単に手段として価値を認める、という考え方。この考え方の原点は、『旧約聖書』にあるとも言われる程、長い歴史を持つ。人間中心主義が疑問視されるようになったのは、環境を意識し始めた20世紀以降のことである。人間中心主義の立場からの公害反対運動や環境保護は、人間の生命や健康の追求がその中心におかれ、評価されることになる。人間特例主義パラダイムは、その代表例。それに対して、人間中心主義が環境汚染や資源枯渇を招いているとの反省から、ディープエコロジーのように、生命平等主義に基づいた環境主義思想が広がり始めている。人間自身も生態系の一部でしかないと考えるエコロジカル・パラダイムが、その代表例。→ディープエコロジー、パラダイム

## にんさんぷしぼうりつ【妊産婦死亡率】

女性の出産時10万人当たりの妊産婦の死亡数のこと。15歳から49歳までの、妊娠中または分娩後42日未満の時期に、妊娠や分娩に直接係わる異常や合併症などで死亡した妊産婦が対象。妊産婦死亡率は妊産婦の置かれているその国の母子保健の環境を示す指標でもある。世界では、2000年にはおよそ52万9000人の妊産婦が死亡し、その内の約88％がアフリカとアジアであった。家族計画国際協力財団（JOICFP）によると、アフガニスタンでは妊産婦の50人に一人が亡くなっていると言う。→周産期死亡率

## にんしょうきかん【認証機関】

環境ISOなど自主的取組みにおいて、第三者によるシステムの監査や評価、および基準の形成を行うための機関。自主的取組みには法的な強制力や拘束力がないため、当事者が自己の不正や責任を明確にしなければならない。そのため、第三者認証機関によって計画や計画実行の進行状況に対する監査や評価がなされ、公表されることで公正が保たれる。環境ラベルを例に取れば、ISO14024では、タイプⅠ環境ラベルと呼ばれる第三者認証機関による基準形成と資格審査が行われる。TR14025では、タイプⅢ環境ラベルと呼ばれる生産システムの認証を必要とする。自主的取組みには、行動の監査や評価を行う認証機関が重要な存在になっている。→ＩＳＯ１４００１、森林認証制度、SA8000、MSC認証

## ニンビー（NIMBY）（Not In My

Back Yard)
「自分の裏庭には反対」という意味。廃棄物処理場など公共としては必要な施設であると認めていても、自分の近隣地域にだけは存在して欲しくないとして反対するような場合に使われる。総論賛成各論反対の意味合いが込められている。公共のために必要な事業であることは理解しているが、迷惑施設の建設等が身近な場所に決まると反対運動が起こる場合に使われる。これらの施設が嫌われる背景には、環境負荷の発生や地価下落の恐れや、感情的な嫌悪や不安などがある。一見、エゴにも見えるが、廃棄物処分場のように施設の受益者と被害者との乖離という問題はある。そのため問題解決には、施設そのものの安全対策や環境保全対策を十分に行うだけでは不十分で、施設が快適な環境の維持・増進に役立ち、地元地域社会への便益の還元があるなど、実施計画者や受益者と近隣住民との合意形成の作業が必要である。→ゴミ問題、社会的ジレンマ、囚人のジレンマ

## ネイチャーダイアリー (Nature Diary)

子どもに自然の大切さを分かってもらい、自然を守るよう行動してもらうことを目的に、自然観察を日記にまとめながら行う自然教育プログラム。自然に対する前向きな姿勢を養うために行うので、観察の対象は何でもよく、観察した内容を日記としてまとめ一年間続ける。その形式は全く自由で、絵でも文章でも、他のやり方でもかまわない。独では、有数の環境保護団体である環境・自然保護協会（BUND）がこのプロジェクトを担い、主に幼稚園から小学校で授業に組み込まれ年間を通じて行われて人気がある。→グリーンマップ、風のがっこう、森のムッレ教室、田んぼの学校

## ネイチャーテック (nature tech)

持続可能な自然素材を利用し、従来の人工素材の性能を上回り、環境負荷を低減することを可能とする科学技術。自然界には人工的に再現が不可能な生物や地球が持つ構造などが存在している。このような自然界が持つ技術を人工的に再現することにより、現在の環境負荷の高い素材や技術を代替させることが注目されている。例えば、カタツムリの殻は泥水などをかぶって汚れても、自然と汚れが落ちきれいな状態に回復することができる。これは、カタツムリ

の殻の表面や構造が精巧な防汚システムとなっているためである。住設機器メーカーのINAXは、このカタツムリの殻を模倣し、汚れにくいトイレやタイルを開発している。生物以外にも、珪藻土を使った内壁などが現在開発されている。→バイオミミクリー

## ねつえんじゅんかん【熱塩循環】
(thermohaline circulation)
海流循環のこと。海水の密度は熱と塩分濃度で決まる。暖流として海の表層を流れる海水が、高緯度で急速に冷却化されると塩分濃度が高くなり、深海底に沈み込む。その後、深層寒流となって1000年以上の歳月をかけゆっくりした速度で海底を流れ、表層海流に戻る。2003年に明らかになった「ペンタゴン・レポート」は、温暖化で大西洋を横断して北上する塩分濃度の濃い暖流のメキシコ湾流の熱塩循環が壊れ、ヨーロッパが急速に寒冷化する可能性を予想し、話題となった。→寒冷化、深層水循環、ペンタゴン・レポート

## ねつかんきょうかんわののうりょく【熱環境緩和の能力】
森林が持っている熱環境緩和作用。森林では樹木が葉を広く展開し、土地面積の数倍の葉面積で日射や熱を吸収するため、森林内は気温較差の小さい環境となる。また、森林や草原などでは、植物の蒸発散作用により潜熱が放出されるため周辺の気温が下がる。バイオマスの大きい森林では蒸発散作用に大量の熱が必要であり、夏には供給される太陽エネルギーの70〜80%が蒸散に使われるため、熱量が空中へ放出され地表の気温が上昇するのを妨げる。東京都の新宿御苑では正午頃で約2℃、朝夕で1℃程、周辺部よりも気温が低く、その範囲は250m程まで及ぶことが観測されている。風の無い夜間には、にじみ出し現象により緑地から冷気が周辺部へ流出し、周囲90m程度までの範囲を2℃から3℃低い環境にしている。都市部のヒートアイランド現象を抑えるために、緑地を利用し熱環境を改善しようとする試みがある。建物の屋上や壁面を芝生などの緑地で覆い、ヒートアイランド現象を緩和する事業も行われ、東京都などでは緑化を補助金を出して助成している。→屋上緑化、蒸発散作用、ヒートアイランド現象

## ねつこうりつ【熱効率】
(thermal efficiency)
供給した燃料の発熱量に対する、実際に有効な仕事に変えられた熱量の割合のこと。あるいは、供給または発生した熱の内、熱機関が行った仕事の割合を言う。火力発電所なら、燃やした燃料の内、どれくらいの量が電気に変わったかという割合が火

力発電所の性能を表す。火力発電所の1950年代の平均熱効率は16%程度であったが、現在の平均熱効率は40%を上回る。自動車で言えば、エンジンなどのエネルギー効率を数値化したもの、燃料を燃やすことで生じた熱エネルギーの内、どれだけが有効な仕事に転換されているかを%で示したもの。熱効率が高い程、出力当たりの燃料消費量は少なくなる。現在、自動車に使われているガソリン／ディーゼル・エンジンは、最高25〜30%の熱効率が実現可能と言われているが、実際には運転状況などによって大きく左右され、そこまで達しない場合が多い。→発電効率、COP

### ねったいうりん【熱帯雨林】
熱帯多雨林を指す。熱帯、亜熱帯地方の植物群系は熱帯多雨林、亜熱帯多雨林、雨緑樹林に大別される。森林は常緑樹から成り、年間を通じて高温多雨、降雨量が2000mm以上の東南アジアや中南米、中部アフリカなどの地域に見られる。そこに生息する生物種は、地球上の全生物種の半数以上に上ると言われる。また、熱帯多雨林は、大気中に含まれる酸素の3分の1以上を供給していると考えられている。

### ねったいていきあつ【熱帯低気圧】
(tropical cyclone)
熱帯から亜熱帯にかけての海洋で発生する低気圧。東経180度から100度の範囲で発生し最大風速が毎時約63km以上のものを台風、大西洋および太平洋東部で発生し最大風速が毎時約118km以上のものをハリケーン、インド洋および太平洋南部で発生するものをサイクロンと呼ぶ。熱帯付近で暖められた空気は上昇気流となり積乱雲を形成し、気圧が下がり周囲から風が反時計回り（南半球では時計回り）に吹き込む。熱帯低気圧による被害は、強風による樹木等の倒壊や建物への被害、高潮や高波による浸水、豪雨による洪水、浸水や土砂災害がある。勢力が強くなると被害は甚大で、日本では1959年の伊勢湾台風が約5000人の死者を出し、米国では2005年のカトリーナが1000人以上の死者を出している。→カトリーナ、高潮

### ねったいや【熱帯夜】
夜間の最低気温が25℃を下回らない日。夜間の定義がはっきりしないため、気象庁の正式な統計種目には入っていない。熱帯夜となると夜間でも気温が高いため寝苦しくなり、多くの人々の睡眠を阻害する。1951年から1980年の熱帯夜の平均日数は東京で14日観測されたが、2000年以降東京で平均30日の熱帯夜が観測された。近年は大都市圏で熱帯夜が増加傾向にあり、ヒートアイランド現

象が一つの要因であるとされる。都市圏では熱帯夜になると多くの人々がエアコンを使い、その排熱でさらに外の空間が暖められ気温が上昇するという悪循環を生んでいる。→熱環境緩和の能力、ヒートアイランド現象、猛暑日

## ねっちゅうしょう【熱中症】
高温・高湿の環境下で起こるけいれん、頭痛、吐き気など一連の脱水症状を総称して言う。発汗過剰によって水分不足、塩分不足、体内の熱放散が困難な場合に起こる。症状が重度の場合は、死に至ることもある。仏では、2003年に地球温暖化の異常気象による熱波の襲来によって、老人や病人などに熱中症による1万人以上の死者が出た。日本では、2007年4月より、気象庁の予報用語に「熱中症」が新たに加えられ、気温が高くなる日には予報・警告が出ることが決まった。→猛暑日

## ネド【NEDO】→しんエネルギー・さんぎょうぎじゅつそうごうかいはつきこう【新エネルギー・産業技術総合開発機構】

## ねんりょうでんち【燃料電池】
(fuel cell)
水素と酸素の化学反応によって電力を取り出す装置の総称。水素などの燃料と酸素の化学反応から電気エネルギーへの変換効率が高く、自動車、民生用・産業用コジェネレーション、発電所などのエネルギー源として期待されている。ノートパソコン、携帯電話などの携帯機器向けの開発と自動車や路面電車などの動力としての開発が進められているが、燃料の水素の製造法や、触媒となる貴金属に課題が残されている。→白金族金属、水素吸蔵物質、水素社会

## ねんりょうぼう【燃料棒】
原子炉用のウラン燃料を棒状に成型したもの。原子力発電所では燃料として核分裂を起こすウラン235の割合を3〜5％に濃縮したものを使用する。このウランを燃料として使うためには、二酸化ウランの粉末にしたものを円柱状にプレス、成型してセラミック状に焼き固める。これをペレットと呼び、ジルコニウムとスズなどの合金でつくられた燃料被覆管（サヤ）に詰め込み燃料棒ができあがる。燃料棒一本の長さは約3.7mで、約350個のペレットが入っている。この被覆管に詰められた燃料棒の集合体を原子炉の中に入れて使う。→軽水炉型原発、濃縮ウラン、核燃料

# ノ No

## のうぎょうきんだいかせいさく【農業近代化政策】

農業の機械化・大規模化や、経済採算に合うように農業経営を支援する政策。具体的には、灌漑設備の改良、土地改良事業、農道の整備、耕作地区画の大規模化、農業機械化への助成などがある。しかし1970年代以降の農業人口の衰退・高齢化と減反政策により、農地の休耕地化が広がった。その結果として、土地利用の損害だけでなく、農地の持っていた公益的機能（灌水や利水・治水作用など）が失われ環境保全の観点からもマイナスの影響が出ている。→巨大（地域）開発、近自然工法、持続可能な農業、スーパー林道

## のうしゅくウラン【濃縮ウラン】

(enriched uranium)
原子力発電用燃料のウランを濃縮したもので、燃料棒に成型して使う。核分裂を起こしやすいウランは、ウラン235という陽子と中性子を合計した数、すなわち質量数が235のウランである。天然のウラン資源には、ウラン235は0.7％しかなく、残りは核分裂を起こしにくいウラン238である。したがって、核分裂による発電をするためには、ウラン235の比率を3～5％に濃縮しなければならない。→軽水炉型原発、燃料棒、核燃料

## のうどうくうこう【農道空港】

正式には農道離着陸場と呼ばれる。1988年に始まった農林水産省の農道離着陸場整備事業により、農道を拡幅してつくった空港の一種。空港種別では、場外離着陸場に分類される。小型飛行機を使って付加価値の高い農産物を空輸することにより地域の農業振興を図る目的でつくられ、現在までに8カ所建設されている。しかしバブル期の計画で需要予測は甘く赤字となり、1997年に事業は廃止された。→農業近代化政策、地産地消、フード・マイレージ

## のうやく【農薬】

農作物を栽培する過程で発生する有害な生物から作物を保護する目的で使われる薬剤の総称。わが国の「農薬取締法」では、農作物（樹木および農林産物を含む）を害する菌、線虫、ダニ、昆虫、ネズミその他の動植物またはウイルス（以下"病害虫"と総称する）の防除に用いられる殺菌剤や殺虫剤、殺鼠剤などとともに、農作物などの生理機能の増進または

抑制に用いられる成長促進剤、発芽抑制剤などが農薬として規定されている。また、上記の病害虫防除のための天敵も農薬（生物農薬）とみなされている。その他、最近では昆虫の行動に影響を与えるフェロモンなどが病害虫防除に応用されている。→殺菌剤、殺虫剤、生物農薬、生物的防除、総合的病害虫管理

### のうやくたいせい【農薬耐性】
農薬を反復使用している内に、防除しようとしていた生物がその薬剤に耐性を持つようになり効かなくなること。薬剤耐性とも言う。農作物を害する菌や昆虫、雑草などを防除する際に用いる殺菌剤や殺虫剤、除草剤などは、それら生物の生育を一時的に阻害するように働く。だが反復して使用していると、それら生物が抵抗性を獲得して生存、生育できるようになる。→薬剤耐性、抗生物質、MRSA

### のうやくひばく【農薬被曝】
農薬散布などによって人が農薬に曝された状態を指す。農薬は経口、経気道、経皮的に吸収され、その種類や量、曝された時間によって軽重は異なるが中毒を起こす。一般に、パラチオンなど有機リン系農薬は体内で分解、排泄されやすいため主として急性中毒の原因になり、DDTなど有機塩素系農薬は分解、排泄されにくいため体内に蓄積され慢性中毒の原因になりやすい。→沈黙の春、有機塩素化合物、PRTR制度

### ノックス【NOx】→ちっそさんかぶつ【窒素酸化物】

### ノルディック・スワン（Nordic Ecolabeling）
ノルウェー、デンマーク、フィンランド、アイスランド、スウェーデンの北欧5カ国共通で用いられている第三者認証型の環境ラベル。1989年に制度を始めたが、最初の基準は1991年に策定された。運営主体は、商品類型および最終的な認定基準を決定する北欧エコラベル委員会（Nordic Ecolabelling Board）と、ラベルを管理している各国のエコラベル担当組織に大別される。スウェーデンではこれ以外に、国内に第三者認証型の環境ラベルが二つ存在し、EUフラワーと合わせて国内に四つの環境ラベルが存在する。こうした国内の認定基準と国際的な基準が同時に存在する国では、ラベル基準が低い環境ラベルへの商品集中を避けるために、基準の調整や共通化などの問題に迫られている。→エコマーク、エコベリング、EUフラワー欧州連合、ブルー・エンジェル

### ノンフロンれいぞうこ【ノンフロン冷蔵庫】（non-flon refrigerator）

冷却用の冷媒に代替フロンを一切使わない冷凍冷蔵庫。フロン全廃により、フロンは今までのように冷蔵庫の冷媒として利用できなくなった。そのため、冷蔵庫は代替フロンを利用することになったが、この代替フロンが強力に地球温暖化をもたらすことがわかり、代替フロンの利用も制限されるようになった。独をはじめ欧州では代替フロンを使わず炭化水素（イソブタン）を冷媒としたノンフロン冷蔵庫が開発され広く使用されている。しかし、日本では、この炭化水素は（代替フロンが不燃性であるのに対して）可燃性であるため実用化されてこなかった。ところが、2002年、わが国にもノンフロン冷蔵庫が本格デビューした。いち早く販売を開始した東芝と松下電器に続いて、他の家電メーカーも追随、一年後には、各社の主力製品の一角を占めるまでに成長した。→代替フロン、エコプロダクツ

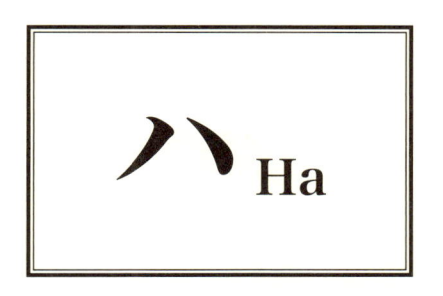

## ハ Ha

### はいえんだっしょう【排煙脱硝】
火力発電所などの排煙に含まれる硫黄や窒素の酸化物を取り除くこと。石炭や石油など化石燃料の燃焼によって硫黄酸化物（SOx）とともに窒素酸化物（NOx）が発生する。これらの物質は大気汚染や酸性雨の原因になるので、除去して基準値以下にするため排煙の脱硝装置を設置する必要がある。ボイラーなどの固定の発生源においては、主としてアンモニアに接触させて還元して除去する方法がとられている。→硫黄酸化物、窒素酸化物、酸性雨

### はいえんだつりゅう【排煙脱硫】
火力発電所などの排煙に含まれる硫黄分または硫黄酸化物を取り除くこと。石炭や石油を燃料として発電する発電所の煙突から、燃料中に含まれる硫黄分が硫黄酸化物のガスとなって排出されると酸性雨の原因になるので、排出される前に炭酸カルシウム（石灰石）などと反応させて硫黄分を取り除く。日本では、大気汚染物質の排出基準がきびしく、発電

所などには高性能の排煙脱硫設備が設置されている。中国など途上国では、多くの発電所などで脱硫装置が設置されておらず、酸性雨等大気の広域汚染が深刻な問題となってきている。→硫黄酸化物、酸性雨

## はいえんだつりゅうせっこう【排煙脱硫石膏】
排煙脱硫処理のプロセスで硫酸カルシウム（石膏）として回収されたもの。天然石膏の代わりにセメント、石膏ボードなどにリサイクル原料として使用されている。→産業生態系

## バイオエタノール（bio-ethanol）
植物からとったエタノール（エチルアルコール）のこと。トウモロコシ、砂糖キビ、甜菜糖（砂糖大根）などの農作物を原料として、ガソリンの混合燃料用に生産される。再生可能なエネルギーとして地球温暖化対策としてだけでなく、石油価格の高騰が続く中、石油への依存度を中長期的に下げるための対策としても、近年急速に関心が高まっている。ブラジル、米国をはじめとして、中国、仏などでもエタノールの混合燃料を導入している。普及が最も進んでいるのはブラジルで、砂糖きびからつくるエタノールの混合率を20〜25％にすることが義務付けられているばかりか、エタノール100％車も販売している。米国では、主にトウモロコシからエタノールをつくり、今のところ10％を義務付けている州がある程度であるが、連邦政府も石油依存度を下げることに力を入れ始めている。2006年1月、ブッシュ米大統領は一般教書演説の中で、「石油依存症からの脱却」を掲げ、ガソリンに変わる燃料としてエタノールの拡大を表明した。日本は、一部で試験的に導入されている程度で、上限を3％に規制されている現状を10％まで認める方向で検討中である。→再生可能エネルギー、エタノール車、カーボンニュートラル、バイオガソリン、バイオディーゼル、バイオマス由来燃料

## バイオガソリン（bio-gasoline）
バイオエタノールとガソリンからつくった燃料。大手石油メーカーでつくる日本石油連盟が、2007年4月から首都圏50カ所でバイオガソリンを試験的に販売開始した。2010年度の全国販売を目指している。今回、同連盟が採用したのは、仏から輸入した小麦産のバイオエタノールをETBEという物質に変えてガソリンに混ぜる方式でつくったものである。→バイオエタノール

## バイオサイド（biocide）
殺生物剤。語源は、ギリシア語の"bios（生命）"とラテン語の"caedere（殺す）"から成る。生物を殺したり、

不活性にする化学物質のことを指す。農薬としての除草剤、殺虫剤、殺ダニ剤、殺鼠剤や、医療に用いられている殺菌剤、抗生物質、抗ウイルス薬、抗真菌剤、抗寄生虫薬などの他、工業製品の微生物汚染を防ぐための防腐剤、防カビ剤、忌避剤などがある。環境への影響を可能な限り少なくするため、従来の毒物を含む製品から環境調和型のバイオサイド製品へと研究開発が行われつつある。→農薬、枯葉剤、殺虫剤、除草剤

## バイオスフィア→せいぶつけん【生物圏】

## バイオセーフティー・レベル（BSL）(BioSafety Level)

医療研究施設などに付与される、扱う病原体等の安全管理度を表す指標。研究施設などで病原性微生物を扱う場合、環境の汚染を防ぎ、実験者を感染から守るための安全対策が施された研究施設が不可欠である。扱う微生物のリスクの程度に応じて、施設の安全度が要求されるが、それを表す指標がバイオセーフティー・レベルである。リスクの最も低い微生物を扱う場合のレベル1から、最もリスクの高いレベル4まで、国立感染症研究所の「病原体等安全管理規定」によって4段階に分類されている。

## バイオディーゼル (BDF) (Bio-Diesel Fuel)

メチル・エステルと呼ばれる植物由来の代替ディーゼル燃料。菜種、ヒマワリ、大豆、パームなどの植物からとった油あるいは廃用油とメタノールを原料として合成したもので、化石燃料である軽油に相当する。植物由来の燃料であるため、再生可能なエネルギーとして地球温暖化対策としても好ましい燃料である。ヨーロッパでは早くからバイオディーゼルが導入されている。日本でも、各地で菜種油を原料としたバイオディーゼルの生産と導入・普及に向けてプロジェクトが展開されている。滋賀県の"菜の花プロジェクト"は、循環型社会を目指した事業として全国各地に波及しつつあり、シンボル的存在である。廃食用油を原料とするバイオディーゼルも実用化されており、軽油の代替燃料として普及が期待されている。→エタノール車、エネルギー作物、再生可能エネルギー、バイオマス由来燃料

## バイオテクノロジー (biotechnology)

バイオ（生物体）またはその機能を利用した技術の総称。古くはカビや細菌、酵母を利用して味噌や醤油、チーズなどをつくる発酵・醸造技術がある。20世紀後半から急速に進歩したアルコールやアミノ酸をはじめとして様々な物質を生産する発酵技

術、そして創薬、品種改良などに応用され、将来の発展が期待されている遺伝子組み換え技術や細胞融合技術などを含めてバイオテクノロジーと言う。例えば、廃棄後に微生物によって炭酸ガスと水に分解される生分解性プラスチックは、バイオテクノロジーによってつくられる。→遺伝子組み換え、菌類、酵母、生分解性プラスチック

## バイオトイレ（biotoilet）

水を使わず、好気性バクテリアによって排泄物を分解し、排泄物中の大腸菌などの病原菌や寄生虫卵を死滅させ、最終的に土と水とを生成するトイレ。便槽中にオガクズを入れ好気性バクテリアを繁殖させ、その中に排泄された糞尿をバクテリアが分解する。オガクズは、バクテリアの生息場を提供し、必要な水分はし尿により供給し、酸素はオガクズを攪拌することで供給する。バイオトイレは水を必要としないため、場所を選ばずに設置できる、糞尿を蓄積しないため臭いが発生しない、汲み取りが不要であるなど多くの利点がある。また、使用後のオガクズは無機成分を多く含み、肥料として利用ができる。これらの利点を生かし、水の供給が困難な山岳地に設置され、登山者による排泄物問題の解決法として期待されている。また、個人宅への使用や災害発生時の仮設トイレとしての使用が広がっている。最近では、設置・維持コストの安さから都市公園などの公共施設などでも利用されている。→浄化槽

## バイオプラスチック→せいぶんかいせいプラスチック【生分解性プラスチック】

## バイオマイニング（bio-mining）

「鉱床内浸出」という次世代採鉱技術。鉱石を採掘・運搬して選鉱をすることなく、浸透性のよい金属鉱床に微生物を含む浸出液を浸透させ、金属を溶かして回収する方法。発破による岩盤破壊も必要ないため、鉱山の自然環境へのインパクトも少ない。→エコリュックサック

## バイオマス（biomass）

石油に代わる自然エネルギーの一つで、生物起源のエネルギーの総称。バイオマスは、生物を意味する「バイオ」と、まとまった量を表す「マス」を合成してつくられた言葉。生物の総量を意味する語だが、近年は具体的に、エネルギー資源や化学成分として利用できる生物由来の物質の総称として使われている。この場合、森林の他に、倒木や枯れ葉、遺棄された作物、家畜の排泄物や生ゴミ、下水汚泥など、多くの有機物がバイオマスに該当する。政府の「バイオマス・ニッポン総合戦略」によ

れば、「再生可能な、生物由来の有機性資源で化石資源を除いたもの」とされる。具体的には、動物と植物およびそれらが排出したものを指す。バイオマスを燃やすと二酸化炭素を排出するが、この炭素はバイオマスが成長過程で光合成により大気中の二酸化炭素から吸収し、固定していたものである。したがって、全体として炭素の収支はバランスしてカーボンニュートラルと考えられ、地球温暖化対策に有効なエネルギー資源とされている。→カーボンニュートラル、バイオマス由来燃料、バイオマス発電

## バイオマス・ニッポンそうごうせんりゃく【バイオマス・ニッポン総合戦略】

バイオマスの総合的な利活用（動植物、微生物、有機性廃棄物からのエネルギー源や生分解素材、飼肥料等の製品を得ること）に関する国家戦略。2002年12月に閣議決定された。2006年3月には、エタノールなどバイオマス輸送燃料の利用や木材など未利用バイオマスの活用を促進する方向に見直された。政府は、2007年2月、バイオエタノールの国内生産量を2030年までに、年間600万kl（現在のガソリン年間消費量の約10％）にする目標を公表した。民間企業においても植物原料の素材開発が広がり始め、大手商社がインドネシアなどでバイオ燃料工場の新設に乗り出すようになった。→バイオマス発電

## バイオマスはつでん【バイオマス発電】（biomass generation）

植物などの生物体（バイオマス）を燃料にして発電すること。生物に含まれる有機物を固体燃料、液体燃料、気体燃料に変換して燃焼させ、電力をつくり出す。バイオマス発電は、温室効果ガスのある大気中の$CO_2$の増加を防ぐ効果があることから、注目されている。政府の「バイオマス・ニッポン総合戦略」によれば、バイオマス発電の具体的な事例としては、①間伐材、木くず、稲ワラ、モミ殻などで固形燃料をつくって燃焼したり、木材チップをガス化して燃焼し、熱利用や発電をするもの、②食品廃棄物や家畜のふん尿を醗酵させて発生したメタンガスを回収して燃焼し、熱利用や発電をするもの、③黒液（木材パルプの製造時に出る廃液）を濃縮し、燃焼させて熱利用や発電利用をするものなどがある。→再生可能エネルギー、石油代替エネルギー、バイオマス・ニッポン総合戦略

## バイオマスゆらいねんりょう【バイオマス由来燃料】

自然現象の中で資源が再生される生物由来の燃料。石油に代わる自然エネルギーの一つで、主にバイオエタ

ノール、バイオディーゼルなどのことを指す。バイオマスは燃焼しても大気中の$CO_2$は増加しない。この現象をカーボンニュートラルと呼ぶ。化石燃料の代替燃料として利用できることから、エコ燃料とも呼ばれる。今後、アジア諸国の経済発展により、エネルギーの需給状況がますますきびしくなると、省エネルギーに加え、アジア諸国が石油を自国産のバイオマス由来燃料によって代替し、アジアのエネルギー安定供給、経済発展、地球温暖化防止につながることが期待されている。すでに東南アジアにおいては、パームヤシのようにバイオディーゼル燃料の原料になる農産物が豊富にある。しかし、マレーシアなどのように、バイオディーゼル燃料の普及が進んでいるが、一方で、乱開発による貴重な生態系の破壊を促進させる危険も指摘されている。→バイオエタノール、バイオディーゼル、カーボンニュートラル、再生可能エネルギー

### バイオミミクリー（bio-mimicry）

生物機能の模倣。生物界には、これまでの最新の科学技術をもってしても真似ができない性質、機能、役割が数限りなく存在する。これらの生物界の事象を徹底的に解明し、それを参考にして、あるいはよき師として地球環境負荷の少ないモノづくりに応用しようとする試み。例えば、光で輝く鱗粉は天然のダイオードと言われる。光が当たると羽が青や緑に輝くアフリカのアゲハチョウの鱗粉は、最新の発光ダイオードなどと同じ結晶構造を持つ物質を含んでいることがわかった。バイオミミクリーは、バイオミメティックス（bio-mimetics）とも言う。これによって、自然の事象に触発された技術革新が起こることが期待されている。→ネイチャーテック

### バイオレメディエーション（bio-remediation）

汚染土壌を微生物を利用して浄化する方法のこと。揮発性有機化合物、PCB、ダイオキシン、重金属、流出油などで汚染された土壌、湖沼、地下水、排水なども、百年単位の長年月をかければ自然界に棲む微生物によって浄化される。バイオレメディエーションは、この自然界の自浄作用の速度を大幅に速める技術。例えば土壌浄化では、土壌中に棲息している有用微生物に栄養を与えて活性化して汚染物質を無害化する方法や、汚染サイトに有用微生物を注入して汚染物質を無害化する方法がある。これらの技術は、工業化の進展によって世界中に拡大している汚染サイトの浄化に重要な役割を果すことが期待されている。→汚染土壌、揮発性有機化合物、重金属汚染

## ばいかいどうぶつ【媒介動物】

細菌やウイルス、寄生虫などの病原体を宿主から他の宿主へ媒介する動物を指す。発疹チフスにおけるシラミや、マラリアにおけるハマダラカ、デング熱におけるネッタイシマカ、ツツガムシ病におけるツツガムシなどの他、狂犬病における犬も媒介動物とされる。近年、熱帯病のマラリアが拡大しているが、地球温暖化の影響でハマダラカの生息地が拡大したためと思われる。→地球温暖化

## はいきぶつしょりほう【廃棄物処理法】(Waste Disposal and Public Cleaning Law)

略称、「廃掃法」。正式には「廃棄物の処理及び清掃に関する法律」と言う。1970年に、「清掃法」(1954年制定) を改めて「廃掃法」とし、清掃法が衛生目的であったのに加えて、廃棄物の発生抑制という目的を追加した。この法律で処理方法、処理施設、処理業の基準などを定めた。また、廃棄物の性格を産業活動で排出される産業廃棄物と、一般家庭から多く出る一般廃棄物に分類し処理の仕方も定めている。法の施行以来、数度の改定がなされ、最終処分段階まで適正に処分されているかどうかを記入する伝票(マニフェスト)不提出違反や不法投棄などに対する罰則が強化されリサイクルの推進を図っている。しかし、廃棄物やリサイクルを取り巻く実情は複雑化し、廃掃法でも処理しきれないケースも増えた。そこで、「大量生産・大量消費・大量廃棄」型の経済社会から脱却し、環境への負荷が少ない「循環型社会」を形成することに解決策を求め、循環型社会の形成を推進する基本的な枠組みとなる「循環型社会形成推進基本法」が2000年に策定された。→最終処分場、産業廃棄物処分場3タイプ、循環型社会、循環型社会形成推進基本法

## はいさんしょり【廃酸処理】(waste acid treatment)

産業廃棄物として出される廃酸を無害化すること。金属鉱山や精錬所においては、硫酸などを使って有用金属を取り出した後に排出される廃硫酸を中和して、無害な状態に処理する。中和剤としては、石灰石あるいは石灰がよく使用される。→廃酸石膏

## はいさんせっこう【廃酸石膏】

廃酸処理によって生じた石膏のこと。金属鉱山や精錬所においては、硫酸を使って有用金属を取り出した後に排出される廃硫酸に、炭酸カルシウム(石灰石)を反応させて硫酸カルシウム(石膏)にしたものを言う。この廃酸石膏はセメント、建材などのリサイクル原料として天然石膏の代わりに利用されている。→廃酸処

理、産業生態系

## はいしゅつけんとりひき【排出権取引】

$CO_2$ などの温室効果ガスの排出権を取り引きすること。京都議定書で定められた、温室効果ガスの排出削減目標値を達成するための一つの方法。温室効果ガスの排出権取引市場は、すでにビジネスとして動き出している。世界銀行や国際排出権取引協会（IETA）の調査によると、2005年の排出権取引総額は、全世界で110億ドル（約1兆3000億円）、2006年度は約2.5倍の280億ドル（約3兆3000億円）に達した模様。世界全体の取引量の4分の3を欧州が占めている。$CO_2$ 1トン当たりの取引価格は、日本円に換算して1000円から4000円程度で、変動幅がかなり大きい。長期的には、排出量の削減を目指す制度なので、排出権の取引価格は上昇傾向をたどるとみられる。日本ではまだ正式な排出権市場はないが、環境省が一部企業の協力を得て、実験的な取り組みを始めている。→コップスリー、京都メカニズム、クリーン開発メカニズム、共同実施

## はいしゅつよくせい【排出抑制】

廃棄物の排出抑制（Reduce）のこと。排出抑制は、廃棄物の排出抑制（Reduce）、再生利用（Recycle）、再使用（Reuse）の3Rの一つで、発生抑制とも表現されている。しかし、物質フローの川上から川下までトータルで持続可能な資源の有効利用のためには、排出抑制だけでは不十分で、資源の投入抑制でもなければならない。排出抑制は、2006年の「循環型社会基本法」で「発生抑制」（リデュース）という言葉で、廃棄物処理優先順のトップに初めて定義された。→循環型社会、循環型社会形成推進基本法、スリーアールイニシアティブ、リデュース、リユース、リサイクル、資源投入抑制

## はいすいぶんり・ぶんさんシステム【排水分離・分散システム】

排水を集めて集中的に処理するのではなく、排水を混ぜずに（分離）、集めずに処理するシステム。排水は発生源により含有している汚染物質が異なるため、それぞれに適した処理を行うことが最も効率的である。分散は排水を集めることにより排水が混ざるのを防ぎ、水によって汚染物質が拡散することを防ぐことを目的としている。分散型を取ることで、多額の費用がかかる水路網の建設を抑えることが可能である。排水分離・分散システムでは、富栄養化の原因となる栄養塩類が多いし尿はバイオトイレを用いて処理され、廃棄物は農業用の肥料として利用が可能である。台所や洗濯の排水は生物処理後、土壌中に排水され土壌を伝っ

て河川などの水域へ流出する。比較的汚染の少ない風呂などの排水は、そのまま土壌中へ排水される。排水分離・分散システムでは狭い範囲での排水、有機物の循環が可能であり、汚染物質等の公共用水域への流出を防ぐことができ、持続可能な公衆衛生システムとして期待されている。→バイオトイレ、浄化槽

**はいそうほう【廃掃法】→はいきぶつしょりほう【廃棄物処理法】**

**ハイドロバレーけいかく【ハイドロバレー計画】→ちゅうしょうすいりょくはつでん【中小水力発電】**

**パーク・アンド・ライド**
**(park and ride)**
駐車場と自動車を効率的に結び付け、都心部の交通混雑を軽減させる仕組み。都心部へ向かう通勤者などが、自宅から最寄り駅に近接した駐車場に駐車し、そこから都心部へ公共の鉄道やバスなどで移動するよう誘導する仕組み。また、自転車やバイクなどで駅に来て駐輪して公共交通機関に乗り込むことも含まれる。この仕組みとともに、都心部への自動車の乗り入れ規制や、有料化（ロード・プライシング）等の施策を抱き合わせて実施することで、その促進がより効果的となる。独ではフライブルク市など多くの都市で実施されている。パーク・アンド・ライドを行うことによって自動車の走行距離が減り、二酸化炭素の排出が軽減され、温暖化防止につながっていく。また、大都市の大気汚染対策、渋滞緩和などにも効果がある。しかし日本の場合、駅周辺には余剰の土地が少なく、駐車場の確保が難しいという問題がある。→ライフスタイル、渋滞税

**バクテリアリーチング**
**(bacteria leaching)**
微生物湿式製錬と呼ばれる、バクテリアを利用した新製錬技術。普通、鉱石から金属を取り出すためには、まず鉱石を選鉱して有用鉱物を凝集させ、精鉱と呼ばれるものにして製錬する。しかし、この方法では経済的に処理できなかった低品位の鉱石から有用な金属を取り出すことが、20世紀後半に誕生した微生物湿式製錬により可能となった。硫黄化合物をエネルギー源とし酸素を消費して増殖するバクテリアを、採掘された低品位の銅や金の鉱石を積み上げた堆積層に硫酸を加えた水とともに一様に散布する。その水溶液が、重力によって下っていく過程で銅や金を溶かし出す反応が起こる。鉱石の堆積層の下から滲み出した液を取り出し、銅や金を回収する。採掘された鉱石を細かく砕かずに、採掘場からダンプトラックで運んできたままの

鉱石を堆積して浸出液を散布する方法を、ヒープリーチングあるいはダンプリーチングと言う。→低品位鉱石、バイオマイニング

## ばしょせい【場所性】

その空間が持っている独自の特性で、その地域のアイデンティティーとなるもの。地方の中小都市などで、こうした場所性が失われ、どこも同じような光景しかない「没場所性」が問題になっている。場所性がなくなると地域の求心力は失われ、地域経済の衰退による人口流失や過疎化、商店街のシャッター通り化現象が起こり、ひいては大都市への人口集中や地域独自の環境の破壊にもつながる。地産地消運動やスローライフなどの運動は環境とライフスタイルの調和だけではなく、場所性の復活や回復という視点とも絡み合っている。この言葉は、都市論、都市社会学、環境社会学など地域性や景観、都市設計などの議論の際に強調される。→コミュニティー、自治会、地域政策、地域づくり、町おこし、地産地消、スローライフ

## バージンげんりょう【バージン原料】

未使用の天然資源を原料としてモノをつくる場合、その原料をバージン原料と言う。リサイクル原料に対する言葉。産業革命以降の工業化の過程で製品づくりに使われてきた原料は、ほとんどがバージン原料だった。20世紀後半の膨張の時代を経て、無限と思われてきた天然資源の多くが枯渇気味になってきたこと、資源の有効活用の必要性が高まってきたことなどを背景に、廃棄物製品を解体・分解し、そこに使われている様々な原料をリサイクルして再度使う動きが強まっている。一度製品などに使われた原料を再生してつくった原料のことをリサイクル原料と呼び、バージン原料とは区別している。→再生原料

## バーチャル・ウォーター (virtual water)

仮想水とも言う。穀物や野菜を収穫するまでに使用した水、あるいは肉類を生産するまでに使用した水量のことを言う。例えば、穀物1トン当たり水2000トン、牛肉は1トン当たり水2万トンが必要だと言われている。世界的な水不足が問題になる中、水を多量に使うものを輸入する場合、その生産国の水を輸入したのと同じことを意味することから使われるようになった。日本の場合、輸入品は牛肉、豚肉、大豆、小麦、トウモロコシなどでバーチャル・ウォーターの総量は640億トンと試算されている。一方、日本国内の年間灌漑用水使用量は570億トンである。水量換算の輸入量が最も多い相手国は米国からで、389億トンになっている。

世界の水不足が深刻化すると食糧輸入に大きな影響を及ぼすことが懸念されており、食糧自給率の向上が望まれる。→食糧危機、水危機

## はつがんせいぶっしつ【発ガン性物質】

ガンの発生を誘発する物質。細胞のガン化はDNA（デオキシリボ核酸）を損傷する発ガン性物質によって起動され、それ自体に発ガン性はないがガン化を促進させる物質の共存によって、発ガン率がきわめて高くなると言われる。しかし、発ガンの過程では発ガン促進と同時にDNA修復や細胞免疫抑制など種々の要因が係わるため、単一の要素をもって発ガン性への関与を断定することはできない。漠然とした定義ではあるが、実験動物にある物質を投与した結果、腫瘍の発生率の増加が認められたり腫瘍発生時間が短縮した場合、この物質を発ガン性物質と考えるのが一般的である。この定義によれば、生体環境に影響を与えてガンを誘発する物質なども発ガン性物質に含まれることになる。また、発ガン性物質には人工的に合成される化学物質ばかりでなく、自然界に存在するもの、食物調理の過程でつくられるものもある。→ガン、ウイルス、DNA

## はっきんぞくきんぞく【白金族金属】
(platinum group metals)

プラチナ、パラジウム、ロジウム、イリジウムなどを白金族金属と言う。金とともに貴金属と呼ばれ、宝飾品として珍重されるプラチナは、その他の白金族金属とともに、自動車の排ガス処理装置や燃料電池、さらに先端技術分野にはなくてはならない希少金属である。化学的にきわめて安定した物質で触媒として活性が高く、環境関連技術の高度化には欠かせない物質だ。代替材料はない。白金族金属の資源は世界で最も偏在しており、しかも政治的に不安定な国にあり、一部国際資源メジャーに寡占支配されている。白金族金属を主に採掘する鉱山は世界で22カ所あり、その内の18カ所は南アフリカに集中している。世界のプラチナ埋蔵量は8万トンと言われ、最も希少な金属なため、回収・リサイクル技術は進んでいる。→燃料電池、希少資源、地上資源、都市鉱山

## バックキャスティング
(backcasting)

スウェーデンの環境NGOナチュラル・ステップの創設者、小児がん専門医カール・ヘンリック・ロベールが最初に提唱した思考法。望ましい将来像を描いて、それを実現するためには、現在を振り返って今から何をしたらよいかを長中期的視点から考え、必要な政策を実行していく将来設計の方法。例えば、温暖化によ

って将来の地球環境が大きな被害を被ることが予想できる場合、被害を避けるために脱化石燃料化を進める対策を今から実施するなどである。破局を回避するための予防的対策には、バックキャスティングの思考法が重要な柱となる。政府の第三次環境基本計画（2006年4月閣議決定）には、バックキャスティングによる政策形成の重要性が指摘されている。→カール・ヘンリック・ロベール、ナチュラル・ステップ

## はつでんこうりつ【発電効率】

発電所で燃やした燃料の内、どれだけの量が電気に変わったかという割合で熱効率とも言う。発電方式あるいは発電所の性能を表す。わが国の火力発電所の発電効率は、2001年で41％（1950年代は16％）になっている。現在、わが国で最も高いものは50％。発電効率を上げることによって、$CO_2$排出量も削減できる。発電効率を1％上げることによって削減できる$CO_2$の量は、日本エネルギー経済研究所の試算によると日本の484万トンに対して、米国は4312万トン、中国は2629万トン、独485万トン、仏6万トンとなっている。これらの数値は、化石燃料に頼って発電している割合が多い程、また現在の効率が低い程大きくなる。化石燃料依存度が高く、現在の効率が低い米国と中国の削減可能な$CO_2$排出量が大きいのは当然である。仏が極端に少ないのは、原子力発電による割合が75％と世界で最も高いためである。→熱効率、石炭ガス化複合発電、ガス化溶融炉

## ハバートモデル→ピークオイル

## ハビタット（habitat）

生物の生息場のこと。生物が生きるためのエネルギーを得たり繁殖や越冬などを行っている場所。動物の場合には生息地、植物の場合には生育地と呼ぶ。ハビタットの面積は広い程、多くの種が生息することが可能である。都市化などにより分断された緑地などのハビタットでは種数は減少する。大きなハビタットは貴重性の高い種にとって有利であり、小さな生物種は種数が多い。森林では分断化、孤立化によって面積が減少すると同時に、周縁部の増加によって生息環境も変質する。ハビタットは人為的影響により消失、分断化、攪乱を受け変質する。消失では、植生の改変などによってハビタットそのものが失われ、生物群集を構成する種数は減少する。分断化では、生息地が細切れにされ生物の移動が困難になる。攪乱では、物理的な破壊や化学的汚染によって環境が変化し、その原因には大気汚染や水質汚染などがある。ミティゲーションにおける環境評価手法の一つとして、ハビ

タットを定量的に評価するハビタット評価手続き（HEP：Habitat Evaluation Procedure）が利用されている。→HEP、生息環境、生息場適合指数、ミティゲーション、リフュージア

## パブリックコメント
(public comment)
政策形成過程で、一般住民に対案や問題点などに関して意見を求めること。近年、日本の政策の現場では、至る所でパブリックコメントの制度が導入されている。環境問題の広域化や発生原因の多主体化によって、政策情報の流通や合意形成が重要になってきた。この政策に係わる関係者たちの意見の収集と、意見の対立が予測される政策での合意点を探ることにより、政策の実効性を向上させることを目的としている。→合意的手法、公衆参加、情報的手法

## バラストすい【バラスト水】
(ballast water)
船舶を安定にするために、積荷が無い時に重しのために積む海水。荷物を降ろした時に積まれ、荷物を積む時に排出される。船舶は、積荷が無い状態で航行するとバランスが崩れ危険であるため、海水を重しとして積み込み安定性を確保し、荷物を積み込む港で海水を破棄する。海水を積み込む港と排出する港が異なるため、バラスト水の海水の移動が発生し、航路が国際間の場合はバラスト水に含まれる生物が多国間を往来するため、現地の生態系を攪乱する要因となっている。生態系が攪乱されるほか、外来生物により養殖業へ損害を与えたり、持ち込まれた細菌によって貝が毒化するなどの被害が世界各地で発生している。バラスト水による被害は国境を越えて伝播するため、2004年の国際海事機構会議において「船舶のバラスト水および沈殿物の規制及び管理のための国際条約」（バラスト水条約）が採択され、2009年以降に新造される船舶は、バラスト水を適切に処理する設備を搭載することが義務付けられた。→外来生物、海洋生態系、帰化動物、在来種、食物連鎖

## パラダイム（paradigm）
人々の自然観や科学観を規定するような思考の枠組み。環境問題の解決に大きな影響力を持つ概念。もし人々の中に反環境問題的なパラダイムが構築されている場合、環境問題の解決には、パラダイムの転換やパラダイムシフト（パラダイムの変化）も同時に行わなくてはならない。その逆に、環境問題に対して理解あるパラダイムが確立されていると、環境問題解決に有効に機能する。→カウボーイエコノミー、ゆで蛙シナリオ、ライフスタイル、ワイズユース

運動

ハリケーン→ねったいていきあつ【熱帯低気圧】

バルディーズげんそく【バルディーズ原則】→エクソン・バルディーズごうじけん【エクソン・バルディーズ号事件】

# ヒ Hi

ピー アール アイ【PRI】→せきにんとうしげんそく【責任投資原則】

ピー アール ティー アールせいど【PRTR制度】(PRTR) (Pollutant Release and Transfer Register)
「化学物質排出移動量届出制度」のこと。有害性のある化学物質が、どのような発生源からどのくらい環境中に排出されたか、あるいは廃棄物に含まれて工場や事業所の外に運び出されたかというデータを国、事業者団体等の機関が把握、集計、公表しなければならない。OECD（経済協力開発機構）は、加盟国に対しPRTR制度の導入を勧告したが、それを受け、日本では、PRTR制度は1999年7月に公布された「化学物質排出把握管理促進法」（正式名称は、「特定化学物質の環境への排出量の把握等及び管理の改善の促進に関する法律」）の柱として位置付けられている。→有毒物質排出目録、難分解性有機汚染物質、PCB中毒

ビー エス イー【BSE】(Bovine Spongiform Encephalopathy)
牛伝染性海綿状脳症、狂牛病。英国で1986年に発生し、急速に広がった牛の感染性脳症のこと。病原体型プリオンに感染した羊の肉を牛の飼料に混ぜたことから感染したと言われ、これに侵されると脳組織に空胞が生じてスポンジ状になる。発生から7年間で牛約20万頭が発病、牛から人への感染死亡例も報告されている。→鳥インフルエンザ、プリオン

ビオトープ (biotope)
生物学の用語。ギリシア語で生命を意味する「bio」と場所を意味する「topos」を組み合わせた合成語で、独の生物学者ヘッケルにより提唱された。生物が生息する環境を意味し、気象や水質、他の生物の生息状況など全てを含む。近年では、自然復活の概念として、都市部など開発により生態系が破壊された場所に、人工的に復元された、生物が生息しやすい空間を指す用語として用いられる。また、学校教育の一環として、環境

教育の場面で人為的に造成された自然観察モデルを指す。日本では1990年代よりビオトープづくりが行われ、自然環境の復元が進められている。人々の身近に生物が豊富な自然環境を復元することで、自然へのアクセスを容易にし環境意識を高める効果がある。しかし、日本ではビオトープ＝水辺との意識が強く、本来の意味と違う場面でも用いられることがある。特に学校教育などで、他の地方の生物を持ち込み生息させることでビオトープと称する場合もあり、注意する必要がある。また、ビオトープを正常に維持するにはきめ細かい手入れが必要であり、コストがかかることも忘れてはならない。→三面コンクリート、多自然型川づくり

## ピー オー ピー、ピー オー ピー エス【POP POPs】→なんぶんかいせいゆうきおせんぶっしつ【難分解性有機汚染物質】

## ひがいこうぞうろん【被害構造論】
一つの事件から受けた被害は新たな被害を生むという事象を構造的に論じる考え方。具体例をあげれば、自動車事故に遭った人物は、身体に被害を受けるだけでなく、加害者からの補償が無ければ、労働ができないために収入は減少し、被害の治療に関して支出は増大するため、経済状況は悪化する。また家族間の役割分担などに変化が起きたり、身体被害に関する誤解や無理解によって、被害者は社会的に疎外感を持つようになる。このように一つの事件から受けた被害は波及し、構造的に被害者の立場を窮地に陥れることがあり、この被害の連鎖の構造を被害者構造と呼び、この被害者構造のモデルを元に社会問題や環境問題を論じるのが被害構造論である。→加害者－被害者図式

## ひがいしゃふたん【被害者負担】
国際間の環境問題などで被害者側が費用を負担すること。通常、国内の環境問題においては、製造物に関しては生産者が責任を負う、ないしは環境破壊に関しても加害者や汚染者が負担する汚染者負担が原則となっている。しかし、ロシアが原子力潜水艦を日本海で解体することに対して、日本が放射性廃棄物処理施設の費用を負担したように、法的に不公平であるという意見は強いものの、「国際環境法」の領域では、現実的な問題解決を急ぐため被害者負担になっていることも多い。→汚染者負担の原則

## ひがた【干潟】→しつげん・ひがた【湿原・干潟】

## ひかりがい【光害】(light harm)
照明による障害。照明に関して安全

性および効率性の確保、ならびに景観および周辺環境への配慮が十分になされていない状況、それによる悪影響。例えば、都会の過剰な夜間照明によって天文観察に悪影響を及ぼすとか、海岸で孵化したウミガメが海とは逆の照明の明るい陸地に向かって進む傾向があり繁殖を阻害している、街灯の影響を受けて植物の生育サイクルが狂う、などが具体的例として指摘されている。→産業公害

## ピークオイル（Peak Oil）

原油生産量がピークに達し、減少に転じる時期のこと。埋蔵量の約半分を生産した時点をピークに、その後生産量は減退に向かうというもの。シェル石油に勤務していた米人地質学者、キング・ハバート（Marion King Hubbert）（1903-89）は、石油の生産量は時間の推移とともに左右対称の釣り鐘型の曲線を示し、埋蔵量のほぼ半分を生産した時に生産のピークを示す、という論文を1956年に発表した。この曲線のことを「ハバートモデル」と言うが、ハバートは米国48州の石油の生産挙動をこの曲線で分析して、1970年代前半にピークがくると予測し、それが的中したことから注目を集めた。ハバートモデルの考え方から、「世界の石油生産量を予想すると、2000年から2030年頃の間に頭打ちになる」というピークオイル論が一部で指摘されている。→資源枯渇

## ビジネス・イン・ザ・コミュニティ（BITC）（Bussiness In The Community）

企業の社会的責任への取り組みをサポートする英国の非営利団体。チャールズ皇太子が総裁を務め、英国一部上場企業の約8割超が所属している。創設は1982年、当時、就職難などで失業率が高まりロンドンやリーズなどの諸都市で若者たちの暴動が多発していた。この問題を解決すべく、マックスペンサー社、ユニリーバ社、カーベリー社（チョコレート会社）の三社の会長が話し合い、創設したもの。今では、ホームレス、環境、従業員の地域参画、教育、女性の活動支援、地域経済活性化など、幅広い分野で、政府やNPOとパートナーシップを図りながら、企業の社会的責任をサポートしている。2002年には、企業の社会責任指標（CRI:Corporate Responsibility Index）を開発、発表されるや国際的な広がりをみせている。2006年12月には、"先進的なビジネスとは責任性を認識した上でお金を儲けること"との原則に基づいて、「市場責任原則：マーケット・プレイス・プリンシプル」という枠組みも策定した。

## ピー　シー　ビーちゅうどく【PCB中毒】

ポリ塩化ビフェニル（PCB）による中毒。PCBは特に不燃性、電気絶縁性にすぐれていることから、変圧器やコンデンサーなどに絶縁物質として広く使用されていた。1968年に、食用米ぬか油の製造工程で熱媒体として使用されていたPCBが混入し、九州を中心に西日本一帯でこれを摂食した人の身体に色素沈着、ニキビ様の発疹などの中毒症状が現れ、その毒性が社会問題化した（カネミ油症事件）。生体に対するPCBの毒性は高く、脂肪組織に蓄積し、発ガン性、皮膚障害、内臓障害、ホルモン異常を引き起こすことが認められている。わが国では、PCBは行政指導によって1972年に生産および使用が中止され、1974年に製造および輸入が原則禁止された。しかし、PCBを含む使用済みの電気機器の廃棄物処理は進まず、長期にわたる保管が続いているため、事故などで新たなPCBによる環境汚染が懸念されている。そのため、「PCB特別措置法」が2001年に施行され、保管している事業者に対し2016年7月までに処分することが義務付けられた。また、地球規模でPCB汚染が拡大していることを背景として、残留性有機汚染物質に関する「ストックホルム条約」（POPs条約）が2001年に採択されている。
→難分解性有機汚染物質、PRTR制度

## びせいぶつ【微生物】

主に顕微鏡下での観察対象となる、大きさがおおよそ0.1mm以下の生物の総称。細菌類や藍藻類などの原核生物および原生動物や酵母、糸状菌など微小な真核生物がこれに当たる。また、ウイルスを微生物とすることもある。地球には、病原微生物、発酵作用のある微生物、土壌中の微生物など医学的、農学的に人間生活と深い関係を持つものが多く存在する。
→ウイルス

## びせいぶつでんち【微生物電池】

微生物の酵素による触媒作用を利用し、有機物の化学エネルギーを電気エネルギーへ直接変換する装置。下水などの有機物を含む廃棄物から発電が可能であり、下水処理に利用することで下水中に含まれる有機物量を減少させる可能性を含んでおり注目されている。微生物を利用し廃棄物からエネルギーを回収する方法としては、メタン菌にメタンを発酵させこれを発電に利用する燃料電池がこれまでに開発されていたが、微生物の死骸が大量に発生する課題が残っていた。新たに好気性微生物を利用した微生物電池が開発され、高効率でエネルギー変換が可能となり、同時に微生物の増殖を抑えることに成功した。しかし、電圧が低いなど課題も多く残されている。→バイオマス発電

## びせいぶつループ【微生物ループ】

食物連鎖から生じる分泌物、排泄物、遺骸を分解する細菌などの微生物が、原生動物などによって捕食され食物連鎖に組み込まれること。1980年代後半に米国のスクリプス海洋研究所のファルーク・アザムによって提唱された。海洋における食物連鎖では、独立栄養生物である植物プランクトンが従属栄養生物である草食動物の一次捕食者によって捕食され、次いで肉食動物プランクトンなどの二次捕食者に捕食され、さらに魚などの三次捕食者によって捕食される。この食物連鎖は、現在では古典的食物連鎖と呼ばれる。これに対し、従来は水中の有機物を分解する役割のみに注目されていた細菌等の微生物が原生動物などによって捕食されることが明らかになり、有機物－細菌－原生動物－動物プランクトンの捕食食物連鎖が存在することが明らかになった。微生物ループの発見は、海洋における食物連鎖の概念を一変させ、現在では細菌などの微生物は分解者と生産者の二つの役割を持っているとされる。→食物連鎖、独立栄養生物

## ひそちゅうどく【砒素中毒】

砒素による中毒、主として亜砒酸（三酸化砒素）によるものが多い。砒素は、昔から毒薬として用いられてきた。1955年の森永砒素ミルク事件、1998年の和歌山の亜砒酸入りカレー事件がよく知られている。砒素の天然鉱物としては硫砒鉄鉱、鶏冠石などがあり、合金の添加剤として使用される。青銅器時代の青銅は、銅に砒素あるいは錫を添加した合金であるが、砒素添加の青銅の製錬中、砒素中毒が多く発生していたようである。銅、鉛、亜鉛の鉱石にも砒素鉱物が含まれているため、精錬時に砒素の粉塵が発生し、吸引したり鉱山近くの地下水を飲んで中毒を起こすことがある。砒素は硝子製造、防腐剤、農薬、半導体などにも使用される。→土壌汚染、地下水汚染

## ピーディーシーエーサイクル【PDCAサイクル】

品質管理の手順を示したサイクルモデル。製品の品質を向上させるために、改善のための計画（Plan）、その計画の実行（Do）、実行した計画の点検（Check）、見直し措置（Action）をして、あらためて次の目標計画（Plan）に戻る、というサイクルを繰り返す、継続的な改善を進めていくための一種の経営管理システムのこと。各段階の英語の頭文字をとって、「PDCAサイクル」と言う。品質管理マネジメントシステムの国際標準規格（ISO9001）が1987年に成立し、このPDCAサイクルの規格が広まった。さらに環境ISOの内、環境マネジメントシステム（EMS）の規格

(ISO14004)が制定される時、このPDCAサイクルも環境問題へ用いられることになった。→環境パフォーマンス評価、環境マネジメントシステム、家庭版環境ISO認定制度

## ビーティーシーブイ【BTCV】
(British Trust for Conservation Volunteers)
「英国自然保護ボランティア基金」の略称。田園地帯の整備技術を40年以上も蓄えてきた団体。古い家はどのように修繕するか、川や池はどのように修復するか、有機農園や蝶の集まる場所はどのようにしてつくるのかなど、英国の「ありふれた田園景観」と、そこに共存する「めずらしくもない野生生物」の保護を目的とする公益団体である。自らは保全地を所有せず、もっぱら市民ボランティアの自主参画のもとに実践的な保護管理を行っている。その活動の一つに、一週間単位で行われる「保全合宿」（ナチュラル・ブレイク）があり、余暇活動の一環として一般市民が気軽に自然保護活動に携われる場となっている。未知の人とのコミュニケーションづくりを重要な目的としているBTCVは、友人同士の申し込みを二人に制限するというユニークなシステムをとっている。BTCVは英国内にとどまらず、国際ワーキングホリデーも推進しており、日本の里山保全団体との交流も深まっている。→グリーンジム

## ヒートアイランドげんしょう【ヒートアイランド現象】
(heat island phenomena)
都市部が人為的な熱で高温域になる現象。大都市部の地表の気温分布を立体的なグラフに描いてみると、都心部が周辺部に比べてさながら海に浮かぶ突出した島のような形になることから、このように呼ばれている。温室効果ガスによる気温上昇は100年間で1℃とされているが、巨大都市の東京では年平均気温は100年前に比べて3℃上がっている。エネルギー消費がますます増大する都市の高温化は、地球温暖化の5倍の速さで進んでおり、東京都心部では数年後には最高気温が亜熱帯並みの40℃になると予測されている。原因は、主に自動車、エアコン、工場廃熱、コンクリート・アスファルトの蓄熱など人為的な熱が太陽の熱に匹敵するようになって起きる。ヒートアイランドが原因の都市型集中豪雨、猛烈な落雷などによる交通マヒ、停電、電子機器破壊、浸水が脅威となってきている。→異常気象、雨水利用、打ち水、屋上緑化、中水、熱環境緩和の能力、猛暑日

## ヒトゲノム→ゲノム

## ヒトめんえきふぜんウイルス【ヒト

免疫不全ウイルス】→エイズ（AIDS）

ピー　ピー　エス【PPS】→でんりょくじゆうか【電力自由化】

ピー　ピー　ピーげんそく【PPP原則】→おせんしゃふたんのげんそく【汚染者負担の原則】

ヒープ・リーチング→バクテリア・リーチング

**ひゃくまんにんのキャンドルナイト【100万人のキャンドルナイト】**
夏至と冬至の晩、夜8時から10時まで、電気の明かりを消してろうそくを灯して過ごすイベント。2001年5月、「どんどん原子力発電所をつくってどんどん電気を供給しよう」というブッシュ米大統領のエネルギー政策に反対して、カナダで「自主停電運動」が起こった。日本では、2003年6月22日、「2時間電気を消してスローな夜を！」で始まった。その後毎年行われており、東京タワーや大阪城など全国の主要施設も消灯している。2006年は、6月17〜21日の夏至の日まで、午後8〜10時に電気を消すことが呼びかけられ、期間中、全国で464の関連イベントが開催された。03年の開始当初から、環境省の「ライトダウンキャンペーン」と連携、「でんきを消して、スローな夜を」のメッセージは、多くの自治体や企業の共鳴を呼び込み、世界各地へと届いている。→アースデイ、環境の日、スローライフ

**ひやけ【日焼け】**
(sun tan, sun barn)
太陽の光を過剰に浴びることで皮膚が褐色に変色する現象を言う。日焼けは、日光に含まれる紫外線が生体を構成する細胞に作用し化学変化を誘起させることが原因で起こり、大きく二つに分類することができる。サンターンと呼ばれる日焼けは、紫外線UVAによってメラニン色素が酸化されて皮膚が褐色に変化する。サンバーンと呼ばれる日焼けは、紫外線UVBの生体組織障害作用によって皮膚が赤く炎症を起こし、さらに進むと水疱をきたす。UVBによる日焼けは皮膚ガンを発生する可能性が高いとも言われる。大気中のオゾン層は人体に有害なUVBを吸収しているが、オーストラリアではオゾンホール拡大による皮膚ガン発生数の増加が問題となっている。→紫外線、成層圏、オゾンホール

**ひょうが　ひょうしょう【氷河　氷床】**(glacier, ice sheet)
氷河は、陸上に複数年にわたって存在し重力によって流動する氷の塊。氷河には山岳に発達する山岳氷河と大陸に存在する大陸氷河とがあり、

後者は氷床と呼ばれる。氷河は、雪が長年解けずに降り積もり圧縮されることで形成される。このことから、氷河の発達には寒さだけではなく雪を降らせる湿度が必要である。現在、氷河はアルプス山脈、ヒマラヤ山脈、ロッキー山脈、パタゴニアなど各大陸に、氷床は南極大陸とグリーンランドに存在している。氷河期には、北米大陸にローレンタイド氷床、ヨーロッパ北部にスカンジナビア氷床、南米大陸にパタゴニア氷床が発達していた。近年、世界中の氷河が急速に後退しており、ヒマラヤ山脈では年間2m程の後退が観測された。南極では氷河の流速が速くなっていることが観測されている。氷河や氷床は地球上における最大の淡水貯蔵域であり、地球温暖化によりこれらが溶け出すことで様々な影響が懸念されている。氷床の融解は、大量の水を海洋へ供給するため海面の上昇が起こることが予想され、北大西洋に流れ込む淡水により深層水循環が弱まり、さらなる気候変動(寒冷化)を引き起こすことが考えられる。氷河の急速な融解は氷河湖決壊洪水を引き起こし、下流に住む人々に土石流などで大きな被害を与える。→氷期、海面上昇、深層水循環、ペンタゴン・レポート

## ひょうき　かんぴょうき【氷期　間氷期】(ice age)

氷河学的には南半球の大陸上に氷床が発達した時期を氷河期と呼び、氷河期の中で暖かい時期を間氷期、寒い時期を氷期と呼ぶ。現在は、氷河期の中の間氷期に当たり後氷期と呼ばれる。第四紀と呼ばれる過去200万年以降、地球には四回の氷期があったことが氷河地形やグリーンランド氷床コアなどの地質学的・地形学的な研究から明らかになっている。最近の氷期は、およそ1万2000年前に終わったとされ最終氷期と呼ばれる。最終氷期の最盛期はおよそ2万年前であり、ヨーロッパ北部や北米大陸は広く氷床に覆われた。氷床や氷河の発達により水が陸上に多く蓄えられたため、最大100m程の海水準の低下が起こり気温は7℃前後低かった。日本では、針葉樹林が九州北部まで拡大していた。最終氷期はおよそ1万2000年前に終わり、地球の気候は急速に温暖化し大陸の氷床は後退した。氷床の縮小により大量の淡水が海洋に流入し、グリーンランド沖合で深層水循環を妨げ一時的な寒冷化が起こった。「ヤンガードライアスイベント」と呼ばれる。地球の気温は、およそ1万年前には現在と同程度に達し、海面が上昇した。大陸に氷床が発達する要因は、地球の軌道要素の変化、大気組成の変化、大陸の配置であると考えられている。地球軌道の変化は太陽からのエネルギー受容量を変化させ氷期・間氷期の

スイッチとなるとする説で、提唱者の名前をとり「ミランコビッチサイクル」と呼ばれる。また、大気組成の変化は、大気中の二酸化炭素の濃度変化が原因とする説であり、近年盛んに議論されている。多くの科学者は、現在が氷期と氷期の間の間氷期に当たり、いずれは氷期に向かうと考えている。そして最近では、地球温暖化によりグリーンランドの氷床が急速に溶け出すことで深層水循環が弱化し、氷期に向かうとする説が提唱され注目を浴びている。→寒冷化、深層水循環、地球温暖化、熱塩循環、氷河　氷床、ペンタゴン・レポート、リフュージア

## ひょうしょう【氷床】→ひょうがひょうしょう【氷河　氷床】

## ビー　ライフにじゅういち【ビーライフ21】

(B-LIFE 21)（Business Leaders Inter-Forum for Environment 21）産業界を代表する経済人の環境NGO「環境を考える経済人の会21」の略称。1997年1月、大企業の経営者、約20名が参加して発足。設立の目的は二つ。第一は、環境NGOやNPOとの対話促進。企業益を求めて事業を拡大させ国民生活の向上に貢献してきた企業も、「地球の限界」に直面した21世紀には、地球益という視点が重要になってくる。地球の利益＝自然環境をこれ以上悪化させず、破壊からも守ることを優先させようとする考え方である。そのために、多くの環境NGOやNPOの考え方、行動原理を経営の中に取り入れること。第二は、環境のために、経済人自身が実際に汗を流すことである。例えば、経済人自らが大学の教壇に立つ環境寄付講座は、毎年、秋学期に半年間実施している。この他に、日米欧環境派経済人・知識人会議などを開催してきた。寄付講座開設校はこれまで、慶応大学、立命館大学、早稲田大学、千葉商科大学、明治大学、京都大学、横浜国立大学など10校近くに広がり、受講した学生数は合わせると3000名を超える。→環境NPO、地球の限界

## びわこ・よどがわりゅういきけんのさいせい【琵琶湖・淀川流域圏の再生】

国土交通省が事務局を務め、民間投資を促進する都市再生の取り組みを支援する、都市再生本部が推進するプロジェクトの一つ。歴史・文化を生かし、自然との共生を謳い、流域全体での一体的な取り組みを目指す。2003年に決定され、2005年3月に琵琶湖・淀川流域圏の再生計画を策定した。計画では、①自然環境、②都市環境、③歴史・文化、④流域の連携の四つの観点から整理し、水でつなぐ"人・自然・文化"琵琶湖・

淀川流域圏を基本コンセプトとしている。具体的には、水辺にサイクリングロードや船運のルートを整備し、流域をつなぐ計画、水辺を人々が憩い集える場所とするための整備を行い、水辺の賑わいを取り戻す計画、水辺に葦原やワンドと呼ばれる水溜りを復元する計画など、自然を保全・再生することで豊かな自然環境の復元を目指す。

## フ Fu

### ファクターX（Factor X）

資源生産性、つまり資源の投入量当たりの財・サービスの生産量を示す指標。逆に言い換えると、同一の財やサービスを得るために必要な資源やエネルギーの投入量を低減するための指標である。「X」には、環境効率の倍率を表す数字が入る。例えば、必要エネルギー投入量が2分の1となり、その結果得られる生産量が今までの2倍になれば、環境効率は4倍となり「ファクター4」と呼ばれる。代表的な例として、1991年に当時独のブッパタール研究所のシュミット・ブレークが提唱した「ファクター10」、1992年にローマクラブが提唱したファクター4が有名。持続可能な社会実現のために、ファクターXの実現が欠かせない。→環境効率、資源効率性、資源生産性

### ファクター・テン・クラブ（Factor 10 Club）

南仏ニース近くのカヌールに本拠を置く「国際ファクター10クラブ」というグループのこと。1994年に、独・ブッパタール研究所長のワイツゼッカー、副所長のシュミット・ブレーク、そして欧米、日本などの学界、経営者、政府、NGOなどのリーダーたちによって結成された。その主張は、世界が持続可能な発展をするためには、先進国において自国の資源生産性（単位サービス当たりの資源投入量が少ない程、あるいは資源投入量当たりのサービス生産量が高い程資源生産量は高い）を、今後30年から50年の間に10倍に上げる必要があるというもの。1997年に、「エネルギーと資源効率性における10倍の跳躍の提言」（カヌール声明）を発表した。→カヌール声明、シュミット・ブレーク、資源生産性、ファクターX

### ファクトリー・コミュニケーションズ（factory communications）

工場の環境性能を社会とのコミュニケーション・ツールとして活用すること。そのためには、工場のクリー

ン化やグリーン化を積極的に推進することになる。背景には、様々な環境規制の施行や環境行政、社会動向があった。まず、1974年に「工場立地法」が施行され、新しく工場をつくる場合、敷地内の20%以上を緑化することが義務付けられた。1979年には、「省エネルギー法」が施行され、工場や事業場におけるエネルギー使用の合理化が促進された。近年は、ISO9001やISO14001の取得が進み、工場のクリーン化やグリーン化に拍車をかけた。環境コミュニケーションの拠点として、工場はますます重要となっている。例えば、ホンダはグリーン・ファクトリー計画の中で"ふるさとの森づくり"を行い、富士通は工場と茶の間を結ぶ広告キャンペーンを続けている。富士フイルムの「写ルンです」循環生産工場には年間1万人以上の見学者が訪れ、ビール・メーカー各社はビール製造工場をビール園として解放し、見学コースを常設している。→環境経営、環境コミュニケーション

## フィランソロピー（Philanthropy）

社会問題解決のための自発的な活動、社会貢献のこと。元々ギリシャ語の"philanthropia（ひとを愛する）"に由来する英語で、人類愛、博愛、慈愛、慈善を意味する。個人や団体が教育、研究、医療、福祉、環境保全などのために、奉仕活動を行ったり、寄付金を供出したりすることを言う。企業もこれに直接参加したり、財団などを通じて間接的に参加したりするが、この場合は特に「コーポレート・フィランソロピー」と呼ぶ。米国では、全企業の約20%が何らかの形でフィランソロピーに関与していると言われる。その主役は個人。仏語「ノーブレス・オブリージュ」（高貴なる者の義務）の考えから、文化・慈善活動のパイオニアとなったのが米国の鉄鋼王のA・カーネギー。3億5000万ドルの私財を投入して大学、図書館、音楽ホールなどを残し、カーネギー財団を設立した。その後も、石油王のJ・ロックフェラーや自動車王のH・フォードなどの実業家が相次いで財団を創設。日本でも、1990年に経団連（現・日本経済団体連合会）が「1%（ワンパーセント）クラブ」を設立、社会貢献部門を設ける企業も急増している。→CSR、メセナ、1%クラブ

## ふうりょくはつでん【風力発電】
(wind energy)

風の力を利用して発電機を回し電力を得る方式。風の力を受ける風車の形態には、水平軸風車と垂直軸風車がある。水平軸風車は、風に対する方向を調整する制御機構が必要であるのに対し、垂直軸風車は、四方の風を受けることが可能である。風力は、自然の力を利用したエネルギーであり、枯渇の心配が無く地球温暖

化の原因となる二酸化炭素の排出も無いため、新エネルギーとして期待されている。新エネルギーの中では採算性が最もよいとされており、欧米諸国では早くから導入が進んでいる。日本では2005年時点で1050基が導入され、約108万kWの総設備容量となっている。都道府県別では、北海道が最も多く、次いで青森県、秋田県、鹿児島県、岩手県となっている。環境省の地球温暖化対策推進大綱では、2010年度の導入目標を300万kWとしている。→ウィンドファーム、市民風車、新エネルギー、再生可能エネルギー、グリーン電力制度

## フェアトレード（faretrade）

「公正な貿易取引」という意味で、途上国の生産者自立を支援する活動の一つ。途上国の生産者の商品を公正（フェア）な価格（通常よりも高い価格）で仕入れ、貿易（トレード）するもの。援助するのではなく、貿易を通じて発展途上国の人々の経済的自立を支援、持続的な生活向上を支える。公正な価格を生産者に支払うことで生産力や経済状況を向上させることができる。公正な価格で継続的な商品取引をすれば、結果として、資源を維持し、地域の開発や援助につながる。誇りを取り戻して自立することにもつながる。南北間の経済格差の拡大や、環境破壊の進行に対する反省に立って、先進国で行われている。代表的なものとして、コーヒーやバナナ、茶、木綿、花などの農産物がある。フェアトレード製品の販売量では、英国が最大の市場になっている。その背景には、消費者からの強い要請がある。と同時に、企業の社会的責任を履行しようとする企業側の意識変化がある。日本でも、かつてNGOとして活動していたオルター・トレード・ジャパン（ATJ）のように、確たる企業として興隆を遂げる事例が増えている。イオンは、フェアトレード認証を受けたケニア産のバラをスーパーで売り出した。→エシカル・コンシューマー、グリーン・コンシューマー、CSR、スウェットショップ

## ふえいようか【富栄養化】
(eutrophication)

湖や沼地で、水が生物にとって栄養分の高い水質に変わる現象。閉鎖水域と言われる湖や沼地に周辺河川流域から栄養塩と呼ばれる窒素化合物やリン酸塩などが流れ込んで起きる。人口が増え、産業が集中すると下水道、工場排水、施肥、リンを含む洗剤などによって富栄養化は進む。富栄養化すると藻類などが異常に繁殖して、水中の酸素が消費されて少なくなるとともに、藻類がつくりだす毒素など有害物質により魚など水生の生物が死滅する。湖沼だけではな

く、瀬戸内海、伊勢湾、東京湾といった閉鎖性海域においても富栄養化は問題となっている。→アオコ、化学的酸素要求量、生物的酸素要求量、溶存酸素量、有機汚濁

### ふくごうおせん【複合汚染】

毒性化学物質による複合汚染の恐ろしさを告発した小説名。作家・有吉佐和子（1931-84）の作品で、『朝日新聞』紙上で1974年10月から1975年6月まで連載（その後、新潮社より刊行）された。小説『複合汚染』は、様々な毒性化学物質による複合汚染の実態とそれを生み出す構造について告発・警告し、生命の危機を訴え、大きな反響を与えた。レイチェル・カーソンの『沈黙の春』（邦訳・1974年）と並ぶ環境問題の必読書となった。「複合汚染」とは、二種類以上の汚染物質が混じり合って毒性を高め、人の健康や生活環境に相加的、相乗的な影響を及ぼすこと。→奪われし未来、環境ホルモン、沈黙の春、内分泌攪乱物質

### ふつごうなしんじつ【不都合な真実】

(An Inconvenient Truth)
米国のアル・ゴア前副大統領が地球温暖化の現状をリポートしたドキュメント映画。同名の著書を元に製作。2006年、米国内で公開され記録的な大ヒットとなり、07年には、米国アカデミー賞・最優秀ドキュメント賞を受賞した。温暖化で氷が解けた北極、世界各地で発生する巨大ハリケーンや台風被害などを生々しく映し出し、このまま気温が上昇し続ければ、植物や動物、そして人間も危機的な状況に陥る、と警鐘を鳴らした。2050年には米国ニューヨーク・マンハッタン島の約半分が水没するシミュレーションや、氷が溶け溺死する北極熊が増えているというショッキングな映像も公開されている。監督は、「ＥＲ緊急救命室」や「２４ TWENTY FOUR」など人気TVドラマで知られるデイビス・グッゲンハイム。出演のアル・ゴアは、地球危機を訴える真摯な姿勢とユーモラスな話術で作品の魅力を高めている。→奪われし未来、サステナビリティ革命、WRI、地球温暖化

### ぶっしつじゅんかん【物質循環】

炭素、窒素、硫黄などの元素が化合物として、その形を変えながら生態系を循環している様子を言う。食物連鎖や分解によって生物の間を移動した化合物は、無機的環境を経由して再び生物に戻るという循環を繰り返している。炭素循環の一部を例にとると、大気中や水中の二酸化炭素をもとに、生産者が光合成によってつくった有機物、つまり炭素の化合物は消費者へと移るが、同時に生産者や消費者の呼吸により、有機物中の炭素は二酸化炭素として無機的環

境に排出され、再び光合成に利用される。一般に、物質循環の過程では物理・化学的な形態の変化を伴う。→生態系の炭素循環

## ブッパタールけんきゅうしょ【ブッパタール研究所】
(Wuppertal Institute for Climate, Environment and Energy)
独、ブッパタール所在の、持続可能な発展に関する研究を行う国際NGO研究機関。四つの研究グループのもとでプロジェクトを実施している。主な研究内容としては、①将来のエネルギーと移動の構造、②エネルギー、運輸、気候政策、③マテリアル・フローおよび資源管理、④持続可能な生産と消費。その他、持続可能なグローバリゼーション、環境効率と生活の質、持続可能性統合シナリオといったテーマで横断的な研究も行っている。2000年より同研究所長のワイツゼッカー(Ernst Ulrich von Weizsaecker)は、先進国が豊かさを享受しながら持続可能な社会を実現するためには、資源消費を2分の1に引き下げ、生活水準は2倍に引き上げることで、資源生産性が4倍に高まるという考え方「ファクター4」を1991年に提唱した。→環境効率、資源生産性、シュミット・ブレーク、ファクターX

## フードマイル→フード・マイレージ

## フード・マイレージ
(food mileage)
フードマイルとも言う。食料の輸送量に輸送距離を掛けた数値で、食料が消費者に届くまでにどれだけの輸送エネルギーが使われているかを表す。数値が大きい程、遠くから食料を調達していることを意味するので、それだけエネルギー消費が多いことになる。食糧自給率が40%（カロリー・ベース）ときわめて低い日本は、食に贅沢をしていることもあってフード・マイレージは他国に比べて際立っており、世界最大である。2001年の農水省の資料によると、日本のフード・マイレージは9002億800万トン/km（国民一人当たり7093トン/km）、米国は2958億2100万トン/km（同1051トン/km）、独は1717億5100万トン/km（同2090トン/km）、農業国仏は、1044億0700万トン/km（同1738トン/km）であった。日本の食糧自給率を上げてフード・マイレージを下げるためには、贅沢をしないばかりでなく、供給食糧と摂取食糧の差、すなわち残飯を減らしただけで自給率は56%に上がるという計算になる。→地産地消、食糧自給率

## ふゆうりゅうしじょうぶっしつ【浮遊粒子状物質】(SPM) (Suspended Particulate Matter)
大気中に浮遊する粉塵の内、粒子径が10μ（ミクロン）以下の微粒子の

総称。この内、特にディーゼル車や工場などから排出されるガス中の黒煙微粒子。いわゆる"すす"のこと。発ガン性や呼吸器疾患および花粉症などとの因果関係が指摘され、東京都など大都市圏を中心とする自治体では規制を強化している。ディーゼル車にはディーゼル排気微粒子除去装置（DPF：Diesel Particulate Filter）の装着が義務付けられている。日本では、ディーゼル車は主に大型トラックで、乗用車はほとんどガソリン車である。ヨーロッパでは乗用車はディーゼル車が主流である。その理由は、$CO_2$の排出量がガソリン車より少ないことによる。したがって、ヨーロッパのSPMの排出規制は大変きびしい。→黒色炭素、大気汚染物質、ディーゼル車

## フライブルクし【フライブルク(Friburg)市】

独、南西部の都市。公共交通整備（路面電車、駐輪場）や太陽光発電を進める「環境首都」で知られる。フライブルク市は1986年、原子力発電所建設に市民あげてノーを突きつけ、行政、市民、企業、大学が一体となって環境自治体づくりに取り組んできた。サッカー場の屋根にソーラー発電所をつくり、太陽光・メタンガス発電など再生可能エネルギー政策を推進。市民は生活で使う電気の発電源を選択でき、同市と近郊地区では1万世帯が再生可能エネルギーを購入している。また、市中心部へのマイカー乗り入れを原則禁止としたパーク・アンド・ライドの交通政策も実施。市電やバスが低料金で利用できる仕組みを導入している。発生抑制を徹底した廃棄物処理・リサイクルなども際立っている。独の環境・自然保護協会（BUND）は、1992年、フライブルク市を「環境首都」に選び、世界的に知られるところとなった。→環境首都　環境首都コンテスト、再生可能エネルギー、パーク・アンド・ライド

## ブラウンフィールド（Brownfields）

汚染された土地を示す造語で、荒廃地のこと。臨海工業地帯のように都市化が進んでいる地域、化学物質などで汚染された土地、汚染は浄化されたが活用されていない土地を指す。自然が残されている土地は、グリーンフィールド（緑地帯）と呼ばれる。米国では、「ブラウンフィールド」を、「危険物、環境汚染、汚染物質の存在あるいは存在の可能性があるために、拡張、再開発または再利用することが難しくなっている不動産」と定義している。米国における土壌汚染・修復の歴史は、ラブカナル事件を契機として、1980年に投棄・廃棄物に関する法律「スーパーファンド法」が制定された時に遡る。汚染土壌修復の"義務を負う者"は、「潜在的責

任者」(過去に遡及して追及する)にも及ぶというきびしい内容で知られる。→スーパーファンド法、土壌汚染、ラブカナル事件

## プランクトン (plankton)
水中や水面に浮遊して生活する生物の総称。遊泳力は無いか、あってもきわめて弱く、水流にまかせて移動することが多い。主に珪藻、小型の甲殻類、クラゲ、魚類の幼生などがある。微細なものから、クラゲのような大きい個体のものまで含む。微小生物全般をプランクトンとする場合も多いが、底生のものはベントス、水中を水流に逆らい移動するものはネクトンと呼び区別される。プランクトンは、光合成をする植物プランクトンと摂食を行う動物プランクトンに大きく分けられる。植物プランクトンは、水界における酸素と有機物の供給者であり、小型の動物プランクトンは魚類などの餌となり生態系を支えている。河川から豊富な無機塩類が供給されプランクトンの多い水域は好漁場となる。水域が富栄養化すると植物プランクトンが大増殖して赤潮が発生し、生態系に影響が出る。大量に発生したプランクトンの遺骸は水底に沈み分解されるが、分解する過程で大量の酸素が消費され貧酸素水塊を形成し青潮の原因となる。→赤潮、青潮、海洋生態系、植物プランクトン、水界における炭素循環、富栄養化

## プリオン (prion) (proteinaceous infectious particle)
感染性タンパク因子。正常プリオンは脳細胞の中にも存在が認められていて、人間をはじめ哺乳動物に存在するタンパク質である。何らかの原因で構造に変化が起きて病原体型プリオンタンパク質に変わると、これに接触した正常プリオンは病原体型へと変化し、脳内に蓄積して羊のスクレイピー(伝染性海綿状脳症)や牛伝染性海綿状脳症(BSE)を引き起こすとの見方が今のところ有力である。病原体型プリオンタンパク質は、種を超えて伝播すると言われる。→BSE

## ブルー・エンジェル (Blue Angel)
1978年、独で世界で初めて導入された第三者認証型の環境ラベル制度。連邦環境自然保護原子力安全省(FME, NCNS)がその責任を負う。連邦環境庁(FEA)、ドイツ品質保証・ラベル協会(RAL)、独立した意思決定機関である審査会(Jury Umweltzeichen)の、三つの性格の異なる主体が共同して運営を行っている。その歴史の長さから、2005年現在で大分類11と小分類81種類の基準を持ち、3500以上のラベル認定商品と570社以上の参加企業を有する、多岐にわたる環境ラベルとなってい

る。基本的には、ライフサイクルにわたる基準を持つが、製造段階についての基準を設定することが非関税障壁となることを避けるため、製造段階での環境負荷が重要となるような商品は原則として避ける方針がとられている。また、日本のエコマークを始め、各国の環境ラベル制度の原点となった。→エコマーク、エコラベリング、EUフラワー、ノルディック・スワン

## プルサーマル（plutonium-thermal）

使用済みの核燃料を再処理して取り出したプルトニウムと、ウラン燃料を混ぜたモックス（MOX）燃料（酸化物燃料）を軽水炉型原発で利用すること。プルサーマルという言葉は、プルトニウムとサーマルリアクター（熱中性子炉）を結びつけてつくられた言葉である。電気事業連合会が出した1997年の計画では、2010年度までに16基〜18基の原発での開始を目標としている。しかし2007年現在、申請手続き中のものはあるものの実際には未稼働となっている。→モックス、核分裂エネルギー発電、核燃料、核燃料再処理、軽水炉型原発

## プルトニウム（plutonium）

原子番号94、人工放射性元素。天然にはほとんど存在せず、主に原子炉の中で生まれる。例えば、100万kWの原子力発電所で一年間に生まれるプルトニウムは、約250kgになる。人類史上、「最も危険な毒物」と言われ、原子炉級のプルトニウム239が7〜8kgあれば、長崎型の原爆が一つできる。半減期は約2万4000年。発ガン性物質で、国際基準に基づく摂取限度によれば、職業的労働者の場合、1μg（マイクログラム）（100万分の1g）以下でも健康上の問題を抱える。→核燃料　核燃料再処理、高速増殖炉、高レベル放射性廃棄物、プルサーマル

## ブループラネットしょう【ブループラネット賞】（Blue Planet Prize）

旭硝子財団が設けた世界最大規模の地球環境国際賞。1992年の地球環境サミットを機に創設された。毎年、環境問題の解決に向けて貢献した個人や組織を顕彰している。特に科学技術の面で貢献した個人、団体、組織を対象に、毎年2件を表彰。対象とされる分野は、地球温暖化、酸性雨、オゾン層の破壊、エネルギー・食糧問題、河川・海洋汚染など多岐にわたる。なお、旭硝子財団は、旭硝子創業25周年を記念して1933年に設立された財団である。2007年には、「ハイパー・カー」の発明により、エイモリー・B・ロビンズ（米、ロッキーマウンテン研究所長）が受賞した。→フィランソロピー、ソフト・エネルギー・パス

## ブルントラントいいんかい【ブルントラント委員会】(WCED)(World Commission on Environment and Development)

環境と開発に関する世界委員会。日本政府の提唱により1984年に設立され、87年に「Our Common Future」(我ら共通の未来)という報告書を国連に提出した。この委員会は、委員長を務めたのが元ノルウェー首相のグロ・ハルレム・ブルントラント女史だったためブルントラント委員会と呼ばれる。委員会は、環境保全と経済成長の両立を目指す概念として「持続可能な開発」というキーワードを打ち出し、それを「将来世代のニーズを満たす能力を損なうことなく、現在世代のニーズを満たすこと」と定義した。この概念がその後、広く使われ、今日、環境と経済の両立を考える際の中心概念になっている。→持続可能な開発、サステナビリティ、地球憲章

## フロー ストック (flow, stock)

フローは一定期間(例えば一年間)に新たにつくり出された付加価値の総計、ストックは一定時点で存在する経済財の存在量のこと。GDP(国内総生産)は、フローの代表的な指標である。一方、再生可能な有形の固定資産である国富はストックの典型的な指標となる。両者の間には密接な関係があり、ストック不足経済の下では、フローを増やすことでストックを増やすことができる。経済が発展段階にある時は、フローを増やす(高度成長路線)ことで、ストックを充実させることが求められるが、ストックが充実した成熟社会では、ストックの活用が経済活動の中心になり、フローはストックの消滅、摩滅部分を補う程度の補完的な役割を担うことになる。→循環型社会、循環型社会形成推進基本法、スリーアール

## プロポジションろくじゅうご【プロポジション65】(Proposition 65)

正式名称は、「安全飲料水有毒物質執行法」。1986年、米国のカリフォルニア州で住民の請願によってつくられた法律。内容は事業者に対し、重大なリスクがあると認められる毒物の移動について公表を義務付けた。これに違反した場合は、民事的・刑事的に責任を負うことになる。この法律で重要なことは、その毒物が必ずしも許認可制度上の規制が掛けられているものだけではなく、リスクの高いものならどんな化学物質でも公開しなくてはならないことと、様々に存在する化学物質に対してリスクの観点だけで生産者に情報公開の責任を問えることである。そのため、様々な化学物質が次々に開発されても、それらに対し環境リスク管理ができる点にメリットがある。現

在では、同州以外の州にも同様な法律が導入されている。環境政策の情報的手法に位置する政策の一つ。→環境汚染物質排出・移動登録(PRTR)、PRTR制度、情報開示制度、情報的手法

## フロンガス（flon gas）
炭素、塩素、フッ素、水素などから成る化合物を総称してフロンと呼ぶ。オゾン層破壊の原因物質である。無色透明で無臭、熱に対して安定で不燃性、毒性が低いなどの性質を持ち、エアコンや冷蔵庫の冷媒、発泡スチロールの発泡材、スプレーなどに使われてきた。1974年に、大気中に放出されたフロンによってオゾン層が破壊されるとの報告がなされ、1987年に「オゾン層を破壊する物質に関するモントリオール議定書」が採択された。議定書の発効によりフロンなどが1996年以降、全廃となった。→CFC、モントリオール議定書、京都議定書、代替フロン

## ぶんかけいかん【文化景観】
自然景観に対応して、人間の手によって築かれた景観を文化景観と呼ぶ。歴史的景観や里山など、人間が自然との相互作用の中で形成してきたような景観も文化景観と言える。持続可能な社会を考える上では、自然景観を維持するだけでは不十分で文化景観と調和させながら保全することが大切である。例えば、日本の水郷や古社寺などは人工のものであっても、その周りの自然環境と調和するようにつくられている。吉野山の桜や、秋田の防風林などは自然に自生したもののように見えても人工的に植えられたものである。また、英国のナショナルトラストでも古城や古い屋敷とその周りの田園風景を保全しているケースは多い。このように国際的に見ても、文化景観が周囲の生態系や自然環境と調和しながら保全される事例は多く、景観保全を論じる時には、自然景観と文化景観をいかに調和させるかが重要な議題となる。→近江八幡、小樽運河、京都タワー建設問題、ナショナルトラスト、歴史的環境

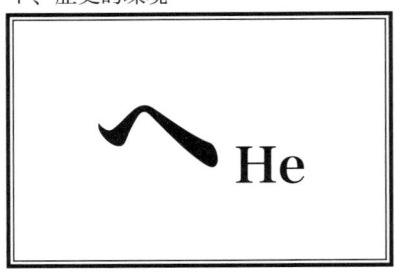

## へいさせいすいいき【閉鎖性水域】
(closed water area)
内海、内湾、湖沼など外部との水の交換が行われにくい水域。水が滞留しやすく栄養塩類が蓄積しやすいため、富栄養化による赤潮の発生など水質汚染が進行しやすい。日本では、湖沼のほか東京湾、瀬戸内海などが、

世界では黒海、地中海が代表例である。大都市圏を抱える内湾では、生活排水による富栄養化が進み赤潮や青潮などの被害が発生している。都市を持たない小さな内湾でも、養殖漁業の発展による餌の供給によって富栄養化が進んでいる。さらに、沿岸の護岸工事などにより水質浄化の役割を担っていた浅瀬が減少し、ヘドロの堆積が進んでいる地域が多い。水質汚濁への対策として、下水道や浄化槽の整備による汚染物質の減少とヘドロの浚渫による汚染物質の除去が行われている。広域的な閉鎖性水域である東京湾、伊勢湾、瀬戸内海では、水質総量規制が実施されており、湖沼については「湖沼水質保全特別措置法」に基づく対策がとられている。これらの対策を取るとともに自然が持つ水質浄化能力を利用するため、浅瀬や湿原の復元が望まれる。→赤潮、青潮、富栄養化、干潟・湿原、ヘドロ

## ベクショーし【ベクショー市】

「化石燃料ゼロ宣言」をしたスウェーデン南部の環境先進自治体。1996年、ベクショー市議会は世界でも画期的な宣言を全会一致で可決、発表した。①ベクショー市での化石燃料の使用はやめる、②2010年までに、一人当たりの二酸化炭素排出量を半減する（1993年ベース）というものだ。以来、バイオマスエネルギー、太陽光エネルギー、風力エネルギーなど再生可能エネルギーへの転換を図ってきた。行政機関からはガソリン車が消えて、電気自動車、エタノール車などに切り替わった。ベクショー市は、人口約7万5000人。森と湖の街で、その内森林面積が75％を占め、スウェーデン家具生産の中心地である。森林から出る間伐材や製材所から出るおがくずなどの「木質バイオマス」を燃料に蒸気タービンを回し、全市民の90％の家々に暖房用の熱を送っている。→再生可能エネルギー、バイオマス由来燃料、木質バイオマス

## ヘドロ（sludge）

河川や湖沼、海などの水底に沈殿したやわらかい泥。上流からの汚染物質を含み悪臭を放つ。水深の深い水流の弱い湖沼や港湾の水底に上流から大量の有機物が供給されると、水底付近では酸素が大量に消費され酸素不足の状態になる。表層からの酸素の供給が行われないと有機物の分解は嫌気性細菌によって行われ、同時に硫酸還元細菌によって硫化水素の生成が行われ悪臭を発し、底質汚泥が堆積する。水底に堆積したヘドロには、微量の重金属や有害物質を含んでいる場合が多く、水域に生息する魚介類を通して人体へと悪影響を及ぼす可能性がある。特に高濃度のダイオキシン類が検出される場合

が多い。また、硫化水素の発生による悪臭の発生や、水底付近の貧酸素による水生生物の生息環境への悪影響がある。さらに水底へ大量のヘドロが堆積することで水深が浅くなり、船舶の航行へ影響が出て港湾機能を低下させる。ヘドロ対策としては、原因物質の排出規制、ヘドロの浚渫、汚泥の処分などの対策が行われている。近年では、ヘドロを乾燥し肥料として利用する研究が進められているが、有害物質を含む場合も多いため十分に分析をする必要がある。→黒部川のダム、重金属汚染、富栄養化、有機汚濁

## ベルトコンベヤーほうしき【ベルトコンベヤー方式】→コンベヤーほうしき【コンベヤー方式】

## ペレットストーブ（pellet stove）

オガクズや木屑、廃材などを成型圧縮した木質ペレットを燃料とする暖房器具。ストーブのほかペレットボイラーがある。間伐材や、製材の工程から生じる木屑やオガクズ、さらに通常では利用しない根材を原料とし、高圧で成型し6～8mm程度の円筒形にしたものを木質ペレットと呼ぶ。ペレットストーブは、木質ペレットを燃焼させ熱を得る。家庭などではペレットストーブとして暖房用に用いられるが、大型のボイラーで燃焼させ発電や地域熱供給源として利用されることもある。木質ペレットは、木材を原料とするため燃焼させても地球上の二酸化炭素量は変化しないカーボンニュートラルとみなすことができ、地球温暖化対策に貢献が期待されている。また、再生可能な木質バイオマスを利用することから、森林資源の循環的利用の面からも有効である。1990年代以降、地球環境問題意識の高まり、原油価格の高騰などを追い風に日本でも普及しつつある。しかし、燃料である木質ペレットの輸送コストが灯油よりも高いことが障壁となっている。真の二酸化炭素の排出量削減のためには、消費地付近での木質ペレットの生産が必要である。→カーボンニュートラル、間伐材、木質バイオマス

## ペンタゴン・レポート（Pentagon Report）

米国防省が2003年10月に作成した気候変動の影響に関する内部資料。正式名称は、「急激な気候変動シナリオと合衆国国家安全保障への含意」（An Abrupt Climate Change Scenario and Its Implications for United States National Security）。報告書は2000年から2030年までの近未来に、温暖化が米国の安全保障に与える影響を分析している。大西洋を横断しヨーロッパ沿岸を北上する塩分濃度の濃い暖流のメキシコ湾流は、北極海に達した段階で急速に

冷却され深海底に沈み込み、海底を這って南下する循環をしている。ところが温暖化の影響で、北極海の流氷が大量に溶解し、さらに降雨量が増すなどの影響で塩分濃度が薄められ、冷却されても深海底に沈み込むことができなくなり、同湾流の熱塩循環が崩壊する危険性が強まってくる。その結果、メキシコ湾流がヨーロッパ沿岸を北上しなくなり、ヨーロッパが急速に寒冷化し大打撃を受ける可能性を描いている。→熱塩循環、寒冷化、深層水循環、地球温暖化、不都合な真実

# ホ Ho

**ほあんりん　ほごりん【保安林　保護林】**
保安林は、水源の涵養、災害の防備、生活環境の保全・形成などの公益的機能を高度に発揮させるために農林水産大臣および都道府県知事によって指定される森林。保護林は、自然環境の維持、動植物の保護、遺伝子資源の保護、施業および管理技術の発展などに役立てることを目的として保護している森林で国有林野に指定されている。保安林には、水源涵養保安林、土砂流出防備保安林、防風保安林、魚付き保安林など17種類がある。保護林には、森林生態系保護地域、森林生物遺伝資源保護林、植物群落保護林、特定動植物生息地保護林、特定地理等保護林および郷土の森がある。現在、保安林は1018万ha、保護林は52万haが指定されている。保安林、保護林ともに森林を保護するための制度であるが、保安林は森林の持つ機能を維持するために保護されるのに対し、保護林は生態系を保護することが目的であるなど違いがある。保安林、保護林の指定区域内での開発はきびしく規制されている。世界自然遺産に指定された白神山地、屋久島、知床半島では森林生態系保護地域に指定され、厳正に管理保全が行われている。→白神山地、魚付き保安林、水源涵養保安林、緑の回廊

**ほごりん【保護林】**→ほあんりん　ほごりん【保安林　保護林】

**ぼうえきのぎじゅつてきしょうがいにかんするきょうてい【貿易の技術的障害に関する協定】**
TBT協定。世界貿易機関（WTO：World Trade Organization）で、各国の強制的な法律や任意で定められた規格などが自由貿易の障害になることを防ぐ目的で成立した協定。TBT協定は、WTOの前身である「関

税及び貿易に関する一般協定」(GATT：General Agreement on Tariffs and Trade）時代から存在する。GATTの20条では、人間・動植物の生命の保全、有限な天然資源保護のための制約などの例外措置が認められてはいるが、実際は環境ラベルによる環境保護を理由とした貿易制限は、ほとんど認められないのが通例である。またこの協定により、環境に係わる基準は不公正な貿易障害と見なされないように、国際的な明確化が必要となり、環境ラベルなどの国際標準化が促進された。→エコラベリング、アメリカ・エビ輸入禁止事件

### ほうかつてきせいひんせいさく【包括的製品政策】(IPP）(Integrated Product Policy)

製品のライフサイクルの全段階を視野に入れて、環境負荷の最小化を目指す欧州連合の製品政策。資源の採取、製品の設計、製造、組み立て、マーケティング、流通、販売、消費、廃棄まで、製品のライフサイクル全体を通じて資源の消費や廃棄を最小化する枠組み。小売店や消費者団体などを含めたバリューチェーン全般のステークホルダーの関与も想定している。環境の外部コストを内部化し、メーカーや消費者にインセンティブを与える市場メカニズムを積極的に活用、特定物質の使用禁止、自主協定、エコラベル、グリーン調達など硬軟織り混ぜた政策ツールの導入を原則としている。IPPの流れを汲むものに、廃電機電子機器についてのウィー(WEEE)指令や有害物質使用制限についてのローズ(RoHS)指令、エコデザイン（Eup）指令などがある。今後は、個別の製品に対応するのではなく、紙、鉄、非鉄金属などと素材別にリサイクル率の目標を設定、包括的に対応していくことになる。→ウィー指令、ローズ指令、Eup指令

### ほうしゃせいこうぶつ【放射性鉱物】(radioactive minerals)

ウラン、トリウム、ラジウム、ラドンなど放射性元素を含む鉱物のこと。特に原子力発電等に使われる核燃料物質ウランを構成成分として含む鉱物には、閃ウラン鉱（Uraninite）とその変種の瀝青ウラン鉱、燐灰ウラン鉱（Autunite）などがある。その他放射性鉱物としてフェルグソン石（Fergusonite）、モナズ石（Monazite）、ウラノトリウム（Uranothrianite）等々がある。→核燃料、イエロー・ケーキ

### ほうしゃせいはいきぶつ【放射性廃棄物】(radioactive waste)

原子力発電施設やラジオアイソトープの使用施設などから発生する放射能汚染された廃棄物のこと。放射能

の強度によって低レベル廃棄物、高レベル廃棄物に区分される。低レベル廃棄物は減容・固化してドラム缶に詰め、敷地内に保管され処分される。高レベル廃棄物は使用済み核燃料の再処理工程で分離された核分裂生成物で、ホウケイ酸ガラスに固化した上、ステンレス製の容器に入れ、最終的に地下300m以上の深さの地層の中に埋め立て処分される。→核燃料再処理、高レベル放射性廃棄物

## ほうしゃせんしょうがい【放射線障害】

放射性物質から放射される放射線を被爆して起きる生体の障害のこと。放射線には、X線やアルファ線、ベータ線、ガンマ線、中性子線などがある。障害の程度は個体、臓器、組織、細胞の各レベルにおいて調査され、示される。低い線量被爆による慢性障害の白血病は、分裂期にあって放射線感受性が強い幹細胞が不可逆的損傷を受け、そのため造血組織の構成に障害が起こることで生じる。一方、副作用はあるが、X線をガン治療に用いる放射線治療もある。→ガン

## ほしょくしゃ【捕食者】

食物連鎖において食べる側に立つ生物のこと。生態系における消費者は他の生物を捕食することによって生きている。具体的には、生産者である植物のつくる有機物を摂取している草食動物、草食動物を捕らえて食う肉食動物など、食う側と食われる側の関係において、食う側を捕食者と呼ぶ。→食物連鎖

## ポーターかせつ【ポーター仮説】

1991年、米国の経済学者マイケル・ポーターが唱えた仮説。「環境規制は、技術や生産プロセスの革新をもたらし、結果として、国内産業の発展基盤の強化につながり、国際競争力を強めることになる」というもの。その事例として、1978年に厳しい排ガス規制で知られる「日本版マスキー法」が導入されたが、結果として、米国市場で日本車が大躍進することになったという事実があげられる。最近では、消費者や投資家の環境意識に呼応して積極的に環境ブランドを構築しようとする企業、あるいは、経営理念（ミッション）を掲げるなど内発的に環境イニシアティブをとろうとする企業、危機管理対策的に先手を打つ企業が増えてきた。→マスキー法、環境経営

## ボパールじけん【ボパール（Bhopal）事件】

米国資本のユニオンカーバイド社がインドに所有するボパール農薬工場で起こした史上最悪の化学工場災害。1984年12月2日の深夜、同工場から漏れた猛毒ガスがボパールの町を襲

い、2500人が死亡、50万人以上の人々が被災する大惨事となった。原因は、殺虫剤の原料となるイソチアン酸メチルという猛毒ガスの漏洩だった。大惨事となった原因は、適切な技術移転など地域住民の安全策が全くとられていなかったこと、コスト削減による有経験労働者の解雇により安全基準が緩められたことなど、利益最優先の経営にあった。加害企業であるユニオンカーバイド社は近年、枯葉剤の製造メーカーとしても知られるダウ・ケミカル社に吸収合併されたが、ボパール事故の責任を受け入れようとする姿勢は見られない。多国籍企業の犯罪として忘れてはならない事件である。→枯葉剤、環境毒性、化学工場汚染事故、PRTR制度

## ボランティアしえんせいど【ボランティア支援制度】

企業内で社員のボランティア活動を支援する制度。CSR経営や環境保全の先進企業は、ボランティア休暇制度を設けるなど、社員の社会貢献活動や環境ボランティア活動を支援する制度を設けている。松下電器の「地球を愛する市民活動＝Love the Earth（LE）活動」、リコーグループの「環境ボランティアリーダー養成プログラム」、NECの「NEC Make a Difference Day」運動、富士ゼロックスの「端数倶楽部」など枚挙に暇がない。→CSR、環境に関するボランタリープラン

## ポリえんかビフェニル【ポリ塩化ビフェニル】→ピー　シー　ビーちゅうどく【PCB中毒】

## ポリティカルエコロジー（political ecology）

環境問題の全ては政治問題であるという視点から、環境問題を研究する立場の総称。環境政治学や環境政策論、環境政策学などの学問は、あくまでも環境に係わる政治、環境に係わる政策といったように主軸は、政治や政策のほうに存在する。一方、ポリティカルエコロジーは、環境問題の発生原因を政治にあると見るので、ミクロな社会関係や日常的な社会構造などに着目することがほとんどである。そのため、環境政治学などとは違ってフィールドワークで日常の権力関係を調査し、その後日常の社会構造が環境問題にどのような影響を与えているかを論じることが多い。→エコフェミニズム、ディープエコロジー

# マ Ma

**マイクロすいりょくはつでん【マイクロ水力発電】**→ちゅうしょうすいりょくはつでん【中小水力発電】

**マイクロふうりょくはつでん【マイクロ風力発電】**→ふうりょくはつでん【風力発電】

**まいぞうりょう【埋蔵量】**(reserves)
地下に埋蔵されている有用鉱物やエネルギーの資源量のこと。有用鉱物・エネルギー資源は、採掘を続ければやがて枯渇する。したがって、工業化社会では、地殻近くに存在する資源の埋蔵量が常に重要な問題になる。埋蔵量には究極理論埋蔵量、確認埋蔵量、可採埋蔵量などがあり、資源を実際に採掘する際の品位、需要量、開発コスト、市場価格、探鉱技術、採掘技術、利用技術の進歩によってその資源の経済性が決まるので、究極理論埋蔵量以外は時代とともに変化する。例えば、石油の残存可採埋蔵量は、ピークオイル理論によると2030年頃に頭打ちになると予想されているが、これを年間の石油資源投入量で割った可採年数は、投入量が半分になり、そのまま推移するとすれば2046年になる。→ピークオイル

**マイホームはつでん【マイホーム発電】**
自宅で発電・排熱し、その熱を給湯や暖房に無駄なく活用することで、環境に貢献しながら光熱費を節約すること。屋根に太陽電池パネルをつける太陽光発電が主流で、すでに30万戸の住宅が設置。最近はこれに加えて、天然ガスで発電するガスエンジンと燃料電池が広がり始めている。ガスエンジンは大阪ガスが「エコウィル」と名付けて売り出している。燃料電池は、天然ガスから取り出した水素と空気中の酸素を反応させて電気をつくる。「ライフエル」の名で東京ガスなどが商品化を急いでいる。新日本石油など石油元売りも燃料電池に注目、水素を研究し、商品化に取り組み始めた。→グリーン電力証書システム

**マスキーほう【マスキー法】**
(Clean Air Act)
1970年に米国民主党のマスキー上院議員（E.S.Muskie）が提案した「1970年大気清浄法改正法案」。当時は、世界一きびしいと目された自動車排ガス規制。提案者である上院議員の名前を取り「マスキー法」と呼

ばれる。自動車の排気ガス中の一酸化炭素や窒素酸化物の排出量を1975年までに10分の1に、つまり5年間で90％以上削減することを目標に設定、これに基づいて規制基準が設定された。この排ガス規制法を最初にクリアしたのは、ホンダのCVCCエンジン（1972年）であった。これを皮切りに、日本の自動車メーカーは相次いで基準を達成した。これに対し米国では、自動車メーカーの反対からその実施が大幅に延期されていく中で、日本では1978年に、ガソリン乗用車の一酸化炭素、炭化水素、窒素酸化物の排出を当時の10分の1にまで削減するという「日本版マスキー法（53年規制）」が実施された。これ以降、日本の自動車メーカーは国際的な競争力を強化し、80年代以降の世界市場を席捲していく。→ポーター仮説

## マータイじょし【マータイ女史】→ワンガリ・マータイ

## まちおこし【町おこし】

人口減や経済活動の停滞した町を活性化させ、再生すること。町おこしなどを総称した「地域おこし」という表現もある。地域おこしとは、地方の市町村、あるいは中規模都市の一定の地区の経済や文化を活性化させることである。役所言葉としては、地域振興などと呼ばれるが、地域おこしと表現することで、地元市町村、住民、商工会、農協など地元の各主体の自発性が強調される。元々は、「村おこし」から発展した言葉とされている。地方では、地域経済の衰退と、生活のモータリゼーション（自動車の大衆化）が進んで、郊外型の大規模ショッピングセンターが発展し、地域の商店街などでのシャッター通り化などが進み、それが人口の大都市流出などに拍車をかけている。こうした流れにストップをかけるため、町独自の地場産業の育成や、町にある文化的な資産による観光などで、地域の活性化、町おこしを図ろうとする動きが活発化している。2002年に、法規制の一部を緩和できる「構造改革特別区域」が制定できるようになったことから、全国各地で様々な特区が生まれ地域振興の期待が寄せられている。環境分野の特区では、風力発電や太陽光発電などの新エネルギー利用や、リサイクルの効率化を行い、エコロジー生活を送りやすい地域をつくることが計画され、快適な町づくりによる町おこしが期待されている。→近江八幡、小樽運河、コミュニティー、自治会、地域政策、地元学

## まちなみ【町並み】→けいかん【景観】

## マテリアルセレクション

(material selection)
製品設計において素材を選択すること。環境分野では、製品のライフサイクルの中で環境負荷を下げるような素材を選ぶこと。特に重要なのは、企画から設計、製造、販売、使用、再生・廃棄となるまでの各段階での環境負荷の低減に役立つ素材と、全体としてのライフサイクルの中で環境負荷を下げるための素材には違いがあるので、製品のライフサイクルの特性に合わせて素材を選ぶことが必要である。→エコマテリアル、環境適合設計、包括的製品政策、ライフサイクルアセスメント、ライフサイクル費用、ライフサイクルマネジメント

## マテリアルデザイン
(material design)
環境に配慮した素材の設計・開発のこと。環境面から製品のライフサイクルを考える場合に、原材料部分で、より環境負荷の低い素材を選び製品設計に組み入れたり、時には新素材を開発したりすることにより環境負荷の低い素材をつくり出すこと。→エコデザイン、エコマテリアル、環境適合設計、包括的製品政策、ライフサイクルアセスメント、ライフサイクル費用、ライフサイクルマネジメント

## マテリアルバランス
(material balance)
原材料資源の物質投入から素材加工、製品製造、貯蔵・蓄積、流通、消費といった財の生産、消費、そして廃棄、最終処分あるいは再資源化までの物質の収支のこと。例えば、日本の2003年のマテリアルバランスは、原材料資源の投入量が18.72億トン（国内資源量が8.94億トン、輸入資源量が7.42億トン、再生資源量が2.37億トン）、投入資源による生産物は10.10億トン（含む有価副産物）、エネルギー消費量4.51億トン、産業廃棄物4.12億トン、生産物の国内出荷は8.29億トン、輸出が1.22億トン、生産財の国内消費は6.48億トン、消費・廃棄が1.57億トン（食糧消費0.74億トン、ゴミ、し尿、集団回収される一般廃棄物0.83億トン）などとなっている。循環型社会の構築のためには、持続可能な資源消費によって年間約19億トンに及ぶ投入資源量を大幅に抑制する必要がある。→資源投入抑制、持続可能な資源消費、循環型社会、マテリアルリサイクル

## マテリアルフロー (material flow)
原材料から廃棄処分に至るまでの物質の流れ。モノは通常、地殻あるいは生物圏から原材料資源を採取・採掘して、素材として加工の後、工業製品などを製造、流通システムを通して消費者の手にわたる。その間の、物質投入量から、製品の製造工程に

おける物質およびエネルギーの使用量、廃棄物の発生量あるいは再資源化量までの物質の流れのことをマテリアルフローと言う。持続可能な経済社会をつくるためには、マテリアルフローを見直して資源投入量を抑制し、廃棄物発生量を減らし（リデュース）、そして再資源化量を増やす（リユース、リサイクル）ことが必要である。このように、マクロ的な物質の流れだけでなく、一企業の工業製品の製造工程内の物質の流れを管理する際にもマテリアルフローという言葉を使う。→資源投入抑制、持続可能な資源消費、循環型社会、3R、マテリアルリサイクル

### マテリアルリサイクル
（material recycle）
廃棄物を原料として再利用すること。「材料リサイクル」「材料再生」「再資源化」「再生利用」などと訳されることもある。具体的には、使用済み製品や生産工程から出る廃棄物を回収し、利用可能にするために処理して、新しい製品の材料もしくは原料として使うことを言う。一方廃棄物を燃やし、その際に発生する熱をエネルギーとして利用することを「サーマルリサイクル」（熱回収）と呼ぶことがあり、これと区別してマテリアルリサイクルという言葉が使われる。広い意味では、化学分解後に組成変換して再生利用を図る「ケミカルリサイクル」を含むこともある。原料に戻して再生利用する場合、単一素材だけを集める必要があり、分別や異物除去の徹底が必須となる。そのためプラスチックや金属では、再資源化や再商品化を促進するために、種類の判別を容易にするリサイクルマークが製品や容器などに表示されている。→ごみ問題、循環型社会形成推進基本法、再資源化率、再商品化、産業エコロジー、循環型社会、リサイクル

### マニフェスト（manifest）
排出者が、産業廃棄物の収集・運搬や中間処理（無害化や減量化などの処理）、最終処分（埋め立て処分）などを第三者に委託する際に、委託者に交付する管理票のこと。マニフェストには、産業廃棄物の種類や数量、運搬や処理の委託事業者の名称などを記載する。収集・運搬や処理などを請け負った者は、この伝票の提出を義務付けられ、廃棄物の各処理の実行状況を排出者に知らせる。「廃棄物処理法」の1991年の改正で制度が創設され、2000年の改正で全てのマニフェストの写しが排出者に戻るようになった。また、国政レベル、地方自治体などの選挙の時の、候補者の選挙公約のこともマニフェストと言う。例えば、高レベル放射性廃棄物処理場の設置をめぐる高知県東洋町の町長選などのように、選挙のマ

ニフェストに環境対策をうたい、地域住民の賛否を問う、新しいスタイルの選挙（環境運動）も増えている。地域において環境対策を推進する有力な方法として注目される。→環境自治体　環境自治体会議、合意的手法、後悔しない政策、公衆参加、廃棄物処理法

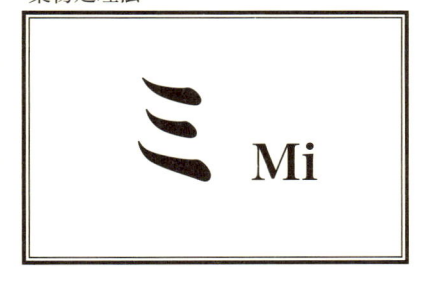

# Mi

### みずうみのすいおんせいそう【湖の水温成層】

太陽からの日射よって湖の垂直方向に水温の違う層が形成される現象。湖では太陽の放射エネルギーを受けて表層付近の水が暖められるため、表層水は水温が高い状態となる。暖かい水は密度が小さく軽いため水面付近に上昇し、さらに暖められ、逆に冷たい水は湖底に下降し暖められることはない。このため、表層付近に暖かい水の層（表水層）、湖底付近に冷たい水の層（深水層）が形成され、両層の中間に水温が急激に変化する水温躍層が形成される。湖の水は湖面を吹く風によって攪拌されるが、それは表層7m程までであるため、水深が10mを超す湖では表層水と深水層が混合しない環境が成立し、水深7m未満の湖では深水層が存在しない。湖に水温成層が形成されると、湖底に堆積した栄養塩類は再び表層付近に上昇してくることはない。深水層には光が十分に及ばないため、栄養塩類が豊富でも植物プランクトンは増殖できない。水深の深い湖では一度富栄養化によって栄養塩類が豊富になっても、分解された栄養塩類が湖底に堆積し再利用されないため、湖外からの排水の流入を減少させることで水質浄化を達成できる場合がある。日本の湖の富栄養化が改善しにくいのは、水深の浅い湖が多いことも要因の一つである。→植物プランクトン、閉鎖性水域、富栄養化

### みずきき【水危機】（water crisis）

水不足によってもたらされる危機のこと。地球上の水の内、97％が海水で淡水は3％に過ぎない。3％の淡水の内、氷河、氷床が68.7％を占め、地下水が30.1％、地表にある水はわずか0.3％などとなっている。地表の0.3％の内訳は、湖が87％、沼地が11％、河川が2％である（「アメリカ地質調査所」調べ）。世界人口の増加を背景に灌漑農業や工業用水、生活用水などの水需要は今後急速に拡大することが予想されるが、水の供給に限界があるため、世界の水不足はますます深刻化してくる見通しであ

る。このため、国連統計によると、1999年に水不足に苦しむ国が31カ国、人口にして約4億5000万人であったのが、2025年には、気候変動、森林伐採、土壌流出と砂漠化の進行、人口増加などによってインドを含む48カ国、28億人になると予測されている。最近では2025年には40億人（世界人口の約半分）が水不足にさらされるとの予測（世界水会議「世界水ビジョン」2000年）も出ている。世界的な水不足問題は、食糧危機とともに、人類の生存条件の深刻な脅威となっている。→食糧危機、世界水フォーラム、バーチャル・ウォーター、メンブレン

**みずじゅんかん【水循環】**
(water cycle)
水が気相、液相、固相と相を変えて循環すること。地球上の水は、大気中の水蒸気のような気体、海洋や河川などの液体、氷河などの固体の三相で存在している。海洋や湖沼から水蒸気として大気を循環し、降水や降雪として再び地表や海洋などに戻る。単純なモデルでは、海洋－水蒸気－降水－土壌水－地下水－河川－海洋と循環する。近年、農業や工業などの人間活動による河川水や地下水の過剰な利用や都市部の水路整備などにより、水循環に影響が出ることが懸念されている。水の相変換には大量の熱エネルギーを必要とし、太陽放射エネルギーを利用している。地上から蒸発する時に熱を奪い、凝結時に熱を放出することで、水循環は熱輸送の機能も有している。大気中の水蒸気は一年間に約40回入れ替わっており、大気と水の間で水が入れ替わるには約3000年を要する。→蒸発散作用、大気大循環、大気－海洋結合大循環モデル、ヒートアイランド現象

**みずストレス【水ストレス】**
水不足が原因となって起こる緊張、重圧のこと。植物は、光エネルギーを受けて水と二酸化炭素から有機物をつくり出し、地球上の生命の源になっている。乾燥地では、水不足と太陽光エネルギーの過剰によって植物にストレスを与え、光合成にも影響を及ぼす。水不足というストレスによって植物の葉が枯れたり、固体そのものが枯死する。特に乾燥地においては、農業用水の無駄な消耗を防ぎ、効率的な灌漑システムを構築して水管理を行い、植物の水ストレスの状態を的確に評価して、植物が求める最適な水を与えることが必要となる。また、植物に限らず人間にとっても気候変動、砂漠化の進行、人口の急速な増加などによる世界的な水不足は、水ストレスと言える。→異常気象、人口爆発、水危機、点滴灌漑

## みずのこうどしょり【水の高度処理】

通常の下水処理後、さらに有機物、浮遊物の除去を行い、通常の処理では除去が難しい窒素、リン等の除去を目的とした処理。下水の高度処理方法は、除去を目的とする物質により異なる。代表例としては、窒素除去を目的とする循環式硝化脱窒法、凝集剤添加活性汚泥法、リン除去の嫌気－好気活性汚泥法、窒素およびリンを同時に除去する嫌気－無酸素－好気法、浮遊物質除去の急速砂ろ過法などがある。オゾンや活性炭を利用しカビ臭を取り除き、トリハロメタンの除去を行う場合もある。下水を高度処理後に排水することで、河川、湖沼、海洋の富栄養化を防止し、水質環境基準の達成に貢献する。下水高度処理水は水洗、散水などの用途に使用でき、水資源不足が懸念される都市部において、貴重な水源となることが期待されている。→下水処理水、中水、富栄養化、水の再生利用、メンブレン

## みずのさいせいりよう【水の再生利用】

雨水や家庭、工場、事業所などからの排水を、適切な処理を行った後に限られた用途に限り利用すること。近年、水不足が懸念される都市部における貴重な水源として、水洗、散水、景観用水として利用されている。米国のカリフォルニア州ロサンゼルス郡では、地下水の人口涵養水源として再生水が利用されている。通常、公共水域へ排水されてしまう水を再利用でき、河川等の水質汚濁を低減することが可能である。再生方法としては、家庭や工場、地域に浄化槽を設置し処理を行う方法と、下水処理場において高度処理を行う方法がある。→中水、下水処理水、雨水利用、水の高度処理

## ミップス（MIPS）

(Material Input Per Unit Service) 単位サービス当たりの資源投入量を表す。モノづくりあるいはサービスの環境負荷尺度。MIPSを最小にすること、すなわち資源生産性を最大（環境負荷を最小）にすることによってサステナビリティを達成しようという考え方。独、ブッパタール研究所長のワイツゼッカー、副所長のシュミット・ブレーク（現・「ファクター10クラブ」会長）によって提唱されたコンセプト。→資源生産性、シュミット・ブレーク、ファクターX、ブッパタール研究所

## ミティゲーション（mitigation）

米国において制度化されている環境管理手法の一つで環境緩和のこと。人間が自然環境を利用する際に、与える影響をできるだけ回避し、残る影響については相応の環境創造によって代償しようとする考え方。近年、

日本にも導入の動きが見られる。米国環境保全審議会の1978年の規定では、「行為を行わないことによる影響の回避、行為を制限することで影響を最小化、環境を修復・回復・復元することで影響を矯正、維持・保存活動によって影響を減少もしくは消去、代替の環境を提供することで影響の代償措置を取ること」と定義されている。代償措置によるミティゲーションの場合、創出される環境は消失する環境以上であることが必要で、これを証明するための環境評価手法がいくつか開発されている。米国ではミティゲーション・バンクによる大規模代償措置が発達している。→HEP、生息場適合度指数、ミティゲーション・バンキング

## ミティゲーション・バンキング
(mitigation banking)
環境緩和（ミティゲーション）において、事業ごとの小規模な代償措置の代わりに、いくつかをまとめて大規模な代償措置を行うこと。米国では当初ミティゲーションの成功率が低かったため、第三者によりいくつかの代償措置をまとめて行うミティゲーション・バンキングが発達した。これは、第三者（ミティゲーション・バンク）が環境改善を実施してミティゲーションクレジットを取得し、これを事業者に売却するものである。大規模な代償措置は、環境を保全するのに有効であり経済的であるなど利点が大きい反面、開発者は金銭の支払いで環境対策を行えるなどの批判もある。→ミティゲーション

## みどりのかいろう【緑の回廊】
(green corridor)
野生生物の生息地間を結ぶ森林や緑地などの空間。野生生物の移動に配慮した連続性のあるネットワークで、「エコロジカルネットワーク」「保護林ネットワーク」「コリドー」とも言う。移動経路を確保して生息・生育地の拡大と相互交流に役立てることを目的に、森林生態系保護地域を中心に他の保護林とのネットワークを形成し、これらの保護林間を結ぶ移動経路をつくる。野生生物を管理することによって分断化された個体群の遺伝的多様性の確保や、生物多様性の保全が期待できる。緑の回廊は、八ヶ岳や白山山系などに設置されている。→エコロジカルネットワーク、人工林の壁、生物多様性、リフュージア

## みどりのかくめい【緑の革命】
(green revolution)
多収穫の穀物を開発、栽培し食糧の大量増産を行う農業革命。米国のロックフェラー財団の設立したメキシコの「国際トウモロコシ・コムギ改良センター」とフィリピンの「国際

稲研究所」で高収量品種が開発された。アジアでは1960年代に国際稲研究所で開発された"奇跡の米"と呼ばれる「IR-8」が開発途上国において栽培された。IR-8は収量の高い台湾の品種と背が低く茎が丈夫なインドネシアの品種を掛け合わせたもので、倒れにくく施肥に応じた収量の増加を可能とした。世界で食糧の大増産を達成し、飢餓の減少に貢献し緑の革命に貢献した植物病理学者ノーマン・ボーローグは、1970年にノーベル平和賞を受賞している。新品種による穀物の大量生産には多量の水、化学肥料が必要であり、単一品種生産による病虫害の影響を減少させるために多量の農薬を投入する必要があり、環境負荷の高い農業である。耕作を単一の品種のみで行うため在来の多様な品種を駆逐し、遺伝子資源の喪失をもたらすなどの問題も発生させた。→遺伝子資源、化学肥料、近代技術主義

## みどりのとう【緑の党】
(Green Party)

環境保全を政治活動の主たる目的にする政党。1975年、英国でエコロジー党が結成されたことを契機に、独、スウェーデンなど西欧諸国では1970年代末から80年代初めにかけて相次いで緑の党が設立された。1980年代以降の地球環境問題への関心の高まりを受けて、無党派層を中心に支持基盤を広げてきた。また、いわゆる対抗文化に理解を示し、戦争反対、反原発、反核、消費者保護、女性の社会進出、同性愛の容認、人種差別撤廃などを政党の目的に掲げていることが多い。さらに、各国共通して反ナショナリズム的な立場をとっている。また1990年代に入ると、ヨーロッパの地方議会、国会、欧州議会などで、勢力を拡大し、欧州議会でも1999年の選挙で第三党となった。独では1998年に連立与党に参加するなど、議席の増加にしたがって政策決定の一角を担うようになったが、2005年選挙で野党に転落し、議席も減らしている。→エコフェミニズム、社会的公正、シュバルツバルト

## みなまたびょう【水俣病】

1953年から1959年にかけて、熊本県水俣湾周辺を中心とする不知火海(しらぬい)沿岸に発生した、有機水銀中毒が原因の神経疾患のこと。工場の排水に含まれていたメチル水銀化合物が、食物連鎖を通じて魚介類に高濃度に蓄積、これを食べた住民に四肢の感覚障害、運動失調、視野狭窄などの神経症状が多発した。その後、1965年頃、新潟県阿賀野川流域においても同様の疾患が発生、第二水俣病と呼ばれる。住民の健康を守るべき行政の対応、企業の社会的責任がきびしく問われた事件であり、公害の原点と位置付けられる。→重金属汚染、

四大公害訴訟、生物濃縮、殺菌剤

## みりようエネルギー【未利用エネルギー】→さいせいかのうエネルギー【再生可能エネルギー】

**ム** Mu

## むきてきかんきょう【無機的環境】

生態系の生物群集の周囲に存在し、相互作用を及ぼし合う光や大気、水、土壌などを指す。生物は無機的環境に活動を支配されていると同時に、環境に働きかけ、それを変えている。植物の光合成によって放出された酸素は大気の成分を変化させ、葉から蒸散する水は大気から気化熱を奪い、気温を下げる働きをする。また、生物の死骸は土壌の成分を変化させる。→生態系

**メ** Me

## メセナ（mecenat）

企業や国家、各種団体が、資金を提供して学術、文化、芸術などの活動を支援すること。さらに広義では、環境、福祉、教育などの支援や社会貢献活動もこれに含まれる。メセナは仏語の「文化の擁護」を意味する言葉を語源としているが、これはローマ初代皇帝アウグストゥスの政治的助言者であり、経済的に恵まれない詩人たちの後援者として文化の擁護や育成に尽力したガイウス・マエケナスの名に由来する。メセナ活動は欧米から始まり、米国の企業芸術擁護委員会(1967年設立)、英国の芸術助成協議会（1976年設立）等の各種団体が活動している。日本ではバブル景気を機に広がりをみせ、1990年に社団法人企業メセナ協議会が発足、「メセナ」という言葉が次第に広まった。発足当初は芸術文化支援であったが、現在では教育や環境、福祉なども含めた社会貢献活動へと拡がりをみせている。→CSR、NPO、環境NPO、フィランソロピー、1％クラブ（ワンパーセント）

## メタン（methane）

$CH_4$。常温常圧で無色の気体。天然ガスの主成分。メタンは石油などの化石燃料の掘削に天然ガスとして発生するほか、水田、湖沼、海洋からも自然に発生する場合もある。水田、湖沼、下水汚泥、家畜の糞からは微生物の嫌気性発酵（無酸素呼吸）に

より排出される。メタンの排出の60％は人間活動によるものであり、その半分は農業が原因である。また、深海底や永久凍土にメタンハイドレートとして大量に存在している。メタンは二酸化炭素の21倍の温室効果を持ち、温室効果ガスの内、原因の2割を占める。永久凍土上のタイガを伐採することで永久凍土の融解が起こり大量のメタンが排出され、地球温暖化が加速することが懸念されている。→永久凍土、タイガ、天然ガス、メタンハイドレート、温室効果ガス、地球温暖化係数

## メタンハイドレート（methane hydrate）

永久凍土地帯と大陸地殻の深海底に分布する天然ガスの一種。日本の周辺海域にも存在する。メタンの分子が水分子に取り込まれ、低温・高圧化で氷状の固体。世界の資源量は数千兆㎥、日本海域では6兆㎥と言われる。次世代の天然ガス資源と言えるが、その探査・掘削技術や経済的かつ安全な生産技術の開発が必要である。→天然ガス、メタン

## めんえきけい【免疫系】

体内に侵入する細菌やウイルス、カビ、原生動物などの感染性生物を破壊、排除し、体内環境を正常な状態に維持する生理的システムを指す。地球上には何百万という種の生物が生存し、生息環境を維持し、相互に関係したコミュニティーを構成していて、様々な植物と動物がバクテリアやウイルスや菌類のような小さな生命体と共生している。生物が多様化しつつ、このような環境が同時に維持されてきた背景には、進化の過程で備わった免疫系によるところが大きいと考えられる。→自然免疫

## メンブレン（membrane）

異物、有害汚染物質を除去する機能性材料のこと。本来、動植物体の膜を意味する。酢酸セルロース、ポリアクリロニトリルなどを素材として工業的につくった分離膜で、水処理、食品加工など幅広い分野で使われている。例えば、海水から真水をつくることや、河川水や排水中に溶解している有害物質を除去し安全な飲料水をつくることが可能。分離対象物質（イオン類、タンパク質、ウイルス、バクテリア等）の大きさによって使用する膜の種類は異なる。ますます深刻化する世界の水問題に対して、有効な水処理技術と言える。わが国のメンブレン技術は、世界で広く利用されている。→水危機、水の高度処理

# モ Mo

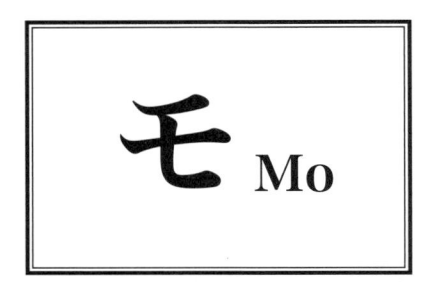

## もうしょび【猛暑日】
気象庁が、2007年4月1日から使い始めた新予報用語の一つ。一日の最高気温が30℃以上になった日を真夏日、25℃以上になった日を夏日と言うが、猛暑日は最高気温が35℃以上になった日を言う。地球温暖化の影響から、東京都では2004年に最高気温39.5℃を記録。数年後には亜熱帯並みの40℃になると予測され、1996年以来、約10年振りに、竜巻に関する「藤田スケール」、高温に対する注意・警戒を呼びかける「熱中症」などと共に新たに定義された。→竜巻、熱帯夜、ヒートアイランド現象

## もくざいのゆそうエネルギー【木材の輸送エネルギー】
木材の生産地から消費地までの運搬にかかるエネルギー。距離に比例し、国産材では低く輸入材では高い。国産材中でも、地産地消によって地域で消費される場合はさらに低い。輸入材でも、より遠方から運ばれる欧州材やチリ材は、輸送エネルギーが高く環境負荷も高い。国産材は外国材の10分の1程度、欧州材の26分の1程度の輸送エネルギーとなっている。日本は木材輸入量では米国よりも少ないが、輸送エネルギーでは米国の4倍程になり、多くのエネルギーを使って遠方から木材を輸入している。再生可能な資源の木材であるが、現状では経済的な面を優先して輸入に頼っているため輸送エネルギーが高くなり、環境負荷の小さい木材の特性を十分に生かしきれていない。→エネルギー集約度、炭素集約度、地産地消、フード・マイレージ

## もくしつバイオマス【木質バイオマス】
生物資源を表す言葉であり、その中でも木質で構成されるものの総称。樹木のほか、樹木の伐採や造材の時に発生した林地残材、製材工場などから発生するおがくず他、住宅の解体材や街路樹の剪定枝などがある。地域熱供給や、石炭火力発電所の燃料に混合され、再生可能エネルギーとして普及が期待されている。→再生可能エネルギー、ベクショー市

## もくぞうじゅうたく【木造住宅】
(wooden house)
木材を主材料とした住宅。木造住宅は他の素材でできた住宅と比べ人の健康にすぐれているとされるが、同時に温暖化の原因となる二酸化炭素を固定化する貯蔵庫として評価が高

まっている。樹木は光合成により二酸化炭素を吸収し炭素を固定しており、伐採後、木材として利用されることで炭素のかたちで長時間貯蔵される。乾燥した木材は約250kg/㎥の炭素を含んでいる。一般的な木造住宅では床面積当たり0.18㎥/㎡の木材が使用されており、平均的な大きさの木造住宅では約6トンの炭素を貯蔵している。鉄筋プレハブ住宅では1.5トンであり、木造住宅の4分の1になる。日本の全木造住宅が貯蔵している炭素量は1.29億トンになり、全森林の炭素貯蔵量の20%に相当する。木材は鋼材よりも生産エネルギーがきわめて小さく、炭素放出量も小さい。木造住宅解体後の廃材は再利用が可能で、再び木造住宅や家具などへ転用されることで、さらに長期間、炭素を貯蔵することが可能である。→集成材、炭素プール、シックハウス症候群

## モーダルシフト（modal shift）

貨物輸送をトラック輸送の形態（モード）から鉄道や海運輸送に置き換える（シフト）こと。国土交通省が促進し、トラックによる二酸化炭素（CO2）や窒素酸化物（NOx）、浮遊粒子状物質などの排ガス抑制、道路渋滞の解消など環境負荷削減と物流の効率化を目指す。道路交通騒音の低減、労働力不足の解消などのメリットも期待される。その一方、コンテナ列車、コンテナ船の増強、ターミナル駅や港湾の整備などが必要となってくる。ちなみに、1トンの貨物を1km運ぶ時に排出するCO2の量を見ると、鉄道はトラック（営業用、3トン車以上）の8分の1、海運は4分の1となる。このモーダルシフト促進策に呼応して、一部の先進企業で本格的な物流改革やモーダルシフトに取り組む例が増えている。→エコドライブ、大気汚染物質、パーク・アンド・ライド、地産地消

## モックス（MOX）
(Mixed Oxide Fuel)

使用済みの核燃料の劣化ウランとプルトニウムの混合酸化物。原子力発電所で3～4年燃やしたウラン燃料（使用済み燃料）の中には、燃料として使える新しく生まれたプルトニウムやまだ使えるウランが含まれている。これを化学的に処理（再処理）し、燃料成型加工（MOX燃料）することで、再び原子力発電所の燃料として利用することができる。→核燃料　核燃料再処理、プルサーマル

## もりのムッレきょうしつ【森のムッレ教室】

スウェーデン野外生活推進協会が5、6歳の子どもたちのために考案したスウェーデンの環境教育の原点を成す自然教育プログラム。百数十年の歴史を持つ同協会は、野外生活の促進

を目的として誕生、今では、500を超える支部があり、2万人に上るボランティアリーダーが活動している。森のムッレ教室は、1956年にスウェーデン人のヨスタ・フロムとスティーナ・ヨハンソンによって考案された。ムッレという森の妖精に自然と子どもたちの橋渡し役をさせながら"自然と人間の共生"を楽しく学ばせる。このユニークな教育法は、スウェーデン国内の保育園、幼稚園、小学校に導入され、これまで延べ200万人の子どもたちが体験している。ムッレの語源は、スウェーデン語の"Mullen(ムッレン＝土壌)"。この名前には、「土は地球上の全ての生物のいのちの根源であり、人間もまた土とつながっているのだということを伝えたい」との願いがこめられている。森のムッレ教室の基盤を成しているのは、「自然享受権」というスウェーデン社会で伝統的に受け継がれてきた習慣。他人の所有地であっても、誰もが自由に入って散歩をしたり、一泊のキャンプやベリー摘みができるという権利である。むろん、自然享受権には「義務」が伴う。子どもたちは、ゴミを捨てたり天然記念物の植物を採ったりして自然を傷つけてはいけない、他人の宅地に入ったとしても迷惑をかけてはいけないということも同時に学ぶ。日本でも、1991年以来、森のムッレ教室リーダー養成講座が開催されている。

→自然享受権、ナチュラル・ステップ、グリーンマップ、風のがっこう、田んぼの学校、ネイチャーダイアリー

## もりはうみのこいびと【森は海の恋人】

漁師たちが河川の上流域に植林する運動の合言葉。この運動は、宮城県気仙沼の「牡蠣(かき)の森を慕う会」の活動から始まった。気仙沼湾で牡蠣や帆立貝(ほたてがい)の養殖業者たちが集まって、1989年以降、毎年、上流の山（岩手県室根山など）で「森は海の恋人植樹祭」を開催してきた。発端は、「森は海とつながっている。海苔や牡蠣の漁場は、その上流域が健全でなければならない。川は、森の養分である"植物プランクトン"を河口まで運んでくれ牡蠣の餌となる。自然界の母である落葉広葉樹の森をつくろう」との考えから。①土砂の流出を防止して、河川水の汚濁を防ぐ、②清澄な淡水を供給する、③栄養物質、飼料を河川・海洋の生物に供給する、等が森林の働きだ。「森は海の恋人」という言葉は、気仙沼在住の牡蠣養殖家・畠山重篤が、流域に住む歌人・熊谷龍子の「森は海を　海は森を　恋いながら　悠久よりの　愛紡ぎゆく」という歌からヒントを得て運動のスローガンにした。→魚付き保安林、沿岸漁業、海洋生態系、植物プランクトン、プランクトン

## モントリオールぎていしょ【モントリオール議定書】(Montreal Protocol on Substances that Deplete the Ozone Layer)

正式名称は、「オゾン層を破壊する物質に関するモントリオール議定書」。1987年に採択、1989年に発効した。日本は1987年の採択時に署名している。2006年2月現在の締約国数は、188カ国＋1国際機関で、事務局はナイロビの国連環境計画（UNEP）の中に設置されている。「ウィーン条約」（正式には、「オゾン層保護に関するウィーン条約」。1985年採決、1988年発効）に基づき、オゾン層破壊物質を特定、該当する物質の生産、消費及び貿易の規制を目的としている。例えば、成層圏のオゾン層破壊の原因の一つであるフロンの環境中の排出抑制のため、削減時期の規制措置を定めたりしている。議定書の発効により、特定フロン、ハロン、四塩化炭素などが1996年以降全廃、その後、その他の代替フロン、ハイドロクロロフルオロカーボン（HCFC）なども全廃になった。毎年、議定書締約国会議が開催され、1990年のロンドン、1992年のコペンハーゲン、1997年モントリオール、1999年北京の各改正で規制強化されている。→フロンガス、代替フロン、CFC、HCFC、オゾン層保護法

## ヤ Ya

## やかんさいていきおんのじょうしょう【夜間最低気温の上昇】

ヒートアイランド現象により、夜間の最低気温が上昇すること。都市部の気温が人為的な熱により上昇し、真夏日や熱帯夜の日数の増加が見られる。日中よりも夜間の気温上昇が大きく、エアコン使用の頻度が高くなる熱帯夜の日数の増加と冬日の減少が顕著に見られる。札幌、仙台、東京、名古屋、京都、福岡の大都市では過去100年の最高気温の上昇が1℃程度であるのに対し、最低気温は4℃前後上昇しており、都市化による夜間の気温上昇が見られる。中小都市でも最低気温の上昇は、最高気温の上昇の2倍程になっている。→ヒートアイランド現象、熱帯夜、屋上緑化、熱環境緩和の能力、猛暑日

## やきはたのうぎょう【焼畑農業】

(slash and burned fields)
森林や草地を焼き、灰を肥料として耕作を行う粗放的な農業。耕作地とする区画の草木を刈り取り、これに火をつけて灰にした後、栽培する穀

物の種子を散布する。アワやヒエなどの穀類、大豆や小豆などの豆類、サトイモなどのイモ類を3年から5年程のローテーションを組んで栽培する。栽培が5年以上に及ぶと、雑草の繁茂が激しくなるため耕作地は放棄され、住民は他の土地を焼いて耕作地とする。最初の耕作地は20年程度放置し、森林が回復した後、再び耕作地とされる。熱帯から温帯地域に多く見られる農業形態であり、日本でも1950年代までは山間部を中心に多く見られた。焼畑農業は、森林の回復速度の速い熱帯地域に適した農業であり、適切な範囲内で耕作を行うことができる持続可能な農業である。しかし、近年は商品作物栽培用の農地造成を目的とした焼畑が行われ、森林の回復速度を上回る大規模な開発により熱帯林が急速に失われている。熱帯林の喪失原因の中で、焼畑は全体の45％を占め最大である。→熱帯雨林、持続可能な農業、緑の革命

## やくざいたいせい【薬剤耐性】

薬剤の作用に対して生物が抵抗性を持ち、生存できるように遺伝的または非遺伝的に変異すること。抗生物質に対して細菌が耐性を持つことや農薬に対して病害虫が抵抗性を持つことなど、多くの事例が知られている。→遺伝子組み替え生物、抗生物質、MRSA

## やせいどうぶつ【野生動物】

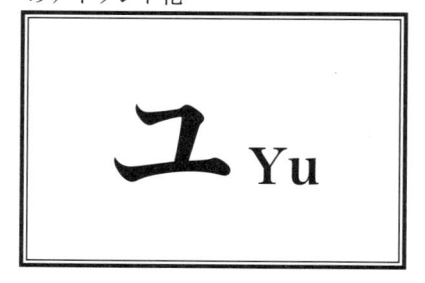

原生林など人間社会と隔絶された領域に生息していて、その生活が人間に依存していない動物を指す。しかし、人間の自然保護という活動のもとでは、直接・間接的に人間社会と係わりが生まれるため、厳密な意味での野生動物は存在し難い。近年、熊が人家のある山里に出没して、農作物を荒らし、捕獲数も年毎に増えている。生息する山奥に熊の餌が払底していることが主な原因となっている。野生動物と共存するための自然保護、環境保全のあり方が問い直されている。→ハビタット、生息地のアイランド化

# ユ Yu

## ゆうきえんそかごうぶつ【有機塩素化合物】(organic chlorinated compound)

炭素ないし炭化水素に塩素を付加した有機化合物のこと。塩素が多い程、不燃性、脂溶性を有するため、農薬、溶媒、洗浄剤、殺虫剤などに使用された。一般的に分解し難く、毒性があり地下水汚染や、食物連鎖によって生物体内に蓄積したり、オゾン層

破壊など健康被害や環境破壊が表面化した。ほとんどのものは人工的に合成されたもの。このためPCBやトリクロロエチレン、DDT、特定フロンなどは、環境基準によって製造や排出が規制されている。→環境汚染物質排出・移動登録、PRTR制度、有毒物質排出目録、難分解性有機汚染物質、PCB中毒

### ゆうきおだく【有機汚濁】

生活排水や動植物の遺骸などの有機物による水質汚染。有機汚濁を測る水質指標としては溶存酸素量（DO）、生物化学的酸素要求量（BOD）、化学的酸素要求量（COD）があり、環境基準が設定されている。水域に流出した有機物は、水中の微生物によって分解される。微生物による分解は、水中の酸素を消費して行われるため有機物の量が多いと水中の酸素が減少し、魚介類などの生物の生存に悪影響を及ぼす。水中の酸素がきわめて乏しい状況になると、有機物の分解は嫌気性微生物によって行われ硫化水素等が発生する。また分解速度が遅いため、有機物はヘドロとして水底に堆積し底質環境を悪化させる。有機汚濁の原因となる有機物の発生源は、生活排水や工場排水が主であるため、有機物の減少にはこれらの排水を適切に処理することが必要である。近年は、下水処理場において下水の高度処理を行うことで有機物量を減少させた後、公共用水域に排水を行っている。→溶存酸素量、生物化学的酸素要求量、化学的酸素要求量、下水の高度処理、水の再生利用、メンブレン

### ゆうきのうぎょう【有機農業】

肥料や飼料などに合成化学物質を使わず、天然の物質の循環によって作物や家畜を育てる、生態系との調和を目指した農法による農業を指す。有機農業がにわかに注目され出したのは、有吉佐和子の小説『複合汚染』が話題になり、四大公害訴訟が発生した時期とも重なる。さらに近年は、少々値段が割高でもオーガニックな食品を選択する自然志向、安全志向の消費者が増え、2006年には国内有機農業関係の9団体が「全国有機農業団体協議会」を結成した。有機農業は、農家と都市部に有機農産物の顧客を有する生協などとの連携や、土地で生産されたものを、その土地で消費する地産地消の仕組みがあれば、持続可能な農業と成り得る。例えば、山形県長井市には、「レインンボープラン」（正式名称は、「台所と農業をつなぐながい計画」）があり、市民の台所から出る生ゴミを堆肥にし、その堆肥で育てた有機農産物を市民の台所に届ける地域循環システムができあがっている。→キャット、持続可能な農業、地産地消、ロハス

## ゆうどくぶっしつはいしゅつもくろく【有毒物質排出目録】(TRI)

日本のPRTR制度（「化学物質排出移動量届出制度」）の原型となった米国の制度。企業の毒物保有や使用・移動に関して、行政機関に報告して利害関係者にその内容を公開する制度。1986年に、米国で制定された「緊急事態計画および地域住民の知る権利法」によって規定された（1990年に改正）。目的は、地域に存在する化学物質に関する情報を地域住民に提供することと、事故により有害物質が放出された際に地域住民を保護することにある。特に前者の目的により、有害物質を取り扱う事業者に対し、有害物質の種類や性質、最大貯蔵量、貯蔵方法などにつき行政機関に報告する義務を課す。また報告義務のある企業は、特定の種類と規模の企業に限定される。企業が法令に従って、情報提供を行う制度なので、環境政策上は情報的手法に属する。→環境汚染物質排出・移動登録（PRTR）、PRTR制度、情報開示制度、情報的手法

## ユー エヌ イー ピー【UNEP】→こくれんかんきょうけいかく【国連環境計画】

## ユー エヌ シー イー ディー【UNCED】→ちきゅうサミット【地球サミット】

## ユー エヌ シー シー ディー【UNCCD】→さばくかたいしょじょうやく【砂漠化対処条約】

## ユー エヌ ディー ピー【UNDP】

(The United Nations Development Program)

国連開発計画。国連総会の下部組織の一つで、1966年に発足した。国連のグローバルな開発ネットワークとして、変革への啓発を行い、人々がよりよい生活を築けるように、各国が知識や経験、資金にアクセスできるよう支援を行う。具体的には、開発途上国に対して貧困や疾病の撲滅、環境やエネルギー問題など、開発に関するプロジェクトを扱う。→地球環境ファシリティ

## ゆでがえるシナリオ【ゆで蛙シナリオ】

進行する地球温暖化に何もしないことのたとえ話に用いられる言葉。水が入った鍋の中に蛙を入れて徐々に熱していくと、蛙は鍋の中から飛び出さず、やがてゆで蛙になって死んでしまう。地球温暖化など、環境が次第に悪化する中で思い切った対応策をとらずに現状維持を続けていると、悲劇的な結末を迎えるということのたとえ話に使われる。また、FROG（蛙）は、"First Raise Our Growth"の各単語の頭文字として、"まず成長ありき"で、地球環境はそ

の後だという意味で用いられ、成長神話から先進国を含め世界が今だに抜け出せない現状を揶揄する言葉として一部で使われている。→地球温暖化

## ユニセフ（UNICEF）
(United Nations Children's Fund)
国際連合児童基金。1946年設立された国際連合の専門機関で、ニューヨークに本部がある。設立当初は、国際連合国際緊急児童基金(United Nations International Children's Emergency Fund)と称し、第二次大戦後の子どもの緊急援助を活動の柱に掲げ、その支援を日本も受けていた（1949-64年）。1953年に、現在の名称に変更。開発途上国、戦争や内戦で被害を受けている国の子どもの支援を活動の中心としている。他にも「児童の権利に関する条約（子どもの権利条約）」の普及活動や、生活の自営の必要性を説き、親への様々な知識の普及や啓蒙などに努めている。途上国の貧困とそれに伴う環境破壊には、人々の知識不足が一つの背景にあり、これを解決するためにもユニセフの知識啓蒙への役割が期待される。→NGO、スウェットショップ

## ゆりかごからゆりかごまで【揺りかごから揺りかごまで】
(from cradle to cradle)
生産からリサイクルしてまた原材料に再生することを言う。「揺りかごから墓場まで」(from cradle to grave)という言葉は、英国の福祉社会を象徴する言葉として使われた。この概念を製造物あるいは商品に適用すると、生産から不要となったものを最終処分場に廃棄するまでということになるため、"揺りかごから揺りかごまで"と言い換え、生産からリサイクルしてまた原材料に再生することを意味する言葉とした。→再商品化、循環型社会、循環型社会形成推進基本法、マテリアルリサイクル

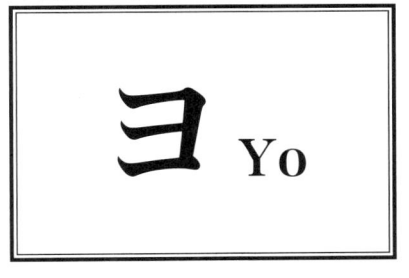

# ヨ Yo

## ようきほうそうリサイクルほう【容器包装リサイクル法】
(Law for Promotion of Sorted Collection and Recycling of Containers and Packaging)
容器包装ごみのリサイクルを住民、行政、事業者に義務付けた法律。「容器包装に係わる分別収集及び再商品化の促進等に関する法律」が正式名。1995年制定。消費者には容器包装ごみの分別排出、市町村には分別収集と保管、事業者には再商品化を義務

付けた。1997年4月からガラス製容器とペットボトルを対象に施行され、2000年4月からの全面施行に伴い、プラスチック製容器、発泡スチロールトレー、紙製容器包装が加えられた。法の対象となる容器包装を使っている食品メーカーなどには、市町村が回収した容器包装の使用料に応じたリサイクルが義務付けられ、消費者が識別しにくい紙製容器とプラスチック製容器については、事業者が識別マークを表示することが義務付けられた。一般廃棄物の内、容器包装ごみは容積で6割、重量で2割を占めている。なお、「改正容器包装リサイクル法」が2006年6月に制定され、07年4月に施行された。これには、コンビニチェーンやスーパーなどの小売業者にレジ袋や紙製手提げ袋などの減量目標を自主的に策定させ、達成できたかどうかを年度ごとに国に報告させることが盛り込まれた。一部でレジ袋有料化が進み始めた。→詰め替え容器、リターナブルびん

## ようすいしきすいりょくはつでん【揚水式水力発電】(pumped hydropower generation)

水力発電の一方式。発電機の上流と下流の2カ所にダムや貯水池をつくり、夜間電力を利用して下の貯水池の水を汲み揚げ、上流のダムで電力需要期に発電する。火力発電や原子力発電は、運転開始後は安定的な発電が効率的なので、常時運転させる。揚水式水力発電は、その余剰電力を使いながら揚水し、一方で昼間の電力消費量のピークに合わせて放水させ発電を行うことで、発電単価を安くできるメリットがある。

## ようぞんさんそりょう【溶存酸素量】(DO)(Dissolved Oxygen)

水中に溶けている酸素の量のことで水質指標の一つとなる。単位は$mg/\ell$で表す。水中に溶解する酸素の量は気圧、水温、塩分濃度により変化し、水温が高い程、溶ける酸素の量は減少する。溶存酸素量は、他の水質指標(BOD、COD)とは異なり値が高い程、清浄な水質を示す。水生生物は水中の溶存酸素を利用し呼吸しているが、有機物が多くなる(生物的酸素要求量が高くなる)と、これを分解する微生物が大量に発生し酸素を消費するため溶存酸素の量が乏しくなる。逆に、清浄な水域で水草などがある場合には、光合成により酸素が供給され溶存酸素量は高くなる。一般的に、清浄な河川では飽和値を示す。溶存酸素量は、「生活環境項目」の一つとして水域ごとに環境基準が設定されている。一般に水域で溶存酸素量が$2mg/\ell$以下になると、嫌気性微生物の活動が活発になり悪臭が発生する。魚介類が生息するには、$3mg/\ell$以上の溶存酸素量が必要

とされる。→生物的酸素要求量、化学的酸素要求量、有機汚濁

## ようばいちゅうしゅつ【溶媒抽出】
（solvent extraction）
金属などの物質を分離・精製する方法。水と有機溶媒という互いに混じり合わない二種類の液体の相に物質が分配される現象を利用する。この現象は、古くから物質の分離・精製に利用されている。特に化学分析で各種金属イオンの分離、濃縮に応用されてきた。ここ数十年、金属精錬の分野で効率のよい有機溶媒による金属抽出技術が急速に進歩した。銅、コバルト、ニッケル、その他多くのレアメタルの精製錬がこの方法によって行われるようになった。この溶媒抽出による金属の精製分離を湿式精製錬と呼んでいる。→希少資源

## よじょうでんりょくこうにゅうメニュー【余剰電力購入メニュー】
1992年4月に、電力会社が自主的に策定した住宅などの太陽光発電に対する支援措置。分散型電源からの余剰電力を購入することで、日本の太陽光発電を世界一の設置容量にまで普及させた。太陽光発電の設置者は、昼間に発電して電気が余った場合に、購入価格と同額で電力会社に売ることができるため、設置による費用負担が軽減された。しかし、政府による設置費用の補助金が2005年度をもって打ち切られたため、電力会社の自主的な補助制度が継続するのか注目されている。→太陽電池　太陽光発電

## よっかいちぜんそく【四日市ぜんそく】
四大公害病の一つで、三重県四日市市で発生した大気汚染による健康被害。1960年代初め、四日市の石油化学コンビナートの本格稼動に伴い、大気汚染物質、特に硫黄酸化物の排出により、近隣住民にせきや痰、あるいはぜんそく等の閉塞性肺疾患の症状を訴える人が多発した。さらに、症状が重い人たちの中からは自殺する人も出る深刻な事態となった。64年に厚生省（現・厚生労働省）は、疫学的な手法で大気汚染による呼吸器への影響を調査・検証し、高い発症率と大気汚染の関係を立証した。67年には四日市ぜんそくの民事訴訟が提訴され、72年に津地方裁判所は被告6企業の共同不法行為を認め、賠償を命じた。この結果、企業は複合大気汚染物質への対策を迫られ、政府は公害被害患者への補償制度を整えることになり、公害対策が進展することとなった。→産業公害、大気汚染、四大公害訴訟

## よぼうげんそく【予防原則】
（precautionary principle）
1992年6月の国連環境開発会議にお

いて宣言された、いわゆる「リオ宣言」の27原則にある15番目の原則のこと。「後悔しない対策」とも言われる。「環境を保護するためには、各国により、それぞれの能力に応じて、予防的アプローチが広く適用されなければならない。深刻な、あるいは不可逆的な損害の恐れがある場合には、完全な科学的な確実性の欠如が、環境悪化防止のための費用効果的な措置を延期するための理由とされるべきではない」。この原則は、国連のコフィー・アナン前事務総長が提唱した「グローバル・コンパクト」の人権、労働、環境、腐敗防止についての10原則の内、第7番目の「環境問題の予防的アプローチを支持する」の原則にも謳われている。→地球サミット、リオ宣言、グローバル・コンパクト、後悔しない政策

## よんだいこうがいそしょう【四大公害訴訟】

水俣病（熊本県）、イタイイタイ病（富山県）、第二水俣病（新潟県）、四日市ぜんそくの四つの公害病をめぐる訴訟のこと。1950年代から表面化した公害問題は、1960年代に入り地域住民の運動の対象となり、企業や国の責任を問う裁判に発展していった。水俣病は、化学会社のチッソが出した排水に含有されていた有機水銀によって汚染された魚類の摂取による有機水銀中毒事件、イタイイタイ病は、三井金属鉱業・神岡鉱業所が排出したカドミウムで汚染された農作物、魚類、飲料水の摂取によるカドミウム中毒事件、第二水俣病は、化学会社の昭和電工・鹿瀬工場の排水に含有されていた有機水銀によって汚染された魚類の摂取による有機水銀中毒事件、四日市ぜんそくは、三菱油化、三菱化成など石油コンビナート関連6社が排出した複合大気汚染による呼吸器疾病発生事件であった。→重金属汚染、水俣病、イタイイタイ病、四日市ぜんそく

## ラ Ra

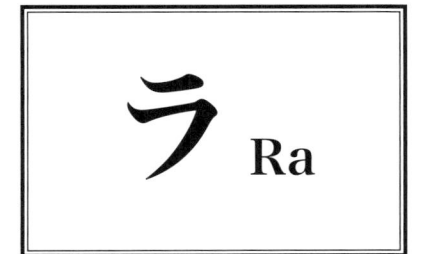

### ライトダウンキャンペーン

環境省が2003年から始めた、$CO_2$削減のキャンペーン。夏至の日を中心に、ライトアップ施設や家庭の電気を消すよう呼びかけた。「こうすれば温暖化を防げる」といった"気付き"を伝えていく『消灯＝スイッチ・オフ』の習慣化作戦の一つ。2006年は、6月17～21日の5日間で実施された。特に、夏至直前の日曜日に当たる18日の夜に、「ブラックイルミネーション2006」と題して午後8～9時の2時間、施設の照明を落とすこととなり、これに東京タワー、レインボーブリッジを始め全国3万9836の施設が参加した。韓国では6月15日に、ソウルタワーを一部消灯するコンサートイベントが実施され、市民レベルの交流に広がり、夏至の日を中心に韓国のソウル市以外の町々や台湾などの町でも一部でライトダウンされた。→100万人のキャンドルナイト

### ライフサイクルアセスメント→エルシー　エー【LCA】

### ライフサイクルえいきょうひょうか【ライフサイクル影響評価】→エルシー　アイ　エイ【LCIA】

### ライフサイクルデザイン→エコデザイン

### ライフサイクルひよう【ライフサイクル費用】

ある製品のライフサイクルにかかる諸費用の合計のことを言う。一般に製造費は、企業が製品を製造する段階だけの費用を指す。しかし、環境問題を考える上では、生産後に製品のライフサイクル費用を含めなければならない。すなわち、製品には採掘、素材製造、製造、物流、使用、廃棄など様々な段階が存在し、各段階で発生する環境負荷、特に潜在的な環境負荷（経済学的には外部不経済）の費用も存在する。これら製品のライフサイクルに係わる諸費用を内部費用、各段階において生じる環境負荷の諸費用を外部費用と呼び、この二つを合わせてライフサイクル費用と言う。さらに、内部費用と外部費用を元に製品のライフサイクルを評価する方法をフルコスト分析と言う。→インベントリー分析、LCA

### ライフサイクルマネジメント (life-cycle management)

製品のライフサイクルを考慮した環境負荷の全体的な管理手法のこと。

環境面から製品のライフスタイルをとらえると、製品の企画、設計、製造、販売、使用、再生の全過程が対象になる。具体的には、企画から設計、製造、販売、使用、再生、廃棄となるまでの各段階での環境負荷を下げるような製品の設計と管理をする。→インベントリー分析、LCA（ライフサイクルアセスメント）、環境適合設計、包括的製品政策

### ライフスタイル（life-style）

ある社会や集団において全成員が共有する生活様式や生活の営み方。単に個人の生き方や生活の様式だけでなく、個人の生活に係わるある種の規範ともなる。それゆえ単なる流行やファッション以上の影響を生活にも与える。また、個人の社会的・経済的な地位を表わすものでもある。日本の高度成長期では、資源を浪費し、贅沢を追及することが望ましいライフスタイルとされたため、環境を悪化させる要因ともなった。持続可能な社会の構築のためには、生活の様式と規範たるライフスタイルの中に環境への配慮を埋め込まないと実現は不可能である。近年のロハス（LOHAS）やスローライフなど環境問題を意識したライフスタイルの登場は、持続可能な社会の成否に大きな影響力を持っている。→スローライフ、生活環境主義、生活知、ロハス

### ライム【LIME】（Life-cycle Impact Assessment Method Based on Endpoint Modeling）

被害算定型環境影響評価手法の略称。

### ラテライトがたニッケルこう【ラテライト型ニッケル鉱】

岩石の風化作用によって自然に濃縮した土状・塊状のニッケルのこと。高温多雨の熱帯・亜熱帯地域において、地表の岩石は強い風化作用によって長年月の内に破壊・分解される。この過程で、元の岩石の構成成分の大部分は風雨によって流失するが、鉄、アルミニウム、ニッケル、コバルトなど資源物質は風化の環境下で安定した鉱物となって濃縮し、元からあった位置に残留する。このような鉱物の中で、一般に鉄を豊富に含んだ赤い残留土壌をラテライトと言い、アルミニウムが凝縮したものをボーキサイト、ニッケルが濃縮したものをラテライト型ニッケル鉱と言う。それぞれ、風化前の原岩石の種類によって資源物質が異なる。ラテライト型ニッケル鉱床は地表面から10〜20m程度にしか存在しないため、採掘のためには地表を広範囲にわたって掘削しなければならないので自然環境への影響は大きい。

### ラドン（radon）

ウラン鉱石に含まれる放射性元素。ウラン鉱石採掘に伴って発生する廃

棄物であるテーリング（尾鉱）の中には、ウランとラジウムが放射性壊変の結果できたラドンが含まれる。堆積された尾鉱中のラドンがガス化して鉱山周辺の環境を汚染し、鉱山労働者や周辺住民の健康被害を与えることがあるので、ウラン資源産出国では安全性に関するきびしい規制がある。また、リン鉱石で肥料用のリン酸をつくる時に副産物にリン酸石膏ができるが、建材の石膏ボードの原料にこのリン酸石膏が使われている場合は、中に微量のラドンが入ることになるので注意が必要である。

## ラニーニャ→エルニーニョ

## ラブカナルじけん【ラブカナル（Love Canal）事件】

米国、ニューヨーク州ナイアガラ・フォールズ市にあるラブカナルという運河で起こった地下水汚染事件。この事件を契機に、1980年に廃棄物処理と原状回復のために生産者が基金を積み立てる「スーパーファンド法」が制定された。ケミカル・フッカー社は、1930年代末から十数年間にわたって同社の製品、農薬、苛性ソーダ、可塑剤などの生産過程で生じた少なくとも2万トンの産業廃棄物をこの運河に投棄、さらにそこを埋め立てて市当局に売却した。跡地は小学校用地となり、近隣には住宅も建設された。それから二十数年後の1978年、PCB、ベンゼン、ダイオキシンなどを含んだ埋め立て地の有害廃棄物が地下水を汚染し、地表にも滲み出してきたため、周辺住民に頭痛、神経系の異常、流産、先天異常などの健康被害が多発した。被害を受けた住民には、貧困層やマイノリティーなど社会的・経済的な弱者が多かった。→環境差別、環境的公正、ゴミ問題、スーパーファンド法、産業公害、被害構造論、ブラウンフィールド

## ラムサールじょうやく【ラムサール条約】

湿原の保存に関する国際条約。正式名称は、「特に水鳥の生息地として国際的に重要な湿地に関する条約」。1971年2月2日、イランのラムサール（カスピ海沿岸の町）で開催された「湿地及び水鳥の保全のための国際会議」で本条約がつくられ、1975年12月21日発効したことから、開催地の名前を付けてラムサール条約と呼んでいる。日本は1980年に批准。湿原、沼沢地、干潟などの湿地は、多様な生物を育み、水鳥の生息地として重要な地位を占めている。しかし湿地は干拓や埋め立てなどの開発の対象になりやすく、破壊が急速に進んでいる。しかも湿地帯の多くは国境をまたぐものが多いため、国際的な取り決めによって重要な湿地の保全、湿地の適正（賢明）な利用を進める

必要が高まり、条約が制定された。絶滅の恐れのある種や生物群集を支えている湿地や、生物の多様性の維持に必要な重要な湿地に対して、登録基準を設け保全を推進している。2006年1月末現在、締約国数150カ国、条約湿地数1579カ所。日本では2005年現在で、釧路湿原、琵琶湖、奥日光湿原、鳥取・島根両県にまたがる中海など33カ所が登録湿地となっている。→湿原・干潟、生物多様性国家戦略

**らんかく【乱獲】**（overfishing）
鳥獣や魚介類をむやみに捕ること。漁業では経済性を優先させるため漁船の大型化、魚群探知機の普及、漁法の改善などにより大量に捕ることが可能となり漁業資源の減少が起こっている。海底付近の魚介類を一網打尽にする底引き網漁は、目的魚種以外の小魚などを取り込むため水産資源に対する影響が大きいとされる。乱獲による資源の減少が大きな問題となっているのは鯨である。鯨は古くから食料として利用されてきたが、世界中での乱獲によりいくつかの種は絶滅危惧に瀕しており国際的な問題となっている。日本国内では、全国的に多くの魚種で漁獲量の減少が見られ、捕れる魚も小型化している。産卵を控えた小型の魚を捕ることで、さらに資源の減少が起こることが懸念される。近年は、観賞目的の魚類や両生類などが、海外で乱獲され絶滅に瀕しており問題となっている。乱獲による水産資源の減少を防ぐには、年間漁獲量の制限、栽培漁業の推進、魚網の網目を大きくし小魚を逃がす工夫や、小魚の再放流など資源管理型漁業を進める必要がある。→MSC認証、魚群探知機、資源管理型漁業

**らんそう【藍藻】**（cyanobacteria）
光合成によって酸素をつくり出す細菌。シアノバクテリアとも呼ばれる。分類学的には細菌であるが、酸素を放出する光合成を行うなど藻類と共通する部分も多く、生態学的には藻類として扱われる場合も多い。海水、淡水問わず生息し、淡水にはごく普通に見られる。また一部は湿度のある陸上に生息し、温泉に生息する種も存在する。藍藻はアオコの原因となる生物であり、アオコを発生させる主な種にミクロキスティス、アナベナがある。浮遊性の藍藻には、条件がよいと大増殖し水面付近に浮かび下層への光を遮断し、他の植物プランクトンの生育を阻害するものが存在する。このため、藍藻が大増殖すると水面付近が緑色のようになり、悪臭を発し美観を損ねる。また、藍藻には毒素を発する種もあり、人体などに被害を出す事例も報告されている。→アオコ

リ Ri

## リオサミット　リオせんげん【リオサミット　リオ宣言】

1992年にリオデジャネイロで開催された「地球サミット」(UNCED：United Nations Conference on Environment and Development)のこと。正式名称は、「環境と開発のための国連会議」。準備に当たって4回もの準備会合が開かれ、並行して「気候変動枠組条約」「生物多様性条約」の交渉や持続可能な発展に向けた会合が先進国と開発途上国の間や、先進国同士の間で行われ、議論が繰り広げられた。成果として、持続可能な発展のための行動原則と行動計画に当たる「環境と開発に関するリオ宣言」と「アジェンダ21」が採択され、「持続可能な発展」という概念を先進国と途上国の双方が掲げることが可能となった。→気候変動枠組条約、生物多様性条約、地球サミット

## りがんてい【離岸堤】

(detached breakwater)
汀線から離れて汀線に平行に設置された構造物。堤が波を受けることで、波を弱め海岸の侵食を防止し土砂を堆積させる機能を有する。汀線の前の水深の浅い海底に防波堤状の構造物を設置して波を阻止するが、波を完全に阻止することを目的としない場合もあり、条件によっては潜堤となる。離岸堤の設置には、堆砂効果を決める設置水深の決定が重要であるとされる。砂など岩盤以外の海底に設置を行う場合、離岸堤の沈下が問題となるが、これには捨石基礎が有効であるとされる。離岸堤による海岸侵食の防止は、新潟海岸で侵食防止工事として採用されて以来、調査研究が進められており一定の効果が認められている。→海岸侵食、シシュマレフ島、地球温暖化、ツバル

## りかんりつ【罹患率】

疾病率とも言う。国や地域などにおいて疾病や心身の異常の発生の割合を示す。普通、単位人口に対する一年間に新たに発生した疾病、異常者数の割合によって表す。公衆衛生、保健などの生活環境整備や臨床医学、疫学の研究上で最も重要な指標の一つ。世界中で猛威を振るっているエイズの罹患率は、日本でも年々、高まってきている。まだ特効薬がない病気の存在は、人類の生存条件にとっても大きな脅威となっている。→エイズ

## りくじょうせいたいけい【陸上生態系】

陸上における生態系。気候、土壌など環境が異なれば、それと同じだけ独立した生態系が存在する。特に陸上における生態系を陸上生態系と言い、海洋生態系と併せて地球生態系と呼ぶ。陸上生態系には、森林生態系や草原生態系などがあり、陸上生物は地表のごく薄い層で生活している。土壌は水や無機塩類を多く含有し、分解者が生息する場所ともなっていて、ほとんどの陸上生態系は土壌の存在によって成立している。→生態系、海洋生態系、土壌汚染

## リサイクル (recycle)

廃棄物を原料ないし資源として再利用すること。「再資源化」や「再生利用」と言われることもある。具体的には、使用済み製品や生産工程から出る廃棄物などを回収したものを、利用しやすいように処理し、新しい製品の原材料として使うことを指す。狭義では、新製品に使う原料として再資源化ないしは再生利用する「マテリアルリサイクル」(原料リサイクル)を意味する概念として限定的に用いられる。広義には、ごみを燃やして、その際に発生する熱をエネルギーとして利用する「サーマルリサイクル」(熱回収)を含めた概念として用いられる。さらには、使用済み製品からまだ使える部品を取り出し、新製品に組み込む「部品のリユース(再使用)」も含めてリサイクルと呼ばれることもある。→ゴミ問題、再商品化、再生資源利用促進法、循環型社会、廃棄物処理法、マテリアルリサイクル

## リサイクルこっかい【リサイクル国会】(Recycle Session of Diet)

2000年度の第147通常国会を指す。循環型社会の実現に向けて、環境関連法案を次々と成立させたことから、14の「公害関連法」を一気に制定した1970年の第64国会を「公害国会」と呼んだことに対比させて、「リサイクル国会」「環境国会」などと呼ばれる。2000年の通常国会では、「循環型社会形成推進基本法(循環型社会基本法)」を主軸に、「改正廃棄物処理法」「改正リサイクル法」(「リサイクル法」を改正、法律名も「資源有効利用促進法」に改名)、「食品循環資源再生利用促進法(食品リサイクル法)」「建設工事資材再資源化法(建設リサイクル法)」「グリーン購入法」の六つの法律が成立し、リサイクル促進を図る循環型社会の基本的な枠組みが法律面から整備された。2000年が「循環型社会元年」と言われるゆえんである。→公害国会

## リターナブルびん (returnable bottle)

繰り返し使用されるガラスびんのこ

と。一升びん、ビールびん、牛乳びん、清涼飲料びんなどの空びんは、小売店を通して回収された後、酒類・飲料・調味料メーカーで洗浄され、中味を詰めて再び商品として販売される。空びんを返却すれば、消費者には容器代が払い戻される。リターナブルびんは、環境負荷低減を考える上で、すぐれた特徴を持っている。にもかかわらず、利便性を重視する消費社会の流れは、ワンウェイ容器の増加に拍車をかけ、リターナブル容器の循環を減少させている。環境先進国と言われる独やデンマーク、スウェーデンなどの国々では、廃棄物の処理費が販売価格に上乗せされるため、リターナブルびんが活躍できる社会となっている。リターナブルびんを復活させるためには、拡大生産者責任を徹底し、リターナブルびんとワンウェイ容器の土俵を等しくすることが必要である。→デポジット制度、拡大生産者責任、容器包装リサイクル法

### リーチきせい【REACH規制】
(Registration, Evaluation, Authorization of Chemicals)
化学物質の登録・評価・認可に関する欧州連合（EU）の規則。2007年6月1日に施行された。正式名称は、「化学物質の登録・評価・認可に関する規制」。欧州連合域内で、年間1トン以上製造・輸入する化学物質を対象に、企業に登録を義務付けるもの。3万種類を超える化学物質の安全性データの提出を求める内容で、世界に例を見ない、史上最大の化学物質規制と言われる。背景には、事業者にリスク評価を義務付ける「予防的アプローチ」の考え方が貫かれている。対象は、化学業界、電機業界、自動車業界のみならず、化学物質を利用する全ての業種に及ぶ。REACHに対応できるサプライチェーン全体を貫く情報伝達システムをつくるため、日本でも2006年10月、化学、電機、自動車などの企業および団体が、物質管理の共通フォーマットづくりを目指す「アーティクルマネジメント推進協議会」（JAMP）を発足させた。→汚染者負担の原則、地球サミット、包括的製品政策、予防原則、ローズ指令

### リデュース（reduce）
廃棄物を出さないこと、もしくは廃棄物の量を減らすこと。「ごみの発生抑制」とも言われる。生産工程で出る廃棄物の削減や、使用済み製品の発生量を削減することを指す。具体的には、原材料の使用量を減少させるよう製品設計上の工夫をしたり、製品を長寿命化したり、生産工程での原材料に対する製品の比率を上げたりすることにより、ごみの発生を抑制できる。また生産過程だけでなく、消費段階で消費者が製品を長く

使うこともリデュースの一つである。さらに、リデュースは単に「ごみの発生抑制」に止まらず、原材料資源の「投入抑制」による資源生産性の向上、枯渇性資源の節約を目指すという時にも使われる。→LCA、環境適合設計、ゴミ問題、産業エコロジー、資源投入抑制、循環型社会、包括的製品政策、マテリアルデザイン

## リフュージア（refugia）

環境の変化等により生物が元の生息場から移動し環境が元に戻るまで退避し生息・繁殖する場所。生物はそれぞれの種の生存に適した場所に生息するが、気候変動など環境の変化に対応して生息場を移動する。植物は自ら移動することができず環境の変化に対しては脆弱な存在であるが、種子の散布などにより時間をかけて生息場の移動を行う。植生は気候が温暖化すると北へ、寒冷化すると南へと移動する。日本列島は南北に長い島国であり、地球温暖化により植生が北へ移動すると、海などの物理的障壁により移動が妨げられ生息が不可能になり、種の絶滅が予測される。特に山岳部に分布する高山植物は、温暖化から避難するリフュージアがないため絶滅の危険性が高い。→エコロジカルネットワーク、地球温暖化、ハビタット、氷期　間氷期

## リモートセンシング（remote sensing）

対象物に直接触れずに対象物の大きさ、形および性質を観測する技術。主に地形や資源などを上空から観測するリモートセンシングは、航空機やラジコンヘリ、人工衛星から写真や各種レーダーを用いて行われる。地球観測衛星は、光学センサ、能動型マイクロ波センサ、受動型マイクロ波センサを搭載し地表面の状態を観測している。地球観測衛星としては、米国の「ランドサット」が代表的であり、国内では海洋観測衛星の「もも1号」、地球資源衛星「ふよう1号」などが運用されている。リモートセンシングは、人間が入ることが困難な地域の観測を可能とし、短時間に大量の情報を得ることが可能である。主に植生の分布、海面温度、地表温度、資源探査、土地利用変化、考古学調査、地殻変動量観測などに利用されるほか、農業分野では作物の作付け状況、収量、土壌の特性などの調査に利用される。→GIS

## リユース（reuse）

一度使用して不要になった製品を、そのままのかたちでもう一度使うこと。「再使用」と言われることもある。具体的には、不要になったがまだ使える製品を、他者に譲渡したり売却したりして再使用する場合や、生産者や販売者が使用済み製品、部品、容器などを回収して修理したり洗浄

してから、再び製品や部品、容器などとして再利用する場合がある。最近では中古住宅、中古車、中古家電類・家具類、中古衣料品などの再使用マーケット（中古市場）が急速に拡大している。→LCA、ゴミ問題、再商品化、循環型社会、リターナブルびん

## りようけん【利用権】

財やサービスを利用する権利。一般に財を購入することは、その所有権と処分権を入手することであるが、その財を使用するだけの権利を利用権と呼ぶ。環境負荷の軽減を考えて、財を所有するのではなく、その機能だけを利用することにより、一つの財で複数の人間が同じような満足を得ることができる。例えば、あまり自動車を使わない場合のレンタカーや共同所有などは、財の利用権だけを設定することで、より少ない資源で多くの人間がその財による効用を得ることができる。持続可能な社会では、一つの商品に複数の利用権を設定する「財のサービス化」が、今より広く行われることが予想される。→カー・シェアリング、入会権、共同占有

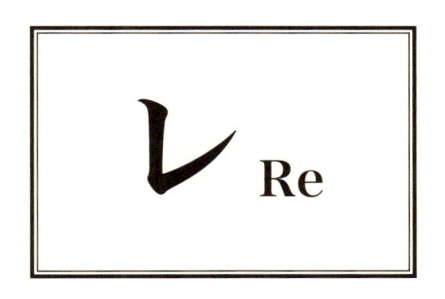

レアメタル→きしょうしげん【希少資源】

## レイチェル・カーソン (Rachel Louise Carson)

米国の生物学者。1907年、ペンシルベニア州に生まれる。大学院では発生遺伝学、海洋生物学を専攻。広範な知識と洞察力を持つ著述家でもある。農薬や殺虫剤等の化学物質が、野生生物や人間を含む生態系に与える影響を鋭く告発、警告し大きな議論を呼び、多くの国で農薬などの化学物質の毒性が再認識され、使用が制限されるようになった。彼女の警告は、その後のダイオキシン、環境ホルモン等の問題の顕在化を背景に、科学技術に依存した工業文明への批判として環境思想の大きな潮流になった。『Silent Spring』は1962年に出版されたが、1964年に日本で出版されたタイトルは『生と死の妙薬』であり、1974年から『沈黙の春』というタイトルで出版されている。著者が、夏の数か月をメイン州の海岸や森で幼い甥と過ごした体験をもと

に書かれたエッセイ『センス・オブ・ワンダー』も有名で、エコリテラシーは、子どもの頃の自然との触れ合いの中で培われると述べている。→奪われし未来、エコリテラシー、沈黙の春

## レインアウト（rain out）

大気中の汚染物質が雲粒の核となり、酸性の雲を形成すること。酸性雨形成の一つメカニズム。大気中の水蒸気が雲粒を形成し雲になるには、雲粒の核となる物質が必要である。大気汚染物質である硫黄酸化物や窒素酸化物粒子が核となり、雲粒が形成されると雲は酸性化する。酸性化した雲から雨が降る場合に、降雨は酸性雨となる。雨が雲から落ちる間に大気中の酸性汚染物質を捕捉、溶解し、雨が酸性化する現象を「ウォッシュアウト」と呼ぶ。→酸性雨　酸性霧

## れきしてきかんきょう【歴史的環境】

歴史的伝統を持った環境。環境保護では、自然環境や生態系の保護が強調されるが、英国のナショナルトラストや日本の近江八幡の例のように、歴史的な建造物が生活環境や自然環境と一体化して調和している歴史的環境もある。それは多くの場合、自然環境とあまり対立することなく存在しており、開発などにより破壊される時は自然環境とともに消えてしまうことが多い。また歴史的環境を保護するには、多くの自然環境の存在を必要とする。例えば、五箇山や白川郷の合掌造の建築物を守るためには、近在に屋根を葺くための大量の茅がなければならない。このように自然環境を保護ができなければ歴史的環境も守ることはできない。→近江八幡、京都タワー建設問題、景観、古社寺保存法、生活環境主義、ナショナル・トラスト

## レジぶくろぜい【レジ袋税】

スーパーやコンビニエンスストアのレジ袋に課税をすること。包装容器のリデュース（発生抑制）を図ろうとする政策で、ごみ処理費用の軽減や焼却処理による環境への悪影響、焼却炉の劣化を抑えようという目的がある。ヨーロッパではすでに導入され、一定のゴミ減量の効果は証明されている。2002年に、杉並区で環境目的税の一つとしてレジ袋に関する課税が議論された。しかし流通業界などの反対もあって、レジ袋の削減目標を設定して、その目標が達成できるようであれば、課税は再検討することとし、2006年8月段階ではまだ結論は出ていない。これとは別だが、杉並区は2007年1月から協力店のスーパーでのレジ袋有料化の実験を開始。イオンも同年からレジ袋削減のための「買い物袋持参運動」を、西友も「マイバッグ運動」を全

国展開している。→循環型社会、リデュース

## レジンペレット（resin pellet）

プラスチック製品の中間原料でポリエチレン、ポリプロピレン、ポリスチレンから成る粒状の物質。かたち、大きさ、色は多様であり、直径数ミリ程度。プラスチック原料工場から、レジンペレットのかたちでプラスチック工場へ運ばれ、製品に加工される。1970年代に、米国で大量のレジンペレットが海洋に浮遊しているのが確認され問題となった。日本でも、全国の海岸で漂着が確認されている。レジンペレットは、PCB等の様々な有害物質を吸収する。また内部から環境ホルモンの一種が溶け出すことが確認されている。化学的な影響の他に、レジンペレットを海鳥や魚が摂取し腸閉塞等を引き起こす可能性も懸念される。レジンペレットの排出原因は、プラスチック工場、運搬中および荷役中からの漏出である。1993年に、業界団体が漏出防止マニュアルを作成したが効果は上がらなかった。2000年に、環境庁（現・環境省）が漏出防止を呼びかけるパンフレットを作成した。レジンペレットは、海洋に浮遊し分解されずに世界中の海へ運ばれ汚染を拡大するため、早急に官民をあげてその漏出防止に取り組む必要がある。→環境ホルモン、PCB

## レスター・ブラウン（Lester R. Brown）

米国を代表する環境啓蒙家。アースポリシー研究所長、元・ワールドウォッチ研究所長。環境と人間を総合的に研究、その提言で世界をリードし続ける「環境問題の伝道師」。一貫して環境に負荷をかけない経済活動の大切さを説き、経済と環境の調和を目指す「エコ・エコノミー」を提唱してきた。1934年、米国ニュージャージー州生まれ。ラトガーズ大学とハーバード大学で農学や行政学を修め、米国農務省に入省、同省国際農業開発局長などを歴任。1974年、ロックフェラー財団の支援を受けて環境問題のシンクタンク、ワールドウォッチ研究所を設立。84年に『地球白書』（日本版書名）を創刊、以後、世界の主要国で翻訳されている。2001年、アースポリシー研究所を新設し所長に就任した。→食糧危機、食糧自給率、地球白書

## レスポンシブル・ケア（responsible care）

直訳は「責任ある配慮」。化学物質を取り扱う企業が、環境・安全・健康を守るため自主管理活動を行うこと。地球環境問題の発生や工業化社会の拡大とともに、「環境・安全・健康」に関する問題が顕在化し、人体や環境を脅かす化学物質への懸念が拡大しつつある。化学物質を取り扱う事

業者が、払うべき責務はますます大きくなった。折しも1984年には、インド・ボパールで史上最大の化学事故が起きた。レスポンシブル・ケアは、この事故を契機として1985年にカナダで誕生。1990年に国際化学工業協会協議会（ICCA）が設立され、今では、世界52カ国（2005年4月）で展開されている。その目的は、環境保護、保安防災、労働安全衛生、化学品安全、社会とのコミュニケーションに置かれている。日本では、科学物質を製造または取り扱う企業74社が中心となり、社団法人日本化学工業協会（日化協、JCIA）の中に日本レスポンシブル・ケア協議会（JRCC）を設立。2005年4月現在、会員企業は107社となっている。→PRTR制度、ボパール事件、有毒物質排出目録

## れっかウラン【劣化ウラン】
(depleted uranium)

ウラン鉱石を原子炉や核兵器に利用するため濃縮して、核分裂を起こすウラン235を取り出した後に残された副産物のウランのこと。その密度が鉄の2.5倍と非常に重く、超硬金属でタングステンよりもすぐれた物理特性を持つため、米国では戦車の装甲板を貫通する弾丸や防御用の装甲材に使われている。劣化ウランは、その放射線は弱く、我々が日常的に受けている自然界と大差ない。しかし、他の重金属と同様、潜在的に有毒であるため、粉塵を吸い込んだりした場合に有毒である。→核燃料　核燃料再処理、プルサーマル、モックス

## レッドデータブック
(Red Data Book)

1966年に、国際自然保護連合（IUCN）が中心となって作成した、世界中の絶滅の恐れがある野生動植物（絶滅危惧種）がリストアップされた刊行物。表紙が危険を知らせる意味で赤色だったことから、この名前がある。その後、これに準じたものが多くの国でつくられている。わが国では環境庁（現・環境省）によって、1991年の動物版を皮切りに、絶滅が危惧されている日本の野生生物を種に類別した「レッドリスト」と、種についてその生息状況などを記した「レッドデータブック」が作成されている。また、学術団体や自治体などによっても、同様のリストがつくられている。→絶滅危惧種

## レバノンすぎ【レバノン杉】
(Lebanon Cedar)

マツ科ヒマラヤスギ属の針葉樹。中東のレバノン山脈から小アジアにかけて分布していたが、古代からの過剰な伐採により現在ではレバノン山脈の一部に小規模に残っているのみだ。カディーシャ渓谷に残る自生林

は1998年に世界遺産に登録された。レバノン国旗にも描かれている。エジプトで発見された太陽の船は、レバノン杉でつくられている。真っ直ぐ伸び樹高40m程に成長する。木材は腐敗や虫に強く、香りがすることで珍重された。レバノン杉の分布していた地域はエジプト、メソポタミアの古代文明に挟まれた地域であり、両文明の地に有用な樹木が少ないことから古代より伐採され、建材や船材として利用された。世界最古の叙事詩である「ギルガメッシュ叙事詩」はレバノン杉の伐採を記しており、文明による環境破壊の始まりの記録とされている。残存するレバノン杉の巨樹は1200本程であり、現存樹木の保護および稚樹育成、植林による再生が図られている。→ギルガメッシュ叙事詩

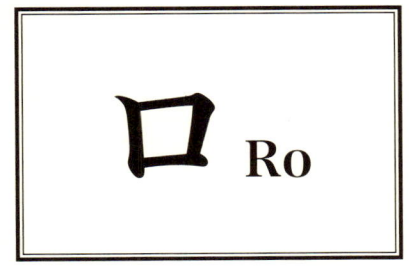

# 口 Ro

## ろうどうあんぜんえいせいほう【労働安全衛生法】
(OSHA) (Occupational Safety and Health Act)

労働環境の安全性と労働環境の悪化を防ぐための米国の法律。同法の成立によって、労働環境の安全性が追求され、生産過程での有害物質や有毒な排気ガスなどの排出が規制され、事実上の環境規制の先駆けとなった。またこの安全規制は、定量的にリスクが測定されるため、その後の「大気浄化法」をはじめ、各種の公害や環境規制の成立に影響を与え、環境規制基準の元になった。日本では、労働災害防止のための基準などを定め、事業者の責任を規定した同名の法律が、1972年に制定されている。→環境リスク、感度分析

## ローカルアジェンダにじゅういち【ローカルアジェンダ21】→アジェンダにじゅういち【アジェンダ21】

## ローズしれい【RoHS指令】
(Restriction of The Use of Certain Hazardous Substances in Electrical and Electronic Equipment)

欧州連合（EU）が2006年7月1日、本格施行した特定有害物質使用制限指令。パソコン、複写機、デジタルカメラ、携帯電話などの電気・電子機器を対象に、鉛、水銀、カドミウム、六価クロム、ポリ臭化ビフェニル、ポリ臭化ジフェニルエーテルの6物質の使用を原則禁止した。EU市場に進出している日本企業は、鉛を使わない無鉛はんだを開発するなど、その対応をほぼ完了している。日本でも、同じ6物質含有の有無をラベル

で表示させる規制、ジェイモス（J-Moss）が始まった。→ジェイモス、ウィー指令

## ろてんさいくつ【露天採掘】
(open pit mining)
鉱物資源の主要な採掘法。鉱物の鉱床を地表から掘り下げていくので、地表の森林を伐採、植生を除去し、表土を掘削して採掘する必要がある。そのため、森林、生態系の破壊、水質汚染などを余儀なくされる採掘法であるが、鉱床が比較的地表近くに存在している場合は、この採掘法が適しており、品位の低い鉱物でも経済性がある。品位が高く、地下深所に存在する鉱脈を採掘するためには、坑内採掘法が取られる。発展途上国における、金、銀、銅、ニッケルなどの大規模露天採掘による環境破壊が深刻な問題となってきている。→低品位鉱石、バイオマイニング

## ロード・プライシング→じゅうたいぜい【渋滞税】

## ロハス（LOHAS）(Lifestyles of Health and Sustainability)
健康と持続可能性を大事にして生きよう、とするライフスタイルのこと。このような生活者像は、「生活創造者層」あるいは「文化的な創造者層」と呼ばれる。米国の社会学者ポール・レイと心理学者シェリー・アンダーソンが『The Cultural Creatives;How 50 Million People Are Changing The World』(2000)を著し、全米の成人15万人を対象に、15年間にわたって価値観を調査した結果、第三の社会集団として「生活創造者」(Cultural Creatives)の存在を実証したのがきっかけとなった。2000年現在、米国では成人人口の26％に当たる約5000万人、欧州連合（EU）諸国内では約8000～9000万人（成人人口の約35％）が生活創造者（ロハス層）と言われ、日本でも全人口の約3割がロハス層とみられる。ロハス的な価値観を持った人々は新しい市場を興隆させており、有機農業や自然食品、代替医療、ヨガや自己実現セミナー、エコツーリズムなど多岐にわたる。「LOHAS＝ロハスビジネス」と呼ばれるように、ビジネスコンセプトとしても重視されている。→グリーンコンシューマー、有機農業、ライフスタイル

## ローマクラブ
(The Club of Rome)
1970年3月にスイスの法人として設立された国際的な民間組織。オリベッティ社の副社長であったアウレリオ・ベッチェイの提唱で、深刻化しつつある天然資源の枯渇化、環境汚染の進行、開発途上諸国における爆発的な人口増加、大規模な軍事的破壊力の脅威などによる人類の危機に

対して、その回避の道を探索することを目的として設立された。科学者、経済学者、教育者、経営者などによって構成される。設立に先だって、1968年4月にローマで最初の会合を開催したことから「ローマクラブ」と名付けられた。ローマクラブは、1972年に『成長の限界』を発表したことにより、クラブの名前と地球規模での環境問題の存在が、世界中に知られるようになった。『成長の限界』は、資源多消費型の現在の成長率が不変のまま続くならば、「来るべき100年以内に地球上の成長は限界点に達し、人口と工業力のかなり突然の制御不可能な減少に直面するだろう」という衝撃的な内容だった。地球温暖化による気候変動の脅威が身近に感じられるようになった現在、『成長の限界』が改めて関心を呼んでいる。
→成長の限界、地球環境問題

## ロンドンスモッグじけん【ロンドンスモッグ事件】
(London Smog Disasters)
1952年12月5日から9日にかけてロンドンで発生した大規模大気汚染。ロンドンでは産業革命以降、冬季に暖房用などに石炭を多用したため、度々大気汚染が発生し問題となっていた。1952年12月5日に、きびしい寒さがロンドンを襲い市民が大量に石炭を使用して、二酸化硫黄などの大気汚染物質が地表付近に滞留し霧に溶け込み、強酸性の濃霧を形成した。上空には逆転層が形成されたため、濃霧は地表付近に留まり被害が拡大した。ロンドンスモッグによる死者は4000人以上とされ、その多くが慢性気管支炎、気管支肺炎などの慢性呼吸器疾患を持つ高齢者であった。この事件により英国では大気汚染への関心が高まり1956年に「大気浄化法(Clean Air Act)」が制定された。→二酸化硫黄、光化学スモッグ

# ワ Wa

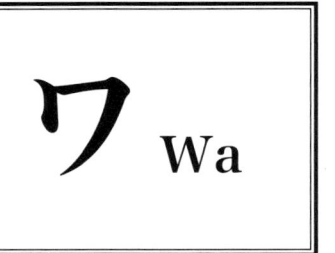

## ワイズ・ユースうんどう【ワイズユース運動】

米国で続いている反環境規制運動。1980年代末から、西部牧場主、鉱業・林業の労働者が中心となって、あまりにきびしい環境規制に反発し、経済と環境が両立できる程度に連邦共有地も利用・開発すべきと主張した。政府の環境規制によって自分たちの経済生活が脅かされたとする人々が連携して、「人間こそ絶滅危惧種である」とスローガンを掲げ、環境保護団体グリーンピースなど既存の環境NPOと対立している。ワイズユース運動は、レクリエーションの連合を含め、全米で支持者が数百万人とも言われ、ロビーイング活動(陳情運動)など政治的にも大きな力を持つ。90年代以降は、シエラ・クラブなど既存の環境NPOが唱える原生自然保護の考えと対立し、ワイズユース運動側と環境NPO側との間で政治的綱引きが行われている。運動側は否定しているが、運動過激派の中には環境保護派への暴力沙汰などがあり、問題性が指摘されている。ワイズユース運動の背景には、米国内における西部と東部の経済対立があり、持続可能性と経済活動の関係の検証を迫るものとなっている。→グリーンピース、環境NPO、原生林、自然環境主義、サンクチュアリ、シエラ・クラブ、生活環境主義、ナショナルパーク

## ワクチン(vakzin)

伝染病の予防や治療の目的で、生体に免疫を獲得させるために接種する抗原の総称。抗原には、弱毒化もしくは無毒化した生きた病原体を用いた生ワクチンと、増殖性を持たない、死んだ病原体を用いた不活性化ワクチンがある。前者に属するものとして種痘、BCG、ポリオ、はしか、風疹など、後者には破傷風、ジフテリア、百日咳、インフルエンザなどがある。→自然免疫、免疫系

## ワシントンじょうやく【ワシントン条約】

正式名称は、「絶滅の恐れのある野生動植物の種の国際取引に関する条約」。野生動植物の国際取り引きの規制を輸出国と輸入国とが協力して実施することにより、採取・捕獲を抑制して絶滅の恐れのある野生動植物の保護を図ることを目的とする条約。三部から成るワシントン条約付属書には、三段階に分けられた取り引きの規制内容、および絶滅の恐れのあ

る規制対象動植物種などが記されている。条約で規制している動植物およびこれらを使用した製品や加工品を国内に持ち込む場合は、条約で定めた機関の発行する書類を必要とする。→絶滅危惧種、レッドデータブック、生物多様性

## わりばし【割り箸】

木または竹でつくられる使い捨ての箸。使い捨てで衛生的であるため飲食店などで多く使用される。割り箸の原料は、1960年代までは国産材であり間伐材や低利用材などであった。1970年代以降、割り箸の輸入が始まり、1990年代以降は中国からの輸入が大半を占めている。現在、日本の割り箸は90％が輸入によるものであり、主要な輸出国である中国での森林伐採につながっていると問題視もされている。こうした背景を受け、中国の業者は2005年以降、割り箸の大幅な値上げを要求している。近年は、割り箸に防カビ剤、漂白剤が残留している場合があり、人間への影響が考えられるため、厚生労働省が監視体制の強化を図っている。こうした動きとは別に、割り箸使い捨て文化に決別しようとする人も多く、割り箸から洗い箸使用に切り換える飲食店、マイ箸を持ち歩く人々も増えている。また、割り箸使い捨てを容認する人の間にも、荒れた山を整備するためにも日本国内の間伐材を利用した割り箸を積極的に使おうという運動もある。→間伐材

## ワンガリ・マータイ
(Wangari Muta Maathai)

東アフリカ初の女性博士、ナイロビ大学初の女性教授、ノーベル平和賞受賞者。ケニア出身。1977年、アフリカの砂漠に緑のベルトをつくるグリーンベルト運動を開始した。その後、ケニアの国会議員や環境・天然資源・野生動物省の副大臣を務め、ケニア緑の党を設立。2004年「持続可能な発展、民主主義と平和への貢献」によってノーベル平和賞を受賞した。翌2005年2月に来日したが、この時、「もったいない」という言葉に出会い感動した彼女は、「もったいない」を世界に広げたいと語った。同年3月、ニューヨークで開かれた国連女性地位委員会で、出席者全員に「MOTTAINAI」の唱和を呼びかけ、「もったいない」という言葉は環境保全のキーワードとして世界的に知られるようになった。→グリーンベルト運動、足るを知る、ライフスタイル

## ワンパーセントクラブ【1％クラブ】

社会貢献活動のために、経常利益や可処分所得の1％相当額以上を支出しようと努める企業や個人を会員とするクラブ。日本経団連（現・日本経済団体連合会）が1990年11月に創設

した「1％クラブ」が代表的。活動内容は会員向けに寄付や社会貢献活動に関する情報を提供したり、一般の人々向けに企業の社会的貢献活動に対して理解を深めてもらうための事業を実施している。個別企業では、「イオン1％クラブ」や資生堂の「SHISEIDO 社会貢献くらぶ・花椿基金」がある。米国には1％クラブから5％クラブまであり、5％クラブに属している企業だけでも数万社あると言われる。→フィランソロピー、メセナ

ワ

# INDEX

## ア

IEA……………4
IAEA……………4
ISLEnet→アイルネット
ISO14001……………5
ISO14001統合認証……………5
ISO14000シリーズ→ISO14001
ISO26000……………6
IFSDM……………6
ICMM……………6
ICLEI→イクレイ
IT汚染……………6
ITTA→国際熱帯木材協定
ITTO→国際熱帯木材機関
IPCC……………7
IPCC第4次評価報告書……………7
IPP……………8
IPP→包括的製品政策
アイルネット……………8
アオコ……………9
青潮……………9
赤潮……………10
悪性中皮腫……………10
アサザ基金……………10
アジェンダ21……………11
足尾鉱毒事件……………11
アシロマ会議……………12
アースウォッチ・ジャパン……………12
アースデイ……………13
アスベスト……………13
アスワンハイダム……………14
アトピー……………14

アニミズム……………15
アネルギー……………14
アーヘンモデル……………15
アメニティ……………15
アメリカ・エビ輸入禁止事件……………16
アラル海……………16
RITE→地球環境産業技術研究開発
REACH規制→リーチ規制
RSPO……………16
RoHS指令→ローズ指令
RDF……………17
RPS法……………17
アレルギー反応……………17
アレルゲン……………18
安定型処分場→廃棄物処分場3タイプ
EER……………18
言い分……………18
ES細胞……………18
ESCO→エスコ
EMAS→イマス
EMS→環境マネジメントシステム
イエローケーキ……………19
EOR→石油増進回収法
硫黄酸化物……………19
育成林……………19
イクレイ……………20
諫早湾干拓事業……………20
異常気象……………20
イソ14001→ISO14001
イソ26000→ISO26000
磯焼け……………21
イタイイタイ病……………21
一次エネルギー……………22
一次汚染物質……………22

一日摂取許容量→ADI
一酸化炭素……………22
一酸化窒素……………23
イッタ→国際熱帯木材協定
イット→国際熱帯木材機関
一般環境大気測定局……………23
一般廃棄物……………24
遺伝子組み替え……………24
遺伝子組み替え生物……………24
遺伝子資源……………24
遺伝子治療……………25
遺伝情報……………25
遺伝的多様性……………25
移動発生源……………25
EPR→拡大生産者責任
EPT……………26
EPBT→EPT
イマス……………26
EuP指令……………26
EUフラワー→EUフラワー欧州連合
EUフラワー欧州連合……………27
入会権……………27
インパクト評価……………28
インバース・マニュファクチャリング
……………28
インベントリー分析……………28
ウイーク・サステナビリティ………28
ウィー指令……………29
ウイルス……………29
ウィンドファーム……………30
ウエット系バイオマス……………30
魚付き保安林……………30
ウォームビズ→クールビズ
雨水利用……………31
打ち水……………31
奪われし未来……………32
浦安事件……………32
ウラン濃縮……………32

売主責任……………33
AIMモデル……………33
永久凍土……………33
エイズ……………34
永続地帯……………34
HIV→エイズ
HEP……………34
HCFC……………35
エイムモデル→AIMモデル
栄養失調……………35
AA1000シリーズ……………35
液化天然ガス……………36
エクエーター原則……………36
エクセルギー……………36
エクソン・バルディーズ号事件……37
エコアクション21……………37
エコクッキング……………37
エコ効率……………37
エコシステム……………38
エコシステムマネージメント→生態系管理
エコシティ……………38
エコスクール認証制度……………39
エコスペース……………39
エコセメント……………39
エコタウン事業……………40
エコツーリズム……………40
エコデザイン……………41
エコドライブ……………41
エコビジネス……………41
エコファーマー……………41
エコファンド……………42
エコフェミニズム……………42
エコプロセッシング……………42
エコプロダクツ……………43
エコマーク……………43
エコマテリアル……………43
エコマネー→地域通貨

エコミュージアム……………………44
エコラベリング………………44
エコリテラシー………………45
エコリーフ環境ラベル………45
エコリュックサック…………45
エコロジー……………46
エコロジカルデザイン………………46
エコロジカルネットワーク…………46
エコロジカル・フットプリント……47
エコロジスト……………47
エシカル・コンシューマー…………47
SRI→社会的責任投資
SA8000……………48
エスコ……………48
STD……………49
SPM→浮遊粒子状物質
エタノール車……………49
越境汚染……………49
ADI……………50
NEDO→新エネルギー・産業技術総合開発機構
NGO……………50
NPO……………50
NPOバンク……………51
エネルギー安全保障………………51
エネルギー作物……………51
エネルギー自給率……………52
エネルギー集約度……………52
エネルギー消費効率→EER
エネルギー・ペイバック・タイム→EPT
エネルギー保存の法則………………52
FAO→国連食糧農業機関
FSC→森林認証制度
FTSE4Good……………53
MIPS→ミップス
MRSA……………54
MSC認証……………54

LNG→液化天然ガス
LOHAS→ロハス
LCIA……………54
LCA……………55
LD→致死量
エルニーニョ……………55
LPガス　液化石油ガス……………56
LPG→LPガス　液化石油ガス
LPG自動車……………56
塩害……………56
沿岸漁業……………57
塩湖……………57
エンソ　エルニーニョ南方振動……57
エンド・オブ・パイプ……………58
エントロピー増大の法則……………58
エンパワーメント……………58
塩類集積……………59
オイルサンド……………59
オイルシェール……………60
オイルショック……………60
近江八幡……………60
オガララ滞水層……………60
屋上緑化……………61
汚染者負担の原則……………61
汚染土壌……………62
汚染物質……………62
オゾン層保護法……………62
オゾンホール……………63
小樽運河……………63
ODA……………63
オーデュポン協会……………64
オフィス町内会……………64
オーフス条約……………64
オリマルジョン……………65
オリンピック方式……………65
オルタナティブ……………66
温室効果ガス……………66
温暖化→地球温暖化

オンデマンド生産……………66

## カ

ガイア仮説……………67
海岸侵食……………67
海水淡水化……………68
害虫駆除……………68
皆伐……………68
外部不経済……………69
海面上昇……………69
海洋汚染防止法……………69
海洋循環……………70
海洋生態系……………70
外来生物……………71
カウボーイエコノミー……………71
カエル・ツボカビ症……………72
加害者-被害者図式……………72
化学工場汚染事故……………72
化学合成細菌……………72
化学的酸素要求量……………73
化学肥料……………73
化学物質過敏症……………74
拡大生産者責任……………74
獲得免疫……………74
核燃料　核燃料再処理……………75
核燃料サイクル……………75
核燃料廃棄物……………75
核分裂エネルギー発電……………76
核融合エネルギー発電……………76
隠れたフロー→TMR……………76
カーシェアリング……………76
過剰栄養……………77
過剰採取……………77
過剰揚水……………77
ガスエンジンヒートポンプ→GHP
ガス化溶融炉……………77
ガスハイドレート……………78

化石水……………78
化石燃料……………79
化石燃料ゼロ宣言都市……………79
風のがっこう　風の学校……………79
仮想水→バーチャル・ウォーター
学校版環境ISO……………80
家庭版環境ISO認定制度……………80
家電リサイクル法……………81
カトリーナ……………81
カヌール声明……………82
カビ……………82
花粉観測システム……………82
花粉症……………83
カーボンオフセット……………82
カーボンディスクロージャー・プロジェクト……………83
カーボンニュートラル……………83
カルタヘナ議定書……………83
カール・ヘンリック・ロベール……84
カルンボー工業団地……………84
枯葉剤……………84
ガワール油田……………84
ガン……………85
灌漑農業……………85
環境アセスメント……………85
環境影響評価→環境アセスメント
環境NPO……………86
環境汚染……………86
環境汚染物質排出・移動登録………86
環境会計……………87
環境格付け　環境格付け機関………87
環境家計簿→CO2家計簿　環境家計簿
環境監査……………87
環境基本計画……………88
環境基本法……………88
環境教育……………89
環境許容限度……………89
環境経営……………89

環境権…………90
環境考古学…………90
環境広告…………90
環境効率…………91
環境コミュニケーション…………91
環境差別…………92
環境自治体　環境自治体会議………92
環境指標…………92
環境首都　環境首都コンテスト……92
環境税…………93
環境正義…………93
環境製品宣言…………93
環境ソリューション広告…………94
環境抵抗…………94
環境的公正…………94
環境適合設計…………94
環境と開発に関する世界委員会→ブルントラント委員会
環境毒性…………95
環境難民…………95
環境に関するボランタリープラン…95
環境の日…………95
環境配慮型商品→エコプロダクツ
環境配慮型設計→環境適合設計
環境配慮促進法…………96
環境白書…………96
環境パフォーマンス評価…………96
環境負荷…………97
環境復元…………97
環境負債…………97
環境文化…………97
環境報告書…………98
環境保護団体…………98
環境保全運動…………99
環境ホルモン…………99
環境マイスター制度…………99
環境マネジメントシステム…………100
環境民主主義仮説…………100

環境容量…………100
環境リスク…………100
環境ラベル→エコラベリング
環境倫理学…………101
環境レイシズム…………101
環境を考える経済人の会21→B-LIFE21
感染症…………101
感染性廃棄物…………102
感染性微生物…………102
感度分析…………102
干ばつ…………102
間伐材…………103
がんばらない宣言いわて…………103
管理型処分場→廃棄物処分場3タイプ
寒冷化…………103
飢餓…………104
帰化動物…………104
企業環境保護主義…………105
企業市民…………105
気候変動に関する政府間パネル→IPCC
気候変動枠組条約…………105
希少金属→希少資源
希少資源…………106
汽水湖…………106
揮発性有機化合物…………107
逆工場→インバース・マニュファクチャリング
キャット…………107
狂牛病　牛伝染性海綿状脳症→BSE
共生…………108
共同実施…………108
共同占有…………108
京都議定書…………108
京都議定書目標達成計画…………109
京都タワー建設問題…………109
京都メカニズム…………109
極相林…………110
魚群探知機…………110

| | |
|---|---|
| 巨大（地域）開発……………111 | グローバルトリレンマ……………123 |
| ギルガメッシュ叙事詩……………111 | 黒部川のダム……………123 |
| 近自然工法……………111 | クロロフルオロカーボン→CFC |
| 近代技術主義……………112 | クローン……………123 |
| 菌類……………112 | 景観　景観形成……………124 |
| 苦海浄土……………112 | 景観条例……………124 |
| 葛巻町……………112 | 景観生態学……………125 |
| クライメート・チェンジ……………113 | 景観法……………125 |
| クラインガルテン……………113 | 軽水炉型原発……………125 |
| グラウンドワーク……………114 | 経団連環境自主行動計画……………125 |
| クリチバ市……………114 | 経団連地球環境憲章……………126 |
| クリーナープロダクション……………115 | 系統樹……………126 |
| グリーンインベスター……………115 | 系統連系……………126 |
| グリーンウォッシング……………115 | 軽薄短小技術……………127 |
| クリーンエネルギー……………115 | 下水汚泥……………127 |
| クリーン開発メカニズム……………116 | 下水処理水……………127 |
| グリーンキー……………116 | 下水道……………128 |
| グリーン購入……………116 | ゲノム……………128 |
| グリーン購入ネットワーク……………117 | ケミカルリサイクル……………128 |
| グリーン購入法……………117 | 現位置浄化……………128 |
| グリーンコンシューマー……………117 | 原核生物……………129 |
| グリーンサービサイジング……………118 | 原生自然保護……………129 |
| グリーンジム……………118 | 原生動物……………129 |
| クリーン・ジャパン・センター……118 | 原生林……………129 |
| グリーン調達……………118 | 建設ゼロエミッション……………129 |
| グリーンツーリズム……………119 | 建設リサイクル法……………130 |
| グリーン電力　グリーン電力認証機構 | 原油……………130 |
| グリーン電力証書システム　グリーン電力基金→グリーン電力制度 | 原料炭……………130 |
| グリーン電力制度……………119 | 合意的手法……………131 |
| グリーン投資……………120 | 抗ウイルス薬……………131 |
| グリーンピース……………120 | 公害……………131 |
| グリーンファクトリー……………121 | 公害国会……………131 |
| グリーンベルト運動……………121 | 後悔しない政策……………132 |
| グリーンマップ……………121 | 公害等調整委員会……………132 |
| クールビズ……………121 | 公害防止協定……………132 |
| グレートプレーンズ……………122 | 光化学オキシダント……………133 |
| グローバル・コンパクト……………122 | 光化学スモッグ……………133 |
| | 黄河の断流……………134 |

公共圏…………134
公共財…………134
公共性…………134
抗菌薬…………135
合計特殊出生率…………135
抗原…………135
光合成…………135
黄砂…………135
公衆衛生…………136
公衆参加…………136
抗生物質…………136
高速増殖炉…………137
抗体…………137
後天性免疫不全症候群→エイズ
酵母…………137
高レベル放射性廃棄物…………137
公論形成の場…………138
枯渇性資源…………138
国際エネルギースター・プログラム…138
国際海底機構…………139
国際環境自治体協議会→イクレイ
国際協力事業団→ジャイカ
国際金融公社…………139
国際資源メジャー…………139
国際熱帯木材機関…………140
国際熱帯木材協定…………140
国際連合児童基金→ユニセフ
黒色炭素…………140
国民総幸福量→GNH
国連環境計画…………141
国連持続可能な開発委員会…………141
国連食糧農業機関…………141
国連森林フォーラム…………142
国連人間環境会議→ストックホルム国連人間環境会議
コジェネレーションシステム…………142
古社寺保存法…………142
湖沼水質保全特別措置法…………143

コースの定理…………143
コーズ・リレーティッド・マーケティング………143
国境なき医師団…………143
コップスリー…………144
固定発生源…………144
コーポレートガバナンス…………144
ごみゼロ工場…………145
ごみ発電…………145
ゴミ問題…………145
コミュニティー…………146
コミュニティービジネス…………146
コモンズの悲劇…………146
ゴール・イズ・ゼロ…………146
コンプライアンス…………147
コンベヤー方式…………147

## サ

催奇形性…………148
細菌…………148
再資源化率…………148
最終処分場…………149
再商品化…………149
再生医療…………149
再生可能エネルギー…………149
再生原料…………150
再生資源利用促進法…………150
再生利用→マテリアルリサイクル
債務環境スワップ…………150
在来種…………151
サステナビリティ指標→持続可能性指標
サステナビリティ…………151
サステナビリティ革命…………151
殺菌剤…………151
殺虫剤…………152
里地里山…………152

里山…………152
砂漠化対処条約……………153
サプライチェーンマネジメント……153
サプライヤー・コード・オブ・コンダクト
…………153
サーマルリサイクル……………154
産業エコロジー…………154
産業共生→産業生態系
産業公害……………154
産業生態系……………154
三峡ダム……………155
産業廃棄物……………155
産業廃棄物処分場3タイプ…………156
サンクチュアリ……………156
珊瑚の白化現象……………156
酸性雨　酸性霧……………157
山川草木悉有佛性　山川草木悉皆成仏
…………157
三面コンクリート……………157
残留性有機汚染物質→難分解性有機汚染物質
GIS…………158
GRI…………158
CAT→キャット
シアン化ナトリウム……………159
JI→共同実施
JICA→ジャイカ
JEEF→日本環境教育フォーラム
JCCCA→全国地球温暖化防止活動推進センター
GHG→温室効果ガス
GHP……………159
ジェイモス……………160
CSR……………160
GNH……………160
CFC……………161
シエラ・クラブ……………161
CO2家計簿　環境家計簿…………162

COP……………162
COP3→コップスリー
紫外線……………162
資源管理型漁業……………163
資源危機……………163
資源効率性……………164
資源枯渇……………164
資源集約度……………164
資源循環利用率……………164
資源生産性……………165
資源投入抑制……………165
資源分割……………165
資源埋蔵量→埋蔵量
資源有効利用促進法……………166
資源浪費型社会……………166
CCS→炭素隔離
自主開発原油……………166
自主的取組み……………166
シシュマレフ島→……………167
システム4条件→ナチュラル・ステップ
自然環境主義……………167
自然環境保全基礎調査……………168
自然環境保全法……………168
自然享受権……………168
自然再生推進法……………169
自然選択説……………169
自然淘汰説→自然選択説
自然保護運動……………169
自然満足度曲線……………170
自然免疫……………170
持続可能性指標……………171
持続可能性報告書……………171
持続可能な資源消費……………172
持続可能な社会……………172
持続可能な農業……………172
GWP→地球温暖化係数
自治会……………173
シックハウス症候群……………173

湿原・干潟……………173
湿式精製錬→溶媒抽出
疾病率→罹患率
質量保存の法則……………174
GTL……………174
CDM→クリーン開発メカニズム
自動車シュレッダーダスト…………174
自動車排出ガス測定局……………174
自動車リサイクル法……………175
地盤沈下……………175
GPI……………175
CP→クリーナープロダクション
GPN→グリーン購入ネットワーク
CBD→生物多様性条約
指標生物……………176
死亡率……………176
市民型公共事業……………176
市民風車……………177
地元学……………177
ジャイカ……………177
社会的企業……………178
社会的公正……………178
社会的ジレンマ……………178
社会的責任投資……………179
社会的責任投資 (SRI) ファンド…179
社会林業……………180
ジャッカ→全国地球温暖化防止活動推進センター
種……………180
重金属汚染……………180
重厚長大型技術……………180
周産期死亡率……………181
囚人のジレンマ……………181
集水域……………181
集成材……………182
従属栄養生物→独立栄養生物
渋滞税……………182
集中豪雨……………183

種間競争……………183
宿主……………183
出生率……………183
シュバルツバルト……………184
シュミット・ブレーク……………184
純一次生産力……………184
循環型社会……………184
循環型社会形成推進基本法……………185
省エネ型製品普及推進優良店………185
省エネ基準達成率……………186
省エネ共和国……………186
省エネナビ……………186
省エネ法→省エネルギー法
省エネラベリング制度……………187
省エネルギーセンター……………187
省エネルギー法……………187
浄化槽……………188
上水道……………188
譲渡可能個別割当方式……………189
蒸発散作用……………189
消費者運動……………189
消費者行動分析……………190
情報公開制度……………190
情報的手法……………191
静脈産業……………191
縄文杉……………191
照葉樹林文化……………192
食事療法……………192
植生遷移……………192
植被率……………193
食品リサイクル法……………193
植物プランクトン……………194
食物連鎖……………194
食糧安全保障……………195
食糧危機……………195
食糧自給率……………196
除草剤……………196
白神山地……………196

シリコンプロセス……………197
シルバーショック……………197
新エネ利用特措法　電気事業者による新エネルギー等の利用に関する特別措置法→RPS法
新エネルギー……………197
新エネルギー・産業技術総合開発機構……………198
真核生物……………198
進化論……………198
新幹線公害……………199
シンクグローバリー、アクトローカリー……199
人口ゼロ成長……………199
人口動態……………199
人口爆発……………199
人口ピラミッド……………200
人工林の壁……………200
人口論……………200
新生物多様性国家戦略→生物多様性国家戦略　生物多様性条約
深層水循環……………201
深層地下水……………202
薪炭林……………202
身土不二……………203
新優生学……………203
森林原則声明……………203
森林生態系……………204
森林による炭素の貯蔵・吸収……204
森林認証制度……………204
水界生態系……………205
水界の炭素循環……………205
水源涵養保安林……………206
水質汚濁防止法……………207
水生生物による水質調査…………206
水素吸蔵物質……………207
水素社会……………207
水利権……………208

スウェットショップ……………208
スターン・レビュー……………208
ステークホルダー……………209
ステークホルダー・エンゲージメント……………209
ストックホルム国連人間環境会議…210
ストレス性疾患……………210
ストロング・サステナビリティ……210
スーパー堤防……………211
スーパーファンド法……………211
スーパーメジャー……………211
スーパー林道……………211
スペースシップ・エコノミー→カウボーイ・エコノミー
棲み分け理論……………212
スモール・イズ・ビューティフル…212
スモールオフィス　ホームオフィス…212
ズリ……………213
スリーアール……………213
スリーアールイニシアティブ………213
スローシティ……………213
スローフード……………214
スローライフ……………214
生育阻害……………214
生活環境影響調査……………215
生活環境主義……………215
生活習慣病……………215
生活知……………216
生活排水……………216
生活破壊……………216
清渓川（チョンゲチョン）復元事業…217
制限酵素……………217
精鉱……………217
生産者……………217
生殖クローニング……………218
成層圏……………218
生息環境……………218
生息地のアイランド化……………218

生息場適合指数……………218
生態系……………219
生態系管理……………219
生態系サービス……………219
生態系の炭素循環……………220
生態系復元（運動）……………220
生態的地位……………220
生態ピラミッド……………220
成長の限界……………221
製品情報開示……………221
生物化学的酸素要求量……………221
生物群系……………222
生物群集……………222
生物圏……………222
生物資源……………223
生物指標→指標生物
生物多様性……………223
生物多様性国家戦略……………223
生物多様性条約……………224
生物多様性の第三危機……………224
生物地理学……………224
生物的防除……………224
生物濃縮……………225
生物農薬……………225
生物の共生関係……………225
生物繁殖能力　繁栄能力……………226
生物ポンプ……………226
生分解性プラスチック……………226
世界遺産　世界の文化遺産及び自然遺産の保護に関する条約……………226
世界気象機関……………227
世界自然保護基金……………227
世界保健機関……………228
世界水フォーラム……………228
石炭ガス化複合発電……………228
赤道原則→エクエーター原則
責任投資原則……………228
石油換算……………229

石油危機……………229
石油増進回収法……………229
石油代替エネルギー……………230
瀬切れ現象……………230
世代間公平性……………231
絶滅危惧種……………231
セリーズ原則→エクソン・バルディーズ号事件
セル生産方式……………231
ゼロウェイスト運動……………232
ゼロエミッション……………232
選鉱……………232
全国地球温暖化防止活動推進センター……………233
潜在自然植生……………233
千枚田→棚田
騒音規制法……………234
総合的病害虫管理……………234
藻類……………234
ソックス→硫黄酸化物
ゾーニング……………234
ソーホー→スモールオフィス　ホームオフィス
ソフト・エネルギー・パス………235
ソーラークッカー……………235

## タ

ダイオキシン……………236
ダイオキシン類対策特別措置法…236
タイガ……………236
体外受精……………237
大気汚染　大気汚染物質……………237
大気汚染物質広域監視システム…237
大気汚染防止法……………238
大気－海洋結合大循環モデル……238
大気大循環……………238
第三者レビュー……………239

| | |
|---|---|
| 代謝 | 239 |
| 代替燃料 | 239 |
| 代替フロン | 240 |
| 第二期水環境改善緊急行動計画 | 240 |
| 台風→熱帯低気圧 | |
| 耐容一日摂取量 | 50, 241 |
| 太陽電池　太陽光発電 | 241 |
| 大陸棚 | 241 |
| 対流圏 | 242 |
| 滞留時間 | 242 |
| 大量生産　大量消費　大量廃棄 | 242 |
| 大量絶滅 | 243 |
| ダーウィン | 243 |
| ダウ・ジョーンズ・サステナビリティ・インデックス | 243 |
| 高潮 | 244 |
| 多自然型川づくり | 244 |
| 脱温暖化社会 | 244 |
| 脱物質化社会 | 245 |
| 竜巻 | 245 |
| 脱硫剤 | 245 |
| ダーティ・ゴールド | 246 |
| 棚田 | 246 |
| WRI | 246 |
| WEEE指令→ウィー指令 | |
| WSSD | 247 |
| WMO→世界気象機関 | |
| WCED→ブルントラント委員会 | |
| WBCSD | 247 |
| 足るを知る | 248 |
| 炭酸ガス地中貯留→炭素隔離 | |
| 炭酸ガス固定化 | 248 |
| 炭酸カルシウム | 248 |
| 炭層メタン | 249 |
| 炭素隔離 | 249 |
| 炭素集約度 | 249 |
| 炭素プール | 250 |
| 田んぼの学校 | 250 |
| 地域おこし→町おこし | |
| 地域共同管理 | 250 |
| 地域政策 | 251 |
| 地域通貨 | 251 |
| 地域づくり | 251 |
| 地域熱供給→DHC | |
| チェルノブイリ原発事故 | 251 |
| 地殻存在度 | 252 |
| 地下資源 | 252 |
| 地下水汚染 | 252 |
| 地下水涵養 | 253 |
| 地下水規制関連法 | 253 |
| 地球温暖化 | 254 |
| 地球温暖化防止条約→気候変動枠組条約 | |
| 地球温暖化係数 | 254 |
| 地球温暖化対策推進法 | 254 |
| 地球環境産業技術研究開発 | 255 |
| 地球環境ファシリティ | 255 |
| 地球環境保全関係閣僚会議 | 255 |
| 地球憲章 | 256 |
| 地球サミット | 256 |
| 地球シミュレータ | 257 |
| 地球の友 | 257 |
| 地球白書 | 257 |
| 地産地消 | 258 |
| 地上資源 | 258 |
| 致死量 | 258 |
| 窒素酸化物 | 258 |
| 地熱発電 | 259 |
| チーム・マイナス6% | 259 |
| 中央環境審議会 | 259 |
| 中間処理施設 | 259 |
| 中小規模水力発電 | 259 |
| 中水 | 260 |
| 沖積平野 | 260 |
| 中皮腫 | 261 |
| 潮汐発電 | 261 |

長伐期施業……………261
沈黙の春……………262
ツバル……………262
詰め替え容器……………263
ツンドラ→永久凍土
DHC……………263
DNA……………263
TMR……………264
低公害車……………264
定常状態……………264
定年帰農……………265
低品位鉱石……………265
ディープエコロジー……………265
締約国会議……………266
低レベル放射性廃棄物……………266
DNS→債務環境スワップ
ディーゼル車……………266
デオキシリボ核酸→DNA
手賀沼　印旛沼……………267
適者生存説……………267
デコミッショニング……………267
豊島……………268
デポジット制度……………268
テーリング……………269
テーリングダム……………269
天敵……………269
点滴灌漑……………269
天然ガス……………269
電力自由化……………270
特定規模電気事業者→電力自由化
特定フロン→CFC
特定目的環境ラベル……………270
特定有害物質の使用制限指令→ローズ指令
毒物……………271
独立栄養生物……………271
独立発電事業者→IPP
都市ガス……………271

都市鉱山……………272
土質基準……………272
土壌汚染……………272
土壌汚染対策法……………272
土壌の酸性化……………273
土壌微生物……………273
土壌劣化……………273
都市緑化基金……………273
突然変異原……………274
トップランナー方式……………274
鳥インフルエンザ……………274
トレーサビリティ……………275

## ナ

内発的発展論……………275
内分泌攪乱物質……………276
長良川河口堰……………276
ナショナルトラスト……………276
ナショナルパーク……………277
ナショナルジオグラフィック……277
ナチュラル・ステップ……………277
ナノテクノロジー……………278
ナフサ……………278
鉛汚染……………278
難燃剤……………279
難分解性有機汚染物質……………279
二酸化硫黄……………279
二酸化炭素……………280
二酸化炭素による施肥効果………280
二酸化炭素排出量係数→地球温暖化係数
二酸化窒素……………281
二次林……………281
2021年のスウェーデン……………282
日照権……………282
ニッチ→生態的地位
日本NPOセンター……………282

日本環境教育フォーラム……283
日本フォスタープラン協会……283
乳児死亡率……283
人間中心主義……284
妊産婦死亡率……284
認証機関……284
ニンビー……284
ネイチャーダイアリー……285
ネイチャーテック……285
熱塩循環……286
熱環境緩和の能力……286
熱効率……286
熱帯雨林……287
熱帯低気圧……287
熱帯夜……287
熱中症……288
ネド→新エネルギー・産業技術総合開発機構
燃料電池……288
燃料棒……288
農業近代化政策……289
濃縮ウラン……289
農道空港……289
農薬……289
農薬耐性……290
農薬被曝……290
ノックス→窒素酸化物
ノルディック・スワン……290
ノンフロン冷蔵庫……290

## ハ

排煙脱硝……291
排煙脱硫……291
排煙脱硫石膏……292
バイオエタノール……292
バイオガソリン……292
バイオサイド……292
バイオスフィア→生物圏
バイオセーフティー・レベル……293
バイオディーゼル……293
バイオテクノロジー……293
バイオトイレ……294
バイオプラスチック→生分解性プラスチック
バイオマイニング……294
バイオマス……294
バイオマス・ニッポン総合戦略…295
バイオマス発電……295
バイオマス由来燃料……295
バイオミミクリー……296
バイオレメディエーション……296
媒介動物……297
廃棄物処理法……297
廃酸処理……297
廃酸石膏……297
排出権取引……298
排出抑制……298
排水分離・分散システム……298
廃掃法→廃棄物処理法
ハイドロバレー計画→中小水力発電
パーク・アンド・ライド……299
バクテリアリーチング……299
場所性……300
バージン原料……300
バーチャル・ウォーター……300
発ガン性物質……301
白金族金属……301
バックキャスティング……301
発電効率……302
ハバートモデル→ピークオイル
ハビタット……302
パブリックコメント……303
バラスト水……303
パラダイム……303
ハリケーン→熱帯低気圧

バルディーズ原則→エクソン・バルディーズ号事件
PRI→責任投資原則
PRTR制度……………………304
BSE……………304
ビオトープ……………304
POP　POPs→難分解性有機汚染物質
被害構造論………………305
被害者負担……………305
干潟→湿原・干潟
光害………305
ピークオイル………………306
ビジネス・イン・ザ・コミュニティ…306
PCB中毒……………306
微生物……………307
微生物電池……………307
微生物ループ……………308
砒素中毒……………308
PDCAサイクル………………308
BTCV……………309
ヒートアイランド現象……………309
ヒトゲノム→ゲノム
ヒト免疫不全ウイルス→エイズ
PPS→電力自由化
PPP原則→汚染者負担の原則
ヒープ・リーチング→バクテリア・リーチング
100万人のキャンドルナイト………310
日焼け……………310
氷河　氷床…………310
氷期　間氷期……………311
氷床→氷河　氷床
B-LIFE21……………312
琵琶湖・淀川流域圏の再生………312
ファクターX……………313
ファクター・テン・クラブ………313
ファクトリー・コミュニケーションズ…313
フィランソロピー………………314

風力発電………………314
フェアトレード………………315
富栄養化………………315
複合汚染………………316
不都合な真実………………316
物質循環………………316
ブッパタール研究所………………317
フードマイル→フード・マイレージ
フード・マイレージ………………317
浮遊粒子状物質………………317
フライブルク市………………318
ブラウンフィールド………………318
プランクトン………………319
プリオン………………319
ブルー・エンジェル………………319
プルサーマル………………320
プルトニウム………………320
ブループラネット賞………………320
ブルントラント委員会………………321
フロー　ストック………………321
プロポジション65………………321
フロンガス………………322
文化景観………………322
閉鎖性水域………………322
ベクショー市………………323
ヘドロ………323
ベルトコンベヤー方式→コンベヤー方式
ペレットストーブ………………324
ペンタゴン・レポート………………324
保安林　保護林………………325
保護林→保安林　保護林
貿易の技術的障害に関する協定…325
包括的製品政策………………326
放射性鉱物………………326
放射性廃棄物………………326
放射線障害………………327
捕食者………………327

ポーター仮説……………327
ボパール事件……………327
ボランティア支援制度……………328
ポリ塩化ビフェニル→PCB中毒
ポリティカルエコロジー……………328

# マ

マイクロ水力発電→中小水力発電
マイクロ風力発電→風力発電
埋蔵量……………329
マイホーム発電……………329
マスキー法……………329
マータイ女史→ワンガリ・マータイ
町おこし……………330
町並み→景観
マテリアルセレクション……………330
マテリアルデザイン……………331
マテリアルバランス……………331
マテリアルフロー……………331
マテリアルリサイクル……………332
マニフェスト……………332
湖の水温成層……………333
水危機……………333
水循環……………334
水ストレス……………334
水の高度処理……………335
水の再生利用……………335
ミップス……………335
ミティゲーション……………335
ミティゲーション・バンキング…336
緑の回廊……………336
緑の革命……………336
緑の党……………337
水俣病……………337
未利用エネルギー→再生可能エネルギー
無機的環境……………338

メセナ……………338
メタン……………338
メタンハイドレート……………339
免疫系……………339
メンブレン……………339
猛暑日……………340
木材の輸送エネルギー……………340
木質バイオマス……………340
木造住宅……………340
モーダルシフト……………341
モックス……………341
森のムッレ教室……………341
森は海の恋人……………342
モントリオール議定書……………343

# ヤ

夜間最低気温の上昇……………343
焼畑農業……………343
薬剤耐性……………344
野生動物……………344
有機塩素化合物……………344
有機汚濁……………345
有機農業……………345
有毒物質排出目録……………346
UNEP→国連環境計画
UNCED→地球サミット
UNCCD→砂漠化対処条約
UNDP……………346
ゆで蛙シナリオ……………346
ユニセフ……………347
揺りかごから揺りかごまで……………347
容器包装リサイクル法……………347
揚水式水力発電……………348
溶存酸素量……………348
溶媒抽出……………349
余剰電力購入メニュー……………349
四日市ぜんそく……………349

予防原則……………………349
四大公害訴訟………………350

## ラ

ライトダウンキャンペーン………351
ライフサイクルアセスメント→LCA
ライフサイクル影響評価→LCIA
ライフサイクルデザイン→エコデザイン
ライフサイクル費用………………351
ライフサイクルマネジメント……351
ライフスタイル……………………352
LIME………………352
ラテライト型ニッケル鉱…………352
ラドン………………352
ラニーニャ→エルニーニョ
ラブカナル（Love Canal）事件…353
ラムサール条約……………………353
乱獲………………354
藍藻………………354
リオサミット　リオ宣言…………355
離岸堤………………355
罹患率………………355
陸上生態系…………………356
リサイクル…………………356
リサイクル国会……………………356
リターナブルびん…………………356
REACH規制…………………357
リデュース…………………357
リフュージア………………358
リモートセンシング………………358
リユース……………………358
利用権………………359
レアメタル→希少資源
レイチェル・カーソン……………359
レインアウト………………360
歴史的環境…………………360

レジ袋税……………………360
レジンペレット……………………361
レスター・ブラウン………………361
レスポンシブル・ケア……………361
劣化ウラン…………………362
レッドデータブック………………362
レバノン杉…………………362
労働安全衛生法……………………363
ローカルアジェンダ21→アジェンダ21
ローズ指令…………………363
露天採掘……………………364
ロード・プライシング→渋滞税
ロハス………………364
ローマクラブ………………364
ロンドンスモッグ事件……………365

## ワ

ワイズユース運動…………………366
ワクチン……………………366
ワシントン条約……………………366
割り箸………………367
ワンガリ・マータイ………………367
1％クラブ…………………367

# A

Aachen model·············15
Account Ability 1000·············35
acid rain, acid fog·············157
ADI:Acceptable Daily Intake···50
AEROS:Atmospheric Environmental Regional Observation System···237
Agenda 21·············11
AIDS:Acquired Immune Deficiency Syndrome·············34
Air Pollution Control Law···238
Al Gore·············247, 315
allergen·············18
alluvial plain·············260
alternative·············66
amenity·············15
An Inconvenient Truth··········316
anergie·············15
animism·············15
Arne Naess·············265
asbestos·············13
Asian Pacific Integrated Model···33
Aswan High Dam·············14
atopy·············14
Automobile Recycling Law···175
autrophic biota·············271

# B

backcasting·············301
bacteria leaching·············299
ballast water·············303
Basic Law for Establishing The Recycling-based Society··········185
BDF:Bio-Diesel Fuel·············293
beach erosion·············67
Beyond The Limits·············221
BHC·············262
Bhopal·············327
biocide·············292
bio-ethanol·············292
bio-gasoline·············292
biological pump·············226
biomass generation·············295
biomass·············294
bio-mimetics·············296
bio-mimicry·············296
bio-mining·············294
bio-remediation·············296
bio-resources·············223
biosphere·············222
biotechnology·············293
biotoilet·············294
biotope·············304
BITC:Bussiness In The Community ·············306
black carbon·············140
Black forest、Schwarzwald······184
blackish-water lake·············106
B-LIFE21:Business Leaders Inter-Forum for Environment21·········312
Blue Angel·············319
blue-green algae·············9
Blue Planet Prize·············320
blue tide·············9
BOD:Biochemical Oxygen Demand ·············221
Brownfields·············318
BSE:Bovine Spongiform Encephalopathy ·············304
BSL:BioSafety Level·············293
BTCV:British Trust for Conservation Volunteers·············309
BUND·············285

## C

CaCO₃ ················248
calcium carbonate ················248
car congestion tax ················182
car sharing ················76
Carbon Credit ················113,298
Carbon Disclosure Project ················83
carbon intensity ················249
carbon neutral ················83
Carbon Offset ················82
carbon sequestration ················249
carbonless society ················244
Carrying Capacity eco-space ···100
Cartagena Purotocol Biosafety···83
CAS:Chemical Abstracts Service ················95
CAT:Centre for Alternative Technology ················107
catchment basin ················181
cause related marketing ················143
CBD:Convention on Biological Diversity ················224
CBM:Coal Bed Methane ················249
CCAP:Climate Change Action Program ················113
CCS:Carbon Capture and Storage ················249
CDM:Clean Development Mechanism ················116,120
cell production system ················231
Central Council of Environment···259
CEPAA:Council Economic Priorities Accreditation Agency ················48
CERES:Coalition for Environmentally Responsible Economies ················37
CFC:Chlorofluorocarbon ················161
CH₄:methane ················66,338
Charles Robert Darwin···169,243
chemical recycle ················128
Chlorofluorocarbon-Replacing Material ················240
Clean Air Act ················329
Clean Japan Center ················118
climate change ················113
climax forest ················110
clone ················123
closed water area ················322
CO:Carbon Monoxide ················22
CO₂:Carbon Dioxide ················66,280
CO₂ household, environmental house hold ················162
Coase's theorem ················143
COD:Chemical Oxygen Demand···73
cogeneration system ················142
coking coal, process raw coal···130
community ················146
community business ················146
compliance ················147
concentration ················217
Conservation Law of The Scenery···125
consumer movement ················189
contaminated soil ················62
continental shelf ················241
convection sphere ················242
conveyer system ················147
Cool Biz ················121
COP/MOP:Meeting of the Parties···266
COP:Coefficinet of Perfomance···162
COP:Conference of Parties···266
COP3:Conference of Parties···144
coralline flat ················21
Corporate Citizen ················105
Corporate Environmentalism···105

corporate governance············144
Council of Ministers for Global Environment Conservation···········255
Coupled Ocean Atmosphere General Circulation Model············238
Cowboy Economy··············71
CP:Cleaner Production···········115
creen energy···············115
CRI:Corporate Responsibility Index ············306
crude oil···········130
crustal abundance··············252
CS:Chemical Sensitivity···········74
CSD:Commission on Sustainable Development···········141
CSR:Corporate Social Responsibility ············160
Curitiva···········114
cyanobacteria··············354

# D

DDT···225,262
de-commissioning···267
deep ecology···265
depleted uranium···362
deposit system···268
de-sulferization agent···245
detached breakwater···355
DfE:Design for Environment···94
DHC:District Heating and Cooling···263
Dianne Dumanoski···········32
dioxin··········236
Directive on Eco-Design of Energy-using Products············26
dirty gold···········246
DNA:Deoxyribonucleic Acid···263
DNS···········150

DO:Dissolved Oxygen···········348
domestic water··············216
Dow Jones Sustainability Index······243
drought··············102

# E

Earth Day·············13
Earthwatch Japan··············12
ECCJ:Energy Conservation Center,Japan ············187
Eco-Business··············41
Ecocement··············39
Eco City············38
Eco Cooking·············37
Eco-Design············40
eco efficiency··············38
Eco-Farmer············41
eco-feminism·············42
Eco-Fund············42
Eco-Labeling·············44
Ecological Design·············46
Ecological Footprint·············47
ecological literacy·············45
ecological network············46
ecologist·············47
ecology·············46
Eco-Mark·············43
eco-material·············43
eco-money············251
Eco-Museum·············44
eco processing·············42
Eco Products············43
Eco Rucksack·············45
Eco-Space, Environmental Space··· ···········39
ecosystem·············38,219
ecosystem management··········219

ecosystem service……………219
Eco-Tourism……………40
EER:Energy Efficiency Ratio……18
El Niño……………55
EMAS:The Eco-Management and Audit Scheme……………26
empowerment……………58
EMS:Environmental Management Systems……………100
end of pipe……………58
endangered species……………231
endocrine disruptor……………99
energy crops……………51
enriched uranium……………289
ENSO……………57
environment friendly driving…41
environment load……………97
environment report……………98
environmental accounting………87
environmental advertising………90
environmental archaeology……90
environmental auditing standards………87
Environmental Basic Law………88
Environmental Basic Plan………88
environmental dept……………97
environmental education/environmental learning……………89
environmental ethics……………101
environmental impact assessment……………85
environmental refugees……………95
environmental risk…………100
EOR:Enhanced Oil Recovery…229
EPBT……………26
EPD:Environmental Product Declarations……………93
Epic of Gilgamesh……………111

EPR:Extended Producer Responsibility……………74
EPT:Energy Payback Time………26
Equator Principles……………36
equivalent to oil……………229
Ernst Ulrich von Weizsaecker…317
ESCO:Energy Service Company…48
E.S.Muskie……………329
ET:Emission Trading………110,298
ethical consumer……………47
ethical consumerism……………48
eutrophication……………315
evapotranspiration……………189
exergy……………36
external diseconomy……………69
Exxon-Valdes Accident…………37

# F

Factor 10 Club……………313
Factor X……………313
factory communications………313
FAO:Food and Agriculture Organization……………141
faretrade……………315
FEE:Foundation for Environmental Education……………39
First National People of Color Environmental Leadership Summit……………93
fission energy power generation……………76
flon gas……………322
flow,stock……………321
FoE Japan……………257
food crisis……………195
food mile……………317
food mileage……………317

Food Recycling Law/Law Concerning the Promotion of Recycling Food Cyclical Resources……………193
food self-sufficiency ratio………196
forest certification systems……204
forest ecosystem……………204
fossil fuel……………79
fossil water……………78
Friburg……………318
Friedrich Schmidt Bleek…………184
Friends of the Earth……………257
from cradle to cradle……………347
FSC:Forest Stewardship Council………205
F-scale……………245
FTSE4Good:Financial Times Stock Exchange Four Good……………53
fuel cell……………288
fuelwood forest……………202
fungus……………112
fusion energy power generation………76

## G

Gaia Hypothesis……………67
gas hydrates……………78
GATT:General Agreement on Tariffs and Trade……………326
GBM……………121
GDP……………175
GEF:Global Environment Facility…255
general circulation of atmosphere…238
genome……………128
geothermal power generation…259
GHG:Green House Gas…………66
GHP:Gas-engine Heat Pump…159
GIS:Geographic Information System………158
glacier, ice sheet……………310
Global Corporate Citizen………105
Global Environment Charter…126
global trilemma……………123
global warming……………113
GNH:Gross National Happiness………160
GNP……………175
Goal is Zero……………146
GPI:Geneuine Progress Indication……………175
GPN:Green Purchasing Network………117
Great Plains……………122
green consumer……………117
green corridor……………336
green factory……………121
Green Gym……………118
green investor……………115
Green Map……………121
Green Party……………337
green procurement……………118
green purchasing……………116
green revolution……………336
green servicizing……………118
Green Washing……………115
Greenpeace……………120
green-tourism……………119
GRI:Global Reporting Initiative………158
ground stock resources…………258
GTL:Gas to Liquid……………174
Groundwork……………114
GWP:Global Warming Potential………254

# H

habitat······················302
HCFC:Hydro Chloro Fluoro Carbons······················35,240
heat island phenomena······················309
HEP:Habitat Evaluation Procedure······················34
herbicide······················196
HFC······················66,240
high level radioactive waste···137
high water······················244
HIV:Human Immunodeficiency Virus······················34
HSI:Habitat Sustainability Index······················218
hydrogen society······················207

# I

IAEA:International Atomic Energy Association······················4
ice age······················311
ICLEI:International Council for Local Environmental Initiatives······················20
ICMM:International Council on Mining & Metals······················6
IEA:International Energy Agency······················4
IFC:International Finance Corporation······················139
IFSDM:Intergovernmental Forum on the Sustainable Development of Mining, Minerals and Metals······················6
in situs remediation······················128
index organism······················176
individual transferable quota···189
industrial ecology······················154
industrial symbiosis······················155
industrial wastes······················155
information disclosure······················190
International Seabed Authority······················139
inverse manufacturing······················28
IPCC:Intergovernmental Panel on Climate Change······················7
IPM:Integrated Pest Management······················234
IPP:Independent Power Producer······················8
IPP:Integrated Product Policy···326
ISL Enet:Islands Energy and Environment network······················8
ISO14000 series→ISO14001
ISO14001······················5
ISO14001 single registration······················5
ISO26000······················6
ITTA:International Tropical Timber Agreement······················140
ITTO:International Tropical Timber Organization······················140

# J

JAF:Japan Automobile Federation······················41
James Lovelock······················67
JCCCA:Japan Center for Climate Change Actions······················233
JEEF:Japan Environmental Education Forum······················283
JI:Joint Implementation······················108
JICA:Japan International Cooperation Agency······················177
J-Moss······················160

John Peterson Myers……32
Jonathan Lash……247

## K

Karl Henrik Robert……84
Katrina……81
Kleingarten……113
Kyoto Mechanism……109
Kyoto Protocol……108

## L

laminated wood……182
Law Concerning Special Measures for Conservation of Lake Water Quality……143
Law Concerning The Promotion of Measures to Cope with Global Warming……254
Law for Dioxin Pollution Control……236
Law for Promotion of Effective Utilization of Recyclable Resources……166
Law for Promotion of Sorted Collection and Recycling of Containers and Packaging……347
Law for Recycling of Specified Kinds of Home Appliances/Home Appliance Recycling Law……81
Law on Promoting Green Purchasing……117
LCA:Life Cycle Assessment……55
LCIA:Life Cycle Impact Assessment……54
LD……258
Lebanon Cedar……362
Lester R. Brown……361
life-cycle management……351
life-style……352
light harm……305
light water reactor……125
LIME:Life-cycle Impact Assessment Method Based on Endpoint Modeling……352
LNG:Liquefied Natural Gas……36,270
LOHAS:Lifestyles of Health and Sustainability……364
London Smog Disasters……365
Love Canal……353
low carbon society……244
Low Emission Vehicle……264
low grade ore……265
low level radioactive waste……266
LPG:Liquefied Petroleum Gas……56

## M

manifest……332
marsh,tideland……173
mass production,mass consumption and mass waste……242
material balance……331
material design……331
material flow……331
Material Input……165
material intensity……164
Material Intensity Per Unit Service……165,335
material recycle……332
material selection……331
mecenat……338
membrane……339
meridional overturn circulation……201
methane……338
methane hydrate……339

MIPS:Material Input Per Unit Service ········165,335
mitigation ···············335
mitigation banking···············336
modal shift···············341
Montreal Protocol on Substances that Deplete the Ozone Layer···············343
MOTTAINAI···············367
MOX:Mixed Oxide Fuel···············341
MRSA:Methicillin-Resistant Staphylococcus Aureus···············54
MSC:Marine Stewardship Council···············54

# N

nanotechnology···············278
naphtha···············278
National Geographic···············277
National Park···············277
National Trust···············276
natural gas···············269
Natural Selection Theory·········267
Natural Step···············277
Nature Diary···············285
nature tech···············285
Nature-Welfare Curve············170
NEDO:New Energy and Industrial Technology Development Organization ···············198
new energy···············197
NGO:Non-Government Organization···············50
niche···············220
NIMBY:Not In My Back Yard···284
NO:Nitric Oxide···············23
$NO_2$:Nitrogen Dioxide···············281
Noise Regulation Law············234

non-flon refrigerator···············290
Non-Industrial Waste···············24
non-regret policy···············132
Nordic Ecolabeling···············290
no-waste factory···············145
NOx:Nitrogen Oxides···············258
NPO bank···············51
NPO:Non-Profit Organization···50
NPP:Net Primary Productivity···184
nuclear fuel,nuclear fuel reprocessing ···············75
nuclear fuels waste···············75

# O

$O_3$···············133
oceanic circulation···············70
oceanic ecosystem···············70
ODA:Official Development Assistance···············63
Ogallala aquifer···············60
oil crisis···············229
oil sand···············59
oil shale···············60
Oil Shock···············60
on demand···············66
On the Origin of Species by Means of Natural Selection···············169
OPEC···············229
open pit mining···············364
ore dressing···············232
organic chlorinated compound···············344
orimulsion···············65
OSHA:Occupational Safety and Health Act···············363
Our Common Future···············256
Our Stolen Future···············32

overfishing……………354
ozone hole……………63

# P

paradigm……………303
park and ride……………299
PCB……………306
PCDD……………236
PDCA……………308
Peak Oil……………306
pellet stove……………324
Pentagon Report……………324
permafrost……………33
PFC……………66
Philanthropy……………314
photochemical oxidant……………133
photochemical smog……………133
phytoplankton……………194
plankton……………319
platinum group metals……………301
plutonium……………320
plutonium-thermal……………320
political ecology……………328
Polluter-Pays Principle……………61
Pollution Session of The Diet…131
POP:Persistent Organic Pollutant…
……………279
POPs……………279
potential natural vegetation…233
precautionary principle……………349
PRI:Principles for Responsible Investment……………228
prion:proteinaceous infectious particle
……………319
prisoner's dilemma……………181
Proposition 65……………321
Protection Law of Ozone Layer…62

PRTR:Pollutant Release and Transfer Register……………304
PRTR……………86
public comment……………303
public goods……………134
pumped hydropower generation…
……………348

# Q

Quality of Environment in Japan /Environmental White Paper……96

# R

Rachel Louise Carson……262,359
radioactive minerals……………326
radioactive waste……………326
radon……………352
rain out……………360
rare resources……………106
RDF:Refuse-Derived Fuel……………17
REACH:Registration,Evaluation, Authorization of Chemicals…
…357
reclamation……………97
Recycle Session of Diet……………356
recycle……………356
recycled wastewater……………260
Red Data Book……………362
red tide……………10
reduce……………357
refugia……………358
remote sensing……………358
renewable energy……………149
reserves……………329
resin pellet……………361
resource productivity……………165

resources crisis……163
responsible care……361
returnable bottle……356
reuse……358
rice terraces……246
RITE:Research Institute of Innovative Technology for the Earth……255
road pricing……182
RoHS:Restriction of The Use of Certain Hazardous Substances in Electrical and Electronic Equipment……363
RPS:Renewables Portfolio Standard Law……17
RSPO:Roundtable on Sustainable Palm Oil……16

# S

SA8000:social accountability……48
SAI:Social Accountability International……48
SAM:Sustainability Asset Management……243
sanctuary……156
School in the Rice Field……250
sea level rise……69
secondary forest……281
sensitivity analysis……102
sewage sludge……127
sewer……128
$SF_6$……66
Shishmaref……167
sick house syndrome……173
Sierra Club……161
Silent Spring……262
silicon process……197
silver shock……197
slash and burned fields……343
Slow City……213
Slow Food……214
Slow Life……214
sludge……323
Small is Beautiful……212
$SO_2$:Sulfur Dioxide……279
social accountability……48
social dilemma……179
social enterprise……178
social forestry……180
sodium cyanide……159
Soft Energy Path……235
SOHO:Small Office, Home Office……212
soil degradation……273
solar cell, photovoltaic power generation……241
solar cooker……235
solvent extraction……349
SOx:Sulfur Oxide……19
Space Ship Economy……71
SPM:Suspended Particulate Matter……317
SRI:Socially Responsible Investment……179
stakeholder engagement……209
stakeholder……209
State of The World……257
stationary state……264
STD:Submarine Tailings Disposal……49
Stern Review……208
stratosphere……218
strong sustainability……210
substitute fuels……239
sun tan,sun barn……310
Super Fund Law……211
super majors……211

supplier code of conduct·······153
supply chain management······153
Survival of The Fittest Theory···267
sustainability report··············171
sustainability··············151
sustainable agriculture··········172
sustainable management···········89
sustainable resources consumption
············172
sustainable society··············172
Sweat Shops·············208

## T

taiga··············236
tailing·············269
tailings dam·············270
TDI:Tolerable Daily Intake······
50,241
The Club of Rome··············364
The Day After Tomorrow·········104
The Earth Charter·············256
The Ecology of Commerce······151
The Global Compact·············122
The Green Key·············116
The Limits to Growth··············221
The Principle of Population·····200
Theo Colborn··············32
thermal efficiency·············286
thermal recycle·············154
thermohaline circulation·········286
Think globally,Act locally·······199
Three Gorges Dam··············155
3R Initiative·············213
3R·············213
TMR:Total Material Requirement···
············264
Top Runners Approach············274

tornado··············245
traceability··············275
Tragedy of Commons··············146
TRI············346
tropical cyclone·············287
TRUE:Trust for Urban Ecology···118
Tuvalu·············262

## U

UNCCD············153
UNCED:United Nations Conference on Environment and Development··········
···256,355
underground resources·············252
UNDP:The United Nations Development Program·············346
UNEP:United Nations Environment Program·············141
UNESCO············227
UNFF:United Nations Forum on Forest············142
UNICEF:United Nations Children's Fund·············347
United Nations Conference on the Human Environment/Stockholm Conference·············210
United Nations Framework Convention on Climate Change······
·········105
Urban Green Space Development Foundation·············273
urban mining·············272
UV:Ultraviolet Rays·············162
UV-B············63,162
UV-C············63,162

## V

vakzin··············366
vegetation cover rate···············193
vegetational succession············192
venous industry···············191
virtual water···············300
virus···············29
VOC:Volatile Organic Compound···············107
Voluntary Action Plan on Environment············125
voluntary plan···············95

## W

Wangari Muta Maathai············367
waste acid treatment···············297
Waste Disposal and Public Cleaning Law···············297
Waste Electrical and Electronic Equipment···············29
waste gasification and melting system···············77
waste power generation············145
waste rock···············213
water crisis···············333
water cycle···············334
Water Pollution Control Law···206
water supply···············188
WBCSD:World Busines Council for Sustainable Development·········247
WCED:World Commission on Environment and Development···············321
weak sustainability···············29
weightless society···············245
WHO:World Health Organization············228
wind energy···············314
wind farm···············30
WMO:World Meteorological Organization············227
wooden house···············340
World Environment Day············95
World Water Forum···············227
WRI:World Resources Institute···············246
WSSD:the World Summit on Sustainable Development·········247
WTO:World Trade Organization············325
Wuppertal Institute for Climate, Environment and Energy·········317
WWF:World Wide Fund for Nature)···············227

## Y

yellow cake···············19
yellow sand···············135

## Z

Zero Waste Campaign············232
Zero Emission···············232
Zoning···············234

索引

## サステナビリティ辞典

2007年9月14日　初版第一刷発行

監修 ……………… 三橋規宏

発行人 ……………… 山田一志
発行所 ……………… 株式会社海象社
　　　　　　　　　　郵便番号112-0012
　　　　　　　　　　東京都文京区大塚4-51-3-303
　　　　　　　　　　電話03-5977-8690　FAX03-5977-8691
　　　　　　　　　　http://www.kaizosha.co.jp
　　　　　　　　　　振替00170-1-90145

装丁 ……………… 横本昌子

組版 ……………… [オルタ社会システム研究所]

図版 ……………… 株式会社ユニオンプラン

印刷 ……………… 株式会社シナノ

製本 ……………… 和光堂製本株式会社

© Tadahiro Mitsuhashi
Printed in Japan
ISBN978-4-907717-78-0　C0501

乱丁・落丁本はお取り替えいたします。定価はカバーに表示してあります。